全国高职高专教育土建类专业教学指导委员会规划推荐教材

通风与空调工程

（供热通风与空调工程技术专业适用）

本教材编审委员会组织编写

杨　婉　主　编

布　林
赵岐华　副主编

侯晓云　主　审

U0294452

中国建筑工业出版社

图书在版编目（CIP）数据

通风与空调工程/杨婉主编 .—北京：中国建筑工业出
版社，2004

全国高职高专教育土建类专业教学指导委员会规划推
荐教材

ISBN 978-7-112-06909-5

Ⅰ. 通 … Ⅱ. 杨 … Ⅲ.①通风设备-建筑安装工程-
高等学校：技术学校-教材 ②空气调节设备-建筑安装工
程-高等学校：技术学校-教材 Ⅳ.TU83

中国版本图书馆 CIP 数据核字（2004）第 125613 号

全国高职高专教育土建类专业教学指导委员会规划推荐教材

通风与空调工程

（供热通风与空调工程技术专业适用）

本教材编审委员会组织编写

杨　婉　主　编

布　林　　副主编
赵岐华

侯晓云　主　审

*

中国建筑工业出版社出版、发行（北京西郊百万庄）

各地新华书店、建筑书店经销

世界知识印刷厂印刷

*

开本：787×1092毫米　1/16　印张：19½　插页：1　字数：473千字
2005 年 2 月第一版　2011 年 2 月第六次印刷
定价：**27.00** 元
ISBN 978-7-112-06909-5
（12863）

本社网址:http://www.cabp.com.cn
网上书店:http://www.china-building.com.cn

本书根据高等职业教育供热通风与空调工程技术专业教育标准和培养方案及主干课程教学大纲而编写。全书共 15 章，主要内容有：工业有害物的来源及其危害、通风方式、全面通风、局部通风、通风排气中有害物质的净化、通风系统风道设计计算、自然通风、湿空气焓湿图及应用、空调房间冷（热）湿负荷计算、空气的热湿处理过程及空调设备、空气调节过程、空气的净化处理、空调房间的气流组织、空调水系统、空调系统的消声与减振。

　　责任编辑：齐庆梅　朱首明
　　责任设计：郑秋菊
　　责任校对：刘　梅　王金珠

本教材编审委员会名单

主　　任：贺俊杰

副主任：刘春泽　张　健

委　　员：陈思仿　范柳先　孙景芝　刘　玲　蔡可键

　　　　　蒋志良　贾永康　王青山　余　宁　白　桦

　　　　　杨　婉　吴耀伟　王　丽　马志彪　刘成毅

　　　　　程广振　丁春静　胡伯书　尚久明　于　英

　　　　　崔吉福

序　言

全国高职高专教育土建类专业教学指导委员会建筑设备类专业指导分委员会（原名高等学校土建学科教学指导委员会高等职业教育专业委员会水暖电类专业指导小组）是建设部受教育部委托，并由建设部聘任和管理的专家机构。其主要工作任务是，研究建筑设备类高职高专教育的专业发展方向、专业设置和教育教学改革，按照以能力为本位的教学指导思想，围绕职业岗位范围、知识结构、能力结构、业务规格和素质要求，组织制定并及时修订各专业培养目标、专业教育标准和专业培养方案；组织编写主干课程的教学大纲，以指导全国高职高专院校规范建筑设备类专业办学，达到专业基本标准要求；研究建筑设备类高职高专教材建设，组织教材编审工作；制定专业教育评估标准，协调配合专业教育评估工作的开展；组织开展教学研究活动，构建理论与实践紧密结合的教学内容体系，构筑"校企合作、产学研结合"的人才培养模式，为我国建设事业的健康发展提供智力支持。

在建设部人事教育司和全国高职高专教育土建类专业教学指导委员会的领导下，2002年以来，全国高职高专教育土建类专业教学指导委员会建筑设备类专业指导分委员会的工作取得了多项成果，编制了建筑设备类高职高专教育指导性专业目录；制定了"供热通风与空调工程技术"、"建筑电气工程技术"、"给水排水工程技术"等专业的教育标准、人才培养方案、主干课程教学大纲、教材编审原则，深入研究了建筑设备类专业人才培养模式。

为适应高职高专教育人才培养模式，使毕业生成为具备本专业必需的文化基础、专业理论知识和专业技能，能胜任建筑设备类专业设计、施工、监理、运行及物业设施管理的高等技术应用性人才，全国高职高专教育土建类专业教学指导委员会建筑设备类专业指导分委员会，在总结近几年高职高专教育教学改革与实践经验的基础上，通过开发新课程，整合原有课程，更新课程内容，构建了新的课程体系，并于2004年启动了"供热通风与空调工程技术"、"建筑电气工程技术"、"给水排水工程技术"三个专业主干课程的教材编写工作。

这套教材的编写坚持贯彻以全面素质为基础，以能力为本位，以实用为主导的指导思想。注意反映国内外最新技术和研究成果，突出高等职业教育的特点，并及时与我国最新技术标准和行业规范相结合，充分体现其先进性、创新性、适用性。它是我国近年来工程技术应用研究和教学工作实践的科学总结，本套教材的使用将会进一步推动建筑设备类专业的建设与发展。

"供热通风与空调工程技术"、"建筑电气工程技术"、"给水排水工程技术"三个专业教材的编写工作得到了教育部、建设部相关部门的支持，在全国高职高专教育土建类专业教学指导委员会的领导下，聘请全国高职高专院校本专业享有盛誉、多年从事"供热通风与空调工程技术"、"建筑电气工程技术"、"给水排水工程技术"专业教学、科研、设计的副教授以上的专家担任主编和主审，同时吸收工程一线具有丰富实践经验的高级工程师及优秀中青年教师参加编写。可以说，该系列教材的出版凝聚了全国各高职高专院校"供热通风与空调工程技术"、"建筑电气工程技术"、"给水排水工程技术"三个专业同行的心血，也是他们多年来教学工作的结晶和精诚协作的体现。

各门教材的主编和主审在教材编写过程中认真负责，工作严谨，值此教材出版之际，全国高职高专教育土建类专业教学指导委员会建筑设备类专业指导分委员会谨向他们致以崇高的敬意。此外，对大力支持这套教材出版的中国建筑工业出版社表示衷心的感谢，向在编写、审稿、出版过程中给予关心和帮助的单位和同仁致以诚挚的谢意。衷心希望"供热通风与空调工程技术"、"建筑电气工程技术"、"给水排水工程技术"这三个专业教材的面世，能够受到各高职高专院校和从事本专业工程技术人员的欢迎，能够对高职高专教学改革以及高职高专教育的发展起到积极的推动作用。

全国高职高专教育土建类专业教学指导委员会
建筑设备类专业指导分委员会
2004 年 9 月

前　言

作为高等教育的重要组成部分,高等职业教育的培养目标既非技术研究型人才,也非一般技能操作型人才,而是培养适应生产、建设、服务、管理等第一线需要的具有必要的理论知识和较强实践能力的高等技术应用性人才。根据这一原则,同时依据建设部高等学校土建学科高职高专供热通风与空调工程技术专业培养方案及教育标准,我们编写了《通风与空调工程》一书。

《通风与空调工程》是高等职业技术教育供热通风与空调工程技术专业的主要专业课之一。其任务是使学生掌握工业通风与空气调节系统和设备的工作原理、组成构造、工艺布置及有关设计计算方法;掌握空调冷冻水系统管路的布置原则及有关计算;理解空调冷却水系统的组成、设备构造及选择方法;了解通风空调领域新技术、新工艺、新材料、新产品;能绘制通风空调系统施工图;具有从事一般通风与舒适性空调系统的设计、安装和配置设备的能力。

本书是高等职业技术教育必用教材,侧重于对学生实际能力的培养,也可供职工大学、电视大学和高等专科学校使用,或作为本科院校的参考教材。

本书由成都航空职业技术学院杨婉主编,沈阳建筑大学职业技术学院赵岐华、内蒙古建筑职业技术学院布林副主编。具体编写分工为:绪论、第十章、第十二章、第十四章、第十五章由成都航空职业技术学院杨婉执笔;第一章、第二章、第三章、第四章由内蒙古建筑职业技术学院布林执笔;第五章、第六章、第七章由沈阳建筑大学职业技术学院赵岐华执笔;第八章、第九章由广东建设职业技术学院张东放执笔;第十一章、第十三章由平顶山工学院李奉翠执笔。

全书由新疆建设职业技术学院侯晓云主审。

本书在编写过程中,有关研究、设计、施工、管理单位和各兄弟院校的专家、教师们给予了大力支持,提出许多宝贵意见,在此表示衷心的感谢。

由于编写时间仓促,编者水平有限,书中难免有疏漏之处,敬请广大读者批评指正。

目　　录

绪　　论

一、通风与空气调节的任务和作用

人类在生存中，长期与自然环境做着斗争，其目的就是要解决外界环境对人类的危害。

夏季的炎热、冬季的寒冷，都会妨碍人类正常的生产和生活，甚至会危及人体的健康乃至生命。在工业生产中，某些生产过程会散发各种粉尘、有害蒸气和气体等有害物污染空气环境，给人类的健康、动植物的生长以及工业生产带来许多危害。例如，在选矿、烧结和铸造车间，生产过程中产生大量粉尘，工人长期在这种含尘量高的空气中工作，会引起严重的矽肺病。

随着社会的发展，人类在抵御环境侵害的能力方面，手段越来越多。从消极防御逐步发展到积极主动地去控制环境，并且能从保证人类生存的基本条件逐步发展为创造合适的空气环境。例如，在各种精密机械和仪器的生产过程中，由于加工产品的精度高，其装配和检验过程十分严格，因此需要把空气的温度和湿度控制在相当小的范围内，如某些计量室，要求全年保持空气温度为 $20 \pm 0.1℃$，相对湿度为 $50 \pm 5\%$ 的空气环境。又如在电子工业中，大规模集成电路产品的体积缩小数千倍，这不仅对空气温度、湿度有一定的要求，而且对空气中所含尘粒的大小和数量也有相当严格的规定。因此，在电子工业中要建立大量的"洁净室"，以降低空气中灰尘颗粒的含量，以免引起集成电路短路或腐蚀。

纺织、合成纤维、印刷、电影胶片洗印、大型生产过程的控制室等都对环境的温、湿度有不同程度的控制要求；在农业方面，大型温室、机械化畜类养殖场和生物生长室等，同样需要控制环境的温、湿度；而对于食品的保存，则要创造适于食品保存的空气环境；在科学研究、国防和军事方面，也对室内空气环境有一定的要求，如地下工程（武器弹药库、隧道、地下铁道等）的通风减湿，特殊空间环境的创造和控制等等。

随着经济的发展和人民生活水平的提高，不仅对体育馆、商场、影剧院、饭店、医院等公共设施，甚至对居室都要求设置完善的通风空调系统，保证使人体舒适的空气环境。

综上所述，无论在生产工艺中为了保证产品的质量，还是在工业及民用建筑中满足人的活动和舒适的需要，都要维持一定的空气环境。而这种采用人工的方法，创造和保证满足一定的空气环境，就是通风与空气调节的任务。

通风的目的，是把室外新鲜空气经过适当处理（如过滤、加热、冷却等）送至室内，把室内废气经除尘、除害等处理后排至室外，从而保证室内空气的新鲜程度，达到国家规定的卫生标准，以及排放到室外的废气符合排放标准。通风的根本作用就是控制生产过程中产生的粉尘、有毒有害气体、高温、高湿，创造良好的生产环境和保护大气环境。

空气调节是通风的高级形式，它的作用是采用人工的方法，创造和保持一定的温度、湿度、气流速度以及一定的室内空气洁净度（简称四度），以满足生产工艺和人体的舒适性要求。随着现代技术的发展，人们越来越注重建筑的生态环境，因此，空气调节有时还对空气的成分、良好的光环境、声环境等提出要求。

空气调节分为舒适性空调和工艺性空调两类，前者是为了保证人体健康和舒适性要求，后者是满足生产过程的需要，两者是互相统一的。但对于有特殊要求的生产工艺过程，则可根据生产需要，建立生产工艺所需的空调系统。

综上所述，通风与空气调节与工农业生产、科学研究和国防军事的发展紧密相关，与人民的生活息息相关，随着国民经济的发展和人民生活水平的提高，其应用将更加广泛。

二、通风与空气调节工程的基本方法

室内的空气环境，一般要受两个方面的干扰：一方面是来自室内生产过程和人所产生的余热、余湿及其他有害物的干扰；另一方面是来自室外太阳辐射和气候变化所产生的外热作用及外部有害物的干扰。因此，通风及空气调节的基本方法就是采用适当的手段，消

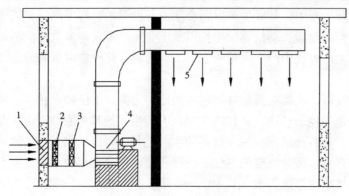

图 0-1　机械全面送风系统

1—百叶窗；2—空气过滤器；3—空气换热器；4—风机；5—送风口

除室内、室外两方面的干扰，从而达到控制室内空气环境的目的。通风与空调，不仅要研究对空气的各种处理方法，还要研究室内空间各种干扰量的计算、通风空调系统的各组成部分的设计选择、处理空气冷热源的选择以及干扰变化情况下通风空调系统的运行调节、自动控制等问题。

图 0-1 是一个典型的通风系统的简图。该系统属于全面送风系统，新鲜空气经百叶窗进入空气处理室，在空气处理室中，空气首先经过滤器，除掉空气中的灰尘，然后再进入空气换热器，在换热器中经加热或冷却处理后，经风机、风道、送风口送入房间。

图 0-2 也是一个典型的通风系统的简图。该系统属于全面排风系统，主要用于处理生产车间产生的粉尘、有害气体等。在该系统中，有害物经排风口、排风管道从室内抽出，经除尘或净化设备处理达到排放标准后，经风帽排至室外。

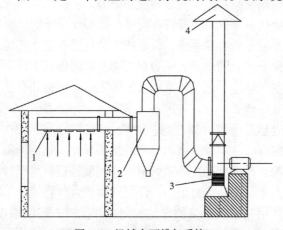

图 0-2　机械全面排气系统

1—排气口；2—净化设备；3—风机；4—风帽

图 0-3 是一个典型的空气调节系统的简图。新风经百叶窗进入空气处理室后，经过滤、加热（或冷却）处理，再由风机送到房间。在空气的处理过程中，空调系统不是简单地对空气进行过滤、加热，而是从温度、湿度等多方面对空气综合控制，总的来说，空气调节系统的空气处理室要比通风系统的更复杂，对空气参数的处理精度也比通风系统更高。

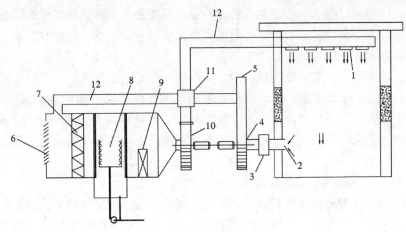

图 0-3　空调系统图

1—送风口；2—回风口；3—消声器；4—回风机；5—排风口；6—百叶窗；7—过滤器；8—喷水室；9—加热器；10—送风机；11—消声器；12—送风管道

通风与空调工程课程，是高等职业技术教育供热通风与空气调节工程技术专业的一门主要专业课，是一门实践性很强的课程，本课程以流体力学泵与风机、热工学基础为基础，同时，又与制冷技术与应用、供热工程、锅炉与锅炉房设备、自动控制等课程密切相关。在实际工程中，需要综合应用上述各方面的理论与实际知识，才能顺利完成通风空调对象的设计、施工安装及运行管理任务。

三、通风与空气调节工程的发展概况

通风与空气调节技术形成于 20 世纪初，它随着工业发展和科学技术水平的提高而日趋完善。回顾上世纪，暖通空调行业取得了长足的进步。美国工程院（美国机械工程师学会）评出的 20 世纪最伟大的工程技术成就 20 项中将空调及制冷技术列入其中之一。因为有了空调及制冷技术，人们无论在最热或最冷的地方都可以工作或生活。

在我国，通风与空气调节技术的发展并不太迟。1931 年，我国首先在上海纺织厂安装了带喷水室的空气调节系统，其冷源为深井水。随后在一些电影院、银行、高层建筑也实现了空气调节。

新中国成立后，通风空调行业逐步发展壮大。我国于 1966 年研制成功了第一台风机盘管机组，组合式空调机组在 20 世纪 50 年代已应用于纺织工业，尤其是 20 世纪的后 10 年，通风空调行业取得了突飞猛进的发展。2000 年我国房间空调器的总产量超过 1400 万台，已居世界首位。目前，通风空调技术已遍布各个领域，在全国范围内，有着相当强大的从事暖通空调专业设计、研究和施工管理的队伍。不少大专院校设有供热通风与空气调节工程专业，以培养专门的技术人才。

四、通风与空气调节的发展方向

随着中国加入 WTO，信息化技术进入人们的日常生活，住宅供暖及供电收费制度的改革，对通风空调技术提出了新的要求，通风空调技术只有适应这一迅速变革的局面，才能取得长足的发展。

1. 设计观念和方法的变革

（1）建立综合设计观念。创造健康舒适的室内环境是多工种共同工作的结晶，通风空调设计中要考虑各工种的共同设计成果对国家能源资源和环境保护的种种影响，从而改进设计方法，吸收国际上先进的设计思想。

（2）树立动态观念。建筑使用过程中，从内到外都是动态变化的，经常是在部分负荷下运行。为此在方法上要大力引入以高科技为基础的先进方法，如建筑动态负荷分析法、计算流体动力学方法等各种计算机模拟软件，分析建筑使用周期内可能出现的种种情况，不仅完成了最不利条件下的设计，还预先了解使用条件下可能发生的问题并预先提出应付对策。

2. 适应城市能源结构变动的新趋势

虽然我国是以煤为主要能源的国家，但就大城市而言，由于环境保护的要求，传统能源结构会有所调整。近年来，燃油、燃气锅炉，直燃型吸收式冷热水机组，电供暖器等的大量应用，反映出供热通风和空气调节的能源有了更多的选择和多元组合。

3. 节约能源

节约能源是我国的一项基本政策，追求提高能源效率和效益，是无止境的。供热通风和空气调节专业在系统设计和运行方面如何真正获得节能效果，还需投入大量精力来解决。

例如，热泵式空调器所占市场份额在逐年增长，风冷式冷热水机组的使用也在增多，从产品方面有提高融霜控制可靠性、制热时 COP 以及可靠工作的最低室外空气温度等，都需通过实践积累经验。

在中央空调冷源方面，由于目前广泛采用的 CFC 和 HCFC 类制冷剂对臭氧层的破坏作用以及产生温室效应，大力发展直燃式冷热水机组的看法逐步趋于一致，重点在于提高产品性能并安全可靠长期运行。蓄冰空调目前试用的效果，是转移了电力高峰负荷，省了用户电费，但总用电量却增加了，所以在涉及设备国产化、原有系统设计改进和新系统开发等方面还需做大量工作。

新的空调系统有待进一步探讨，例如变风量空调系统、变制冷剂系统，还有适应现代办公楼的个人化空调系统等都需要加以研究和实践。

4. 新技术的应用采取既积极又慎重的态度

例如信息技术的发展、制冷工质替代物的研制、太阳能及可再生能源在建筑中的应用等等，都可能给暖通专业带来巨大的影响。不应用新技术，专业水平无法有重大突破，但是，如果对新技术不经认真试点就一哄而上，则反而会葬送新技术的应用前景。因此在试点时，要认真做好策划和设计，注重积累和分析，经过运行考核和研讨，在得出可行的结论后再大力推广和应用。现在业内一些专家已注意到变频技术、智能化技术、蓄冷技术、新型制冷剂等在供热通风和空气调节专业中的应用。

5. 创造性地做各种工程设计、施工、调试和运行我国高层建筑新建量居世界首位，这是一个难得的创造和实践的机会。供热通风和空气调节专业人士要加强国际交流，不仅应在工程设计上认真策划与设计，还应在施工、调试和运行上不断吸取国外的先进技术、工艺，积累经验、分析研讨，使建成的工程成为精品。

6. 适应智能建筑在中国的发展

随着信息技术的高速发展和广泛应用，促使传统的建筑行业发生深刻变化，在此基础上发展起来的智能建筑已成为 21 世纪建筑发展的主流。面对这一变革，供热通风和空气调节专业要充分利用信息化带来的信息收集、处理的有利条件，加强技术创新和管理创新，在供热通风和空气调节系统及设备中引入集成化思想，切实提高管理效益、提高能源的利用率。

7. 通风空调与可持续发展

可持续发展是当代的一种新的关于发展的战略思想，根据联合国环境与发展世界委员会在 1987 年《我们共同的未来》报告中所提到的，"可持续发展是这样的发展，它满足当代的需要，而不损害后代满足他们需求的能力"。也就是说，人类在顾及自身的需求和发展时，要寻求经济发展、保持自然环境和保护人体健康之间的平衡。满足此类要求的建筑就称为可持续建筑（Sustainable Building），可持续建筑注重生态环境保护，把建筑放在自然生态环境中，在为人创造一个舒适的小环境的同时，还注意保护好周围的自然环境。舒适的小环境包括宜人的温度、湿度、清洁的空气、良好的光环境、声环境、便于交往的灵活空间等，这里有很大部分都属于供热通风和空气调节专业的研究范畴。

可持续发展要求供热通风和空气调节专业人员不仅仅是选用、安装、运行暖通空调设备工匠，而且应负有广义的责任，寻求室内环境、能源及其他一切资源的有效利用，向建筑用户负责。

总之，做为供热通风和空气调节专业从业人员，我们应该不断提高认识，力争在同样投入下有更多增值效益，同时又节水、节材、节能、保护环境，努力为行业的发展、民族工业的振兴做出贡献。

第一章 工业有害物的来源及其危害

在工业生产过程中，经常会散发出各种有害物质（粉尘、有害蒸气和气体）及余热、余湿，对室内、外环境造成破坏和污染，影响生产的正常进行，并危及所在环境内人类的健康及动植物的生长。因此，控制工业有害物对室内外空气环境的影响和破坏，是当前面临的重要问题。工业通风就是研究这方面问题的一门技术。为了控制工业有害物的产生和散发，改善车间空气环境和防止对大气的污染，应做到以下几点：

(1) 了解工业有害物产生的原因和散发的机理。

(2) 了解各种工业有害物对人体及工农业生产的危害。

(3) 明确室内、外环境要求达到的控制目标（卫生标准、排放标准）。

(4) 了解改善空气环境的正确方法（综合措施）。

本章将对上述四方面的问题进行介绍、分析。

第一节 工业有害物的来源

工业有害物主要是指工业生产中散发的粉尘（以下简称粉尘）、有害蒸气及气体、余热及余湿。它们主要来源于工业生产中所使用或生产的原料、辅助原料、半成品、成品、副产品以及废气、废水、废渣和废热。粉尘、有害蒸气及气体均要经过一定传播过程才能与人体接触，粉尘从静止状态变成悬浮于周围空气的作用称为尘化作用。

一、粉尘的来源

粉尘是指在空气中浮游的固体微粒。在冶金、机械、建材、轻工、电力等许多工业部门的生产过程中，都产生出大量的粉尘，如果不采取有效的防尘措施，粉尘将污染车间及室外空气，对人体健康和工农业生产造成极大的危害。

粉尘的来源主要有以下几个方面：

(1) 固体物料的机械粉碎研磨过程，如破碎机、球磨机破碎矿石和研磨煤粉的过程；

(2) 粉末物料的混合、筛分、包装及运输等过程，如水泥的包装运输过程；

(3) 物质的燃烧过程，如锅炉中煤燃烧等；

(4) 固体表面加工过程，如砂轮机的磨光过程，抛光机的抛光过程；

(5) 物质加热时产生的蒸气在空气中凝结或被氧化的过程，如铸铜时产生的氧化锌固体微粒。

工业企业常见的几种尘化作用如下：

1. 剪切压缩造成的尘化作用

筛分物料的振动筛上下振动时，使疏松的物料不断受挤压，物料间的粉尘随高速向外运动的气流一起逸出，如图 1-1 所示。

2. 诱导空气造成的尘化作用

物体或块、粒状物料在空气中高速运动时，带动周围空气随其运动，这部分空气称为诱导空气，如图1-2所示。例如，砂轮磨光金属时，在砂轮高速旋转下甩出的金属屑会产生诱导空气，使磨削下来的细粉尘随其扩散，如图1-3所示。

3. 热气流上升造成的尘化作用

图1-1　剪切造成的尘化作用

由于热产尘设备表面的空气被加热上升时，一些粉尘会随着上升的热气流一起运动，产生尘化作用。例如炼钢电炉、加热炉以及金属浇铸等过程所引起的尘化作用。

图1-2　诱导空气造成的尘化作用　　　　　图1-3　诱导空气的尘化作用

4. 综合性尘化作用

综合性尘化作用是指由剪切和诱导空气等几个因素共同作用的一种尘化作用。例如皮带运输机运输的粉料从高处下落到地面的过程。

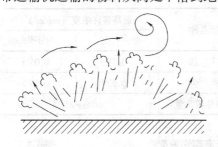

图1-4　二次气流对粉尘扩散的影响

通常把尘粒由静止状态变为空气中浮游的尘化作用称为一次尘化作用，引起一次尘化作用的气流称为尘化气流。由于细小的粉尘本身没有独立运动能力，一次尘化作用带给粉尘的能量并不能使粉尘扩散飞扬，只能在局部地点造成空气污染。由于通风或冷热气流对流所形成的室内气流（称为二次气流），在局部地点带动含尘空气在整个车间内流动，造成粉尘进一步扩散。污染空气环境的主要原因是二次气流。二次气流速度越大，粉尘扩散越严重，如图1-4所示。

通过以上分析可以看出，粉尘主要是依赖气流的运动来进行扩散的，只要对车间内的气流进行有效控制，就可以控制粉尘在室内的扩散，改善车间空气环境。

二、有害气体及蒸气的来源

在化工、造纸、纺织物漂白、金属冶炼、铸造、酸洗、喷漆等过程中，都会产生大量的有害蒸气和气体。主要有二氧化碳、二氧化硫、一氧化碳、氮氧化合物、氯化氢、氟化氢等气体以及汞、苯、铅等蒸气。在家庭装饰中，油漆、胶合板、内墙涂料、塑料贴面等材料都会不同程度的散发甲醛、苯、甲苯、氯仿等有害的致癌性气体。有害气体主要靠室内空气的流动进行扩散。

三、余热、余湿的来源

工业生产中，各种工业炉和其他加热设备、热材料、热成品等散发的热量，浸洗、蒸煮设备等散发的水蒸气，是车间内余热和余湿的主要来源。

第二节　粉尘、有害气体和蒸气的危害

一、粉尘对人体的危害

粉尘对人体健康的危害同粉尘的性质、粒径大小和进入人体的粉尘量有关。

粉尘的化学性质是危害人体的主要因素，有毒的金属粉尘（铬、锰、铅、汞、砷等）进入人体后，会引起中毒以至死亡。例如铅会使人贫血，损害大脑；锰、镉损坏人的神经、肾脏；镍可以致癌；铬会引起鼻中隔溃疡和穿孔，以及肺癌发病率增加。另外，这些物质进入肺部都能直接对肺部产生危害。例如锰进入肺部后会引起中毒性肺炎，镍进入肺部后会引起心肺机能不全等。无毒性粉尘对人体的主要危害是粉尘进入人体肺部后可能引起各种尘肺病。例如含有游离二氧化硅的粉尘吸入人体后，在肺内沉积，使海绵性的肺组织产生纤维病变，并逐渐硬化，发生"矽肺"病。还有一些物质本身并没有毒性，例如锌，但是其加热后形成的烟状氧化物可与人体内的蛋白质作用而引起发烧，发生所谓的铸造热病。

除了粉尘的性质以外，粒径大小和浓度也是危害人体健康的一个重要因素。粉尘颗粒的大小决定着它进入呼吸道及肺部的深度：10微米以上的尘粒可以阻留在呼吸道中，不易进入肺部；5微米以上的粉尘大部分阻留在呼吸道，小部分进入肺泡；5微米以下的粉尘能经毛细支气管直接进入肺泡，可以引起各种尘肺病，故危害极大。

粉尘对人体的危害还取决于进入肺泡的粉尘量，可以单位体积空气中的粉尘含量，即粉尘浓度来作为衡量标准。表1-1为《工业企业设计卫生标准》规定的居住区大气中烟尘、飘尘最高允许浓度。表1-2为作业地点空气中生产性粉尘的最高容许浓度。

居住区大气中烟尘、飘尘
最高容许浓度　　　　**表 1-1**

物质名称	最高容许浓度（mg/m³）	
	一　次	日平均
煤　　烟	0.15	0.05
飘　　尘	0.50	0.15
粉尘自然沉降量	3t/km²/月	

作业地点空气中生产性粉尘的最高容许浓度　　　　**表 1-2**

序　号	物　质　名　称	最高容许浓度（mg/m³）
1	含有80%以上游离二氧化硅的粉尘	1
2	含有10%以上游离二氧化硅的粉尘	2
3	石棉粉尘及含有10%以上石棉的粉尘	2
4	烟草及茶叶粉尘	3
5	含有10%以下游离二氧化硅的滑石粉尘	4
6	铝、氧化铝、铝合金粉尘	4
7	玻璃棉和矿渣棉粉尘	5
8	含有10%以下游离二氧化硅的水泥粉尘	6
9	含有10%以下游离二氧化硅的煤尘	10
10	其他各种粉尘	10

二、有害气体和蒸气对人体的危害

在很多生产过程中，如有色金属冶炼、电镀、酸洗、橡胶、化工等过程，都会产生大量的有害蒸气和气体。这些蒸气和气体既能通过呼吸进入人体内部，又能通过与人体外部接触伤害人体。例如，人体在和沥青、焦油等物质接触中会引起一些皮肤疾病。下面介绍

几种常见有害蒸气和气体及其对人体的危害。

一氧化碳（CO）：一氧化碳多数是由于工业炉、内燃机等设备不完全燃烧造成的，也有少量来自煤气设备的渗漏。它无色无味，对人体有强烈的窒息性。当一氧化碳经肺部进入血液时，就会与血红素混合，使人发生缺氧现象，发生中毒。

二氧化碳（CO_2）：当二氧化碳浓度大于 5×10^{-6} 时，对眼、鼻、喉以及肺部都有强刺激性，长期作用可引起黏膜炎，嗅、味觉失灵等症状。

二氧化硫（SO_2）：二氧化硫是一种无色强刺激性气体，在空气中可氧化为三氧化硫，形成酸雾，其毒性是二氧化硫的 10 倍。它主要来源于含硫矿物燃料（煤和石油）的燃烧，在金属矿物的焙烧、毛和丝的漂白、化学纸浆等生产过程中也有二氧化硫的废气排出。二氧化硫对呼吸道和眼睛均有很强的刺激作用。

苯（C_6H_6）：苯是一种具有芳香味、易燃的麻醉气体，常温下极易挥发。它主要来源于焦炉煤气和以苯为原料和溶剂的生产过程。苯可以影响人的中枢神经系统和血液及造血器官，能引起头晕、头痛等症状，严重时能引起痉挛、丧失知觉甚至死亡。

汞（Hg）：汞是一种液态金属，具有毒性。在常温下易挥发。汞的急性中毒症状主要表现在消化器官和肾脏上，慢性中毒则是破坏神经系统，使记忆力减退，头痛等，并伴随营养不良、贫血、体重减轻等症状。

铅：在有色金属冶炼、红丹、蓄电池、橡胶等生产过程中有铅蒸气及铅尘产生，铅在进入人体后会造成人体血液中色素下降，头晕、眼花、食欲不振等现象，严重时会出现中毒性脑病。

氮氧化物（NO_x）：氮氧化物主要来源于燃料的燃烧及化工、电镀等生产过程。它对呼吸器官有强烈刺激，能引起哮喘、肺气肿和肺瘤等病症。

各种有害蒸气及气体对人体的影响见表1-3。

各种有害蒸气及气体对人体的影响 表1-3

气体及蒸气的名称	有毒气体和蒸气的各种浓度（mg/L）对人体的影响				
	立即死亡	承受0.5至1小时致死	承受0.5至1小时有得病危险	承受0.5至1小时可以忍受，而无明显影响	承受许多小时能起作用	6小时内可以忍受，无显著影响
氯	2.5	0.1~0.15	0.04~0.06	0.01	0.001	0.003
溴	2.5	0.22	0.04~0.06	0.022	0.001	0.005
氯化氢	2.5	1.8~2.6	1.5~2.0	0.06~0.13	0.01	0.013
硫化氢	1.2~2.8	0.6~0.84	0.5~0.7	0.24~0.36	0.1~0.15	0.12~0.18
亚硫酸	—	1.4~1.7	0.4~0.5	0.17~0.64	0.02~0.03	0.06~0.1
氨	—	1.5~2.7	2.5~4.5	0.18	0.1	0.06
硝酸	—	0.6~1.0	—	0.2~0.4	—	(0.2)
磷化氢	—	0.56~0.84	0.4~0.6	0.14~0.26	浓度为0.1经过6小时会死亡	—
砷化氢	5.0	0.05	0.02	0.02	0.01	—
一氧化碳	—	2~3	2~3	0.5~1.0	0.2	0.1
二氧化碳	360	90~120	60~80	60~70	20~30	10
碳二醯氯（光气）	—	0.02~0.1	0.05	—	—	—
汽油	—	30~40	25~30	10~20	5~10	10
苯	—	20~30	—	10	5~10	5~10
三氯甲烷	—	200	—	30~40	—	20~30
四氯化碳	—	400~500	150~200	60~80	10	—
硫化碳	—	15	10~20	3~5	1~1.2	—
氢氰酸	0.3	0.12~0.15	0.12~0.15	0.05~0.06	0.02~0.04	0.02~(0.04)
硝基苯	—	—	—	1.0~1.5	—	0.3~0.5
苯胺	—	—	—	0.5	—	0.15~0.2

三、高温与热辐射对人体的影响

人体在正常的新陈代谢情况下，会随着工作强度和劳动条件的不同向外界散发一定的热量。当人体的散热因受外界温度、湿度、空气流速、和周围物体温度影响而不能正常散发或散发过多时，人体就会感到不适。

人体散热是通过以下几种方式来完成的：

（1）对流散热：人体的对流散热取决于空气的温度和湿度。空气温度与体温温差越大，对流散热就越强。若空气温度低于体温，人体处于散热状态；若空气温度高于体温，人体将处于吸热状态。空气流动的快慢与换热速率成正比。若空气温度等于人的体温，则二者之间不存在换热。

（2）辐射散热：人体的辐射散热与空气的温度和流速无关，只与周围物体的表面温度有关。当周围物体表面温度低于体温时，人体向外辐射散热，反之则为吸收辐射热。

（3）汗的蒸发：汗的蒸发是一个综合作用过程，是空气温度、相对湿度、流动速度，及周围表面温度等因素相互作用的结果。

由此可见，对人体最适宜的空气环境，除了要求一定的清洁度外，还要求空气具有一定的温度、相对湿度和流动速度，人体的舒适感是三者综合影响的结果。因此，在生产车间内必须防止和排除生产中大量散发的热和水蒸气，并使室内空气具有适当的流动速度。

散发大量热量的高温车间，如铸造、锻造、轧钢、炼焦、冶炼车间都具有辐射强度大、空气温度高和相对湿度低的特征。根据卫生标准规定，一般车间内工作地点的夏季空气温度，应按车间内外温差计算，不得超过表1-4的规定。

某些企业或车间（如炼焦、平炉、轧钢等）的工作地点温度确受条件限制，在采用一般降温措施后仍不能达到表1-4要求时，可再适当放宽，但不得超过2℃。同时应在工作地点附近设置工人休息室，休息室的温度一般不得超过室外温度。

车间内工作地点的夏季空气温度　　　　　　　　　　　　　　表1-4

夏季通风室外计算温度（℃）	22及以下	23	24	25	26	27	28	29	30及以上
工作地点与室外温差（℃）	10	9	8	7	6	5	4	3	2

四、粉尘、有害气体及蒸气对生产的影响

粉尘对生产的影响主要体现在降低产品质量和机器工作精度。例如一粒 $0.5\mu m$ 粉尘就可能使一块集成电路板作废。而感光胶片、油漆、化学制剂、精密仪表等产品，如不对其生产环境进行严格控制，也会极大影响产品质量。某些有害气体在遇到水蒸气时，会对金属材料、油漆涂层产生严重的腐蚀作用，缩短其使用寿命。

五、工业有害物对环境的影响

工业有害物不仅会危害室内空气环境，而且对大气、水源、土壤等自然环境也有相当严重的破坏。工业化国家大气污染的发展和演变，主要由以下三个阶段组成：第一阶段主要由燃煤引起，其主要污染物是烟尘和二氧化硫。第二阶段中石油为主要燃料，主要污染物是二氧化硫和含有重金属的飘尘、酸雾和光化学烟雾等共同作用的产物。第三阶段，即20世纪70年代以来，各国都重视环境保护，经过严格控制和综合治理，使环境污染程度

有所减弱，环境质量明显改善。

工业有害物对农业生产也有相当大的危害，致使农作物叶片枯萎脱落，叶片退绿，生理机能紊乱，产量下降，品质降低。

我国是一个发展中国家，也是一个污染较严重的国家，在经济高速发展的同时，更要注意保护环境，这样才有利于我国的长期发展。

第三节 有害物浓度、卫生标准和排放标准

一、有害物浓度

有害蒸气或气体的浓度有两种表示方法，一种是质量浓度，另一种是体积浓度。质量浓度即每立方米空气中所含有害蒸气或气体的毫克数，以 mg/m^3 表示，符号 Y。体积浓度即每立方米空气中所含有害蒸气或气体的毫升数，以 mL/m^3 表示即为 10^{-6}，符号 C。

在标准状态下，质量浓度和体积浓度可按下式进行换算：

$$Y = \frac{M \times 10^3}{22.4 \times 10^3} \cdot C = \frac{M}{22.4} \cdot C \quad mg/m^3$$

【例 1-1】 在标准状态下，$10 \times 10^{-6} mL/m^3$ 的二氧化硫相当于多少 mg/m^3？

二氧化硫的摩尔质量 $M = 64 g/mol$，所以

$$Y = \frac{64}{22.4} \times 10 = 28.5 \quad mg/m^3$$

粉尘在空气中的质量，即含尘浓度也有两种表示方法。一种是质量浓度；另一种是颗粒浓度，即每立方米空气中所含粉尘的颗粒数。在工业通风技术中一般采用质量浓度，颗粒浓度主要用于洁净车间。

二、卫生标准

为了使工业企业的设计符合卫生要求，保护工人、居民的健康，我国于 1962 年颁布了《工业企业设计卫生标准》（GBJ 1—62），在 1973 年又作了修订，颁发了《工业企业设计卫生标准》（TJ36—79）作为全国通用设计卫生标准，从 1979 年 11 月 1 日起实行。卫生标准对车间空气中有害物质的最高允许浓度、空气温度、相对湿度和流速，对居住区大气中有害物质的最高允许浓度都作了规定，做为工业通风设计和检查其效果的重要依据。例如卫生标准规定，车间空气中一般粉尘的最高允许浓度为 $10 \ mg/m^3$，含有 10% 以上游离 SiO_2 粉尘则为 $2 \ mg/m^3$，危害性大的物质其允许浓度低；居住区的卫生要求比生产车间高。卫生标准关于居住区大气中及车间空气中有害物的最高允许浓度详见附录 1-1 和附录 1-2。

我国主要根据工人在车间长期进行生产劳动而不会引起急性或慢性职业病为基础，来制订车间空气中有害物质的最高允许浓度；根据能否引起粘膜刺激和恶臭来制订居住区大气中有害物质的一次最高允许浓度；日平均最高允许浓度则主要根据防止有害物慢性中毒而制订。制订最高允许浓度还应考虑国家的经济和技术水平。

三、排放标准

1973 年我国颁发了《工业"三废"排放试行标准》（GBJ4—73），规定从 1974 年起执

行。这是为了保护环境，防止工业废水、废气、废渣（简称"三废"）对大气、水源和土壤的污染，保障人民身体健康，促进工农业生产的发展而制订的。排放标准是在卫生标准的基础上制定的，对十三类有害物质的排放量或排放浓度作了规定。工业通风排入大气的有害物量（或浓度）应该符合排放标准的规定。

1982年，我国制订了《大气环境质量标准》（GB3095—82）。为了满足不同行业的自身特点，还制订了《水泥工业污染物排放标准》（GB4915—85）、《钢铁工业污染物排放标准》（GB4911—4913—85）等相应标准。在已制订行业标准的生产部门，应以行业标准为准。例如在《水泥工业污染物排放标准》中，含游离二氧化硅小于10%的粉尘，其允许排放浓度为100g/m³，含游离二氧化硅大于10%的粉尘，其允许排放浓度为50mg/m³，其要求比《工业"三废"试行排放标准》中的相应规定更严格。

必须指出，在工业企业密集的地区，具体单位符合排放标准并不意味着整个工业区符合卫生标准，而且有可能使该地区卫生标准超标。在这种情况下，应根据城市的大气容量对不同生产单位的排放量进行进一步控制。

第四节　防治工业有害物的综合措施

防治工业有害物，不能只依靠单一的通风方法，应该采取综合措施。

一、改进工艺设备和生产操作方法

改进工艺时，应尽量在生产过程中实现自动化、机械化、密闭化，避免有害物与人体直接接触。例如在电镀生产中采用氟碳表面活性剂来抑制镀液的蒸发等。

二、采用通风措施控制有害物

在产生有害物的车间内，应采用全面通风或局部通风，对室内空气进行置换。尽量将产生有害物的设备密闭，并进行局部排风，以达到最佳的通风效果。

三、合理布置产尘、产毒工艺设备

应尽量将产尘、产毒工艺设备设置在排风口附近，而不能设置在进风口处，以减少室内粉尘、有害物的浓度。尽量在总体布置和建筑设计方面与通风措施密切配合，以达到最好的除尘、除毒效果。

四、个人防护措施

在某些工作场所因技术、工艺等原因不能达到卫生标准时，应为工作人员配备防尘、防毒口罩或面具，穿戴不同功能的工作服等等。

五、建立严格的检查管理制度

为了确保通风系统的安全运行，保证车间内有害物浓度达到国家规定的卫生标准，一定要建立严格的检查管理制度，对通风设备进行维修，对在生产过程中有机会接触有害物的工作人员进行身体检查。根据国家规定，严重危害工人身体健康，长期达不到卫生标准要求的岗位或车间，有关部门可勒令其停止生产，进行检查。

思考题与习题

1. 粉尘、有害气体和蒸气对人体有何危害？
2. 试阐明粉尘粒径大小对人体危害的影响。

3.试阐述采用通风技术控制有害物的理论依据。

4.写出下列物质在车间空气中的最高容许浓度，并指出哪种物质的毒性最大（一氧化碳，二氧化硫，氯，丙烯醛，铅烟，五氧化二砷，氧化镉）。

5.卫生标准规定的空气中有害物质最高容许浓度，考虑了哪些因素？举例说明。

6.排放标准规定空气中汞蒸气的含量为 $0.01mg/m^3$，试将该值换算为 mL/m^3。

7.排放标准与哪些因素有关?

第二章 通 风 方 式

第一节 通 风 方 式

用通风方法改善房间的空气环境，就是在局部地点或整个房间把不符合卫生标准的污浊空气经过处理达到排放标准后排至室外，而将新鲜空气或经过专门处理净化符合卫生要求的空气送入房间，使房间的空气参数符合卫生要求，保证人们的身体健康和产品质量。

按通风系统的动力不同，通风方式可分为自然通风和机械通风。

一、自然通风

自然通风是依靠室外风力造成的风压和室内外空气温度差所造成的热压来实现换气的通风方式。图 2-1 为利用热压进行的自然通风简图，由于房间空气温度高，密度小，因此就产生了一种上升力，空气上升后从上部窗排出，使得室外冷空气从下边门窗或缝隙进入室内。因此，就在房间内形成了一种由室内外气温差引起的自然通风，这种通风方式称为热压作用下的自然通风，图 2-2 为利用风压进行的自然通风，气流由建筑物迎风面的门窗进入房间内，同时把房间内的空气从背风面的门窗压出去。因此，在房间中形成了一种由风力引起的自然通风，这种通风方式称为风压作用下的自然通风。

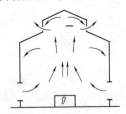 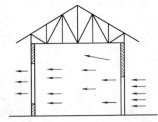

图 2-1　热压作用下的自然通风　　　　　　图 2-2　风压作用下的自然通风

自然通风可分为有组织自然通风和无组织自然通风。有组织自然通风是利用侧窗和天窗控制，调节进、排气；有组织自然通风对热车间，特别是冶金、轧钢、铸造、锻造等车间是一种经济有效的通风方式。目前采用得较为广泛。无组织自然通风是靠门窗及缝隙进行空气交换的。

二、机械通风

机械通风是利用通风机产生的动力，进行换气的方式。机械通风是进行有组织通风的主要技术手段。

机械通风的例子很多。利用安装在墙、窗上的轴流风机排风是最简单的一种机械通风。图 2-3 是利用排风管道均匀排风，图 2-4 是从几个局部地点将有害气体排走。图 2-5 是除尘系统，除尘系统也可以用来回收粉料，如回收面粉、金属粉末、水泥等。图 2-6 为机械进风系统，室外空气在风机的作用下经百叶窗进入进气室。在进气室中经过滤器过滤、加热器加热后，通过风管送入通风房间。

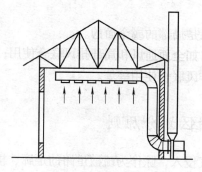

图 2-3　均匀排风系统

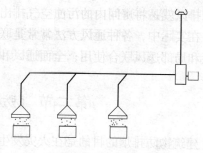

图 2-4　局部排风系统

按通风系统的作用范围不同，通风系统可分为全面通风和局部通风。

1. 全面通风

全面通风是在房间内全面进行通风换气。全面通风的目的在于稀释环境空气中的污染物。在条件限制、污染源分散或不确定等原因，采用局部通风方式难以保证卫生标准时采用。

全面通风可以利用机械通风来实现，也可用自然通风来实现，全面通风可分为全面排风和全面送风。

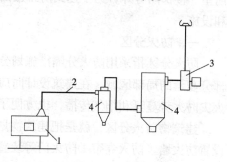

图 2-5　除尘系统
1—有害物聚集器；2—风管；
3—风机；4—除尘器

2. 局部通风

局部通风可分为局部排风和局部送风。局部排风是将污染物就地捕集、净化后排放至室外，而局部送风则是将经过处理的、合乎要求的空气送到局部工作地点，以保证局部区域的空气条件。

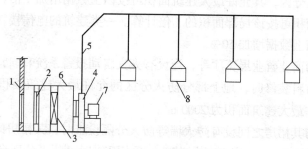

图 2-6　机械进风系统
1—百叶窗；2—空气过滤器；3—空气加热器；4—通风机；
5—风管；6—进气室；7—电动机；8—空气分布器

局部通风方式作为保证工作和生活环境空气品质、防止室内环境污染的技术措施应优先考虑。

按通风系统的特征不同，通风系统可分为送风和排风。

1. 送风

送风就是向房间内送入新鲜空气。它可以是全面的，也可以是局部的。

2. 排风

排风就是将房间内的污浊空气排出。它也可以是局部的或全面的。

在实际中，各种通风方法常常是联合使用的。如全面通风和局部排风联合使用；全面通风和局部送风联合使用；全面通风和局部送、排风联合使用等等。

第二节　防火防烟分区划分原则

建筑物防排烟的目的是在火灾发生时防止烟气侵入，除作为疏散道路的走廊、楼梯间前室、楼梯间等外，为了达到防排烟的目的，在建筑中必须设置周密而可靠的防排烟系统和设施。

一、防火分区

防火分区指采用防火分隔措施划分出的，能在一定时间内防止火灾向同一建筑的其余部分蔓延的局部区域。在建筑设计时应对建筑物进行防火分区，这样可以有效的防止发生火灾时火势蔓延和烟气传播，也方便了消防人员进行扑救，减少火灾的损失。

建筑物防火分区，就是把建筑物划分成若干个防火单元，在两个防火分区之间应水平设置防火墙、防火卷帘、防火门等装置，以有效的对火势进行阻隔。

按照我国高层民用建筑设计防火规范中的规定：一类高层建筑每个防火分区的允许最大建筑面积是 $1000m^2$，二类建筑为 $1500m^2$，地下室为 $500m^2$。一类高层建筑主要包括：高级住宅、19 层及其以上的普通住宅；展览馆、金融大楼、广播楼、科研楼、图书馆、档案楼、重要办公楼、省级邮电楼、医院、百货大楼、高级旅馆、建筑高度超过 50m 的教学楼和普通宾馆等。二类建筑主要包括：10 层到 18 层的普通住宅；建筑高度不超过 50m 的教学楼和普通旅馆、办公楼、科研楼、图书馆、档案馆；省级以下的邮政楼等。设有自动灭火系统的防火分区，其允许最大建筑面积可按以上数据增加 1 倍；当局部设置自动灭火系统时，增加面积可按该局部面积的 1 倍计算。一类建筑的电信楼，其防火分区允许最大建筑面积可按以上数据增加 50%。

高层建筑内的商业营业展览厅等，当设有火灾自动报警系统和自动灭火系统，且采用不燃烧或难燃烧材料装修时，地上部分防火分区的允许最大建筑面积为 $4000m^2$；地下部分防火分区的允许最大建筑面积为 $2000\ m^2$。

当高层建筑与其裙房之间设有防火墙等防火分隔设施时，其裙房的防火分区允许最大建筑面积不应大于 $2500\ m^2$，当设有自动喷水灭火系统时，防火分区允许最大建筑面积可增加 1 倍。

高层建筑中庭防火分区面积应按上、下层连通的面积叠加计算，当超过一个防火分区面积时，应符合下列规定：

(1) 房间与中庭回廊相通的门、窗，应设自行关闭的乙级防火门、窗。

(2) 与中庭相通的过厅、通道等，应设乙级防火门或耐火极限大于 3.00h 的防火卷帘分隔。

(3) 中庭每层回廊应设有自动喷水灭火系统。

(4) 中庭每层回廊应设火灾自动报警系统。

二、防烟分区

防烟分区是指在设置排烟设施的过道、房间用隔墙或其他措施限制烟气流动的区域。防烟分区的划分是在防火分区内进行的。按照有效排烟的原则划分，单个防烟分区的面积越大，需要的排烟风量越多，效果不一定好。在《高层民用建筑设计防火规范》中规定：当房间高度＜6m时，防烟分区的建筑面积不宜超过500m²。因此对于超过500m²房间应分隔几个防烟分区，而且防烟分区不应跨越防火区。除采用隔墙外，还可采用顶棚下突出不小于0.5m的梁或挡烟垂壁。在实际划分中，还应根据建筑物的具体情况，从防火防烟的角度把建筑物按不同用途的部分划分开。尤其是高层建筑物中空调系统的管道，火灾发生时容易成为烟气扩散的通道，在开始进行设计时就要考虑尽量不要让空调管道穿越防火防烟分区。应在各防烟分区内分别设置一个排烟口，排烟口到各点的距离在30m以内。只有这样设置了排烟设施，防烟分区才能起到它应有的作用。

第三节 控制烟气的方法

常见控制烟气的方法有以下几种：

1. 划分防烟分区。

当发生火灾时，将有毒的烟气控制在一定范围内并采用排烟设施将其排除。同时，根据防烟分区建筑面积的大小来进行排烟设计计算，选择相应的排烟设施，进而控制防排烟设施的投资成本。

若将500m²建筑面积设定为一个完整的防烟区，则敞开大空间内的防烟分区就有多个，排烟设施的投资成本也就很大。如图2-7。

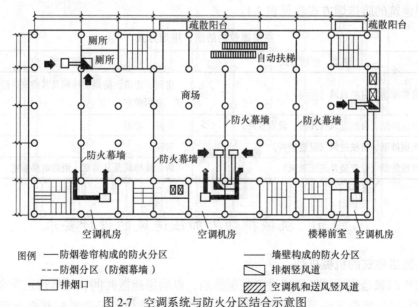

图 2-7 空调系统与防火分区结合示意图

2. 加压送风防烟

加压防烟是用风机把一定量的室外空气送入一房间或通道内，使室内保持一定压力或门洞处有一定流速，以避免烟气侵入。图2-8是加压防烟两种情况，其中图2-8（a）是当门关闭时，房内保持一定正压值，空气从门缝或其他缝隙处流出，防止了烟气的侵入；图 2-8（b）是当门开启时，送入加压区的空气以一定的风速从门洞流出，阻止烟气流入。当流速较低时，烟气可能从上部流入室内。由上述两种情况分析可以看到，为了阻止烟气流入被加压的房间，必须做到：1) 门开启时，门洞有一定向外的风速；2) 门关闭时，房间内有一定正压值。这也是设计加压送风系统的两条原则。加压送风是有效的防烟措施。

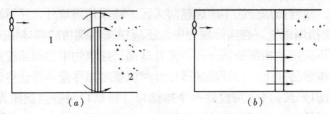

图 2-8　加压送风防烟
（a）门关闭时；（b）门开启时

3. 疏导排烟

利用自然或机械作为动力，将烟气排至室外称之为排烟。排烟的目的是排除着火区的烟气和热量，不使烟气流向非着火区，以利于人员疏散和进行扑救。

（1）自然排烟　利用烟气产生的浮力和热压进行排烟、通常利用可开启的窗户来实现。简单经济，但排烟效果不稳定，受着火点位置、烟气温度、开启窗户的大小、风力、风向等诸多因素的影响。

（2）机械排烟　利用风机的负压排出烟气，排烟效果好，稳定可靠。需设置专用的排烟口、排烟管道和排烟风机，且需专用电源，投资较大。

高层建筑的防排烟方式参见表 2-1。

高层建筑的防烟、排烟方式　　　　　　　　　　　　　　　　　　　　表 2-1

序号	防烟、排烟方式	适 用 部 位
1	自然排烟、自然通风（开窗）	房间、走道、防烟楼梯间及其前室、消防电梯间前室、合用前室
2	机械排烟、自然进风（开窗、设置竖井）	房间、走道
3	机械排烟、机械进风（设置竖井）	房间
4	机械防烟（设置竖井正压送风）	防烟楼梯间及其前室、消防电梯前室、合用前室

第四节　机械排烟、加压送风的设计要求

一、高层建筑的机械排烟

机械排烟就是使用排烟风机进行强制排烟，以确保疏散时间和疏散通道安全的排烟方式。一般在排烟部位不满足自然排烟条件时采用机械排烟。采用机械排烟系统有工作可靠、排烟效果好等优点，在高层建筑中被广泛采用。机械排烟一般分为集中排烟和局部排烟两种方式。集中排烟是将建筑物划分为若干个区域，在每个区域内设置排烟风机，再通过排烟风道将各房间内的烟气排出，局部排烟是在每个房间内设置排烟风机进行排烟，主

要适用于不能设置竖风道的空间或旧的建筑物。总之，对于重要的疏散通道必须排烟，以便在火灾发生时延长疏散时间和保证疏散通道的安全。

1. 设置机械排烟设施的部位

根据《高层民用建筑设计防火规范》的规定，一类高层建筑，高度超过32m的二类高层建筑的下列部位应设置机械排烟设施：

(1) 无直接自然通风，且长度超过20m的内走道或虽有直接自然通风，但长度超过60 m的内走道。

(2) 面积超过100m²，且经常有人停留或可燃物较多的地上无窗房间或设固定窗的房间。

(3) 不具备自然排烟条件或净空高度超过2m的中庭。

(4) 除利用窗井等开窗进行自然排烟的房间外，各房间总面积超过200m² 或一个房间面积超过50m²，且经常有人停留或可燃物较多的地下室。

2. 机械排烟量的计算

(1) 走道和房间的排烟量　每个机械排烟系统的排烟量与所负担的防烟分区数量有关。负担一个防烟分区排烟、或净空高度大于6m的不划分防烟分区的房间排烟时，排烟量按每平方米不小于60m³/h计算，且单台排烟风机的排烟量不应小于7200m³/h。担负两个或两个以上防烟分区的排烟时，应按最大一个防烟分区面积每平方米不小于120m³/h计算排烟量。

(2) 中庭的排烟量　中庭是指与两层或两层以上的楼层相通且顶部是封闭的筒体空间。我国《高层民用建筑设计防火规范》（GB50045—95）中规定一类建筑或建筑高度超过32m的二类建筑中高度超过12m的中庭应设机械排烟。中庭的机械排烟量根据中庭容积的换气次数确定，按表2-2选取。

中庭的机械排烟量　表 2-2

中庭的体积（m³）	排风量标准（每小时换气次数）
≤17000	6 次/h
>17000	4 次/h，最小排烟量不应小于 10200m³/h

中庭体积按以下规定计算：1) 中庭与周围房间用防火墙，可自动关闭的防火门窗，防火分隔时，其所围体积即为中庭计算体积；2) 当中庭与周围房间相通时，计算体积应包括相通房间的体积。

(3) 设机械排烟的前室或合用前室　带裙房的高层建筑防烟楼梯间及其前室，消防电梯间前室或合用前室，当裙房以上部分利用可开启外窗进行自然排烟，裙房部分不具备自然排烟时，其前室应设置局部机械排烟设施，其排烟量按前室每平方米不小于60m³/h计算。

3. 机械排烟系统划分与布置

机械排烟系统的划分与布置应遵守可靠性和经济的原则，考虑最佳排烟效果的要求。系统过大，则排烟口多、管路长、漏风量大、远端排烟效果差，管路布置可能出现困难，但设备少，总投资可能少一些；如系统小，则排烟口少、排烟效果好，可靠性强，但设备多，分散，投资高，维护管理不便。因此应仔细考虑论证后确定排烟系统的方案。

1) 前室或合用前室通常在各层的同一位置，所以常采用竖向布置，排烟口设在各层前室邻近走道的顶部，排烟风机设于屋顶或顶层。排风口为常闭状态，火警时用电信号开启，当排烟温度达到280℃时自动关闭；2）内走道通常也在各层的同一位置，因此也常采用竖向布置，但如走道太长而每个排烟口的作用距离不超过30m，需设2个以上排烟口时，可以用水平支管连接，如走道内无法安装水平支管，则采用两个垂直系统。在风机入口设排烟防火阀（常闭状态）以防平时室外空气侵入系统。

二、高层建筑的加压送风防烟

机械防烟是利用风机造成的气流和压力差来控制烟气流动方向的防烟措施。机械加压送风是利用送风机向防烟区送入一定量的室外新鲜空气，使之具有一定的正压，在楼梯间、前室或合用前室和走道中形成一定压力差，防止烟气侵入疏散通道，使空气流动方向从楼梯间流向前室，由前室流向走道，再由走道向室外或先流入房间再流向室外。气流流向与人流疏散方向相反，增加了疏散、援救与扑救的机会。实践表明，机械加压防烟技术具有系统简单、可靠性高、建筑设备投资比机械排烟系统少等优点，近年来在高层建筑的防烟设计中得到了广泛的应用。《高层民用建筑设计防火规范》规定，高层建筑的下列部位设置独立的机械加压防烟设施：1）不具备自然排烟条件的防烟楼梯间、消防电梯前室或合用前室；2）采用自然排烟措施的防烟楼梯间，而不具备自然排烟条件的前室；3）封闭避难层（间）。

1. 加压送风量的确定

（1）压差法：即当疏散通道门关闭时，加压部位保持一定的正压值所需送风量。

$$L_y = 0.287 \times F \Delta P^{1/N} \times 1.25 \times 3600$$

式中　L_y——正压送风量（m³/h）；

　　0.287——计算常数（漏风率系数）；

　　F——门、窗缝隙的计算漏风总面积（m²）；

　　ΔP——门、窗两侧的压差值（Pa），对于防烟楼梯间取45~50 Pa，对于前室、消防电梯前室、合用前室取25~30 Pa；

　　N——指数，对于门缝及较大漏风面积取2，对窗缝取1.6；

　　1.25——不严密处附加系数。

（2）风速法：开启着火层疏散门时需要相对保持门洞处一定风速所需送风量。

$$L_y = nFv\frac{1+b}{a} \times 3600$$

式中　F——每个门的开启面积（m²）；

　　v——开启门洞处的平均风速（m/s），取0.6~1.0 m/s；

　　a——背压系数，根据加压间密封程度，在0.6~1.0范围内取值；

　　b——漏风附加率，取0.1~0.2；

　　n——同时开启门的计算数量。当建筑物的数量为20层以下时取2，当建筑物为20层及其以上时取3。

按以上压差法和风速法分别计算出风量，取其中较大值作为系统计算加压送风量。

（3）加压送风量控制标准：高层建筑防烟楼梯间及其前室、合用前室和消防电梯间前室的机械加压送风量应由计算确定，或按表2-3的规定确定。当计算值和本表不一致时，应按两者中较大值确定。

2. 加压送风系统设计要点

(1) 加压送风系统的全压，除计算系统风道压力损失外，尚有下列余压值：防烟楼梯间为 50Pa，前室或合用前室、封闭避难层为 25 Pa。

(2) 防烟楼梯间的加压送风口宜每隔 2～3 层设计一个，风口宜采用自垂百叶或常开式百叶风口；采用常开百叶式风口时，应在加压风机的压出管上设置止回阀，以防平时空气自然对流。

(3) 前室的送风口应在每层设置，且为常开风口，每个风口的有效面积按系统总风量的 1/3 确定。在加压风机的压出管上设置止回阀。

加压送风量（m³/s）　　　　　　　　表 2-3

序号	机械加压送风部分		系统负担层数 < 20	系统负担层数 20～32
1	仅对防烟楼梯间加压（前室不送）		25000～30000	35000～40000
2	对防烟楼梯间及其合用前室分别加压	楼梯间	16000～20000	20000～25000
		合用前室	12000～16000	18000～22000
3	仅对消防电梯间前室加压		15000～20000	22000～27000
4	仅对前室及合用前室加压（楼梯间自然排烟）		22000～27000	28000～32000
5	对全封闭避层（间）加压		按避难层净面积每 m² 不小于 30 m³/h	

(4) 对于超高层建筑，由于热压过大，一个加压系统很难使楼梯井压力均匀，其送风系统及送风量应分段设计，在两区之间设密闭门，隔断"烟囱效应"。

(5) 剪刀楼梯间可合用一个风道，其风量应按两个楼梯间风量计算，送风口应分别设置。

(6) 机械加压送风的防烟楼梯间及合用前室，宜分别独立设置送风系统，当必须共用一个系统时，应在通向合用前室的支风管上设置压差自动调节装置。

(7) 加压送风道宜采用金属风道，风速不应大于 20 m/s。当采用内表面光滑的非金属风道时，风速不应大于 15 m/s，漏风量应小于 10% 左右。

(8) 加压送风机可采用轴流风机或中、低压离心风机，风机位置应有利于风量分配均衡，新风入口不受火、烟等因素威胁。

第五节　事　故　通　风

当生产设备产生偶然事故或故障时，会突然散发大量有害气体或有爆炸性气体的车间，应设置事故排风，以备急需时使用。

事故排风所必须的换气量应由事故排风系统和经常使用的排风系统共同保证，事故排风的风量，应根据工艺设计所提供的资料计算确定。当工艺设计不能提供有关计算资料时，可按以下方法确定排风量：

当有害气体的最高容许浓度大于 5mg/m³ 时，换气次数不应小于下列数值：

(1) 车间高度在 6m 及 6m 以下者 8 次/h；

(2) 车间高度在 6m 以上者 5 次/h。

当最高允许浓度等于或低于 5mg/m³ 时，上述的换气次数应乘以 1.5。

事故排风排出的气体不设专门的进风系统补偿，而且排出的气体一般不进行净化或其他的处理，排出剧毒的有害物时，应排放到 10m 以上的大气中，仅在非常必要时，才采用化学方法中和。

事故排风必须设在有害物质放散的地点，风机开关，应分别装在室内、外便于操作的位置。事故排风的吸风口，应设在有害气体或爆炸危险物质散放量可能最大的地点。事故排风的排风口，不应布置在人员经常停留或经常通行的地点。事故排风的排风口，应高于20m 范围内最高建筑物的屋面 3m 以上，当其与机械送风系统进风口的水平距离小于 20m时，尚应高于进风口 6m 以上。

在本章的前几节，介绍了局部排风、局部送风和全面通风等通风方式，分析了它们的作用、特点及应用条件。对车间进行通风设计时，首先应根据生产工艺的特点和有害物的性质，尽可能采用局部通风。如果设置局部通风后仍不能满足卫生标准的要求，或工艺条件不允许设置局部通风时，才考虑采用全面通风。有些生产车间（如铸造、烧结等），工艺设备比较复杂，车间内同时散发粉尘、有害气体、热和湿等多种有害物，对这类车间进行通风设计时，必须全面考虑各种有害物的散发情况，综合运用各种通风方式，才能做出效果良好的设计方案。如何恰当地运用各种通风方法，综合解决整个车间的通风问题，对创造良好的空气环境，提高通风系统的技术经济性能，具有十分重要的意义。例如：在铸造车间，一般采用局部排风捕集粉尘和有害气体，用全面的自然通风消除散发到整个车间的热量及部分有害气体，同时对个别的高温工作地点（如浇注、落砂），用局部送风装置进行降温。从这个例子可以看出：单纯采用某一种通风方式是不可能经济、合理地解决整个车间有害物控制问题的。

第六节　地下车库通风排烟问题及风机选用

一、地下车库通风排烟问题

近年来，我国城市汽车数量迅猛增加，地下车库的设计项目也迅速增多。地下车库的通风和排烟问题，尤其是二者兼用等问题也受到人们的普遍关注。

1. 防烟分区划分

通常对于一、二级耐火等级的建筑，最大允许防火分区面积为 2000m²（见《汽车库、修车库、停车厂设计防火规范》），如库内设有自动灭火时，面积还可增加一倍。这样将使防烟分区面积大幅度增加。由于防烟分区不能跨越防火分区，所以防烟分区最大建筑面积亦可达到 2000m²，（见《汽车库、修车库、停车厂设计防火规范》第 8.2.2 条），防烟分区面积的增大自然减少了车库内排烟系统的数量，例如面积为 2000m² 的车库，只设一个排烟系统即可。

2. 排风量与排烟量的确定

地下车库着火时产生的烟气需要很快被置换出去（从而也有相同数量的新鲜空气进入）。通常有两种方法计算风量，第一种是按稀释有害物至满足卫生要求的允许浓度来确定。根据汽车库烟气实际排放情况，影响汽车尾气排放，要求确定汽车库车位利用系数，车位利用系数指单位时间内有效利用的车位与总车位的比值（一般取 0.5 ～ 1.5）及发动机在地下室的平均工作时间（一般取 3 ~ 6min）；第二种是按房间通风换气次数来确定排风量。第二种方法适用于地下室烟气排放无计算资料可查，如汽车利用系数及发动机工作时间不好确定，可用换气次数法估算，一般排风量不小于 6 次/h。实际工作中，设计人员按多年的做法一般也都按换气次数估算而不按稀释浓度计算。排风量与排烟量的确定依据虽然有所不同，但风量可相同，这是有实际根据的：第一，地下车库可燃物较少，一旦发生火灾时，发烟量不大；第二，人员较少，基本无人停留；第三，从车库火灾的实际情况看，6 次/h 换气的排烟量基本满足人员疏散和火灾扑救的需要；第四，这一数据与美国消防法 6 次/h 换气排烟量的规定相同（见《新库规》第 8.2.4 条的条文说明）。因此，地下车库最小排风量与最小排烟量就取得了完全一致。这给简化系统、简化设计、方便运行控制等各方面带来的好处是显而易见的。

3. 排烟口与排风口的确定

由于烟气密度比常温空气密度小，所以排烟口布置在车库上方较合适。因为，首先汽车有害物的大部分，其中包括 CO（一氧化碳）的 98% ~ 99%，C_mH_n（碳氢化合物）的 55% ~ 65% 和 NOx（氮氧化物）的 98% ~ 99% 都是从尾气散发出来的，而尾气的排放温度高达 500 ~ 550℃，高温的排放气流产生很大的浮力，很难设想尾气会滞留在车库下部；其次，尚有 1% ~ 2% 的 CO 和 NOx 以及 25% 的 C_mH_n 从曲轴箱排出，有 10% ~ 20% 的 C_mH_n 从燃油系统排出，这两部分排放物虽然温度不像尾气那么高，且 NOx 也比空气密度大些，但这些有害物是在发动机工作时才排放的，而发动机工作时汽车处于行驶状态，车库的气流随着车子进进出出处于强烈扰动与混合状态，尾气也处于汽车后部的涡流之中，所以排放物并不会沉积于车库下方。而那些停稳放好的汽车，其发动机已经关闭，没有什么有害物排出了；再次，有实测数据证明，用通风换气的办法将汽车排出的 CO 稀释到容许浓度时，NOx 和 C_mH_n 远远低于它们相应的允许浓度。也就是说，只要保证 CO 浓度排放达标，其他有害物即使有一些分布不均匀，也有足够的安全倍数保证将其通过排风带走；最后，高层建筑的地下车库一般只为停放轿车、最多是面包车设计的，车库净高只有 2.2 ~ 2.8m 左右，将风口布置在车库上部，则系统既能满足火灾时的排烟要求，也能满足日常排风的要求。

4. 送风系统

从防火角度看，设置了机械排烟系统的地下车库，应同时设置进风系统，且送风量不宜小于排烟量的 50%。另一方面，从稀释有害物的角度看，排风量不小于 6 次/h 换气次数时，送风量不小于 5 次/h 换气次数，这一送风量既可以满足需要，又不至于使车库内负压过大。所以对于合二而一的机械排烟排风系统，在其排风量取为 6 次/h 换气次数的情况下，相应的机械进风系统的送风量按 5 次/h 换气确定。

二、地下车库排风机的选用

地下车库机械通风换气量受多种因素影响，在每天的使用过程中存在着高峰使用时间和非高峰使用时间，因而机械通风换气量也应随之变化。也就是说，在高峰使用时间增大机械通风换气量。要满足以上使用要求，可采用双速风机来实现风量的调节（双速风机是在考虑车库排烟需要的基础上开发的产品）。

在设计选用双速风机时，一般采用换气次数法计算通风换气量，通常取 $n = 6$ 次/h 或更大作为双速风机的低速排风量，而高速排风量则考虑满足排烟的需要。对多数地下车库而言，换气次数取 $n = 6$ 次/h 以上时，其排风换气量实际上是为了满足车库高峰使用时间的通风需要，而在大部分非高峰使用时间内，地下汽车库的排风换气量并非需要这么大，实际上通风换气次数取值 $n = 3 \sim 4$ 次/h 即可基本满足非高峰使用时间的通风换气要求。这样在选择双速风机时，其高速运转的排风量按换气次数 $n = 6$ 次/h 选取，低速运转的排风量则为满足非高峰使用时间的需要。

另一方面，按现行规范，在地下汽车库面积超过 2000m² 时，设置机械排烟系统，机械排烟量按换气次数法不小于 $n = 6$ 次/h 计算确定。这样当双速风机须承担机械排烟时，机械排风量按换气 $n = 6$ 次/h 选取亦可满足排烟需要。但需处理好高速运转排风和排烟之间控制电路方面的转换关系。而双速风机高速运转和低速运转间的转换仅为排风量的转换。如按以上方案，可选取比通常选用双速风机较小的规格，这样：1）可节约风机设备和运行能耗设备；2）可减小风管尺寸，既可节约材料和安装费用，又可使地下汽车库顶棚下其他专业的管线、探头和喷头更便于设置；3）可使风机经常处于运行状态，既可保证地下汽车库内空气处于良好状态，又可避免汽车库内可燃挥发性气体浓度升高而引发火灾；4）可降低设备的运行噪声；5）可减小通风机房面积。不利的方面是高速排风和排烟之间控制关系需要协调，由此给电路控制带来一定的复杂性。

思考题与习题

1. 建筑通风有哪几种形式，说明各自应用场合？

2. 自然通风有哪几种作用形式？增强自然通风作用效果的措施有哪些？

3. 什么是全面通风和局部通风，各自适用范围？

4. 说明通风房间的空气平衡和热平衡？

5. 什么是中和面，中和面对建筑物进、排风口面积有何影响？

6. 在高层建筑中，影响烟气流动的主要因素？

7. 高层建筑采用自然排烟时的注意事项有哪些？

8. 什么是机械排烟，它适用于哪些场合？

9. 机械加压送风的特点、适用场合？

10. 什么是防火分区和防烟分区？两者有什么异同点？为什么要引入防烟安全分区的概念？

11. 如图 2-9 所示机械排烟系统，该系统所担负的排烟区域共有 4 个，每个排烟区域的面积如图所示，试确定系统排烟风量和各管段排烟风量。

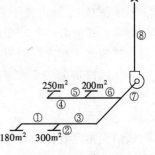

图 2-9　题 2-11 图

第三章 全 面 通 风

全面通风也称稀释通风，它主要是对整个车间或房间进行通风换气，将新鲜的空气送入室内以改变室内的温、湿度和稀释有害物的浓度，并不断地把污浊空气排出室外，使室内空气中有害物浓度符合卫生标准的要求。当车间内不能采用局部排风或局部排风不能达到要求时，应采用全面通风。要使全面通风达到良好的通风效果，不仅需要有足够的通风量，而且还要对气流进行合理的组织。

第一节 有害物质散发量的计算

一、生产设备散热量的计算

在进行车间热平衡计算时，首先要了解生产过程，确定车间的得热量。为了使设计计算更加准确，应确定最小得热量为冬季计算热量，把最大得热量作为夏季计算热量。即在冬季，采用热负荷最小班次的工艺设备散热量；不经常的散热量不予考虑；经常而不稳定的散热量应按小时平均计算。在夏季，采用热负荷最大班次的工艺设备散热量；经常而不稳定的散热量按最小值计算。白天不经常的较大散热量也应考虑在内。

在实际生产过程中，完全按照理论计算方法来确定设备散热量是有困难的。只有在车间内进行实地测试，才能保证准确确定设备的散热量。生产车间内主要有以下几种产生热量的情况。

1. 工业锅炉散热量

计算工业锅炉散热量常用的两种方法：

（1）根据炉子热平衡数据来确定其散热量，这是最简单的一种方法。一般来讲，可以从工艺方面获得资料。例如，根据工业炉热平衡知道该炉在车间散热约占总热量的15%，又知这台炉每小时耗用无烟煤150kg，无烟煤的理论发热值为7000kcal/kg，则炉子散发到车间的热量为：

$$Q = 150 \times 7000 \times 0.15 \times 1.163 = 183172.5\text{W} \tag{3-1}$$

由此可见，虽然散热占总热量的比例并不很大，但其数值是很可观的。还需指出，有些设备散入室内的热量占总热量的百分比可能更大，甚至可达30%~45%，如果工艺方面提不出热平衡数据，在已知燃料种类和其发热量值时可按一般经验确定散入车间热量占总热量的百分数。例如，间歇工作的砖炉，其散热量约占所耗燃料理论发热量的15%~20%；连续工作的炉子约为总热量的30%~45%。

（2）加热炉散热量。

1）炉壁散热量。炉壁散热包括对流散热和辐射散热两部分，可按传热学的基本公式计算。

每平方米炉壁的对流散热量为

$$q_d = a_d \ (t_b - t_n) \quad \text{W/m}^2 \qquad (3-2)$$

每平方米炉壁的辐射散热量为

$$q_f = C \Big[\Big(\frac{T_b}{100} \Big)^4 - \Big(\frac{T'_b}{100} \Big)^4 \Big] \quad \text{W/m}^2 \qquad (3-3)$$

式中　　a_d——对流放热系数，对垂直的平壁面 $a_d = 2.55 \ (t_b - t_n)^{1/4} \ [\text{W/} \ (\text{m}^2 \cdot \text{℃})]$，对
　　　　　水平的壁面 $a_d = 3.25 \ (t_b - t_n)^{1/4} \ [\text{W/} \ (\text{m}^2 \cdot \text{℃})]$；

　　　　t_b——炉壁的外表面温度（℃）；

　　　　T_b——炉壁的外表面的绝对温度（K）；

　　　　t_n——室内空气温度（℃）；

　　　　T'_b——加热炉周围物体表面的绝对温度，可近似认为 $T'_b = T_n$（K）；

　　　　C——辐射系数，对于一般的工业炉，$C = 5.34 \ [\text{W/} \ (\text{m}^2 \cdot \text{K}^4)]$。

为了简化计算，根据公式（3-2）和（3-3）作出了线算图（见图 3-1）。已知炉壁外表面温度，可利用图 3-1 求得每平方米炉壁的总散热量。该图是在车间空气温度 $t_n = 30$℃ 的情况下作出的。

炉壁的总散热量　　　　　　　$Q_b = \ (q_d + q_f) \ F$ 　　　　　　　　　　（3-4）

式中　　F——炉壁的外表面积（m²）。

2）炉口的散热量。当炉门打开时，散入室内的辐射热量为：

$$Q_f = C \Big[\Big(\frac{T_r}{100} \Big)^4 - \Big(\frac{T'_b}{100} \Big)^4 \Big] F_k \qquad (3-5)$$

式中　　C——辐射系数，可以近似认为等于绝对黑体的辐射系数，即 $C = 5.75 \ [\text{W/} \ (\text{m}^2 \cdot \text{K}^4)]$；

　　　　T_r——炉膛内烟气的绝对温度（K）；

　　　　F_k——炉口的面积（m²）。

由于 $\Big(\frac{T'_b}{100} \Big)^4$ 的数值较 $\Big(\frac{T_r}{100} \Big)^4$ 小的多，可忽略不计，因此公式（3-5）可改写为

$$Q_f = C \Big(\frac{T_r}{100} \Big)^4 F_k \qquad (3-6)$$

根据公式（3-6）作出了图 3-2。已知炉内温度，可用该图查出单位面积炉口的辐射散热量。

在一般情况下，由于炉口尺寸小、炉壁厚，部分辐射会被炉壁吸收。因此炉口的实际辐射散热量为：

$$Q_f = k \cdot C \Big(\frac{T_r}{100} \Big)^4 F_k \qquad (3-7)$$

式中　　k——炉口的折减系数。

k 值的大小和炉口尺寸（边长或直径）与炉口的炉壁厚度之比有关。k 值愈小，说明炉口壁面所吸收的辐射热愈大。

折减系数 k 可按图 3-3 确定，该图的横坐标为炉口尺寸（边长或直径）与炉壁厚度之比，对于矩形炉口，应首先按炉口的长和宽（A 及 B）分别求出折减系数 k_A 及 k_B，再取其平均值，即

$$k_p = \frac{1}{2} \ (k_A + k_B)$$

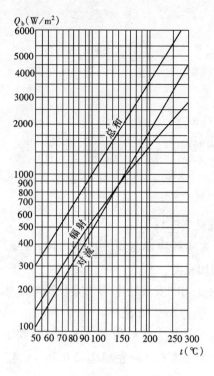

图 3-1 壁炉散热量线算图

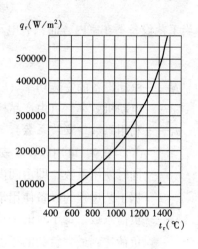

图 3-2 炉口散热量线算图

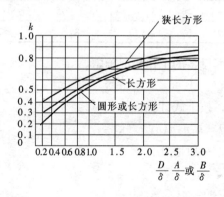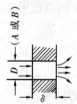

图 3-3 折减系数 k 值计算图

如果炉门不经常开启，在一小时内，炉口的平均辐射散热量

$$Q'_f = Q_f \cdot \frac{\tau}{60} \tag{3-8}$$

式中 τ——在一小时内炉口的开启时间（min）。

加热炉总散热量为：

$$Q = (q_d + q_f) \ F + Q_f \tag{3-9}$$

2. 电动设备的散热量

电动设备是指电动机及其所带动的工艺设备。电动机在带动工艺设备运转时向车间内散发的热量主要由两部分组成，即：电动机本身由于温度升高而散入车间内的热量以及电动机所带动的设备散出的热量。

当工艺设备及其电动机都放在室内时：

$$Q = \frac{n_1 n_2 n_3 N}{\eta} \quad (kW) \tag{3-10}$$

当工艺设备在室内，而电动机不在室内时：

$$Q = n_1 n_2 n_3 N \quad (kW) \tag{3-11}$$

当工艺设备不在室内，而只有电动机放在室内时：

$$Q = n_1 n_2 n_3 \frac{1-\eta}{\eta} N \quad (kW) \tag{3-12}$$

式中　N——电动设备的安装功率（kW）；

　　　η——电动机效率，可由产品样本查得，或见表3-1；

　　　n_1——利用系数（安装系数），系电动机最大实耗功率与安装功率之比，一般可取 0.7～0.9，可用以反映安装功率的利用程度；

　　　n_2——同时使用系数，即房间内电动机同时使用的安装功率与总安装功率之比，根据工艺过程的设备使用情况而定，一般为 0.5～0.8；

　　　n_3——负荷系数，每小时的平均实耗功率与设计最大实耗功率之比，它反映了平均负荷达到最大负荷的程度，一般可取 0.5 左右，精密机床取 0.15～0.4。

电 动 机 效 率　　　　　　　　　　　　表 3-1

电动机功率（kW）	0.25～1.1	1.5～2.2	3～4	5.5～7.5	10～13	17～22
电动机效率 η（%）	76	80	83	85	87	88

上述各系数的确切数据，应根据设备的工作情况确定。

3. 电热设备的散热量

对于设保温密闭罩的电热设备，按下式计算：

$$Q = n_1 n_2 n_3 n_4 N \quad (kW) \tag{3-13}$$

式中　n_4——排风带走热量的系数，一般取 0.5。

其他符号意义同前。

4. 电子设备的散热量

计算公式同式（3-12），其中系数 n_3 的值根据使用情况而定，对于已给出实测的实耗功率值的电子计算机可取 1.0，一般仪表取 0.5～0.9。

5. 金属材料的散热量

已被加热的材料或成品，放在车间内冷却或由其他车间送来继续加工时（如铸造、锻造车间的铸件或锻件），此热金属材料的散热量需单独计算。

（1）连续成批生产时固态金属材料的冷却散热量

$$Q = G \cdot c_g (t_1 - t_2) \quad (kJ/h)$$

$$= \frac{1}{3600} G \cdot c_g (t_1 - t_2) \quad (kW) \tag{3-14}$$

式中　Q——固态金属材料由温度 t_1 冷却到 t_2 时所散出的热量（kJ/h 或 kW）；

　　　G——每小时冷却的金属材料质量（kg/h）；

t_1——金属开始冷却时的温度（℃）；

t_2——金属冷却终了时的温度（℃），小件可等于室温；

c_g——固态金属的比热 [kJ/（kg·℃）]。

（2）液态金属冷却时散热量。

在炼钢车间或铸造车间，金属材料最初处于液态，首先由液态冷却到熔点，放出熔解热，金属材料由液态变成固态。然后再从熔点开始在固态下放热，冷却到室温，在这个过程中其总散热量为：

$$Q = G\left[c_y\left(t_1 - t_r\right) + i + c_g\left(t_r - t_2\right)\right]\text{（kJ）} \tag{3-15}$$

式中　G——金属材料的质量（kg）；

c_y——液态金属的比热 [kJ/（kg·℃）]；

t_1——液态金属冷却时的初温（℃）；

t_r——金属的熔点温度（℃）；

i——金属的熔解热（kJ/kg）；

t_2——金属冷却终温（即室温）（℃）。

上述公式中的 c_g、c_y、t_1、t_r 及 i 见表 3-2。

常用金属物理性能 表 3-2

名　　称	t_r（℃）	t_1（℃）	i（kJ/kg）	c_y [kJ/（kg·℃）]	c_g [kJ/（kg·℃）]
钢	1500	1570	274.9	0.813	0.629
生铁	1250	1400	196.9	0.901	0.691
铜	1083	1150~1250	209.5	0.511	0.478
锌	418	440~460	98.9	0.520	0.419
铅	329	—	23.0	0.130	0.155
锡	238	—	59.5	0.218	0.284
铝	657	750	333.5	0.968	0.976

计算金属冷却散热量时应当注意，有些大的物体冷却过程并不是在一小时内结束的，例如大铸件的冷却要延续几十小时，而且散热量在时间上的分配也是不均匀的。由于物体的温度逐渐下降，因此前期的散热量要较后期大的多。每小时的散热比例与材料的性质、形状、质量以及周围的气象条件有关。例如，质量 $G = 100 \sim 200\text{kg}$ 的铸铁件，第一小时的散热量约为 82%，第二小时约为 12%，第三小时约为 6%。物体进入车间的数量是否均匀，也应认真调查分析。要正确计算铸造车间的浇注金属散热量，必须首先了解整个车间的生产过程，了解每小时铸件的冷却过程，累计计算最大或最小散热量。把最大的散热量作为夏季的计算散热量，把最小的散热量作为冬季的计算散热量。

6. 蒸气锻锤的散热量

蒸气锻锤打压金属时，蒸气的热能有一部分先转变为机械能，锻打后又转化为热能散入车间。可以近似地认为蒸气锤的散热量等于进入锻锤蒸气的焓与锻锤排出蒸气的焓之差，因此蒸气锻锤的散热量为：

$$Q = G\left(i_j - i_p\right)\text{（kW）} \tag{3-16}$$

式中　G——锻锤的蒸气消耗量（kg/s）；

i_j——进入锻锤时蒸气的焓（kJ/kg）；

i_p——排出蒸气的焓（kJ/kg），可以近似认为锻锤排出蒸气的工作压力为49kPa。

7. 燃料燃烧的散热量

在某些生产过程中，如气焊、玻璃吹制等，燃料燃烧所产生的热量，直接散入车间，这些热量也是车间得热量的一部分。燃料燃烧所产生的热量可按下式计算：

$$Q = GA\eta \qquad (3-17)$$

式中　G——燃料的消耗量（m^3/s）；

　　　A——燃料的理论发热量（kJ/m^3），常用气体燃料的A值见表3-3；

　　　η——燃料的燃烧效率，气体燃料$\eta = 1.0$。

燃 料 的 理 论 发 热 量　　　　　　　　　表3-3

种　　类	燃 料 名 称	理论发热量（kJ/m^3）
气 体 燃 料	甲 烷 乙 炔 煤 气 天 然 气	39918 58822 11313 ~ 12151 29330 ~ 67040

二、散湿量的计算

生产车间内的散湿主要由以下几方面组成：

1. 敞开水槽表面的散湿量

$$W = F \cdot \beta \left(P_{zb} - P_{qi} \right) \frac{760}{B} \quad （kg/h） \qquad (3-18)$$

式中　F——蒸发表面积（m^2）；

　　　β——水面蒸发系数 [$kg/（m^2 \cdot h \cdot mmHg$）]；

$$\beta = a + 0.0174v$$

　　　a——在周围空气温度15~30℃时不同水温的重力流动因素，查表3-4；

　　　v——蒸发水面空气流速（m/s）；

　　　P_{zb}——在蒸发水面温度下的饱和空气水蒸气分压力（mmHg），与液体温度有关的蒸发表面温度，见表3-5；

　　　P_{qi}——室内空气中的水蒸气分压力（mmHg）；

　　　B——蒸发水面所在地大气压力值（mmHg）。

在计算除水以外其他液体表面蒸发量时，其液面蒸发系数β可按下式求得：

$$\beta = M\left(0.000352 + 0.000786\,v \right)$$

式中　M——液体的分子量。

不 同 水 温 下 的 重 力 流 动 因 素 a　　　　　　　表3-4

水温（℃）	30以下	40	50	60	70	80	90	100
a	0.022	0.028	0.033	0.037	0.041	0.046	0.051	0.06

注：1. 若水液的温度保持为某一定值时，则蒸发水面的温度可按表3-5采用，如槽内液体很好的搅动，则蒸发水面的温度和液体温度是相同的。

　　2. 若由于周围空气放热而使水液蒸发时，P_{zb}应按周围空气的湿球温度取值。

　　3. 在计算由建筑物围护结构（地面、墙等）的湿润表面蒸发水分时，a值可取0.031。

　　4. 由于加热而使水沸腾时，水分蒸发量应按供给的热量决定。

液体温度（℃）	20	25	30	35	40	45	50	55	60	65	70	75	80	85	90	95	100
蒸发表面温度（℃）	18	23	28	33	37	41	45	48	51	54	58	63	69	75	82	90	97

注：周围空气的状态参数为 $t = 20℃$，$\phi = 70\%$。

2. 地面上长期积水的散湿量

对于长期积存在地面上的水分，蒸发所需热量是取自空气的绝热过程（即室内空气全热量没有得失），最终的稳定水温等于室内空气的湿球温度，故其蒸发量为：

$$W = \frac{a_k (t_{gq} - t_s) F}{r} \qquad (3-19)$$

式中 a_k——空气对水表面的换热系数，一般可取 $3.5 \sim 3.8 \text{kcal/} (\text{m}^2 \cdot \text{h} \cdot ℃)$；

       t_{gq}——室内空气的干球温度（℃）；

       t_s——室内空气的湿球温度（℃）；

       F——蒸发水表面面积（m^2）；

       r——水的汽化潜热（kJ/ kg），在 0℃时，$r_0 = 2501$（kJ/ kg）；在 20℃时，$r_{20} = 2453$（kJ/ kg）。

3. 材料或成品、化学反应过程中、设备与管道等散发的水蒸气量

确定时参照相关工艺资料或工艺手册，具体酌情确定。

三、有害气体散发量的计算

有害气体主要来自以下几个方面：

（1）容器中化学品自由表面的蒸发；

（2）生产过程中化学反应产生的有害气体，如电解铝的时候产生的氟化氢，铸件浇注时产生的一氧化碳等等；

（3）燃料燃烧时释放的有害气体；

（4）生产设备或管道泄漏到室内的有害气体；

（5）物体表面涂漆时，散入室内的溶剂蒸气。

由于生产过程的复杂性，有害气体散发量一般不能用理论公式进行计算，都是通过现场测定和调查研究，按经验数据确定，或参照相关工艺资料和手册酌情确定。

第二节　全面通风量的确定

全面通风量是指为了使房间内的空气环境符合规范允许的卫生标准，用于稀释通风房间的有害物浓度或排除房间内的余热、余湿所需的通风换气量。

一、为稀释有害物所需的通风量

$$L = \frac{kx}{y_p - y_s} \qquad (3-20)$$

式中 L——全面通风量（m^3/s）；

       k——安全系数，一般在 $3 \sim 10$ 范围内选用；

       x——有害物散发量（g/s）；

y_p——室内空气中有害物的最高允许浓度（g/m^3）；

y_s——送风中含有的有害物浓度（g/m^3）。

二、为消除余热所需的通风量

$$G = \frac{Q}{C_p\ (t_p - t_s)} \text{或} L = \frac{Q}{C_p\rho\ (t_p - t_s)} \tag{3-21}$$

式中　G——全面通风量（kg/s）；

　　　Q——室内余热（指显热）量（kJ/s）；

　　　C_p——空气的定压比热容，可取 1.01kJ/（kg·℃）；

　　　ρ——空气的密度（kg/m^3）；

　　　t_p——排风温度（℃）；

　　　t_s——送风温度（℃）；

三、为消除余湿所需的通风量

$$G = \frac{W}{d_p - d_s} \text{或} L = \frac{W}{\rho\ (d_p - d_s)} \tag{3-22}$$

式中　W——余湿量（g/s）；

　　　d_p——排风含湿量（g/kg）；

　　　d_s——送风含湿量（g/kg）。

需要注意的是，当通风房间同时存在多种有害物时，一般情况下，应分别计算，然后取其中的最大值作为房间的全面换气量。但是，当房间内同时散发数种溶剂（苯及其同系物、醇、醋酸酯类）的蒸气，或数种刺激性气体（三氧化硫、二氧化硫、氯化氢、氟化氢、氮氧化合物及一氧化碳）时，由于这些有害物对人体的危害在性质上是相同的，在计算全面通风量时，应把它们看成是一种有害物质，房间所需的全面换气量应当是分别排除每一种有害气体所需的全面换气量之和。

当房间内有害物质的散发量无法具体计算时，全面通风量可根据经验数据或通风房间的换气次数估算，通风房间的换气次数 n 定义为：通风量 L 与通风房间体积 V 的比值

$$n = \frac{L}{V} \tag{3-23}$$

式中　n——通风房间的换气次数（次数/h），可从有关的设计规范或手册中查取；

　　　L——房间的全面通风量（m^3/h）；

　　　V——通风房间的体积（m^3）。

各种房间的换气次数，可从有关的资料中查取。

【例 3-1】　某车间内同时散发苯和醋酸乙酯，散发量分别为 80mg/s、100 mg/s，求所需的全面通风量。

【解】　查相关设计手册得最高允许浓度为苯 $y_{p1} = 40mg/m^3$，醋酸乙酯 $y_{p2} = 300mg/m^3$。送风中不含有这两种有机溶剂蒸气，故 $y_{s1} = y_{s2} = 0$。取安全系数 $k = 6$。则

苯　　　　　　　　　$L_1 = \frac{kx_1}{y_{p1} - y_{s1}} = \frac{6 \times 80}{40 - 0}m^3/s = 12m^3/s$

醋酸乙酯

$$L_2 = \frac{kx_2}{y_{p2} - y_{s2}} = \frac{6 \times 100}{300 - 0} \text{m}^3/\text{s} = 2\text{m}^3/\text{s}$$

数种有机溶剂的蒸气混合存在，全面通风量为各自所需之和，即

$$L = L_1 + L_2 = （12 + 2）\text{m}^3/\text{s} = 14 \text{ m}^3/\text{s}$$

第三节　全面通风的空气平衡和热平衡

一、空气平衡

在通风房间内，无论采取哪种通风方式，都必须保证空气质量的平衡，即在单位时间内进入室内的空气质量与同一时间内排出的空气质量保持相等。空气平衡可以用以下公式表示：

$$G_{zj} + G_{jj} = G_{zp} + G_{jp} \tag{3-24}$$

式中　G_{zj}——自然进风量（kg/s）；

$\quad\quad G_{jj}$——机械进风量（kg/s）；

$\quad\quad G_{zp}$——自然排风量（kg/s）；

$\quad\quad G_{jp}$——机械排风量（kg/s）。

在未设有自然通风的房间中，当机械进、排风风量相等（$G_{jj} = G_{jp}$）时，室内外压力相等，压差为零。当机械进风量大于机械排风量（$G_{jj} > G_{jp}$）时，室内压力升高，处于正压状态，反之，室内压力降低，处于负压状态。由于通风房间不是非常严密的，当处于负压状态时，室内的部分空气会通过房间不严密的缝隙或窗户、门洞等渗入室内，我们把渗入室内的空气称为无组织进风。

在工程设计中，为了满足通风房间或邻室的卫生条件要求，通过使机械送风量略大于机械排风量（通常取 5% ~ 10%）、让一部分机械送风量从门窗缝隙自然渗出的方法，使洁净度要求较高的房间保持正压，以防止污染空气进入室内；或通过使机械送风量略小于机械排风量（通常取 10% ~ 20%）、使一部分室外空气通过从门窗缝隙自然渗入室内补充多余的排风量的方法，使污染程度较严重的房间保持负压，以防止污染空气向邻室扩散。但是处于负压的房间，负压不应过大，否则会导致不良后果，室内负压引起的危害见表3-6。

室内负压引起的危害　　　　　　　　　　　　　　　表 3-6

负压（Pa）	风速（m/s）	危　　害
2.45 ~ 4.9	2 ~ 2.9	使操作者有吹风感
2.45 ~ 12.25	2 ~ 45	自然通风的抽力下降
4.9 ~ 12.25	2.9 ~ 4.5	燃烧炉出现逆火
7.35 ~ 12.25	3.5 ~ 6.4	轴流式排风扇排风能力下降
12.25 ~ 49	4.5 ~ 9	大门难以启闭
12.25 ~ 61.25	6.4 ~ 10	局部排风扇系统能力下降

二、热平衡

通风房间的空气热平衡，是指为保持通风房间内温度不变，必须使室内的总得热量等

于总失热量。即

$$\Sigma Q_d = \Sigma Q_s \tag{3-25}$$

式中 ΣQ_d——总得热量（kW）；

      ΣQ_s——总失热量（kW）。

热平衡方程式为：

$$\Sigma Q_h + cL_p\rho_n t_n = \Sigma Q_f + cL_{jj}\rho_{jj}t_{jj} + cL_{zj}\rho_w t_w + cL_{hx}\rho_n（t_s - t_n）$$

式中 ΣQ_h——围护结构、材料吸热的总失热量（kW）；

      ΣQ_f——生产设备、产品及采暖散热设备的总放热量（kW）；

      L_p——局部和全面排风风量（m³/s）；

      L_{jj}——机械进风量（m³/s）；

      L_{zj}——自然进风量（m³/s）；

      L_{hx}——再循环空气量（m³/s）；

      ρ_n——室内空气密度（kg/m³）；

      ρ_w——室外空气密度（kg/ m³）；

      t_n——室内排出空气温度（℃）；

      t_w——室外空气计算温度℃，在冬季，对于局部排风及稀释有害气体的全面通风，采用冬季采暖室外计算温度。对于消除余热、余湿及稀释低毒性有害物质的全面通风，采用冬季通风室外计算温度。冬季通风室外计算温度是指历年最冷月平均温度的平均值；

      t_{jj}——机械进风温度（℃）；

      t_s——再循环送风温度（℃）；

      c——空气的质量比热，其值为 1.01kJ/（kg·℃）。

在不同的工业厂房，由于生产设备和通风方式等因素的不同，其车间得、失热量也存在着较大的差异。设计时不仅要考虑生产设备、产品、采暖设备及送风系统的得热量，还要考虑围护结构、低于室温的生产材料及排风系统等的失热量。在对全面通风系统进行设计计算时，应将空气质量平衡和热平衡统一考虑，来满足通风量和热量平衡的要求。

【例 3-2】   已知某车间排除有害气体的局部排风量 $G_p = 0.5$kg/s，冬季工作区的温度 $t_n = 15℃$，建筑物围护结构热损失 $Q = 5.8$kW，当地冬季采暖室外计算温度 $t_w = -25℃$，试确定需要设置的机械送风量和送风温度。

【解】   （1）确定机械送风量和自然进风量

为了防止室内有害气体向室外扩散，取机械送风量等于机械排风量的 90%，不足的部分由室外空气通过门窗缝隙自然渗入室内来补充。此时所需机械送风量为：

$$G_{jj} = 0.9 G_{jp} = 0.9 \times 0.5 = 0.45 \text{ kg/s}$$

自然进风量为

$$G_{zj} = 0.5 - 0.45 = 0.05 \text{ kg/s}$$

（2）确定送风温度

根据热平衡方程

$$G_{jj}Ct_{jj} + G_{zj}Gt_{zj} = G_{jp}Ct_{jp} + Q$$

$$t_{jj} = G_{jp}Ct_{jp} + Q - G_{zj}\frac{Ct_{zj}}{G_{jj}}C$$

$$= 0.5 \times 1.01 \times 15 + 5.8 - 0.05 \times \frac{1.01 \times (-25)}{0.45}1.01$$

$$= 32.2\,^{\circ}\text{C}$$

要保持室内的温度和压力一定，就应保持热平衡和空气平衡。在实际生产中，通风形式比较复杂，有的情况要根据排风量确定送风量；有的情况要根据热平衡的条件来确定空气参数。通风系统的平衡问题非常复杂，是一个动态平衡过程，室内温度、送风温度、送风量等各种因素都会影响这个平衡。如果上述条件发生变化，可以按照下列方法进行相应的调整：

（1）如冬季根据平衡求得送风温度低于规范的规定，可直接将送风温度提高至规定的数值；

（2）如冬季根据平衡求得送风温度高于规范的规定，应将送风温度降低至规定的数值，相应提高机械进风量；

（3）如夏季根据平衡求得送风温度高于规范的规定，可直接降低送风温度进行送风，使室内温度有所降低。

在保证室内卫生条件的前提下，为节省能量，进行车间通风系统设计时，可采取以下措施：

（1）计算局部排风系统风量时（尤其是局部排风量大的车间）要有全局观念，不能片面追求大风量，应改进局部排风系统的设计，在保证效果的前提下，尽量减少局部排风量，以减少车间的进风量和排风热损失，这一点，在严寒地区非常重要。

（2）机械进风系统在冬季应采用较高的送风温度。直接吹向工作地点的空气温度，不应低于人体的表面温度(34℃左右)，最好应在 37～50℃之间。这样，可避免工人有吹冷风的感觉，同时还能在保持热平衡的前提下，利用部分无组织进风，以减少机械进风量。

（3）净化后的空气再循环使用。对于含尘浓度不太高的局部排风系统，排出的空气除尘净化后，如达到卫生标准，可再循环使用。

（4）室外空气直接送到局部排风罩或排风罩的排风口附近，补充局部排风系统排出的风量。

（5）为了充分利用排风余热，节约能源，在可能的条件下应设置热回收装置。

第四节　全面通风的气流组织

全面通风的通风效果不仅与采用的通风系统形式有关，还与通风房间的气流组织形式有关。所谓气流组织，就是合理的选择和布置送、排风口的形式、数量和位置，合理的分配各风口的风量，使送风和排风能以最短的流程进入工作区或排出，从而以最小的风量获得最佳的效果。一般通风房间的气流组织形式有上送下排、下送上排及中间送上下排等形式。设计时应根据有害物源的布置、操作位置、有害物性质及浓度分布等情况对送排风方式进行合理的选择。

在进行气流组织设计时，应按照以下原则进行设计：

（1）送风口应尽量靠近操作地点。清洁空气送入通风房间后，应先经过操作地点，再经过污染区然后排出房间。

（2）排风口应尽量靠近有害物源或有害物浓度高的地区，以便有害物能够迅速被排出室外。

（3）进风系统气流分布均匀，避免在房间局部地区出现涡流，使有害物聚积。

送排风量因建筑物的用途和内部环境的不同而不同。在生产厂房、民用建筑要求清洁度高的房间，送风量应大于排风量；对于产生有害气体和粉尘的房间，应使送风量略小于排风量。

（4）机械送风系统室外进风口的布置：

1）选择空气洁净的地方；

2）进风口应低于排风口，并设置在排风口上风处；

3）进风口底部应高出地面 2m，在设有绿化带时，不宜低于 1m。

（5）机械送风系统的送风方式：

1）放散热或同时放散热、湿和有害气体的房间，当采用上部或下部同时全面排风时，送风宜送至工作地带。

2）放散粉尘或密度比空气大的蒸气和气体、而不同时放散热的车间及辅助建筑物，当从下部地带排风时，宜送至上部地带。

3）当固定工作地点靠近有害物质放散源，且不可能安装有效的局部排风装置时，应直接向工作地点送风。

（6）风量的分配：

1）有害物和蒸气的密度比空气轻，或虽比室内空气重，但建筑内散发的显热全年均能形成稳定的上升气流时，宜从房间上部区域排出。

2）当散发有害气体和蒸气的密度比空气重，建筑物内散发的显热不足以形成稳定的上升气流而沉积在下部区域时，宜从房间上部区域排出总风量的 1/3 且不小于每小时一次换气量，从下部区域排出总排风量的 2/3。

3）当人员活动区有害气体与空气混合后的浓度未超过卫生标准，且混合后气体的相对密度与空气密度接近时，可只设上部或下部区域排风。

第五节 置 换 通 风

一、置换通风的原理及基本方式

置换通风是空气由于密度差而造成热气流上升，冷气流下降的原理，在室内形成类似活塞流的流动状态。

置换通风是指将低于室内温度的新鲜空气直接从房间底部送入工作区，由于送风温度低于室内温度，新鲜空气在后续进风的推动下与室内的热源（人体及设备）产生热对流，在热对流的作用下向上运动，从而将被污染的空气从设置在房间顶部的排风口排出。一般情况下置换通风的风速在 0.2～0.5m/s 之间热源引起的热对流在室内造成气流上下运动，从而在室内的垂直方向上产生了明显的温度梯度（见图 3-4、图 3-5）。

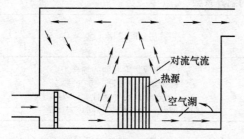
图 3-4　置换通风的流态

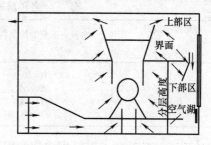
图 3-5　站姿人员产生的上升气流

置换通风在应用中有节能、通风效率高等优点，所以在实际应用中也被广泛采用，并收到了良好的效果。

二、置换通风的设计与运用

由于置换通风在我国尚属初步阶段，现有的通风空调设计手册及暖通设计规范尚未作出明确的规定。一般设计置换通风时，应从以下几方面进行考虑：

1. 置换通风的设计应符合的条件

（1）污染源与热源共存；

（2）房间高度≥2.4m；

（3）冷负荷小于 120W/m²。

2. 置换通风器的选型，其断面风速应符合的要求

（1）工业建筑断面风速 $V = 0.5\text{m/s}$；

（2）高级办公室断面风速 $V = 0.2\text{m/s}$。

3. 置换通风器的布置应符合的条件

（1）置换通风器附近无较大障碍物；

（2）置换通风器应靠近外墙或外窗；

（3）冷负荷较大时，应根据实际情况布置多个置换通风器。

4. 送风温度的确定

送风温度由下式确定：

$$t_s = t_{1.1} - \Delta t_n \frac{1-k}{c-1} \tag{3-26}$$

式中　c——停留区温升系数；

$$c = \frac{\Delta t_n}{\Delta t} = \frac{t_{1.1} - t_{0.1}}{t_p - t_s}$$

$t_{0.1}$——地表面空气温度（℃）；

$t_{1.1}$——工作区上部空气温度（℃）；

t_s——置换通风送风温度（℃）；

t_p——置换通风排风温度（℃）；

k——地面区温升系数。

$$k = \frac{\Delta t_{0.1}}{\Delta t} = \frac{t_{0.1} - t_s}{t_p - t_s}$$

停留区温升系数 c 也可根据房间用途确定。表 3-7 为各种房间的 c 值。

停留区的温升 $c = \dfrac{\Delta t_n}{\Delta t}$	地表面部分的冷负荷比例（%）	房 间 用 途
0.16	0 ~ 20	天花板附近照明的场合
0.25	20 ~ 60	博物馆、摄影棚、办公室
0.33	60 ~ 100	置换诱导场合
0.4	60 ~ 100	高负荷办公室、冷却顶棚、会议室

地面区温升系数 k 可根据房间的用途及单位面积送风量确定。表 3-8 列出了各种房间的 k 值。

地面区温升系数 $k = \dfrac{\Delta t_{0.1}}{\Delta t}$	房间单位面积送风量 [m³/（m²·h）]	房间用途及送风情况
0.5	5 ~ 10	仅送最小新风量
0.33	15 ~ 20	使用诱导式置换通风器的房间
0.20	> 25	会议室

5. 新风量的确定

（1）按室内人员确定新风量

$$L = nq \tag{3-27}$$

式中　n——室内人员数

q——每个人所需新风量，q 可按房间需要确定，室内空气品质要求高，$q = 50\text{m}^3/$（h·人）；室内空气品质要求中等，$q = 36\text{m}^3/$（h·人）；室内空气品质要求低，$q = 25\text{m}^3/$（h·人）。

（2）按室内有害物发生量确定新风量

$$L = \frac{G}{c_p - c_s} \tag{3-28}$$

式中　G——室内有害物发生量（mg/s）；

c_p——排风的有害物浓度（mg/m³）；

c_s——送风的有害物浓度（mg/m³）。

6. 送风量的确定

根据置换通风热力分层理论，界面上的烟羽流量与送风流量相等，即

$$q_s = q_p$$

当热源的数量与发热量已知，可用下式求得烟羽流量

$$q_p = （3B\pi^2)^{1/3} \cdot \left(\frac{6}{5a}\right)^{4/3} \cdot Z_s^{5/2} \tag{3-29}$$

式中　$B = g\beta \dfrac{Q_s}{\rho}c_p$

Q_s——热源热量；

β——温度膨胀系数；

a——烟羽对流卷吸系数（由实验确定）；

Z_s——分层高度。

通常在民用建筑中的办公室、教室等工作人员处于坐姿状态，工业建筑中的工作人员处于站姿状态。坐姿时的分层高度 $Z_1 = 1.1m$，站姿时的分层高度 $Z_2 = 1.8m$。

对于常见的热设备、办公设备人员，分层高度分别为 $Z_1 = 1.1m$ 以及 $Z_2 = 1.8m$ 时的烟羽流量可查表3-9。

热源引起的上升气流流量　　　　　　　　表3-9

热源形式	有效能量折算 （W）	在离地面1.1m处 的空气流量（m³/h）	在离地面1.8m处 的空气流量（m³/h）
人员： 坐或站 轻度或中度劳动	100~120	80~100	180~210
办公设备：			
台灯	60	40	100
计算机/传真机	300	100	200
投影仪	300	100	200
台式复印机/打印机	400	120	250
落地式复印机	1000	200	400
散热器	400	40	100
机器设备：	2000		600
约1m直径，1m高	4000		800
约1m直径，2m高	6000		900
约2m直径，1m高	8000		1000
约2m直径，2m高			

7. 送排风温差的确定

当室内发热量已知，送风量已确定时，送排风温差是可以计算得到的。在置换通风的房间内，满足热舒适性要求条件下，送排风温差随着顶棚高度的增高而变大。欧洲国家根据多年的经验确定了送排风温差与房间高度的关系，如表3-10所列。

送排风温差与房间高度的关系　表3-10

房间高度（m）	送排风温差（℃）
<3	5~8
3~6	8~10
6~9	10~12
>9	12~14

8. 置换通风末端装置的选择与布置

置换通风的出口风速低，送风温差小的特点导致置换通风系统的送风量大，它的末端装置体积相对来说也较大。

置换通风末端装置通常有圆柱型、半圆柱型、1/4圆柱型、扁平型及壁型5种。

在民用建筑中置换通风末端装置一般均为落地安装，如图3-6（a）所示。当某地高级办公大楼采用夹层地板时，置换通风末端装置可在地面上，见图3-6（b）。在工业厂房中由于地面上有机械设备及产品零件的运输，置换通风末端装置可架空布置，如图3-6（c）所示。

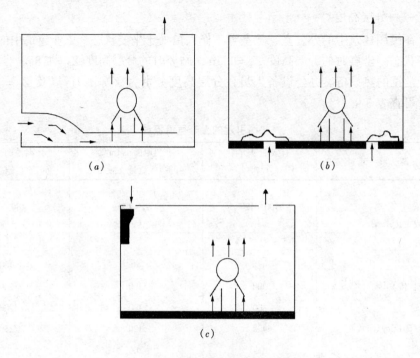

图 3-6 置换通风末端装置及排风口的布置

（a）落地安装；（b）地平安装；（c）架空安装

地平安装时该末端装置的作用是将出口空气向地面扩散，使其形成空气湖。

架空安装时该末端装置的作用是引导出口空气下降到地面，然后再扩散到全室并形成空气湖。

落地安装是使用最广泛的一种形式。1/4 圆柱型可布置在墙角内，易与建筑配合。半圆柱型及扁平型用于靠墙安装。圆柱型用于大风量的场合并可布置在房间的中央。以上 3 种末端装置的外形如图 3-7、图 3-8、图 3-9 所示。

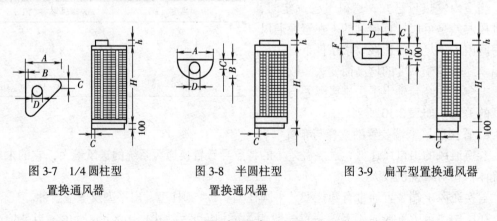

图 3-7 1/4 圆柱型	图 3-8 半圆柱型	图 3-9 扁平型置换通风器
置换通风器	置换通风器	

思考题与习题

1. 确定全面通风量时，有时采用分别稀释各有害物空气量之和，有时取其中的最大值，为什么？

2. 进行热平衡计算时，为什么计算稀释有害气体的全面通风耗热量时，采用冬季采暖室外计算温度；而计算消除余热、余湿的全面通风耗热量时，则采用冬季通风室外计算温度？

3. 通风设计如果不考虑风量平衡和热平衡，会出现什么现象？

4. 某车间体积 $V = 1000m^3$，由于突然发生事故，某种有害物大量散入车间，散发量为350mg/s，事故发生后10min被发现，立即开动事故风机，事故排风量为 $L = 3.6m^3/s$。试问：风机启动后经过多长时间，室内有害物浓度才能降低到100mg/m^3 以下（风机启动后有害物继续发散）。

5. 某大修厂在喷漆室内对汽车外表喷漆，每台车需1.5h，消耗硝基漆12kg，硝基漆中含有20%的香蕉水，为了降低漆的黏度，便于工作，喷漆前又按漆与溶剂质量比4:1加入香蕉水。香蕉水的主要成分是：甲苯50%、环己烷8%、乙酸乙酯30%、正丁醇4%。计算使车间空气符合卫生标准所需的最小通风量（取 K 值为1.0）。

6. 某车间工艺设备散发的硫酸蒸气量 $X = 20mg/s$，余热量 $Q = 174kW$。已知夏季的通风室外计算温度 $t_w = 32℃$，要求车间内有害蒸气浓度不超过卫生标准，车间内温度不超过35℃。试计算该车间的全面通风量（因有害物分布不均匀，故取安全系数 $K = 3$）。

7. 某车间同时散发 CO 和 SO_2，$X_{CO} = 140mg/s$，$X_{SO_2} = 56mg/s$，试计算该车间所需的全面通风量。由于有害物及通风空气分布不均匀，取安全系数 $K = 6$。

8. 已知某房间散发的余热量为160kW，一氧化碳散发量为32mg/s，当地通风室外计算温度为31℃。如果要求室内温度不超过35℃，一氧化碳浓度不得大于1mg/m^3，试确定该房间所需要的全面通风量。

9. 车间通风系统布置如图 3-10 所示，已知机械进风量 $G_{jj} = 1.11kg/s$，局部排风量 $G_{jp} = 1.39kg/s$，机械进风温度 $t_j = 20℃$，车间的得热量 $Q_d = 20kW$，车间的失热量 $Q_s = 4.5 (t_n - t_w)$ kW，室外空气温度 $t_w = 5℃$，开始时室内空气温度 $t_n = 20℃$，部分空气经侧墙上的窗孔 A 自然流入或流出，试问车间达到风量平衡、热平衡状态时，

(1) 窗孔 A 是进风还是排风，风量多大？

(2) 室内空气温度是多少度？

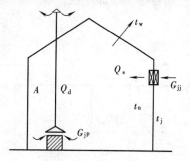

图 3-10　题 3-9 图

10. 某车间生产设备散热量 $Q = 11.6kJ/s$，局部排风量 $G_{jp} = 0.84kg/s$，机械进风量 $G_{jj} = 0.56kg/s$，室外空气温度 $t_w = 30℃$，机械进风温度 $t_{jj} = 25℃$，室内工作区温度 $t_n = 32℃$，天窗排气温度 $t_p = 38℃$，试问用自然通风排出余热时，所需的自然进风量和自然排风量是多少？

11. 已知某车间内生产设备散热量为 $Q_1 = 80kW$，车间上部天窗排风量 $L_{zp} = 2.5m^3/s$，局部机械排风量 $L_{jp} = 3.0 m^3/s$，自然进风量 $L_{zj} = 1 m^3/s$，车间工作区温度为25℃，外界空气温度 $t_w = -12℃$。求：(1) 机械进风量 G_{jj}；(2) 机械送风温度 t_{jj}；(3) 加热机械进风所需的热量 Q_3。

12. 某车间局部排风量 $G_{jp} = 0.56kg/s$，冬季室内工作区温度 $t_n = 15℃$，采暖室外计算温度 $t_w = -12℃$，围护结构耗热量为 $Q = 5.8kJ/s$，为使室内保持一定的负压，机械进风量为排风量的90%，试确定机械进风系统的风量和送风温度。

13. 某办公室的体积170m^3，利用自然通风系统每小时换气两次，室内无人时，空气中 CO_2 含量与室外相同为0.05%，工作人员每人呼出的 CO_2 含量为19.8g/h，在下列情况下，求室内最多容纳人数。

(1) 工作人员进入房间后的第一小时，空气中 CO_2 含量不超过0.1%。

(2) 室内一直有人，CO_2 含量始终不超过0.1%。

14. 体积为224m^3 的车间中，设有全面通风系统，全面通风量为0.14m^3/s，CO_2 的初始体积浓度为0.05%，有15人在室内进行轻度劳动，每人呼出的 CO_2 量为45g/h，进风空气中 CO_2 的浓度为0.05%，求：

(1) 达到稳定时车间内 CO_2 浓度是多少？

(2) 通风系统开启后最少需要多长时间车间 CO_2 浓度才能接近稳定值（误差为2%）？

第四章 局 部 通 风

局部通风系统分为局部排风和局部送风，它们的工作原理都是利用局部气流，使局部工作地点不受有害物的污染，从而创造良好的空气环境。

第一节 局部送风、排风系统的组成

用通风方法改善局部空间的空气环境，就是在局部地点把不符合卫生标准的污浊空气经过处理达到排放标准后排至室外，把新鲜空气经过净化、加热等处理后送入室内，我们把前者称为局部排风，如图 4-1 所示；后者称为局部送风，如图 4-2 所示。

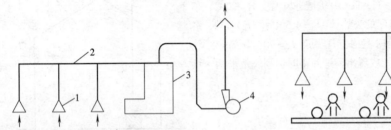

图 4-1 局部排风系统图　　　　　　图 4-2 局部送风系统图
1—局部排风罩；2—风管；3—净化设备；4—风机

一、局部排风系统的组成

局部排风系统一般由以下几部分组成：

（1）局部排风罩　局部排风罩是用来捕捉有害物的。它的性能对局部排风系统的效果以及经济性有很大影响。性能良好的局部排风罩，如密闭罩，只要较小的风量就可以获得良好的工作效果。由于生产设备和操作方式不同，排风罩的形式也是多种多样的。

（2）风管　通风系统中输送空气的管道称为风管，它把系统中的各种设备或部件组成了一个整体。为了提高系统的经济性，应合理确定风管中的气体流速，管路应力求短、直，风管通常采用表面光滑的材料制作，例如：薄钢板、聚氯乙烯板，也可采用混凝土、砖、玻璃钢等材料。

（3）净化设备　为防止大气污染，当排出空气中有害物量超过排放标准时，必须用净化设备处理，达到排放标准后，排至大气。净化设备分除尘器和有害气体净化装置两类。

（4）风机　风机是机械排风系统中空气流动的动力。为防止风机的磨损和腐蚀，通常把它放在净化设备后面。

（5）进、排风口　将排风口所需求的风量，按一定方向、一定速度均匀吸入排风系统内或均匀地排出去。因此在布置进风口时，要注意气流流动情况，避免发生"死角"影响进风效果，排风时应满足排放标准。

常见进排风口有：单层百叶带滤网排风口、格栅带滤网排风口、防雨百叶风口、风帽等各种形式。如图 4-3 为常见的单层百叶排风口。

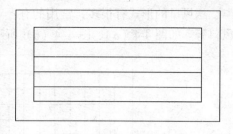

图 4-3　单层百叶排风口

二、局部送风系统

局部送风是以一定的速度将空气直接送到指定地点的通风方式。对于面积较大、工作地点比较固定、操作人员较少的生产车间用全面通风的方式改善整个车间的空气环境是困难的，而且也不经济，如高温生产车间可不用对整个车间进行降温，只需在局部工作地点送风，以改善局部工作地点的环境。

局部送风系统分为系统式和分布式两种。图 4-2 是某车间工作段系统式局部送风系统示意图，空气经集中处理后送入局部工作区。分布式局部送风一般利用轴流风扇或喷雾扇，进行局部送风。以增加局部工作地点的风速或同时降低工作地点的空气温度，以改善工作地点的空气环境。

局部送风系统，送风气流应符合下列要求：

（1）不得将有害物吹向人体；

（2）送风气流宜从人体的前侧上方倾斜吹到头、颈、胸部，必要时可从上向下垂直送风；

（3）送到人体上的有效气流宽度，宜采用 1m；对于室内散热量小于 $23W/m^3$ 的轻作业，可采用 0.6m；

（4）当工人活动范围较大时，宜采用旋转风口。

局部送风方式，应符合以下要求：

（1）放散热或同时放散热、湿和有害气体的生产厂房及辅助建筑物，当采用上部或上下部同时全面排风时，宜送至作业地带；

（2）放散粉尘或密度比空气重的气体和蒸气，而不同时放散热的生产厂房及辅助建筑物，当从下部地带排风时，宜送至上部地带；

（3）当固定工作地点靠近有害物质放散源，且不可能安装有效的局部排风装置时，应直接向工作地点送风。

局部送风系统送风口的位置，应符合下列要求：

（1）应设在室外空气较洁净的地点；

（2）应尽量设在排风口的上风侧且应低于排风口；

（3）进风口的底部距室外地坪，不宜低于 2m，当布置在绿化地带时，不宜低于 1m；

（4）降温用的送风口，宜设在建筑的背阴处。

送风口的一般要求：

（1）气流分布均匀，没有吹风感；

（2）气流阻力要小，以免造成较大的动力消耗；

（3）能调节风量，调节送风方向；

（4）在经济适用的前提下要求造型美观，尺寸要小；

（5）风口流速不能太大，以免产生噪声。

送风口的形式有很多，常用的有：双层百叶送风口、散流器、孔板送风口、喷射式送风口等。如图 4-4（a）、图 4-4（b）所示。

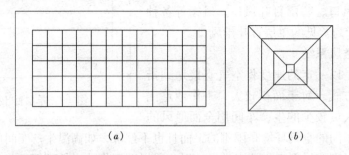

图 4-4　送风口形式
（a）双层百叶送风口；（b）方形散流器送风口

第二节　局部排气装置的种类及工作原理

设置局部排风罩时，应尽量采用密闭罩，当不能采用密闭罩时，根据生产条件和经济比较，可分别采用伞形罩、侧吸罩、吹吸式排风罩或槽边吸气罩等形式。

1. 密闭罩

如图 4-5 所示，它把有害物源全部密闭在罩内，在罩上设有较小的工作孔①，以观察罩内工作，并从罩外吸入空气，罩内污染空气由风机②排出。它只需较小的排风量就能有效控制工业有害物的扩散，排风罩气流不受周围气流影响。它的缺点是，工人不能直接进入罩内检修设备，有的看不到罩内的工作情况。

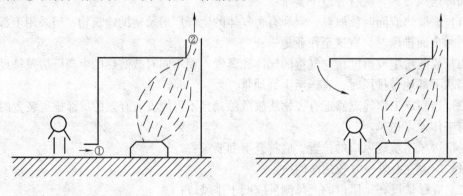

图 4-5　密闭罩　　　　　　　　　图 4-6　柜式排风罩

2. 柜式排风罩（通风柜）

柜式排风罩如图 4-6 所示，它的结构形式与密闭罩类似，只是罩的一面全部敞开。小型通风柜，操作人员可以把手伸入罩内工作，如化学实验室用的通风柜；大型通风柜，操作人员可以直接进入柜内工作，它适用于喷漆，粉状物料装袋等。

3. 外部吸气罩

由于工艺条件限制，生产设备不能密闭时，可把排风罩设在有害物源附近，依靠风机在罩口造成的抽吸作用，在有害物散发地点形成一定的气流运动，把有害物吸入罩内。这类排风罩称为外部吸气罩。如图4-7所示当污染气流的运动方向与罩口的吸气方向不一致时，需要较大的排风量。

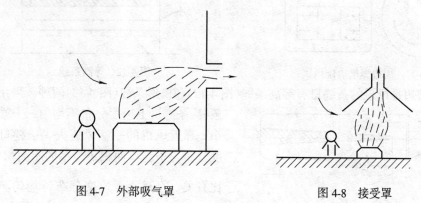

图4-7　外部吸气罩　　　　　　　　　图4-8　接受罩

4．接受式排风罩

有些生产过程或设备本身会产生或诱导一定的气流运动，带动有害物一起运动，如高温热源上部的对流气流及砂轮磨削时产生的磨屑及大颗粒粉尘所诱导的气流等。这种情况，应尽可能把排风罩设在污染气流前方，让它直接进入罩内。这类排风罩称为接受罩。见图4-8。

5．槽边排风罩

槽边排风罩是外部吸气罩的一种特殊形式，是为了不影响工人操作而在槽边上设置的条缝形吸气口，各种工业槽专用罩。槽边排风罩分为单侧和双侧两种，单侧适用于宽度 b ≤700mm，b >700mm 时用双侧。

目前常用的形式有平口式（图4-9）和条缝式（图4-10）。平口式槽边排气罩排气口上不设法兰边，吸气范围大。但是当槽靠墙布置时，如同设置了法兰边一样，吸气范围由 1.5π 减小为 0.5π。缩小吸气范围排风量会相应减小。条缝式槽边排风罩的特点是截面高度 E 较大，$E \geqslant 250$mm 的称为高截面，$E < 250$mm 的称为低截面。增大截面高度，可以减小吸气范围。因此，排风量比平口式小。它的缺点是占用空间大，对手工操作有影响。目前条缝式槽边排风罩在电镀车间应用较为广泛。

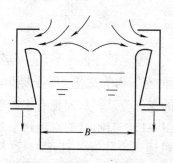

图4-9　平口式双侧槽边排风罩

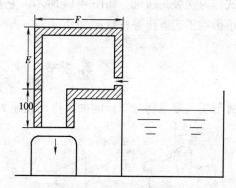

图4-10　条缝式槽边排风罩

条缝式槽边排风罩的布置除单侧和双侧外，也可以按图4-11的形式布置，它们称为周边式槽边排风罩。

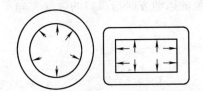

图 4-11 周边型槽边排风罩

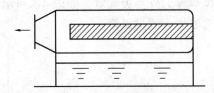

图 4-12 等高条缝

条缝式槽边排风罩的条缝口有等高条缝(图 4-12)和楔形条缝(图 4-13)两种。采用等高条缝,条缝口上速度分布不均匀,末端风速小,靠近风机的一端风速大。条缝口的速度分布与条缝口面积 f 与罩的断面积 F_1 之比有关,$\dfrac{f}{F_1}$ 越小,速度分布越均匀。$\dfrac{f}{F_1} \leqslant$ 0.3 时,可以近似认为是均匀的。$\dfrac{f}{F_1} > 0.3$ 时,为了均匀排风可采用楔形条缝。楔形条缝的高度可按表 4-1 确定。

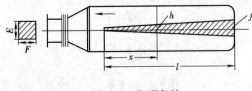

图 4-13 楔形条缝

楔形条缝口高度的确定   表 4-1

$\dfrac{f}{F_1}$	$\leqslant 0.5$	$\leqslant 1.0$
条缝末端高度 h_1	$1.3h_0$	$1.4h_0$
条缝始端高度 h_2	$0.7h_0$	$0.6h_0$

注:h_0——条缝口平行高度。

楔形条缝制作较麻烦,在 $\dfrac{f}{F_1} > 0.3$ 时仍想用等高条缝,可沿槽长度分设 2 个排风罩,各单独设排气立管。条缝口上应有较高的风速,一般采用 7～10m/s。排风量大时,可适当提高上述数值。

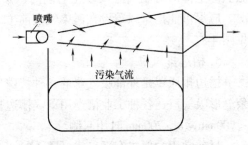

图 4-14 吹吸式排风罩

6. 吹吸式排风罩

利用射流作为动力,把有害物输送到吸气罩再由其排除,这种把吹和吸结合起来的通风方式称为吹吸式通风。如图 4-14 所示。它具有风量小,污染控制效果好、抗干扰能力强,不影响工艺操作等特点。

第三节 外部吸气罩

外部吸气罩是通过罩口的抽吸作用在距离吸气口最远的有害物散发点(即控制点)上造成适当的空气流动,从而把有害物吸入罩内,见图 4-15。控制点的空气运动速度称为控制风速(也称吸入速度),这样就向我们提出一个问题,外部吸气罩需要多大的排风量(L)才能在距罩口 X 米处造成必要的控制风速 V_X?要解决这个问题,

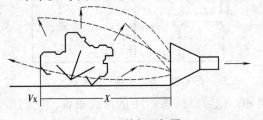

图 4-15 外部吸气罩

必须掌握 L 和 V_X 之间的变化规律。因此我们首先要研究吸气罩口气流运动的规律。

一、吸气罩口气流的运动规律

若将吸气罩口近似看成一个点状吸气口，如图 4-16 所示，它的吸气范围是一个空间球面其吸气时的流线就是以该点为中心的径向线。吸气口四周空气流速相等的点组成一个球面，是等速面，通过每个等速面的空气流量是相等的。

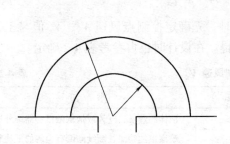

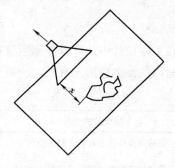

图 4-16　点汇吸气口　　　　　　　　　图 4-17　工作台上侧吸罩

点汇吸气口的吸气量可按下式计算：

$$L = 4\pi R_1^2 V_1 = 4\pi R_2^2 V_2 \tag{4-1}$$

式中　V_1、V_2——点 1 和点 2 的空气流速（m/s）；

　　　R_1、R_2——点 1 和点 2 至吸气口的距离（m）。

如果吸气口设在墙上，由于吸气范围受到限制，它的等速面是一个半球面。排风量为：

$$L' = 2\pi R_1^2 V_1 = 2\pi r_2^2 V_2 \tag{4-2}$$

由上式（4-1）、（4-2）可以看出，在同样距离要造成同样的吸入速度，悬空的吸气口所需的排风量，是靠墙吸气口的 2 倍。

二、前面无障碍的排风罩排风量计算

实际采用的排风罩，都具有一定的吸入口面积，不能看作一个点，因此不能把点汇吸气口的气流运动规律，直接用于外部吸气罩的计算。应进一步对各种吸气口的气流运动规律进行实验研究。

将实验结果整理成数学表达式如下：

对于无边的圆形或矩形（宽长比大于或等于 0.2）吸气口

$$\frac{V_0}{V_x} = \frac{10x^2 + F}{F} \tag{4-3}$$

对于有边的圆形或矩形（宽长比大于或等于 0.2）吸气口

$$\frac{V_0}{V_x} = 0.75 \frac{10x^2 + F}{F} \tag{4-4}$$

式中　V_0——吸气口的平均速度（m/s）；

　　　V_x——控制点的吸入速度（m/s）；

　　　x——控制点至吸气口的距离（m）；

　　　F——吸气口的面积（m²）。

前面无障碍的圆形或矩形吸气口的排风量可按下列公式计算：

$$L = 3600 \cdot V_0 \cdot F = 3600 \left(10x^2 + F\right) \cdot V_x \quad \text{m}^3/\text{h} \tag{4-5}$$

图 4-17 是设在工作台的侧吸罩，我们可以假想有一个上下对称的吸气口在工作。这个吸气口的面积是真实吸气口的二倍，根据公式（4-3），假想吸气口的排风量为：

$$L' = \left(10x^2 + 2F\right) V_x \tag{4-6}$$

实际排风罩的排风量

$$L = \frac{1}{2} L' = \left(5x^2 + F\right) V_x \tag{4-7}$$

在工程设计中，计算外部吸气罩的排风量时，先确定控制点风速 V_x、V_x 值与工艺过程和室内气流运动情况有关，一般通过实测求得。在设计时也可参考表 4-2 确定。

控制点的控制风速 V_x 表 4-2

有害物放散的情况	吸入速度（m/s）	举 例
以轻微的速度放散到相当平静的空气中	0.25 ~ 0.5	液体的蒸发，气体或烟从敞口容器中外逸
以较低的初速放散到尚属平静的空气中	0.5 ~ 1.0	喷漆室的喷漆，断续倾倒有尘屑的干物料到容器中，焊接
以相当大的速度放散出来，或放散到空气运动迅速的区域	1.0 ~ 2.5	翻砂，脱模，高速皮带运输（高于 1m/s）的转换点，混合，装桶
以高速放散出来，或是放散到空气运动很迅速的区域	2.5 ~ 10	磨床，重破碎

【例 4-1】 如图 4-17 所示，焊接工作台上侧吸罩罩口尺寸为 0.6m×0.3m，罩口四围有边。工件至罩口的最大距离为 0.4m，焊接时控制点吸入速度 $V_x = 0.5\text{m/s}$。求侧吸罩的排风量。

【解】 根据题中所给条件，此吸入罩的排风量应按下式计算：

$$L = 3600 \times 0.75 \left(5x^2 + F\right) V_x = 3600 \times 0.75 \left[5 \times (0.4)^2 + 0.6 \times 0.3\right] \times 0.5$$
$$= 3600 \times 0.75 \times 0.98 \times 0.5 = 1320\text{m}^3/\text{h}$$

三、前面有障碍的外部吸气罩排风量计算

排风量如设在工艺设备上方，由于设备的限制，气流只能从侧面进入罩内罩口的气流流线与无障碍时不同，上吸式排风罩的尺寸及安装位置按图 4-18 确定。为了避免横向气流的影响，要求 H 尽可能小于或等于 $0.3A$（罩口长边尺寸），其排风量按下式计算：

$$L = K P H V_x \quad \text{m}^3/\text{s} \tag{4-8}$$

式中　P——排风量罩口敞开面的周长（m）；

$\quad\quad\;\; H$——罩口至污染源的距离（m）；

$\quad\quad\;\; V_x$——边缘控制点的控制风速（m/s）；

$\quad\quad\;\; K$——考虑沿高度速度分布不均匀的安全系数，通常取 $K = 1.4$。

【例 4-2】 有一浸漆槽，槽面尺寸为 0.6m×1.2m，为了排除溶剂蒸气，在槽的上部设置伞形罩，罩口至液面的距离 $x = 0.8\text{m}$，试求伞形罩的排风量。

【解】 取罩口尺寸与槽面尺寸相同，即 0.6m×1.2m。

$$\frac{x}{\sqrt{F}} = \frac{0.8}{\sqrt{0.6 \times 1.2}} = 0.94$$

根据 $\dfrac{x}{\sqrt{F}} = 0.94$，罩口的宽长比为 1:2，由图 4-19 查得 $\dfrac{V_0}{V_x} = 9.5$。

控制点吸入速度 V_x 取 $0.25\mathrm{m/s}$。则罩口平均速度即为：$V_0 = 9.5 \times 0.25 = 2.38\mathrm{m/s}$。
伞形罩的排风量

$$L = 3600\ F\ V_0 = 3600 \times 0.6 \times 1.2 \times 2.38 = 6150\mathrm{m^3/h}$$

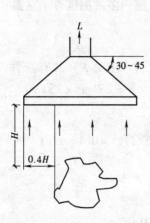

图 4-18　上吸罩尺寸及安装图

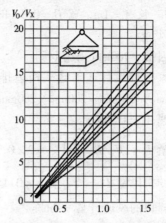

图 4-19　侧面无围挡时不同边比伞

形罩的 V_0/V_x 与 $x/\sqrt{F}$ 之关系

四、条缝式槽边排风罩的排风量计算

（1）高截面单侧排风：

$$L = 2 V_x A B \left(\frac{B}{A}\right)^{0.2} \qquad \mathrm{m^3/s} \qquad (4\text{-}9)$$

（2）低截面单侧排风：

$$L = 3 V_x A B \left(\frac{B}{A}\right)^{0.2} \qquad \mathrm{m^3/s} \qquad (4\text{-}10)$$

（3）高截面双侧排风（总风量）

$$L = 2 V_x A B \left(\frac{B}{2A}\right)^{0.2} \qquad \mathrm{m^3/s} \qquad (4\text{-}11)$$

（4）低截面双侧排风（总风量）

$$L = 3 V_x A B \left(\frac{B}{2A}\right)^{0.2} \qquad \mathrm{m^3/s} \qquad (4\text{-}12)$$

（5）高截面周边型排风

$$L = 1.57 V_x D^2 \qquad \mathrm{m^3/s} \qquad (4\text{-}13)$$

（6）低截面周边型排风

$$L = 2.36 V_x D^2 \qquad \mathrm{m^3/s} \qquad (4\text{-}14)$$

式中　A——槽长（m）；

　　　B——槽宽（m）；

　　　D——圆槽直径（m）；

　　　V_x——边缘控制点的控制风速（m/s），V_x 值按附录 4-1 确定。

条缝式槽边排风罩的阻力计算：

$$\Delta P = \zeta \frac{\rho V_0^2}{2\rho} \qquad \mathrm{Pa} \qquad (4\text{-}15)$$

49

式中 ζ——局部阻力系数，一般取 $\zeta = 2.34$；

V_0——条缝口上空气流速（m/s）；

ρ——周围空气密度（kg/m³）。

【例 4-3】   长 $A = 1\text{m}$，宽 $B = 0.8\text{m}$ 的酸性镀铜槽，槽内溶液温度等于室温。设计该槽上的槽边排风量。

【解】   因 $B > 700\text{mm}$ 采用双侧。

根据国家标准设计，条缝式槽边排风量的断面尺寸（$E \times F$）共有三种，$250\text{mm} \times 200\text{mm}$、$250\text{mm} \times 250\text{mm}$、$200\text{mm} \times 200\text{mm}$。本题选用 $E \times F = 250\text{mm} \times 250\text{mm}$。

控制风速 $V_x = 0.3\text{m/s}$

总排风量 $L = 2V_x AB \left(\dfrac{B}{2A}\right)^{0.2} = 2 \times 0.3 \times 1 \times 0.8 \ (0.8/2)^{0.2} = 0.4 \quad \text{m}^3/\text{s}$

每一侧的排风量 $L' = \dfrac{1}{2}L = \dfrac{1}{2} \times 0.4 = 0.2\text{m}^3/\text{s}$

假设条缝口的风速 $V_0 = 8\text{m/s}$

采用等高条缝，条缝口面积 $f_0 = L'/V_0 = 0.2/8 = 0.025\text{m}^2$

条缝口高度 $h_0 = f/A = 0.025\text{m} = 25\text{mm}$

$$f/F_1 = 0.025/0.25 \times 0.25 = 0.4 > 0.3$$

为保证条缝口上速度分布均匀，在每一侧分设两个罩子，设两根立管。

因此 $f'/F_1 = \dfrac{f/2}{F_1} = \dfrac{0.025/2}{0.25 \times 0.25} = 0.2 < 0.3$

阻力 $\Delta P = \zeta \dfrac{v_0^2}{2}\rho = 2.34 \times \dfrac{8^2}{2} \times 1.2 = 90\text{Pa}$

五、接受式排风罩的设计计算

接受式排风罩污染气流的运动是生产过程造成的，接受罩只起接受作用，它的排风量取决于接受的污染空气量大小。

生产过程中引起的污染气流主要是指热源上部的热射流和粒状物料高速运动时所诱导的空气量。由于后者的影响较为复杂，通常按经验公式确定。这里将研究热源上部热射流的运动规律和热源上部接受罩的计算方法。

1. 热射流

热源上部的热射流主要有两种形式，一种是生产设备本身散发的热射流如炼钢电炉炉顶散发的热烟气；一种是高温设备表面对流散热时形成的热射流。对于前者必需实测确定，对于后者在热源顶部的热射流流量可按下式计算。

$$L_0 = 0.167 Q^{1/3} d^{2/3} \qquad \text{m}^3/\text{s} \tag{4-16}$$

式中 Q——对流散热量（kJ/s）；

d——热源水平投影直径（m）。

上式中的 h 值，对于垂直面是指垂直面的高度；对水平圆柱体是指直径；对水平面指该平面水平投影的短边尺寸。

上式中的 A_p，对于水平圆柱体是（圆柱体长度）×（直径）；对于水平面是该平面面积；对于垂直面，热气流在沿垂直面上升的过程中厚度不断增大，气流的边界从底部开始与垂直面夹角为 5°左右，A_p 是指热源顶部热射流的横断面积。

对流散热量 $\qquad Q = aF\Delta t \qquad$ J/s $\hfill$ (4-17)

式中　F——热源的对流放热面积（m^2）；

　　　Δt——热源表面与周围空气温度差（℃）；

　　　a——对流放热系数〔J/（$m^2 \cdot s \cdot ℃$）〕。

$$a = A\Delta t^{1/3}$$

式中　A——系数，水平散热面 $A = 1.7$；垂直散热面 $A = 1.13$。

热射流在上升过程中，由于周围空气的卷入，流量和横断面积会不断增大。当热射流上升高度 $H < 1.5\sqrt{A_p}$（或 $H < 1m$）时，因上升高度较小，卷入的周围空气量也较小，可以近似认为，在该范围内热射流的流量和横断面积基本上是不变的。

热射流的上升高度 $H > 1.5\sqrt{A_p}$ 时，流量和横断面积会显著增大。不同上升高度热射流的流量、流速和断面直径可按下列公式计算。

$$V_Z = 0.05 Z^{-0.29} Q^{1/3} \hfill (4\text{-}18)$$
$$d_Z = 0.43 Z^{0.88}$$
$$L_Z = 7.3 \times 10^{-3} Z^{1.47} Q^{1/3} \hfill (4\text{-}19)$$

式中　V_Z——计算断面上热射流平均流速（m/s）；

　　　d_Z——计算断面上热射流直径（m）；

　　　L_Z——计算断面上热射流流量（m^3/s）；

　　　Q——热源对流散热量（J/s）。

$$Z = H + 2B$$

式中　H——热源至计算断面的距离（m）；

　　　B——热源水平投影直径或长边尺寸（m）。

上述公式是以点热源为基础推导得出的，当热源具有一定尺寸时，必须先用外延法求得假想点源，然后再求出假想点源至计算断面的有效距离 Z。

2. 热源上部接受罩排风量计算

从理论上说，只要接受罩的排风量等于罩口断面上热射流的流量，接受罩的断面尺寸等于罩口断面上热射流的尺寸，污染气流就能全部排除。实际上由于横向气流的影响，热射流会发生偏转，可能溢入室内。接受罩的安装高度 H 越大，横向气流的影响越严重。因此，生产上采用的接受罩，罩口尺寸和排风量都须适当加大。

根据安装高度 H 的不同，热源上部的接受罩可分为两类，$H \leqslant 1.5\sqrt{A_p}$ 的称为低悬罩，$H > 1.5\sqrt{A_p}$ 的称为高悬罩。

接受罩罩口尺寸按下式确定：

低悬罩　圆形　　$D = d + 0.8H$

　　　　距形　　$A_1 = A + 0.8H$

　　　　　　　　$B_1 = B + 0.8H$

式中　D——罩口直径（m）；

　A_1、B_1——罩口尺寸（m）；

　　　d——热源水平投影直径（m）；

　A、B——热源水平投影尺寸（m）。

高悬罩　D——$d_Z + 0.8H$

低悬罩排风量按下式计算：

$$L = L_0 + V'F'$$

式中　L_0——热源上部热射流起始流量（m^3/s）；

　　　F'——罩口扩大的面积，即罩口面积减去热射流的断面积（m^2）；

　　　V'——扩大面积上空气的吸入速度，$V' = 0.5 \sim 0.75 m/s$。

高悬罩排风量按下式计算：

$$L = L_Z + V'F'$$

式中　L_Z——罩口断面上热射流流量（m^3/s）。

由于高悬罩容易受横向气流影响，需要的排风量较大，在生产上应尽量避免使用。

【例 4-4】　某金属熔化炉，炉内金属温度为 500℃，周围空气温度为 20℃，散热面为水平面，$d = 0.7m$，在热设备上方 0.5m 处设接受罩，计算其排风量。

【解】　$1.5 \sqrt{A_p} = 1.5 \left[\dfrac{\pi}{4} (0.7)^2 \right]^{1/2} = 0.93m$

由于 $1.5 \sqrt{A_p} > H$，该接受罩为低悬罩。

热源的对流散热量

$$Q = a \Delta t F = 1.7 \Delta t^{4/3} F$$

$$= 1.7 \times (500 - 20)^{4/3} \times \frac{\pi}{4} (0.7)^2$$

$$= 2457 J/s \approx 2.46 kJ/s$$

热源顶部热射流起始流量

$$L_0 = 0.167 Q^{1/3} d^{2/3}$$

$$= 0.167 \times 2.46^{1/3} \times 0.7^{2/3}$$

$$= 0.178 \ m^3/s$$

罩口直径　　　$D = d + 0.8H$

$$= 0.7 + 0.8 \times 0.5 = 1.1m$$

取 $V' = 0.5 m/s$

排风罩排风量　　　$L = L_0 + V'F'$

$$= 0.178 + 0.5 \left[\frac{\pi}{4} (1.1)^2 - \frac{\pi}{4} (0.7)^2 \right]$$

$$= 0.178 + 0.283 = 0.461 m^3/s$$

六、吹吸式通风系统的设计计算

要使吹吸式通风系统在经济条件下获得最佳的使用效果，必须依据吹吸气流的运动规律，使两者协调一致地进行工作。下面介绍两种具有代表性的计算方法。

1. 速度控制法

苏联学者巴杜林提出的计算方法是这类方法的典型代表，他把吹吸气流对有害物的控制能力简单地归结为取决于吹出气流的速度与作用在吹吸气流上的污染气流（或横向气流）的速度之比。只要在吸风口前射流末端的平均速度保持一定数值（通常要求不小于

0.75～1m/s），就能保证对有害物的有效控制。这种方法只考虑吹出气流的控制和输送作用，不考虑吸风口的作用，把它看作是一种安全因素。

对工业槽，其设计要点如下：

（1）对于有一定温度的工业槽，吸风口前必须的射流平均速度 V_1' 按下列经验数值确定：

槽温　　　$t = 70 \sim 95℃$　　$V_1' = H$（H 为吹、吸风口间距离，m）m/s

$t = 60℃$　　$V_1' = 0.85H$

$t = 40℃$　　$V_1' = 0.75H$

$t = 20℃$　　$V_1' = 0.5H$

（2）为了避免吹出气流溢出吸风口外，吸风口的排风量应大于吸风口前射流的流量，一般为射流末端流量的（1.1～1.25）倍。

（3）吹风口高度 b_o 一般为（0.01～0.15）H，为了防止吹风口发生堵塞，b_o 应大于5～7mm。吹风口出口流速不宜超过 10～12m/s，以免液面波动。

（4）要求吸风口上的气流速度 $V' \leqslant$（2～3）V_1'，V_1 过大，吸风口高度 b_1 过小，污染气流容易溢入室内。但是 b_1 也不能过大，以免影响操作。

【例 4-5】　某工业槽宽 $H = 2.0$m、长 $l = 2$m，槽内溶液温度 $t = 40℃$，采用吹吸式排风罩。计算吹、吸风量及吹、吸风口高度。

【解】　（1）吸风口前射流末端平均风速

$$V_1' = 0.75H = 0.75 \times 2 = 1.5\text{m/s}$$

（2）吹风口高度 $b_o = 0.015H = 0.015 \times 2 = 0.03\text{m} = 30\text{mm}$

（3）根据流体力学平面射流的公式计算吹风口出口流速 v_o。

因 $V_1' = 1.5$m/s 是指射流末端有效部分的平均风速，可以近似认为射流末端的轴心风速

$$V_m = 2V_1' = 2 \times 1.5 = 3\text{m/s}$$

$$\frac{V_m}{V_o} = \frac{1.2}{\sqrt{\dfrac{aH}{b_o} + 0.41}}$$

$$V_o = V_m \times \frac{\sqrt{\dfrac{aH}{b_o} + 0.41}}{1.2}$$

$$= 3 \times \frac{\sqrt{\dfrac{0.2 \times 2}{0.03} + 0.41}}{1.2} = 9.26\text{m/s}$$

（4）吹风口的吹风量

$$L_o = b_o \cdot l \cdot V_o = 0.03 \times 2 \times 9.26 = 0.56\text{m}^3/\text{s}$$

（5）计算吸风口前射流流量 L_1'

根据流体力学，

$$\frac{L_1'}{L_o} = 1.2 \sqrt{\frac{aH}{b_o} + 0.41}$$

$$L'_1 = 0.56 \times 1.2 \sqrt{\frac{0.2 \times 2}{0.03} + 0.41} = 2.49 \text{m}^3/\text{s}$$

(6) 吸风口的排风量

$$L_1 = 1.1 \, L'_1 = 1.1 \times 2.49 = 2.74 \text{m}^3/\text{s}$$

(7) 吸风口气流速度

$$V_1 = 3V'_1 = 3 \times 1.5 = 4.5 \text{m/s}$$

(8) 吸风口高度

$$b_1 = L_1/lV_1 = 2.74/2 \times 4.5 = 0.304 \text{m}$$

$$取 \quad b_1 = 300 \text{mm}$$

第四节 空 气 幕

空气幕是一种局部送风装置。它是利用特制的空气分布器喷出一定温度和速度的幕状气流,用来封堵门洞,减少或隔绝外界气流的侵入,以保证室内或某一工作区的温度环境。如图4-20所示。

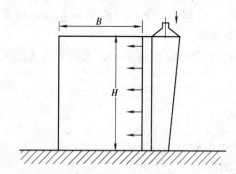

图 4-20 侧送式大门空气幕

一、空气幕的作用和分类

空气幕的作用是:

1. 防止室外冷、热气流侵入

用于运输工具、材料出入的工业厂房或商店、剧场等公共建筑需经常开启的大门,在冬季由于大门的开启将有大量的冷风侵入而使室内气温骤然下降。为防止冷空气的侵入,可设空气幕。炎热的夏季为防止室外热气流对室内温度的影响,可设置喷射冷风的空气幕。

2. 防止余热和有害气体的扩散

为防止余热和有害气体向室外或其他车间扩散蔓延,可设置空气幕进行阻隔。

空气幕的设置原则:

(1) 位于严寒地区室外计算温度低于或等于 – 20℃的公共建筑和生产厂房,当大门开启频繁不能设置门斗或前室,且每班开启时间超过40分钟;

(2) 不论是否属于严寒地区,也不论大门开启时间长短,当工艺或使用要求不允许降低室内温度

(3) 位于严寒地区的公共建筑和生产厂房,确属经济合理。

空气幕的种类

空气幕按空气分布器的安装位置可分为侧送式、上送式和下送式。

(1) 侧送式空气幕有单侧和双侧,如图4-21(a)、(b)所示。单侧空气幕适用于宽度小于4m的门洞和物体通过大门时间较短的场合。当门宽超过4m时可采用双侧空气幕。侧送式空气幕喷出气流比较卫生,为了不阻挡气流,侧送式空气幕的大门不向里开。

(2) 下送式空气幕。这种空气幕的气流由门洞下部的风道吹出,所需空气量较少,运行费用较低。由于射流最强作用段处于大门的下部,所以阻挡效果最好,但下送式空气幕容易

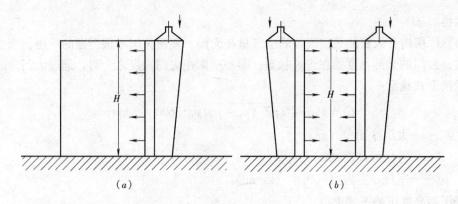

图 4-21 侧送式大门空气幕

（a）单侧送式大门空气幕；（b）双侧送式大门空气幕

被脏物堵塞和送风易受污染，另外在物体通过时由于空气幕气流被阻碍而影响送风效果。

（3）上送式空气幕。适用于一般公共建筑，如剧院、百货公司等。它的挡风效果不如下送式空气幕，也存在着车辆通过时阻碍空气幕的气流问题。这种送风方法的卫生条件比下送式空气幕好。

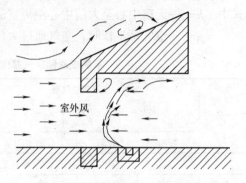

图 4-22 空气幕工作时气流图

从当前实际应用的情况来看，采用较广泛的是侧送式空气幕以及上送式空气幕。

二、空气幕的设计计算

1. 空气幕送风量的计算

根据图 4-22 可以看出，当空气幕工作时，从大门进入车间的空气有两部分，一是空气幕送出的风量，二是室外进入的冷风量。即

$$G_z = G_k + G_{gl} \tag{4-20}$$

式中　G_z——空气幕工作时进入室内的总空气量（kg/h）；

　　　G_k——空气幕送出的风量（kg/h）；

　　　G_{gl}——室外进入的冷空气量（kg/h）；

变换上式得

$$1 = \frac{G_k}{G_z} + \frac{G_{gl}}{G_z} \tag{4-21}$$

将 $q = \frac{G_k}{G_z}$ 代入（4-21）式整理后可以得到：

$$(1 - q)\, G_z = G_{gl} \tag{4-22}$$

当 $q = 1$ 时，说明空气幕送出的风量等于由大门进入车间总风量，即 $G_k = G_z$；

当 $q = 0$ 时，空气幕停止工作，经大门进入车间的全部是室外冷风。

设计计算时，q 值是通过经济技术比较而选定的，显然，q 值增大表示空气幕喷出风量多，室外冷风进入的少，此时风机耗电及加热空气所需热量都会增大。但是 q 值过小，又往往满足不了室内温度的要求。因此建议侧送式空气幕 q 值取 0.8～1.0，下送式空气幕 q 值取 0.6～0.8，如果工艺要求不允许有冷空气侵入车间，q 值可取 1.0。

空气幕工作时，经大门进入室内的总风量可以根据空气平衡和自然通风的原理按下述

55

方法求得。

（1）厂房内有天窗的热空气幕的空气量在天窗、侧窗关闭不很严密的厂房，当空气幕工作时，大门的全部高度处在进风状态，即等压面在大门高度之上时，通过大门进入的总空气量按下式确定：

$$G_z = F_m \mu \sqrt{2gZ(\rho_w - \rho_n)} \rho_w \cdot 3600 \qquad \text{kg/h} \tag{4-23}$$

式中　F_m——大门净面积（m^2）；

　　　Z——等压面高度（m）；

　　ρ_w、ρ_n——室外、室内空气密度（kg/m^3）。

等压面高度可按下式求得：

$$Z = \frac{h}{\left[\dfrac{F_m \mu}{F_p}(1-q) + \dfrac{F_j}{F_p}\right]^2 \dfrac{\rho_w}{\rho_n} + 1} \tag{4-24}$$

式中　h——天窗中心至大门中心距离（m）；

　　　μ——空气幕工作时，空气通过大门的流量系数，按表4-3采用；

单侧或双侧空气幕作用下通过大门的流量系数 μ　　　　表 4-3

$\dfrac{G_k}{G_z}$	单侧空气幕 $\dfrac{F_k}{F_m} = \dfrac{b}{B}$				双侧空气幕 $\dfrac{F_k}{F_m} = \dfrac{2b}{B}$			
	1/40	1/30	1/20	1/15	1/40	1/30	1/20	1/15
空气幕射流与大门平面成45°角								
0.5	0.235	0.265	0.306	0.333	0.242	0.269	0.306	0.333
0.6	0.201	0.226	0.270	0.299	0.223	0.237	0.270	0.299
0.7	0.170	0.199	0.236	0.269	0.197	0.217	0.242	0.267
0.8	0.159	0.181	0.208	0.238	0.182	0.199	0.226	0.243
0.9	0.144	0.162	0.193	0.213	0.169	0.185	0.212	0.230
1.0	0.133	0.149	0.178	0.197	0.160	0.172	0.195	0.215
空气幕射流与大门平面成30°角								
0.5	0.269	0.300	0.338	0.367	0.269	0.300	0.338	0.367
0.6	0.232	0.263	0.303	0.330	0.240	0.263	0.303	0.330
0.7	0.203	0.230	0.272	0.301	0.221	0.240	0.272	0.301
0.8	0.185	0.205	0.245	0.275	0.203	0.222	0.245	0.275
0.9	0.166	0.186	0.220	0.251	0.187	0.206	0.232	0.251
1.0	0.151	0.174	0.202	0.227	0.175	0.192	0.219	0.237

注：b—空气幕喷嘴宽度（m）；

　　F_k—喷嘴面积（m^2）；

　　F_m—大门净面积（m^3）；

　　B—大门宽度（m）；

　　G_k—空气幕送出的空气量（kg/h）；

　　G_z—通过大门进入的总空气量（kg/h）。

F_p——天窗，侧窗排风缝隙的总净面积，按实际情况确定，缺乏资料时，可参照表4-4确定。

不同构造的窗门每米缝隙的净面积（m²）　　　　　　表4-4

木　框				金　属　框				门
单　层		双　层		单　层		双　层		
窗	天　窗	窗	天　窗	窗	天　窗	窗	天　窗	
0.003	0.005	0.002	0.003	0.002	0.004	0.0014	0.0028	0.01

注：对于重要的厂房，采用表中所列的数值时，应乘以系数 $k = 1.5 \sim 2.0$。

F_j——进风缝隙总净面积，按表4-4确定。对于敞开的孔洞，其缝隙总面积为开启孔洞的外框尺寸并乘以系数 K，$K = 0.64$。

当空气幕由室外吸取空气时，则上式中的 $(1-q)$ 可以忽略不计。

这样，空气幕必须送出的风量为：$G_k = q\, G_z$　　　kg/h　　　　　　　　　(4-25)

通过大门进入室内的室外冷空气量为：

$$G_{gl} = G_z - G_k = (1-q)\, G_z \qquad \text{kg/h} \qquad\qquad (4\text{-}26)$$

（2）厂房内无天窗的热空气幕的空气量，在无天窗或侧窗和天窗关闭非常严密的厂房，当大门下部处于进风，大门上部处于排风时，经大门进入车间的总空气量可按下式确定：

$$G_z = \frac{2}{3} BZ\mu \sqrt{2gZ'\left(\rho_w - \rho_n\right)\rho_w} \cdot 3600 \qquad \text{kg/h} \qquad\qquad (4\text{-}27)$$

式中　B——大门宽度（m）。

此时其等压面高度为：

$$Z = \frac{H}{1 + (1-q)^{2/3}\left(\dfrac{\mu}{0.6}\right)^{2/3}\left(\dfrac{\rho_w}{\rho_n}\right)^{1/3}} \qquad \text{m} \qquad\qquad (4\text{-}28)$$

式中　H——大门高度（m）。

空气幕送出的空气量及通过大门进入的室外空气量仍按式（4-25）、（4-26）计算。

当设置侧送空气幕时，送风管的喷嘴总高度，应从地面起至 Z 处。

必须指出，上述介绍的计算方法都没有考虑到室外风压对空气幕的影响，实际上迎风面与背风面经大门进入的冷风量是不相同的。但如果在计算中考虑风压的影响，又会使计算方法过于复杂。因此建议对于一般处于非主导风向的大门，可按上述两种方法计算。而对于冬季处在主导风向上的大门，则应根据当地室外风速和主导风向频率分别按上式计算后进行适当的调整。

2．空气幕的热工计算

（1）空气幕送风温度 t_s 的确定：

前面讨论过，在大门空气幕工作时，进入室内的总空气量 $G_z = G_k + G_{gl}$，那么根据热平衡的原理，即进入室内总空气量的热量应该等于空气幕工作时所喷出空气的热量与室外侵入室内冷空气热量之和。即：

$$t_s = \frac{t_h - (1 - q) t_w}{q}$$

(4-29)

式中　t_w——室外冷空气温度（℃）；

　　　t_h——室外空气与空气幕送出的空气混合后的温度。对于散热量大的车间，工作区温度与 t_h 之差一般采用 8 ~ 10℃；对于散热量小的车间一般采用 5 ~ 8℃；余湿量较大的车间，为了防止车间生雾，一般可取 2℃左右；当车间室温要求严格，不允许临时降低车间温度时，t_h 可取室温。

（2）加热空气幕送出风量所需热量计算：

在确定了空气幕必须送出的风量及温度后，就可确定空气加热器所必须提供的热量。加热空气幕送出的风量所需热量可按下式求得：

$$Q = G_K \cdot [(t_s - t_j)]$$

(4-30)

式中　t_j——进入空气加热器前的温度（℃），一般采用室内温度与混合温度的平均值，或按照实际情况确定。

（3）空气幕的阻力计算：

空气幕喷嘴的阻力损失可以由下式计算

$$\Delta q = \zeta_0 \frac{v_0^2 \rho}{2}$$

(4-31)

式中　ζ_0——空气幕喷嘴的局部阻力系数，侧送式空气幕 $\zeta_0 = 2.0$；下送式空气幕 $\zeta_0 = 2.6$；

　　　v_0——空气幕喷嘴风速（m/s）；

　　　ρ——空气密度（kg/m³）。

（4）空气幕设计资料的选择：

1）空气幕的送风温度 t_s。空气幕的送风温度应按式（4-29）计算，可介于室温至70℃之间，一般以 50℃左右为宜，温度过高容易烫伤人。

2）空气在风管内的流速。对于工业厂房一般采用 8 ~ 14m/s，对于公共建筑和民用建筑采用 4 ~ 8m/s。空气幕喷嘴的射流速度可在 5 ~ 20m/s 范围内，当要求射流不吹乱来往行人头发时，射流速度不应超过 6 ~ 8m/s。空气流速过高容易引起噪声，这一点对民用建筑要求是比较严格的。

3）空气从空气幕射出角度 α。实践证明：由空气幕射出空气的角度过大会出现随室外气流摆动的现象，过小又可能出现引射现象，所以一般建议对侧送式空气幕 α 值取45°，下送、上送式空气幕 α 值取 30°。

4）空气幕喷嘴尺寸与距墙的最大距离。喷嘴尺寸见图 4-23，喷嘴宽度 $b = 100 \sim 200$mm，侧送式空气幕 b 可取 80mm，喷嘴长度 $l = 2 \sim 3b$。

为了保证空气幕的良好效果，喷嘴应尽量靠近大门，但有时由于具体条件的限制，喷嘴与大门之间可能存在一定距离，因此建议侧送式空气幕喷嘴与大门最大距离不超过门宽的 20%，下送式空气幕喷嘴与大门最大距离不要超过门高的 20%，在喷嘴不能靠近大门时，应在门框与喷嘴之间设置挡板，以消除其间的缝隙，保证空气幕效果。

5）空气幕送风管的选择。空气幕送风管可采用国家标准形式。

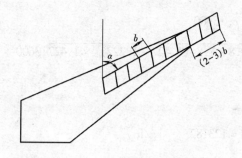

图 4-23　空气幕喷嘴尺寸

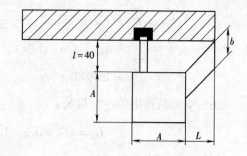

图 4-24　空气幕喷嘴安装形式

侧送式空气幕的送风管的喷嘴安装型式见图 4-24，汽车大门空气幕送风管的性能和尺寸见附录 4-2；机车大门空气幕送风管的性能和尺寸见附录 4-3；下送式空气幕送风管的性能和尺寸见附录 4-4。

【例 4-6】 某工厂要求设计一大门空气幕。已知大门宽 $B = 4.7m$，高 $H = 5.6m$，从大门中心到天窗中心高 $h = 15m$，天窗为单层钢窗，窗缝总长 $L_t = 1200m$，侧窗也为单层钢窗，窗缝总长 $L_c = 1000m$，门缝总长 $L_m = 100m$。车间内其余大门是经常关闭的，生产工艺不产生余热，车间室内平均温度 $t_n = 16℃$，$\rho_n = 1.222kg/m^3$，室外采暖计算温度为 $t_w = -26℃$，$\rho_w = 1.427kg/m^3$，开启大门后，室内在大门周围空气混合温度允许降至 $t_h = 12℃$。

【解】 （1）利用表 4-4 确定天窗缝、侧窗缝和门缝总面积，因为车间设有天窗，所以初步估计等压面一定会在大门高度以上，因此将天窗缝隙面积先作为排风面积，其余两项作为进风面积。

$$F_p = 1200 \times 0.004 = 4.8m^2$$
$$F_j = 100 \times 0.01 + 1000 \times 0.002 = 3m^2$$

（2）根据一般要求，大门宽度超过 4m，应考虑选择双侧空气幕，并决定空气幕喷嘴与大门平面夹角 $\alpha = 45°$，喷嘴宽度 b 设计为 150mm，亦即选用机车大门空气幕送风管 4 型的。

此时：
$$\frac{2b}{B} = \frac{2 \times 0.15}{4.7} \approx \frac{1}{15}$$

（3）取 $q = 0.8$，空气幕全部吸取室内空气，并根据表 4-1 查得 $\mu = 0.243$。

（4）在空气幕工作时，确定车间等压面高度为：

$$
\begin{aligned}
Z &= \frac{h}{\left[\dfrac{F_m \mu}{F_p}\left(1 - q\right) + \dfrac{F_j}{F_p}\right]^2 \dfrac{\rho_w}{\rho_n} + 1} \\[2mm]
&= \frac{15}{\left[\dfrac{4.7 \times 5.6 \times 0.243}{4.8} \times \left(1 - 0.8\right) + \dfrac{3}{4.8}\right]^2 \dfrac{1.427}{1.222} + 1} \\[2mm]
&= \frac{15}{0.891^2 \times 1.17 + 1} \\[2mm]
&= 7.8m
\end{aligned}
$$

等压面高于大门高度，大门全部处于进风状态。前面初步估计符合实际情况。

（5）在空气幕作用下，通过大门进入室内总空气量为：

$$G_z = F_m \cdot \mu \sqrt{2gZ(\rho_w - \rho_n)\rho_w} \cdot 3600$$

$$= 4.7 \times 5.6 \times 0.243 \sqrt{2 \times 9.8 \times 7.8(1.427 - 1.222) \times 1.427} \cdot 3600$$

$$= 153978 \text{kg/h}$$

（6）空气幕送出的空气量为：

$$G_k = qG_z = 0.8 \times 153978 = 123182 \quad \text{kg/h}$$

每侧空气幕送出风量：

$$\frac{123182}{2} = 61591 \quad \text{kg/h}$$

（7）空气幕的送出温度：

$$t_s = \frac{t_h - (1-q)t_w}{q}$$

$$= \frac{12 - (1-0.8) \times (-26)}{0.8} = 21.5℃$$

21.5℃时空气容重为 $\rho_k = 1.198\text{kg/m}^3$。

（8）加热空气幕送出风量所需热量：

$$Q = G_k \cdot (t_s - t_j)$$

$$= 123182 \times 0.24 \times (21.5 - 14)$$

$$= 221728 \text{kJ/h}$$

（9）空气幕的选择：

通风机的风量 $\quad L = \dfrac{G_k}{\rho_k} = \dfrac{123182}{1.198} = 102823\text{m}^3/\text{h}$

每侧空气幕送风量$\dfrac{102823}{2} = 51412\text{m}^3/\text{h}$

设计选用 4 型机车大门空气幕，但是 4 型机车大门空气幕当喷嘴速度 $V_0 = 15\text{m/s}$ 时每侧风量只有 $45300\text{m}^3/\text{h}$，满足不了本大门需要的风量，所以当采用实际送风量时，喷嘴速度 V_0 为：

$$V_0 = \frac{51412}{0.15 \times 5.6 \times 3600} = 17\text{m/s}$$

（10）经空气幕喷嘴的阻力损失：

$$\Delta p = \zeta_0 \cdot \frac{v_0^2 \rho}{2} = 2 \times \frac{17^2 \times 1.198}{2} = 35.3\text{Pa}$$

第五节 防尘密闭罩

搞好产尘设备的密闭，是车间防尘工作的重要环节，产尘设备是多种多样的，要做好密闭，就必须使防尘密闭罩按工艺的特点紧密配合，做到既不影响工人的生产操作和维修，又能用较小风量就能达到良好的排尘效果。

1. 轮碾机密闭罩

图 4-25 是轮碾机，碾轮高速旋转时带动周围空气一起运动，造成一次尘化气流。高速气流与罩壁发生碰撞时，把自身的动压转化为静压，使罩内压力升高。

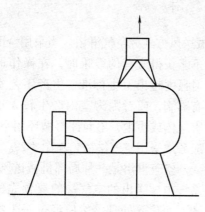

图 4-25　轮碾机密闭罩

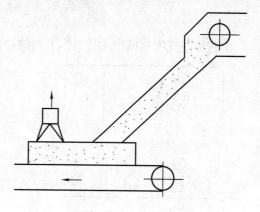

图 4-26　皮带转运点密闭罩

2. 皮带转运点密闭罩

图 4-26 是皮带运输机转运点的工作情况。物料的落差较大时，带动大量的空气进入下部密闭罩，使罩内压力升高。物料落到皮带上，会飞溅起来。为防止灰尘外逸，排风口须设在下部皮带的密闭罩上，其排风量必须大于物料的诱导空气量。确定排风口位置时，须考虑罩内的压力分布。为了避免大量的物料吸入除尘系统，排风口应设在物料飞溅区以外，排风口风速也不宜过高。

3. 振动筛的密闭装置

以往设计振动筛的密闭装置时，把排风罩设在振动筛的上面。由于振动筛不停的工作，上部排风罩和振动筛之间，无法保持严密，灰尘会从缝隙中逸入室内，而且生产中，操作人员要经常更换筛网，因此罩子经常被拆除，使除尘系统失去了作用。

为克服这一问题，（如图 4-27 所示）把振动筛，斗式提升机等设备全部密闭在小室内，工人直接在密闭室内进行检修，这样既不影响设备维修，又能获得良好的除尘效果。

采用密闭小室占地面积大，耗材多，不宜大量采用。

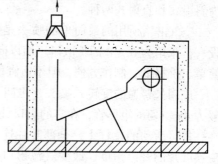

图 4-27　振动筛密闭装置

防尘密闭罩的排风量由两部分组成，即运动物料带入罩内的诱导空气量，或工艺设备供给的空气量，以及为消除罩内正压由孔口缝隙吸入的空气量。

$$L = L_1 + L_2 \tag{4-32}$$

式中　L——防尘密闭罩排风量（m^3/s）；

L_1——物料或工艺设备带入罩内的空气量（m³/s）；

L_2——由孔口或不严密缝隙吸入的空气量（m³/s）。

防尘密闭罩的排风量难以用一个统一的公式对上述两部分风量进行计算，设计时可通过现场测定或参考有关设计手册。

第六节 局 部 淋 浴

把新鲜空气吹到操作人员身体上部的局部机械送风方式称空气淋浴。当采用全面通风不能获得应有的效果时，在操作地点辐射强度超出卫生标准，生产工艺不允许有雾滴，或者因为室内产生较大量的有害气体或粉尘，不允许再循环用空气时，应考虑采用空气淋浴，见图 4-28。

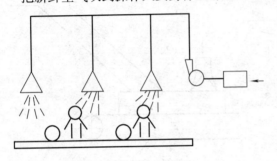

图 4-28 集中式空气淋浴

空气淋浴是一种局部机械送风系统，系统中被送出的空气一般要预先经过冷却、净化等处理，然后经过一个特制的"喷头"将空气以一定速度送到操作人员身体的上部（一般以颈和胸部比较适宜），在高温区造成一个范围不大的凉爽区域，使工人劳动条件有所改善。在操作地点辐射强度超出卫生标准，生产工艺不允许有雾滴，或者因为室内产生较大量的有害气体或粉尘，不允许使用空气再循环时，考虑采用空气淋浴。

空气淋浴可分为移动式和固定式两种，移动式空气淋浴适用于操作位置经常变动的场合，它是一种装置在特制车上的机组形式，机组本身带有风机、进出风口、水泵、淋水喷头，水箱等设备和部件。固定式空气淋浴也就是通常的集中式空气淋浴，按其组成部分来讲和全面送风装置基本相同。

按空气分布器（喷头）喷出空气的方向不同，空气淋浴还可分为斜射式和直射式两种。

空气淋浴所用的最简单的喷头是圆柱形管，见图 4-29。在管口设有扩张角为 6°～8° 的扩散口，用以向下送风。其优点主要是，构造简单、价格低、制作方便，但不适宜作倾斜和水平送风用。

应用最普遍的旋转式喷头，也叫"巴图林"喷头。这种喷头一般为 45° 斜切的矩形管，在它的出口处设有导流叶片，叶片的一边连在一根可活动的拉杆上，全部叶片连成一组，只要拉动拉杆，就可变换叶片的开启角度，改变气流出口方向，在喷头的上部设有可活动的凸缘，使喷头能绕垂直管道轴心转动。这种喷头用于工人的操

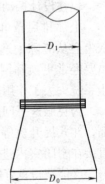

图 4-29 圆柱形喷头

作地点在小范围内不固定的情况。使用空气淋浴不能将车间内的有害物吹向受风工人或相邻工人的身上。送到受风地点的气流宽度，应能使人处于气流作用范围之内，一般 0.6～1.0m 为宜，有时按需要可以再宽一些。

空气淋浴的气流方向对降温效果有着重要意义，因为人体的颈和胸部对热辐射感觉比较敏感，另外从上侧方吹来的气流使人体全身大部分受到气流作用。

空气淋浴喷出的气流都是经过专用设备（淋水室等）降温处理的空气，所以在输送过程中避免经过炉子上方，或做适当的绝热，以免影响除湿效果，由于带淋水室的空气淋浴系统占地面积大，运行费用高、灵活性较差，因此一般不推荐使用。实际应用中对于需要风量不太大的系统，可用038-11固定式喷雾风扇接上风管、喷头等组成的空气淋浴系统来代替上述系统。这样从运行费用和维护管理角度看都比淋水室式空气淋浴系统经济和方便。

设置空气淋浴系统时，工作地点的温度和平均风速，应按表4-5采用。

工作地点的温度和平均风速

表4-5

辐射照度	冬　季		夏　季	
（W/m²）[kcal/（m²·h）]	温度（℃）	风速（m/s）	温度（℃）	风速（m/s）
<350（300）	20～25	1～2	26～31	1.5～3
700（600）	20～25	1～3	26～30	2～4
1400（1200）	18～22	2～3	25～29	3～5
2100（1800）	18～22	3～4	24～28	4～6

局部淋浴系统计算：

一、工作地点的气流宽度，应按下式计算

$$d_s = 6.8 \ (as + 0.145 d_o) \tag{4-33}$$

式中　d_s——送至工作地点的气流宽度（m）；

a——送风口的紊流系数，对于圆形送风口，采用0.076；

s——送风口至工作地点的距离（m）；

d_o——送风口的直径（m），对于矩形截面送风口，$d_o = 1.13$。

二、送风口的出口风速，应按下式计算

$$v_o = \frac{v_g}{b} \cdot \left(\frac{as}{d_o} + 0.145 \right) \tag{4-34}$$

式中　v_o——送风口的出口风速（m/s）；

v_g——工作地点的平均风速（m/s）；

b——系数，按图4-30确定；

其他符号的意义同（4-33）。

三、送风量应按下式计算

$$L = 3600 F_o v_o \tag{4-35}$$

式中　L——送风量（m³/h）；

F_o——送风口的有效截面积（m²）；

v_o——同上式。

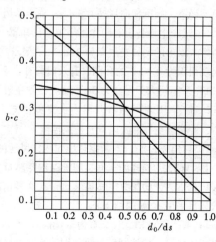

图4-30

四、送风口的出口温度，应按下式计算

$$t_o = t_n - \frac{t_n - t_g}{c} \cdot \left(\frac{as}{d_o} + 0.145 \right) \tag{4-36}$$

式中　t_o——送风口的出口温度（℃）；

t_n——工作地点周围的室内温度（℃）；

t_g——送至工作地点处的空气平均温度（℃）；

c——系数，查图 4-30 确定；

其他符号的意义同式（4-33）。

思 考 题 与 习 题

1. 分析下列各种局部排风罩的工作原理和特点。

（1）防尘密闭罩；

（2）外部吸气罩；

（3）接受罩。

2. 为获得良好的防尘效果，设计防尘密闭罩时应注意哪些问题？是否从罩内排除粉尘愈多愈好？

3. 根据吹吸式排风罩的工作原理，分析吹吸式排风罩最优化设计的必要性。

4. 为什么在大门空气幕（或吹吸式排风罩）上采用低速宽厚的平面射流会有利于节能？

5. 影响吹吸式排风罩工作的主要因素是什么？

6. 平面射流低抗侧流（压）的能力为什么取决于射流的出口动量，而不是射流的流速？

7. 槽边排风罩上为什么 $\dfrac{f}{F_1}$ 愈小条缝口速度分布愈均匀？

8. 有一侧吸罩罩口尺寸为 300mm×300mm。已知其排风量 $L = 0.54\text{m}^3/\text{s}$，按下列情况计算距罩口 0.3m 处的控制风速。

（1）自由悬挂，无法兰边；

（2）自由悬挂，有法兰边；

（3）放在工作台上，无法兰边。

9. 有一镀银槽槽面尺寸 $A \times B = 800\text{mm} \times 600\text{mm}$，槽内溶液温度为室温，采用低截面条缝式槽边排风罩。槽靠墙布置时，计算其排风量、条缝口尺寸及阻力。

10. 有一金属熔化炉（坩埚炉）平面尺寸为 600mm×600mm，炉内温度 $t = 600$℃。在炉口上部 400mm 处设接受罩，周围横向风速 0.3m/s。确定排风罩罩口尺寸及排风罩。

11. 某产尘设备设有防尘密闭罩，已知罩上缝隙及工作孔面积 $F = 0.08\text{m}^2$，它们的流量系数 $\mu = 0.4$，物料带入罩内的诱导空气量为 0.2m³/s。要求在罩内形成 25Pa 的负压，计算该排风罩排风量。如果罩上又出现面积为 0.08m² 的孔洞没有及时修补，会出现什么现象？

12. 某车间大门尺寸为 3m×3m，当地室外计算温度 $t_w = -12$℃、室内空气温度 $t_n = 15$℃、室外风速 $v_w = 2.5\text{m}/\text{s}$。因大门经常开启，设置侧送式大门空气幕。空气幕效率 $\eta = 100\%$，要求混合温度等于 10℃，计算该空气幕吹风量及送风温度。

[喷射角 $\alpha = 45°$，不考虑热压作用，风压的空气动力系数 $K = 1.0$]

13. 与 12 题同样的车间，围护结构耗热量 $Q_1 = 400\text{kW}$，车间散热器只作值班采暖。不足部分，50% 由暖风机供热，50% 由空气幕供热，在这种情况下，大门空气幕送风温度及加热器负荷是多少？（空气幕吹风量采用 12 题的结果）

14. 有一工业槽，长×宽为 2000mm×1500mm，槽内溶液温度为常温，在槽上分别设置槽边排风罩及吹吸式排风罩，按控制风速法分别计算其排风量。

[提示：1）控制点的控制风速 $v_x = 0.4\text{m}/\text{s}$，2）吹吸式排风罩的 $\dfrac{H}{b_o} = 20$]

第五章　通风排气中有害物质的净化

创造一个清新洁净的空气环境（包括大气环境和室内空气环境），对于人类的生活和生产是非常重要的，它直接影响人们的身体健康、生态的平衡以及工业生产产品的质量。通风排气中有害物质（粉尘、有害气体和蒸气）必须经过净化，符合排放标准后才可以排向大气。有些生产过程如原材料的加工、食品生产、水泥生产等行业排出的废气中含有的粉尘都是生产原料或成品，回收这些有用的物料具有重要的经济意义。在这些部门，除尘设备既是环保设备又是生产设备。

第一节　粉尘的特性

粉尘是能够悬浮于空气中的固体小颗粒。块状的物料经过破碎变成细小的粉状颗粒后，除了继续保持其原有的物理化学性质以外，还增添了许多新的特性，如爆炸性、带电性等等。实践证明，在通风除尘系统中，除尘设备选择和通风管路的设计，以及通风除尘系统的运行管理，都是和粉尘的许多性质密切相关的，了解粉尘的性质，对于保证通风除尘系统的安全、经济的运行，具有重要的作用。

一、粉尘的密度

粉尘的密度分为容积密度和真密度。

（1）容积密度：在自然松散堆积状态下，单位体积粉尘的质量称为容积密度，单位是kg/m^3。

（2）真密度：在致密无孔的状态下，单位体积粉尘的质量称为真密度，单位是kg/m^3。

自然堆积状态下的粉尘往往是不密实的，颗粒之间有很大空隙，所以粉尘的容积密度小于真密度。研究单个粉尘在空气中的运动规律，应用真密度；计算灰斗的体积或堆灰场地面积时应用容积密度。

二、粘附性

粉尘相互之间的凝聚以及粉尘在除尘器壁面上和通风管路上的堆积，都与粉尘的粘附性有关。前者会使尘粒逐渐增大，有利于提高除尘效率；后者会使除尘设备和管路发生故障和堵塞。粉尘粒径小于$1\mu m$的细小粉尘主要由于分子之间的作用而产生粘附，如铅丹、氧化钛等；吸湿性、亲水性粉尘或者含水率较高的粉尘主要是由于表面水分产生粘附，如盐类、农药等；纤维状粉尘的粘附主要与壁面的光滑程度有关。

三、爆炸性

固体物料被破碎后，其表面积大大增加，把单位质量的粉尘具有的表面积的总和叫做该粉尘的比表面积，单位是"m^2/kg"，例如每边长为1cm的立方体被粉碎成每边长为$1\mu m$的小颗粒后，其表面积由$6cm^2$增加到$6m^2$，也就是说其比表面积是原来的10000倍，由于比表面积的增加，粉尘的化学活泼性质大为加强。某些在堆积状态下不易燃烧的物质如面粉、煤粉、纤维粉尘等，当它们悬浮在空气，就与空气中的氧气有了充分的接触，在一定浓度范围内以及高温、明火、剧烈摩擦等作用下就可能发生爆炸，这一点在除尘系统的设计和运行管理中要特别注意，不同粉尘的爆炸浓度范围也不相同。

四、带电性

悬浮于空气中的粉尘由于相互之间的摩擦、碰撞、吸附、辐射等等，都可能使尘粒带电荷，带电量的大小与尘粒的表面积和含湿量有关，在同一温度下，表面积大、含湿量小的尘粒带电量大；表面积小、含湿量大的尘粒带电量小。电除尘器就是利用人工的方法电离空气，从而使尘粒带电来进行除尘的。粉尘的比电阻是粉尘的重要特性之一，它反映了粉尘的导电性能，对除尘器的运行有重要的影响。

五、粉尘的粒径分布

由于粉尘是由粒径不同的颗粒组成的，粉尘的粒径分布可用分散度表示。通常把各种不同粒径粉尘的质量占粉尘总质量的百分比称为质量分散度，简称分散度。不同尘源产生粉尘的分散度是不同的。

粉尘的分散度一般是根据测定得到的，但在测定时由于粉尘的粒径有无穷多个，无论用什么方法都无法把各种粒径粉尘的质量测出来。因此通常是把粉尘的粒径分成若干组，如 $0 \sim 5\mu m$、$5 \sim 10\mu m$、$10 \sim 20\mu m$、$20 \sim 40\mu m$ 等等。测出的每一组质量与总质量的比值就是该组的分散度。

设某粉尘样品中某一粒径范围的粉尘质量为 M_d 克，粉尘的总质量为 M_0 克，则该粒径范围粉尘的分散度 f_d 为

$$f_d = \frac{M_d}{M_0} \times 100\% \tag{5-1}$$

并且

$$\sum_{i=1}^{\infty} f_{di} = 1 \tag{5-2}$$

式中　f_{di}——第 i 种粒径粉尘的分散度（%）。

六、粉尘的湿润性

粉尘是否易于被水（或其他液体）湿润的性质称为粉尘的湿润性。根据粉尘被水（或其他液体）湿润的程度不同，可分为亲水性粉尘和憎水性粉尘。容易被水（或其他液体）湿润的粉尘称为亲水性粉尘；难以被水（或其他液体）湿润的粉尘叫憎水性粉尘。亲水性粉尘被水湿润后会发生凝聚，质量力增大，有利于粉尘从空气中分离，亲水性粉尘可以考虑采用湿法除尘；憎水性粉尘不宜采用湿法除尘。

但是有的亲水性粉尘（如水泥、白灰）与水接触后，会发生粘结和变硬，堵塞管路，这种粉尘称为水硬性粉尘。水硬性粉尘不宜采用湿法除尘。

粒径对粉尘的湿润性有很大的影响，$5\mu m$ 以下（特别是 $1\mu m$）的粉尘因其表面吸附了一层气膜，即使是亲水性粉尘也难以被水（或其他液体）湿润。只有当液体和尘粒之间具有较高相对速度时，才能冲破气膜使其湿润。

七、粉尘的安息角和滑动角

粉尘的安息角是指粉尘在水平面上自然堆积状态下其边坡与水平面的夹角；粉尘的滑动角是将粉尘置于光滑的平板上，使该平板倾斜到粉尘能沿着平板下滑时平板和水平面的

夹角。粉尘的安息角和滑动角都是由实验测得的，不同粉尘的安息角和滑动角是不同的。

粉尘的安息角用于计算堆灰场的面积；粉尘的滑动角用于确定靠重力来输送物料的管道的安装角度，该角度要大于粉尘的滑动角。

第二节　除尘器的除尘机理和分类

一、除尘机理

目前常用除尘器的除尘机理主要有以下几个方面：

1. 重力

利用尘粒本身的重力作用使粉尘从含尘气流中分离出来。由于尘粒的沉降速度一般较小，所以这个机理只适用于大颗粒的粉尘。

2. 离心力

含尘气流作圆周运动时，由于惯性离心力的作用，尘粒和气流会产生相对运动，使尘粒从气流中分离出来。它是旋风除尘器的主要工作机理。

3. 惯性碰撞

含尘气流在运动过程中遇到其他物体阻碍（如挡板、纤维、水滴等）时，气流会发生流向改变，细小的尘粒会和气流一起运动，而粗大的尘粒由于具有较大的惯性，就会脱离气流，保持原有自身的惯性，和其他物体发生碰撞，见图5-1，该现象称为惯性碰撞，惯性碰撞是过滤式除尘器、湿式除尘器和惯性除尘器的主要除尘机理。

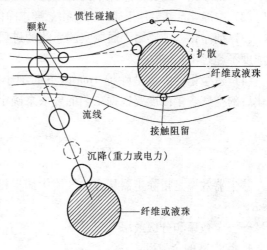

图 5-1　除尘机理示意图

4. 接触阻留

当细小的尘粒和气体一起绕流时，如果流线紧靠物体的表面，有的尘粒就会和物体发生接触，从气流中分离出来，这种现象称为接触阻留，见图5-1。

5. 扩散

小于 $1\mu m$ 的粉尘在气体分子的撞击下，像气体的分子一样作布朗运动。如果尘粒在运动过程中和物体表面接触，就会从气流中分离出来，这个机理称为扩散，见图5-1。

6. 静电力

悬浮在空气中的尘粒一般都带有电荷，可以通过静电力使尘粒从空气中分离出来。由于在自然状态下，尘粒的带电量很小，所以要想得到好的除尘效果，就必须设置专门的高压电场，使所有的尘粒都充分荷电。

7. 凝聚

凝聚作用是通过超声波、蒸汽凝结、加湿等凝聚作用，使微小的尘粒凝聚增大，然后再用一般的除尘方法除掉。凝聚作用不是一种直接的除尘机理。

工程上使用的各种除尘器往往不是简单的依靠某一种除尘机理，而是几种除尘机理的综合运用。

二、除尘器的分类

根据主要除尘机理的不同，常用的除尘器可分为如下几类：

(1) 重力除尘如重力沉降室；

(2) 惯性除尘如惯性除尘器；

(3) 离心除尘如旋风除尘器；

(4) 过滤除尘如袋式除尘器、颗粒层除尘器、纤维过滤器、纸过滤器；

(5) 洗涤除尘如水浴除尘器、卧式旋风水膜除尘器；

(6) 静电除尘如电除尘器。

根据除尘过程用水（或其他液体）与否，可分为以下两类：

(1) 干式除尘；

(2) 湿式除尘。

根据气体净化程度的不同，可分为以下几类：

(1) 粗净化　主要是除掉粗大的尘粒，一般多用于多级除尘的第一级。

(2) 中净化　主要用于通风除尘系统，要求净化后的空气含尘浓度不超过 $100 \sim 200 mg/m^3$。

(3) 细净化　主要用于通风空调系统的进风系统和再循环系统，要求净化后的空气含尘浓度不超过 $1 \sim 2 mg/m^3$。

(4) 超净化　主要是除掉 $1 \mu m$ 以下的细小粉尘，用于洁净度要求较高的洁净房间，净化后的空气含尘浓度要根据工艺的要求来确定。

第三节　除　尘　效　率

除尘器效率是指除尘器从含尘气流中捕捉粉尘的能力，是评价除尘器性能的重要指标之一。

一、全效率和分级效率

1. 除尘器的全效率

被除尘器除下来的粉尘质量占进入除尘器的粉尘总质量的百分数称为除尘器的全效率，用 η 表示，即

$$\eta = \frac{G_3}{G_1} \times 100\% = \frac{G_1 - G_2}{G_1} \times 100\% \qquad (5\text{-}3)$$

式中　G_1——进入除尘器的粉尘总量（g/s）；

$\quad\quad$ G_2——除尘器排出的粉尘量（g/s）；

$\quad\quad$ G_3——除尘器捕捉的粉尘量（g/s）。

如果除尘器结构严密，没有漏风，公式 (5-3) 可改写成

$$\eta = \frac{Ly_1 - Ly_2}{Ly_1} \times 100\% = \frac{y_1 - y_2}{y_1} \times 100\% \qquad (5\text{-}4)$$

式中　L——除尘器处理的空气量（m^3/s）；

$\quad\quad$ y_1——除尘器进口空气中粉尘的质量浓度（g/m^3）；

y_2——除尘器出口空气中粉尘的质量浓度（g/m^3）。

式（5-3）要通过称重来求得全效率，故称为质量法。用这种方法测得的结果比较准确，主要用于实验室。在工程现场测定除尘器的除尘效率时，通常是同时测出除尘器前后的空气含尘浓度，再按照式（5-4）计算全效率，这种方法称为浓度法。管道内空气的含尘浓度是不均匀的，也不稳定，要测得准确的结果是比较困难的。

2. 除尘器串联的总效率

设第一级除尘器的全效率为 η_1，进入该除尘器的粉尘总质量为 G_1，被第一级除尘器捕集下来的粉尘质量为 $G_3 = \eta_1 G_1$。第二级除尘器的全效率为 η_2，则进入第二级除尘器的粉尘质量为 $G_2 = G_1 - G_3$，被捕集下来的粉尘质量为 $\eta_2 G_2$。这时两级串联的总效率为：

$$\eta = \frac{G_1\eta_1 + G_2\eta_2}{G_1} = \eta_1 + \frac{(G_1 - G_3)\ \eta_2}{G_1}$$

$$= \eta_1 + (1 - \eta_1)\ \eta_2 = \eta_1 + \eta_2 - \eta_1\eta_2 = 1 - (1 - \eta_1)(1 - \eta_2) \qquad (5\text{-}5)$$

如果有多级除尘器串联，则总效率为：

$$\eta = 1 - (1 - \eta_1)(1 - \eta_2)\cdots\cdots(1 - \eta_i) \qquad (5\text{-}6)$$

式中　η_i——第 i 级除尘器的全效率（%）。

3. 除尘器并联的总效率

设粉尘总量为 G，进入第一台除尘器的粉尘质量为 G_1，第一台除尘器的除尘效率为 η_1，进入第二台除尘器的粉尘质量为 G_2，第二台除尘器的除尘效率为 η_2。两级除尘器除下来的粉尘分别为 $G_1\eta_1$ 和 $G_2\eta_2$，则并联总效率为：

$$\eta = \frac{G_1\eta_1 + G_2\eta_2}{G} = \frac{G_1}{G}\eta_1 + \frac{G_2}{G}\eta_2 = g_1\eta_1 + g_2\eta_2 \qquad (5\text{-}7)$$

式中　g_1、g_2——进入第 1、2 台除尘器的粉尘质量份额（%）。

如有多级除尘器并联则其除尘的总效率为：

$$\eta = \sum_{i=1}^{n} g_i\eta_i \qquad (5\text{-}8)$$

式中　g_i——进入第 i 台除尘器的粉尘质量份额（%）；

　　　　η_i——第 i 台除尘器的除尘效率（%）。

除尘器的全效率是各种粒径粉尘的平均效率，它只能表示捕集粉尘总量的多少，不能说明对某种粒径粉尘的捕集能力，因此，在工程上只给出除尘器的全效率是没有意义的，要正确评价除尘器的除尘效果，就必须按照粒径来标定除尘器的效率，所以引进分级效率的概念。

4. 分级效率

除尘器的分级效率是除尘器除下的某一粒径范围粉尘的质量与进入除尘器的该粒径范围粉尘总质量的比值。图 5-2 是某除尘器的分级效率曲线。

从图 5-2 可以看出，粉尘的粒径越大，分级效率越高。粒径越小，分级效率越低，越不容易被除掉。

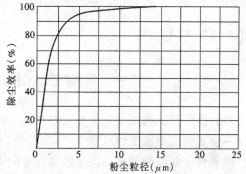

图 5-2　某除尘器的分级效率曲线

分级效率的计算公式如下：

$$\eta_d = \frac{被捕集下来的某粒径范围内粉尘的质量}{进入除尘器的该粒径范围内粉尘的总质量} \times 100\%$$

$$= \frac{G_3 f_{3d}}{G_1 f_{1d}} \times 100\% = \eta \frac{f_{3d}}{f_{1d}} \times 100\% \tag{5-9}$$

式中 f_{1d}、f_{3d}——进入除尘器和捕集下来的某粒径范围内的粉尘质量分散度（%）；

G_1、G_3——进入除尘器和捕集下来的某粒径范围内的粉尘质量（kg）。

把式（5-9）变形后积分：

$$\sum_{i=1}^{n} \eta f_{3d} = \sum_{i=1}^{n} \eta_d f_{1d}$$

左边 $\sum_{i=1}^{n} \eta f_{3d} = \eta$ 因 η 可以看作和 f_{3d} 无关，

$$\therefore \eta = \sum_{i=1}^{n} \eta_d f_{1d} \times 100\% \tag{5-10}$$

式（5-10）即全效率与分级效率的关系。

【例 5-1】 已知某除尘器的分级效率和进口粉尘的质量分散度如下表，计算该除尘器的全效率。

粉尘粒径（μm）	0～5	5～10	10～20	20～40	>40
分散度（%）	14	15	20	22.5	28.5
分级效率（%）	30	88	97	98	100

【解】 $\eta = \sum_{i=1}^{n} \eta_d f_{1d} \times 100\%$

$= 0.14 \times 0.3 + 0.15 \times 0.88 + 0.2 \times 0.97 + 0.225 \times 0.98 + 0.285 \times 1 = 0.874$

$= 87.4\%$

二、穿透率

有时两台除尘器的除尘效率非常接近，比如分别为 99% 和 99.9%，似乎两者的除尘效果差不多。但是从大气污染的角度去分析，两者的差别是很大的，前者排入大气的粉尘量是后者的 10 倍，因此，还可以用穿透率 P 来表示除尘器的性能。

穿透率是指未被除尘器除下来的粉尘质量与进入除尘器的粉尘总质量的比值。

$$P = \frac{G_2}{G_1} \times 100\% = (1 - \eta) \times 100\% \tag{5-11}$$

式中各项意义同前。

第四节 重力沉降室

重力沉降室是利用尘粒本身重力使其从含尘气流中分离出来的设备。

一、重力沉降室工作原理

随着含尘气流向前流动，尘粒靠自重向下运动，最后分离出来。所以首先要创造一个有利于尘气分离的条件，即让含尘气流最好是低速流动。重力沉降室就是使含尘气流运动速度大大降低的设备，见图5-3。其结构特点是断面尺寸、长度尺寸均较大。

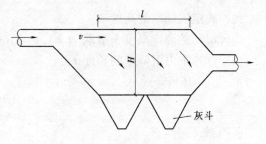

图5-3 重力沉降室

在重力沉降室内气流中的尘粒在垂直方向上如只受到重力和空气阻力作用，则当尘粒在静止的空气中受重力自由下降时，尘粒将加速下降，在加速下降的过程中尘粒所受到的阻力也将增大，直到重力和阻力相等时，尘粒将匀速下降，这时的速度称为沉降速度，沉降速度可用下式表示：

$$u_s = \frac{\rho_c d_c^2 g}{18\mu} \tag{5-12}$$

式中　u_s——粉尘的沉降速度（m/s）；

　　　ρ_c——粉尘的真密度（kg/m³）；

　　　g——重力加速度（m/s²）；

　　　d_c——粉尘粒径（m）；

　　　μ——空气的动力黏度（Pa·s）。

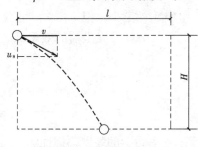

图5-4 尘粒的运动轨迹

按此沉降速度，所能沉降下的尘粒直径为：

$$d_c = \sqrt{\frac{18\mu u_s}{\rho_c g}} \tag{5-13}$$

因含尘气流在沉降室内以速度 v 向前运动，那么尘粒一方面以沉降速度 u_s 下降，另一方面以水平速度 v 继续前进，见图5-4。要使尘粒沉降下来，就必须让尘粒下降到底的时间小于尘粒在沉降室内的水平运动时间，即：

$$\tau = \frac{l}{v} \tag{5-14}$$

$$\tau_s = \frac{H}{u_s} \tag{5-15}$$

且有　　　　　　　　　　　　　　$\tau \geqslant \tau_s$

即　　　　　　　　　　　　　　$\frac{l}{v} \geqslant \frac{H}{u_s}$ \tag{5-16}

式中　τ——尘粒在重力沉降室内水平运动的时间（s）；

　　　τ_s——尘粒下降到重力沉降室底部的时间（s）；

　l、H——重力沉降室的长和高（m）；

　　　v——尘粒在重力沉降室内的水平运动速度（m/s），工程上一般取 $v = 0.3 \sim 0.5$m/s。

二、重力沉降室的设计计算

（1）根据要处理掉的粉尘粒径 d_c。计算沉降速度 u_s，按式（5-12）计算，即：

$$u_s = \frac{\rho_c d_c^2 g}{18\mu}$$

（2）确定沉降室的高度 H

尘粒沉降的理论高度一般取 $H = 1.5 \sim 2.0$m。

（3）计算重力沉降室的长度 l：

由式（5-16）得：

$$l \geqslant \frac{Hv}{u_s} \quad \text{m} \tag{5-17}$$

式中各项意义同前。

（4）确定重力沉降室的宽度 B：

$$B = \frac{L}{Hv} \quad \text{m} \tag{5-18}$$

式中　L——进入除尘器的空气体积流量（m³/s）；

其余各项意义同前。

（5）计算重力沉降室能沉降的最小粉尘粒径 d_{cmin}：

可按公式（5-12）计算，其中，$u_s = \frac{Hv}{l}$ 时即为最小粒径，即：

$$d_{\text{cmin}} = \sqrt{\frac{18\mu Hv}{l\rho_c g}} \tag{5-19}$$

式中各项意义同前。

从式（5-21）看出，沉降室长度 l 越大，所除下的粉尘粒径越小。但 l 愈大，占地面积也大。一般重力沉降室只适用于粒径 $d_c \geqslant 50\mu m$ 的粉尘。由于重力除尘器的效率低，占地面积大，因此在通风工程中应用的很少。

第五节　惯性除尘器

利用粉尘的惯性，通过和除尘器内部的障碍物碰撞来捕集粉尘的装置称惯性除尘器。

一、惯性除尘器的工作原理

任何物体都有保持其固有惯性的特点，惯性除尘器就是利用这一特性把尘粒从气流中分离出来的设备。当尘粒和气流同时向前运动时，如遇到障碍物，气流和微细尘粒由于质量小，惯性小，可随气流改变方向，绕过障碍物，继续流动。而质量大的颗粒粉尘，由于惯性，将保持原来的运动方向，直到和前面的障碍物相撞，改变原来的运动方向，在重力的作用下，从气流中分离出来。

如在运动中的含尘气流前面放一挡板，含尘气体沿直线向挡板运动，由于气体碰到挡板时，速度减小，静压增大，后面的气体在压力的作用下，离挡板具有一定距离就发生偏转。而具有一定质量的尘粒，由于惯性，保持含尘气流原有的运动方向，

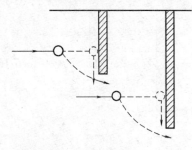

图 5-5　惯性碰撞示意图

沿直线继续向前运动，直至与挡板碰撞，被挡板捕集。这样，尘粒便从含尘气流中分离出来，见图 5-5。

二、惯性除尘的特点

（1）与重力沉降室比较，除尘效果有所改善，除尘效率有所提高，除下的粉尘粒径为

$d_c = 20 \sim 30 \mu m$;

（2）由于除尘器内设置障碍物多，结构相对复杂，故其阻力增加。通常作为多级除尘系统的第一级除尘。

三、惯性除尘器的结构形式

1．挡板式惯性除尘器

图5-6、图5-7所示，除尘器是在沉降室中设若干个挡板，有的挡板是带槽的，含尘气流经过几次折转方向以增加含尘气流的惯性碰撞机会，使更多尘粒被捕集。如图5-7所示带槽挡板除尘器就是挡板式惯性除尘器的一种形式。

2．气流转折式惯性除尘器

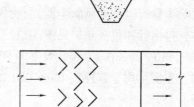

图5-6　设挡条的除尘器

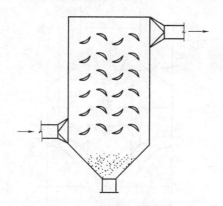

图5-7　带槽挡板的除尘器

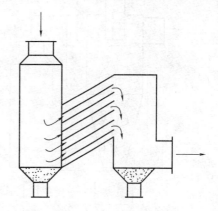

图5-8　气流转折式除尘器

这种除尘器是在结构上采取措施，使气流作较急剧的折转，在惯性力的作用下把尘粒分离出来。图5-8气流转折式和图5-9迷宫式除尘器就是这种除尘器的典型实例。转折次数多，分离效率高，但同时气流阻力也增大。

3．带百叶窗的惯性除尘器

图5-10为这种型式的除尘器，它是按百叶窗形式设置锥形挡板的。气流由百叶间缝隙流出，而尘粒则被分离。

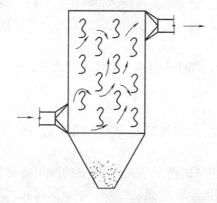

图5-9　迷宫式除尘器

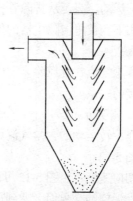

图5-10　百叶窗式除尘器

第六节　离心式除尘器

利用气流在旋转过程中作用在尘粒上的离心力和惯性力使尘、气分离的装置，称离心式除尘器（也称旋风除尘器）。旋风除尘器一般由五部分组成：切向入口、圆筒体、圆锥体、排出管和集灰斗，见图5-11。其特点是结构简单、体积小、维修方便、除尘效率较高（对于 $10 \sim 20 \mu m$ 的尘粒，效率为90％左右）、阻力较大。它在通风工程中得到了广泛的应用，主要是用于粒径在 $10 \mu m$ 以上的粉尘，是中小型燃煤锅炉的烟气净化中的主要除尘设备。

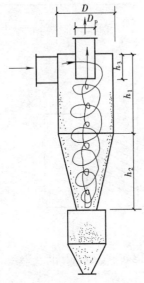

图 5-11　旋风除尘器示意图

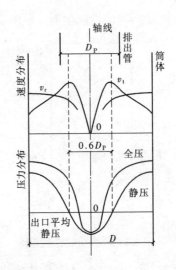

图 5-12　旋风除尘器速度、压力分布

一、旋风除尘器的工作原理

1. 工作过程

含尘气流从旋风除尘器的切向入口进入除尘器，作螺旋形旋转运动。首先，含尘气流沿外侧自上而下旋转至锥体底部，这称为外涡旋。然后，气流沿除尘器轴心部位自下而上作螺旋运动，直至从排除管排出，这称为内涡旋。含尘气流在旋转过程中，尘粒在离心力的作用下，被甩向除尘器的外壁，到达外壁的尘粒在气流和重力的综合作用下，尘粒沿壁面落入灰斗。

含尘气流在旋风除尘器中做螺旋运动时，尘、气能否分离，与气流的速度、压力分布有直接的关系。

2. 速度分布

作旋转运动的含尘气流可分解成切向速度 v_t、径向速度 v_r 和轴向速度 v_z 等。速度分布见图5-12。

切向速度：由图5-12可以看出，外涡旋的切向速度 v_t 是随半径 r 的减少而增加的，在内外涡旋的交界面上达到最大值；内涡旋的切向速度 v_t 是随半径 r 的减少而减少的。

径向速度：外涡旋的径向速度 v_r 是向内的，内涡旋的切向速度 v_r 是向外的，气流的

74

切向速度 v_t 和径向速度 v_r 对尘、气的分离起着相反的作用，切向速度 v_t 产生惯性离心力，使尘粒有向外的径向运动，有助于尘粒的分离，径向速度 v_r 使尘粒产生向心的径向运动，把尘粒推向内涡旋。但是内涡旋的径向速度是向外的，所以对尘粒的分离也有一点的作用。

轴向速度：外涡旋的轴向速度是向下的，内涡旋的轴向速度是向上的，气流由锥体底部上升时，会将一部分已经除下来的粉尘重新带走，这是影响除尘效果的关键问题之一。轴向速度在排出管的底部达到最大值。

3. 压力分布

气流在除尘器内做离心运动时，有一个向心力与离心力平衡的问题，所以外侧的压力要比内侧高，从图5-12也可以看出，静压和全压都是筒外壁向轴心越来越小，在轴心处最低。外涡旋基本为正值，而内涡旋压力为负值，所以除尘器的底部要密封，防止外界空气被吸入，卷起已经被除下来的粉尘，形成返混，使除尘效率下降。

二、旋风除尘理论计算

现介绍一种比较接近实际、应用广泛的筛分理论。

在旋风除尘器内的外涡旋，取一尘粒来分析。尘粒沿径向受到的离心力为 F_1，方向向外，该力大小为：

$$F_1 = \frac{\pi d_c^3}{6} \rho_c \frac{v_t^2}{r} \tag{5-20}$$

而向心的气体对尘粒的阻力 P_R：

$$P_R = 3\pi\mu d_c v_r \qquad (Re_c \leqslant 1) \tag{5-21}$$

这样，作用在尘粒上两力的合力为：

$$F = F_1 - P_R = \frac{\pi d_c^3}{6} \rho_c \frac{v_t^2}{r} - 3\pi\mu d_c v_r$$

式中　　r——尘粒的旋转半径（m）；

μ——含尘气流的动力黏度（Pa·s）；

d_c——粉尘的粒径（m）；

ρ_c——粉尘的真密度（kg/m³）；

v_t——粉尘的切向速度（m/s）；

v_r——粉尘和气流的相对径向速度（m/s）。

当 $F>0$ 时，尘粒被推向外壁分离出来。当 $F<0$ 时尘粒被推向轴心从排出管排出。又因 F 同 d_c 有关，则总有一粒径能使合力 $F=0$，即离心力和阻力相等，$F_1 = P_R$，这一粒径被称为除尘器的分割粒径。处于这一粒径的粉尘从概率上讲有50%被推向轴心，50%被推向器壁，它的分级效率将是50%。此时好像有一筛子，把 $d_{c50} < d_c$ 的尘粒全部除掉，$d_c < d_{c50}$ 的通过筛子跑掉，所以这一理论称"筛分理论"。从 $F=0$ 有：

$$\frac{\pi}{6} d_{c50}^3 \rho_c \frac{v_{ot}^2}{r_0} = 3\pi\mu v_{orp} d_{c50}$$

解得：

$$d_{c50} = \sqrt{\frac{18\mu v_{orp} r_0}{\rho_c v_{ot}^2}} \tag{5-22}$$

式中 r_0——假想筛面半径（m）；

  v_{ot}——假想筛面上粒径的切向速度（m/s）；

  v_{orp}——外涡旋的平均径向速度（m/s）；

  μ——空气的动力黏滞系数（Pa·s）；

  ρ_c——尘粒的真密度（kg/m³）。

从上式可以看出，分割粒径 d_{c50} 是随着 v_{ot} 和 ρ_c 的增大而减小，随着 v_{orp} 和 r_0 的减小而减小。

旋风除尘器的阻力可按下式计算：

$$\Delta P = \xi \frac{v^2}{2} \rho \quad \text{Pa} \tag{5-23}$$

式中 ξ——除尘器的局部阻力系数，通过实测得到；

  v——进口气体流速（m/s）；

  ρ——气体的密度（kg/m³）。

三、影响旋风式除尘器性能的因素

1. 进口速度 v

进口速度对除尘器的工作效果有较大的影响，速度大，尘粒作旋转运动时受到的离心力就大，除尘效率就高。但是，同时除尘器的阻力也大，因此，一般进口速度控制在 12～25m/s 之间。

2. 筒体直径 D 和排出管直径 D_P

实践证明，在同样的切线速度下，筒体直径愈小，尘粒受到的惯性离心力愈大，除尘效率愈高。一般 $D \leq 800$mm。筒体直径越小，除尘器阻力越大，当风量较大时可使用几台除尘器并联运行。排出管直径 D_P 减小，内涡旋减小，有利于提高除尘效率，但同时阻力增大，一般取 $D_P = (0.5 \sim 0.6)D$。

3. 筒体高度 h_1 和锥体高度 h_2

h_1 过大，内、外涡旋掺混机会增加是不利的。h_1 太小，外涡旋圈数减少，不利于分离，一般筒体高度取 $h_1 = (1.15 \sim 1.20)D$。锥体高度 h_2 增加，含尘气体在锥体内旋转圈数增加，分离机会也增加。但锥体高度太大，同样增加了压力损失。一般取 $h_2 = (2.8 \sim 2.85)D$。

4. 内筒插入深度 h_3

内筒插入过浅，粉尘容易短路被直接排走，影响除尘器的除尘效率。插入过深，不仅会阻碍上升的内涡旋气流对尘粒的继续分离，而且增大内筒的压力损失。一般插入深度略大于进口管高度。

5. 除尘器下部的严密性

从旋风除尘器压力分布图 5-12 看出，除尘器轴心处压力较低，而且在锥体底部静压最低，处于负压状态，如果除尘器下部不严密，外部空气会被吸入，把落入灰斗的粉尘重新带走，使除尘效率显著下降。因此，必须对除尘器底部密封，通常采用的装置是锁气器。

四、旋风除尘器的排灰装置——锁气器

旋风除尘器不仅要把粉尘从气流中分离出来，而且还要把已经除下来的粉尘及时排掉。一般要求排灰装置结构简单、造价低、安装使用方便、密封性好、占空间小、易于更

换、通用性强、二次污染小等。旋风除尘器的排灰装置很多，常用的有挡板式、双翻板式、回转式等，见图5-13。

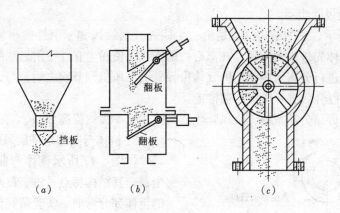

图 5-13　锁气器
(a) 单翻板式；(b) 双翻板式；(c) 回转式

收尘量不大的除尘器，可以考虑采用单翻板式锁气器，定期排放。收尘量大，而且要求连续排灰的除尘器，可以考虑采用双翻板式锁气器或者回转式锁气器。

双翻板式锁气器是利用翻板上的平衡锤和集灰量的多少来进行自动排灰的，它的两块翻板轮流起闭，可以有效地防止漏风。回转式锁气器是利用外来动力使刮板缓慢旋转进行排灰的。锁气器能否保持严密，关键是翻板或者刮板与外壳之间能否保持紧密结合。

五、旋风除尘器的进口形式

目前常用的进口形式有直入式、涡壳式和轴向式三种，见图5-14。直入式又分为平顶盖和螺旋形顶盖。平顶盖直入式进口结构简单，应用最为广泛。螺旋形直入式进口避免了进口气流与旋转气流之间的干扰，可以减少阻力，但是除尘效率会下降。如果除尘器处理的风量大，需要大的进口，采用涡壳式进口可以避免进口气流

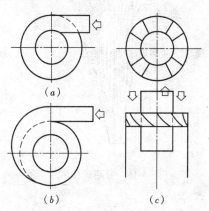

图 5-14　旋风除尘器的进口形式
(a) 直入式；(b) 涡壳式；(c) 轴向式

和排出管发生直接碰撞，有利于除尘效率和阻力的改善。轴向式进口主要应用于多管旋风除尘器的旋风子。

六、其他形式的旋风除尘器

1. 多管旋风除尘器

旋风除尘器的效率与筒体直径 D 成反比，采用小直径的旋风子，气流在旋风子内由于旋转半径小，尘粒所受的离心力大，小颗粒的粉尘也能被分离出来，除尘效率高。多管旋风除尘器内通常要并联布置多个旋风子。图5-15是多管旋风除尘器的示意图。

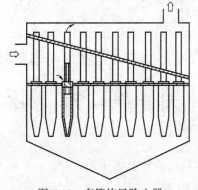

图 5-15　多管旋风除尘器

含尘气流沿轴向通过螺旋形导流片进入旋风子，在其中做旋转运动。对于多管旋风除尘器关键的问题是如何保证每个进气口气流分布均匀。主要应用于高温烟气的净化。

2. 旁路式旋风除尘器

如图 5-16 所示，它的结构特点是由一个蜗壳式大旋风和一个外接小旋风组成。工作过程是，含尘气体先进入大旋风，在离心力的作用下使粉尘在外壁附近浓缩，而后浓缩气流被抽入小旋风进行分离。净化后的气体由导管引至风机调节阀之后，与大旋风排出的约90％的主体气流混合后进入风机，被排走。

实验证明，旁路分离室后，旋风除尘器的除尘效率大约提高 20％。

3. 锥体弯曲的水平旋风除尘器

如图 5-17 所示锥体弯曲的水平旋风除尘器，其结构特点是进气口水平设置，除尘的锥体部分弯曲。实验研究证明，进口速度较大时，直立安装和水平安装的除尘器阻力和效率基本相同，但随着进口速度的下降两者的效率稍有差别。

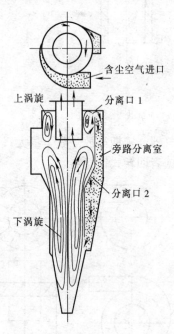

图 5-16　旁路式旋风除尘器

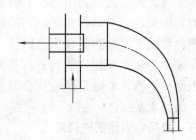

图 5-17　锥体弯曲的水平旋风除尘器

第七节　电除尘器

电除尘器是一种高效除尘设备，它是利用电场产生的静电力使尘粒从气流中分离出来的除尘装置，因此，又称为静电除尘器。

它的优点是：

（1）电除尘器主要适应微粒除尘，对于粒径在 $1 \sim 2\mu m$ 的尘粒，除尘效率可高达98％～99％；

（2）电除尘器直接把能量提供给尘粒，使其从含尘气流中分离出来，所以，和其他的高效除尘器相比，电除尘器的阻力较低，大约为 $100 \sim 200Pa$；

（3）可处理 400℃以上的高温气体；

（4）适应于大型通风工程，而且处理的空气量越大，经济效益越显著。

它的缺点是：

（1）设备庞大，占地面积大；

（2）耗用钢材多，一次性投资大；

（3）结构比较复杂，制造、安装要求的精度高；

（4）对粉尘的比电阻有一定的要求。

目前，电除尘器已经广泛应用于金属冶炼、化工、火力发电、水泥等工业部门的烟气净化和物料的回收。

一、电除尘器的工作原理

电除尘器的基本工作过程是：空气电离→尘粒荷电→尘粒向集尘板移动并沉积在上面→尘粒放出电荷→振打后落入灰斗。

1. 空气电离

用一电场实验装置来说明空气电离，实验装置如图 5-18 所示。在电场的作用下空气中带电离子会定向运动，形成了电流。电压越大，电流也随之增大。当电场强度增大到一定程度，空气中的中性原子也被电离成电子和正离子，这就是空气电离。见图 5-19 中电离曲线。

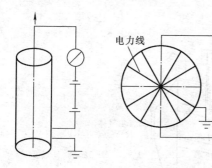

图 5-18　电场实验装置示意图

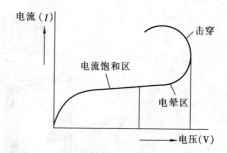

图 5-19　空气电离曲线

图 5-19 中纵坐标为两极间电流，横坐标为两极间所加电压。随着电压的增大，两极间带电离子运动加快，所以曲线呈上升趋势，这时带电离子数目并没有增多，见曲线的电流饱和区。过了饱和区，电压增大，空气开始被电离，带电离子数量增多，电流上升也较多，所以曲线变陡。在空气被电离的同时，负极周围有一淡蓝色光环，此现象称为"电晕"。随着电压增大，电晕区变大，当电晕区扩大到两极间整个空间时，即出现击穿（即正负极短路）现象，电场停止工作。

2. 粉尘荷电

含尘气流进入电场后，空气先电离，电离后的正负离子将附着在粉尘上，此过程称为粉尘的荷电过程。

3. 荷电粉尘的沉积

荷电后的粉尘在高压电场作用下，按其电荷的性质奔向异性电极。因为电晕区的范围很小，只有少量粒子沉积在电晕线上，大部分含尘气流是在电晕区外通过，因此大多数尘粒都带负电，最后沉积在阳极板上（集尘板）。

4. 在集尘板上尘粒放出电荷，振打后落入灰斗。

二、电除尘器的基本形式及构造

1. 电除尘器的形式

按荷电方式分：单区电除尘器和双区电除尘器。

尘粒的荷电过程和捕集分离过程在同一区域内完成的是单区电除尘器。双区电除尘器是尘粒的荷电过程和捕集分离过程分别在两个区域内完成的。

按集尘板的形式分：管式电除尘器和板式电除尘器。

板式除尘器的集尘面积比管式电除尘器要大很多，目前大多采用板式除尘器。

按粉尘的清除方法分：干式电除尘器和湿式电除尘器。

为了防止被除掉的粉尘产生二次飞扬，有的除尘器在集尘极的表面淋水，用水膜把粉尘带走，即湿式电除尘器。

按气流方向分：立式电除尘器和卧式电除尘器。

立式电除尘器占空间大，卧式电除尘器占平面面积大，选择和布置除尘器的时候要考虑空间和平面面积的大小。

2. 电除尘器的构造

电除尘装置基本上由除尘器本体和高压供电设备两大部分组成。

电除尘器的本体包括：电极装置、气流分布装置、振打清灰装置、外壳及灰斗等，见图 5-20。

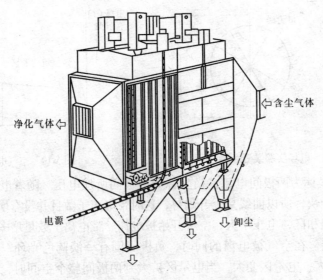

图 5-20 电除尘器本体示意图

（1）电极装置。包括电晕极和集尘极，是电除尘器的核心部件。

电晕极是放电的中心部件，其形式将直接影响着起晕电压的高低，放电强度的大小，对它的基本要求是：起晕电压低，放电强度大，机械强度高，耐腐蚀，容易振打清灰。电晕极常用形式有圆形、星形、锯齿形、芒刺形和麻花形等，如图 5-21 所示。其中，锯齿形的放电强度高，是应用较多的一种放电极。

集尘板是收集灰尘的中心部件，对它的要求是：电场强度和电流密度均匀，金属耗量少，振打清灰均匀，还要有足够的机械强度和耐腐蚀性。目前常用的集尘极形式见图 5-22。

电晕极和集尘极的制作和安装对于电除尘器的性能有很大的影响，安装前极板、极线必须调直，安装的时候要严格控制极距，偏差不得大于5mm，如果个别地方极距偏小，会首先发生击穿现象，影响电除尘器正常工作。

（2）电极清灰振打装置。沉积在电晕极和集尘极上的粉尘必须及时通过振打清除掉，否则，积尘过多，会影响电极放电。集尘极上积灰过多，会影响尘粒的驱进速度，对于高比电阻的粉尘还会引起反电晕。及时清灰是防止反电晕的有效措施之一。

清灰的方法较多，常用的是利用机械锤周期性地敲打各极，使积尘振落的机械锤方式，或者是利用电磁振荡器，连续地抖动电极使积尘随时脱落的颤动式。上述两种方式容易产生粉尘二次飞扬，为了防止该现象发生，有的除尘器

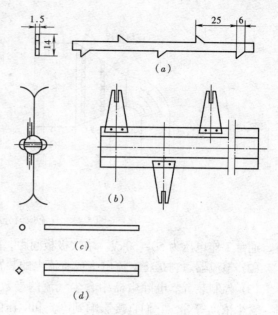

图 5-21 电晕极的形式
（a）锯齿形；（b）芒刺形；（c）圆形；（d）星形

在集尘极的表面淋水，用水膜将粉尘带走，即湿式电除尘，虽然使用湿式电除尘器有效地解决了粉尘飞扬的问题，但是同时也带来了泥浆和废水的处理问题，因此，目前应用的比较少。

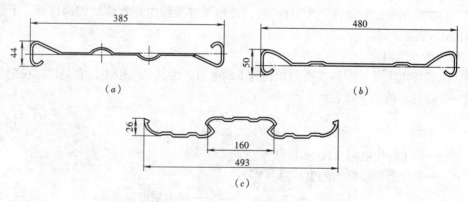

图 5-22 集尘极的形式
（a）Z型电极；（b）C型电极；（c）CS型电极

（3）气流均匀分布装置。电除尘器中气流分布的均匀性对除尘效率有很大影响，除尘效率与气流速度成反比，当气体流速分布不均匀时，流速低处增加的效率不足以弥补流速高处效率的降低，因此总的效率是下降的。

为了提高电除尘器的效率，进入除尘器的气流分布要均匀。为此，常采用图 5-23 所示的气流均匀分布板。

高压供电设备包括三部分：高压变压器、整流器、控制装置。

（1）高压变压器。它是将 380V 或者 220V 交流电压升到除尘器所需要的高电压的装

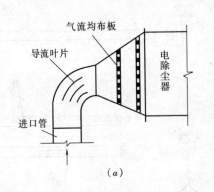
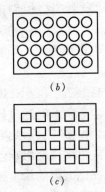

图 5-23　气流均匀分布板的形式

置，通常工作电压为 50～60kV。增大极板间距，要求的电压也要相应增高。

（2）整流器。它是将交流电变成直流电的装置，目前都采用半导体硅整流器。

（3）控制装置。电除尘器中含尘气流的参数是在不断变化的，包括温度、湿度、风量、含尘浓度等等，它们直接影响到电流和电压的稳定性。所以要求供电装置能自动的根据条件的变化来调整电压的高低，保证除尘器的稳定高效运行。

目前采用的方法有：火花频率控制、火花积分值控制、平均电压控制、定电流控制等等。

三、影响电除尘器效率的主要因素

影响电除尘器效率的因素很多，如气体参数（温度、黏度、流速、含尘浓度等）、粉尘特性（粉尘真密度、分散度、带电性等）、操作条件及除尘器本体结构部件等。下面介绍其中的几个主要因素。

1. 粉尘的比电阻

某物质的比电阻是长度和横断面积各为 1 的电阻，也就是电阻率，它是评定粉尘导电性能的一个指标。可用下式表示：

$$R = \frac{U}{j\delta} \tag{5-24}$$

式中　R——粉尘的比电阻（$\Omega \cdot cm$）；

　　　U——粉尘层和极板间的电压降（V）；

　　　δ——粉尘层厚度（cm）；

　　　j——通过粉尘层的电晕电流密度（A/cm^2）。

沉积在集尘极上的粉尘层的比电阻对电除尘器的除尘效率有显著影响。比电阻 R 过大（$R > 10^{11} \sim 10^{12} \Omega \cdot cm$），或 R 过小（$R < 10^4 \Omega \cdot cm$），都将导致电除尘器效率降低。粉尘比电阻为 $10^4 \sim 10^{11} \Omega \cdot cm$ 时，除尘效率最高。粉尘比电阻与除尘器效率的关系见图 5-24。

在实际工程中可以采用以下途径来降低粉尘的比电阻：

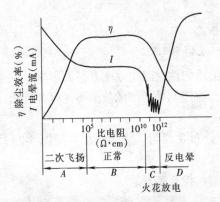

图 5-24　粉尘比电阻和除尘效率的关系

(1) 选择合适的操作温度；

(2) 增加烟气的含湿量；

(3) 在烟气中加入调节剂。

2. 电场风速

如果电场风速增大，就会减少尘粒与气体离子相结合的机会，同时也容易使已沉积的尘粒再次被带回气流中去，形成二次飞扬，除尘效率下降。风速过小，电除尘器体积大，投资增加。根据经验，通常选取风速最高不宜超过 1.5~2.0m/s，除尘效率要求高的除尘器不宜超过 1.0~1.5m/s。

3. 气体的含尘浓度

当含尘浓度过高时，电除尘器的除尘效果会大大恶化。这是因为荷电的尘粒运动速度远远低于气体离子的运动速度。含尘浓度愈高，尘粒在电场中荷电愈多，这样整个电场中趋向集电极的荷电尘粒速度减慢，即单位时间内从电晕极转移到集尘极的电荷减少了。浓度愈高电晕愈小，以至减到零，电除尘器工作完全失败，这种现象称为"电晕闭塞"。

为了防止"电晕闭塞"，含尘浓度过高时，必须采取处理措施，如提高工作电压、采用放电强烈的电晕极、增加预净化设备等等。气体的含尘浓度超过 30g/m³ 的时候，就必须设置预净化设备。

四、除尘器的选型计算

1. 确定所需的净化效率 η

根据入口含尘浓度（$y_1$mg/m³）和需要的出口含尘浓度（$y_2$mg/m³），用下式计算：

$$\eta = \left(1 - \frac{y_2}{y_1}\right) \times 100\%$$

2. 确定尘粒的有效驱进速度 v

粉尘的有效驱进速度是选择电除尘器的重要依据。有效驱进速度是指带电粉尘在电场力的作用下，粉尘垂直于收尘集板方向的实际运动速度。

尘粒的有效驱进速度通常是由实测数据和经验确定的。表 5-1 就是各种粉尘有效驱进速度的参考数据。

3. 计算所需的比表面积 f

根据所求的除尘效率和有效驱进速度，用下式计算：

$$f = \frac{1}{v}\ln(1 - \eta) \tag{5-25}$$

式中　f——处理单位气体量所需的集尘极板面积（比表面积）[m²/（m³/s）]；

　　　v——尘粒的有效驱进速度（m/s）；

　　　η——所需的除尘效率（%）。

4. 计算集尘板的总面积 F

$$F = fL \tag{5-26}$$

式中　L——除尘器所处理的气体总量（m³/s）。

5. 确定电除尘器的型号

根据集尘板总面积 F 查除尘器产品样本即可确定型号。

6. 确定电除尘器的阻力

查电除尘器产品样本即可得出空气阻力。

各种粉尘的有效驱进速度 v

表 5-1

粉尘种类	v (cm/s)	粉尘种类	v (cm/s)
锅炉飞灰	8~12.2	镁 砂	4.7
水 泥	9.5	氧化锌、氧化铅	4
铁矿烧结粉尘	6~20	石 膏	19.5
氧化亚铁	7~22	氧化铝熟料	13
焦 油	8~23	氧化铝	6.4
平 炉	5.7	石灰石	29

第八节 过滤除尘器

使含尘气流通过纤维、织物、滤纸、碎石或者其他的矿物质等，将粉尘从含尘气流中分离出来的设备称过滤式除尘器（或简称过滤器），它是一种干式的高效除尘器。在通风除尘系统中应用最多的是以纤维织物为滤料的袋式除尘器，对 $0.5\mu m$ 的粉尘，过滤效率高达 98%~99%。滤袋通常做成圆柱形（直径为 125~500mm），有时也做成扁长方形，滤袋长度一般为 2m 左右；以廉价的矿物质颗粒为滤料的颗粒层除尘器是 20 世纪 70 年代出现的一种除尘装置，主要用于高温烟气的净化。

一、袋式除尘器除尘机理

袋式除尘器捕集粉尘是筛滤、碰撞、扩散、重力沉降、静电等各种效应综合作用的结果。

滤料表面的粉尘层厚度是不断变化的，新滤料上没有积尘，孔隙较大，一般为 20~50μm，表面起绒的滤料为 5~10μm，因此过滤的效率并不高，但随着使用时间的增长，粉尘在滤料表面将形成粉尘层，粉尘填补了滤料的孔隙，时间越长，粉尘层越厚，滤料的空隙越小，过滤效率越高。同时气体通过的阻力也增大。当粉尘层厚度达到一定程度，就要采用各种措施清灰，把灰尘除掉，以免阻力过大，会把附着在滤料上的细小粉尘挤压过去，降低除尘效率，另外阻力过大，系统的风量也会明显下降，影响系统正常工作。清灰后滤料表面仍残留一灰尘层，这层粉尘叫初层，在以后的运行当中，初层就成了滤袋的主要过滤层。清灰后除掉的粉尘层称集尘层。

（一）滤料

滤料的性能对袋式除尘器的工作有很大的影响，选择滤料时必须考虑含尘气体的特性，如粉尘和气体的性质、温度、湿度、粒径等等。对滤料的要求：滤料要具有特定的致密性和透气性、过滤效率高、阻力小、耐磨、耐热、耐腐、抗皱拆、寿命长、成本低、容尘量大、清灰容易等。有关滤料的性能见表 5-2。

（二）清灰方式

下面介绍四种典型的清灰方式：

1. 机械振打清灰

滤料性能表

表 5-2

滤料名称	耐温性能（℃）		吸湿率（%）	耐酸性	耐碱性	强度[1]
	长 期	最 高				
棉织品	75～85	95	8	不好	稍好	1
羊 毛	80～90	100	10～15	稍好	不好	0.4
尼 龙	75～85	95	4.0～4.5	稍好	好	2.5
奥 纶	125～135	150	6	好	不好	1.6
涤 纶	140	160	6.5	好	不好	1.6
玻璃纤维（用硅酮树脂处理）	250	—	0	好	不好	1
芳香族聚酰胺（诺梅克斯）	220	260	4.5～5.0	不好	好	2.5
聚四氟乙烯	220～250	—	0	非常好	非常好	2.5

① 以棉纤维的强度为 1。

图 5-25 为机械振打清灰示意图，这种方法是利用机械装置使滤袋发生振动，从而使灰尘从滤料上脱落下来。根据机械振打装置不同可以使袋子上下振动、左右振动及扭转振动。这种清灰方式的特点是：滤料过滤风速大，处理等量气体时清灰设备小，由于振打装置运动的特殊性，滤袋容易产生局部损坏，滤料寿命短，维修工作量也较大。

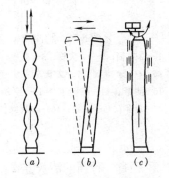

图 5-25 机械振打清灰示意图

2. 大气反吹清灰

这种清灰方式是把所有滤袋分成几个单元（几个袋为一组），采用链条传动进行周期性各单元轮流清灰，微电机控制脉动式切换阀，靠主风机负压操作引进外部空气进行反吹，不另加反吹风机，也不需要压缩空气。这种清灰方式的特点是：结构简单、易损部件少、操作易掌握。与机械振动清灰相比，滤袋使用寿命长，同时造价较低。该系统适用于粉尘黏性小、滤料容易磨损的情况。

3. 脉冲清灰

图 5-26 为脉冲清灰示意图，这种清灰方式是借助压缩空气通过文氏管诱导周围的空气高速喷入滤袋，使滤袋发生膨胀振动，滤袋上的粉尘被剥落。这种清灰方式的特点是：清灰能力大，清灰过程中不中断滤袋工作，能使黏性大的粉尘脱落，清灰时间短，允许的过滤风速也较高。但必须有空气压缩机和一套控制执行脉冲喷吹的机构，设备复杂、造价较高。它是目前常用的一种清灰方式。

4. 回转式逆气流反吹

图 5-27 是回转反吹袋式除尘器的示意图，反吹的空气由风机提供。反吹空气经过中心管道送到设置在滤料上部的悬臂内，电动机带动悬臂旋转，使所有的滤料都得到均匀的反吹。每个滤袋的反吹时间大约为 0.5s，反吹时间间隔大约为 15min，反吹风机的风压大约为 5kPa 左右。

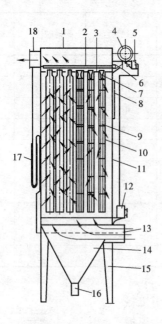
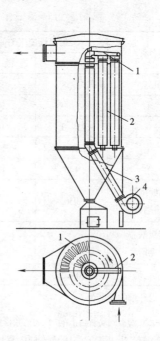

图 5-26 脉冲清灰示意图

1—喷吹箱；2—喷吹管；3—花板；4—气包；5—控制阀；6—脉冲阀；7—文氏管；8—检修孔；9—袋笼；10—滤袋；11—中箱体；12—控制仪；13—进气管；14—灰斗；15—支架；16—卸灰阀；17—压力计；18—排气管

图 5-27 回转反吹袋式除尘器

1—旋臂；2—滤袋；3—灰斗；4—反吹风机

还有一种新的清灰方式，即声波清灰。它是采用声波发生器使滤袋产生附加的振动而进行清灰的。这种清灰方式的最大特点是滤袋使用寿命长。声波通常用板震动、汽笛、谐振器等产生。

（三）过滤风速

过滤风速是影响袋式除尘器性能的一个重要的因素。过滤风速是指单位时间每平方米滤料表面上所通过的空气量。用 v_g 表示，单位为 $m^3/(min \cdot m^2)$ 即

$$v_g = \frac{L}{60F} \qquad (5-27)$$

式中　L——除尘器处理风量（m^3/h）；

　　　F——过滤面积（m^2）。

过滤风速的大小取决于滤料的种类和清灰的方式。

选用较高的过滤风速，可以减少过滤面积，使设备小型化，但是阻力会增大，除尘效率会下降，而且影响滤袋的使用寿命。每一个过滤系统根据它的清灰方式、滤料种类、粉尘性质、处理气体的温度和湿度等因素都有一个最佳的过滤风速。一般细粉尘的过滤风速要比粗粉尘低，型号大的除尘器的过滤风速要比小的低（因为大除尘器的气流分布不均匀）。设计时可参见表 5-3。

袋式除尘器推荐过滤风速 表 5-3

清灰方式	滤料种类	过滤风速 [$m^3/(min\cdot m^2)$]
机械与逆气流联合清灰	一般滤料	1～2
	玻璃纤维	0.5～1
脉冲喷吹清灰	对滤料没有限制	3～4

（四）袋式除尘器的压力损失

袋式除尘器的压力损失与除尘器形式、滤料性质、粉尘特性、含尘浓度、过滤风速、清灰方式等很多因素有关。压力损失一般用下式计算：

$$\Delta p = \Delta p_1 + \Delta p_2 + \Delta p_3 \quad Pa \tag{5-28}$$

式中 Δp_1——除尘器的局部阻力（Pa）；

Δp_2——滤袋本身的阻力（Pa）；

Δp_3——初层与集尘层的阻力（Pa）。

由于袋式除尘器的压力损失和很多因素有关，用理论计算求阻力目前还很困难，一般都是通过测定求得。各种袋式除尘器的阻力可参阅有关设计手册及厂家产品样本或者根据具体情况在表 5-4 内选用。

袋式除尘器阻力推荐值 表 5-4

清灰方式	阻力 Δp（Pa）
手工清灰	400～600
机械与逆气流联合清灰	800～1000
脉冲喷吹清灰	1000～1200

二、袋式除尘器的应用与选择

1. 袋式除尘器的应用

（1）袋式除尘器主要用于清除含尘气体中小于 $1\mu m$ 细小而干燥的工业粉尘，其初含尘量可在 $200mg/m^3$ 以上，当被净化空气含尘量超过 $5g/m^3$ 时，要增设预处理除尘器，以降低入口含尘浓度；

（2）袋式除尘器可以适应不同的风量要求，小的处理风量为 $0.047m^3/s$ 左右，最大的处理风量为 $2.36m^3/s$；

（3）由于滤料使用温度的限制，不宜处理温度较高的高温气体；

（4）袋式除尘器可用于冶金、面粉制造工业、砂轮制造工业、铸造车间、喷砂车间、耐火材料加工车间等等；

（5）袋式除尘器不适用于含有酸、油雾、游离三氧化硫以及凝结水的含尘气体；

（6）一般不宜用于净化有爆炸危险或带有火花的烟气。

2. 袋式除尘器的选择

选择或设计袋式除尘器时，首先要根据含尘气体的物理、化学性质以及经济指标来选择合适的滤料和清灰方式。然后再根据清灰方式的不同，确定过滤风速、计算必须的过滤面积，最后确定滤袋的尺寸和个数。

三、颗粒层除尘器

颗粒层除尘器是另外一种过滤式除尘器，通常是采用石英砂、碎石（粒径在 8～10mm 以下）等颗粒状的材料作为过滤层。如图 5-28 是旋风式颗粒层除尘器的示意图。含尘气流在下部旋风除尘器 2 除去大的颗粒后，经过涡旋管 4 向上，再由上向下通过过滤层 6。经过惯性碰撞、扩散和静电等作用，粉尘阻留在过滤层内。过滤层的厚度一般为 100mm

左右，过滤层的过滤风速不宜大于 0.5~0.6m/s。过滤层阻留粉尘后，阻力不断提高，达到一定的数值后，就应该进行清灰。清灰时阀座 11 由上向下移动，关闭净化气体出口 9，打开反吹空气入口 14，同时电动机带动耙子 15 转动，使过滤层处于松散状态。反吹空气由下而上冲刷过滤层，把过滤层内的粉尘吹走。反吹后的含尘空气由上向下返回旋风，最后和通风系统的含尘空气一起进入另外一台颗粒层除尘器，净化后排走。

颗粒层除尘器一般设置两台以上，轮流进行清灰和过滤。

颗粒层除尘器的特点是，滤料耐高温（300℃以上）、耐磨、耐腐蚀、来源广，它的缺点是，体积大、反吹机构复杂。目前应用较少。如果烟气的温度和粉尘的比电阻都比较高，不宜采用袋式除尘器或电除尘器的话，可以考虑采用颗粒层除尘器。

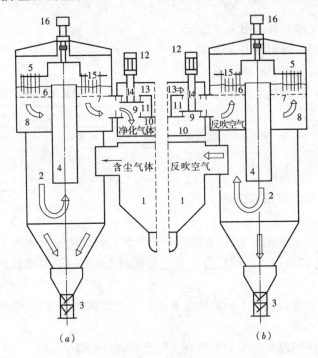

图 5-28　颗粒层除尘器

（a）运行时工况；（b）反吹清灰时工况

1—含尘气体入口；2—旋风除尘器；3—双重翻板阀；4—涡旋管；5—过滤室；6—砂砾层；7—筛网；8—净化气体室；9—排出口；10—净化气体管道；11—阀座；12—气缸；13—反吹管道；14—反吹空气入口；15—耙子；16—工作电机

第九节　湿式除尘器

含尘气体与液滴、液膜或气泡相接触，将粉尘从气体中捕集下来的装置，称为湿式除尘器或洗涤式除尘器。湿式除尘器主要用于亲水性粉尘，但不能用于水硬性粉尘。它的优点是结构简单、投资低、占地面积小、除尘效率高，对于粒径小于或等于 0.1μm 的粉尘的分级效率很高，同时还能进行有害气体的净化，适合处理有爆炸危险的气体和同时含有多种有害物的气体。它的缺点是有用物料不能进行干式回收，泥浆处理需要专门的废水处理设备，在北方还要考虑防冻的问题，高温烟气经过洗涤后，温度下降，影响烟气在大气中的扩散。

一、湿式除尘器的除尘机理

（1）通过惯性碰撞、接触阻留，尘粒与液滴、液膜发生接触，使尘粒加湿、增重、凝聚；

（2）细小的粉尘通过扩散与液滴、液膜接触；

（3）由于烟气增湿，粉尘的凝聚性增加；

（4）高温烟气中的水蒸气冷却凝结时，要以粉尘为凝聚核，形成一层液膜附着在尘粒的表面，增加了粉尘的凝聚性。对于憎水性粉尘能改善其可湿性。

粒径为 $1 \sim 5\mu m$ 的粉尘主要是利用第一个机理，粒径在 $1\mu m$ 以下的粉尘主要是利用后三个机理。

二、湿式除尘器的类型

湿式除尘器的种类很多，按照气液接触的方式，可分为两大类。

（1）液体洗涤含尘气体。尘粒随着气体一起冲入液体内部，尘粒加湿后被液体捕捉，如水浴除尘器、冲击式除尘器、卧式旋风除尘器等。

（2）用各种方式向气体喷入水雾，使尘粒与液滴和液膜发生碰撞，如文丘里除尘器。

（一）旋风水浴除尘器

如图 5-29。它是由下部集尘水箱、给排水装置、上部的外筒、螺旋形导流片和内筒组成。导流叶片在内、外筒之间，其作用是使进入除尘器的含尘气流作螺旋状运动。含尘气体由进口沿切向进入，经螺旋状通道作急剧的旋转运动，粉尘在离心力的作用下甩向外缘，被外筒内表面形成的水膜粘附，除掉一部分粉尘。另一方面高速气流直接冲击水面，靠惯性作用一部分粉尘撞入水中被除下。同时，旋转气流卷起的水滴，对气流有洗涤作用，使粉尘增湿、凝聚，进一步分离。

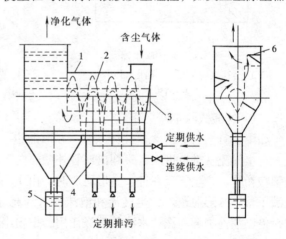

图 5-29　旋风水浴除尘器

1—外筒；2—螺旋导流片；3—内筒；4—灰斗；
5—溢流筒；6—檐式挡水板

这样经过多次旋转的反复作用，粉尘被除下，落入灰斗中。净化后的气体从出口排出。为了在出口处使气液分离，小型除尘器采用重力脱水，大型除尘器采用挡水板或者旋风脱水。

该除尘器处理风量大、工作性能稳定、除尘效率高，达 95% ～ 99%，压力损失约为 800 ～ 1200Pa。但结构复杂，体积庞大，金属耗量多，金属易腐蚀。

（二）水浴除尘器

如图 5-30。它是由进气管、喷头、挡水板、排气管及下部水箱和给排水装置组成。含尘气流从喷头高速喷入水中，大的尘粒撞入水中而被除下。气流通过水层向上返时，激起大量泡沫，对含尘气流又进行了一次清洗，除掉部分粉尘。气流在向上流动过程中，受到空间雾滴的淋浴，得到了进一步净化。净化后的气体经挡水板把水滴除掉后，从排气管排出。

在安装和运行管理中要注意喷口须水平安装，如果偏差较大，气流不能均匀的向四周喷出，影响除尘效率。

该除尘器除尘效率高，可达95%，构造简单，造价低，运行费用经济，便于现场制作。缺点是，清理泥浆比较麻烦。

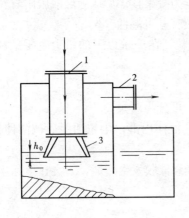

图 5-30　水浴除尘器
1—含尘气体入口；2—净化气体出口；
3—喷头

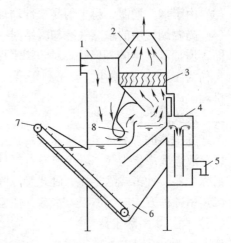

图 5-31　冲激式除尘器
1—进口；2—出口；3—挡水板；4—溢流箱；5—溢流口；6—泥浆斗；7—刮板运输机；8—S形通道

（三）冲激式除尘器

如图 5-31。它是由含尘气体入口、S形通道、下部水箱、挡水板及水位控制设备组成。含尘气流从进口进入，碰到出口管外壁而向下，这相当于一次惯性碰撞，除掉一部分大颗粒粉尘。含尘气流在进入S形通道时，由于高速冲激水面，激起大量的泡沫和水滴，充满了整个S形通道。含尘气流和泡沫、水滴充分混合、接触和碰撞，又因气流急剧转向，借助惯性力和泡沫、水滴的洗涤作用，把粉尘除下。净化后气体经挡水板除掉水滴后从排气管排出。

冲激式除尘器负荷适应性能，除尘效率高，可达99%，结构紧凑，占地小。但耗水量大，压力损失也较大，一般为 1~1.6kPa。

（四）文丘里除尘器

如图 5-32。它是由引水装置（喷雾器）、文氏管体以及脱水器组成，分别在其中实现雾化、凝聚和除尘三个过程。含尘气流以 60~120m/s 的高速通过喉管，在喉管处设有喷水嘴，当气液两相之间有很高的相对速度时，液体将被雾化，液滴冲破尘粒

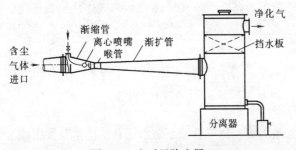

图 5-32　文丘里除尘器

周围的气膜使其加湿、增重、碰撞等，最后把粉尘分离出来。

文丘里除尘器是一种高效除尘器，即使对于粒径小于 $1\mu m$ 的粉尘也有很高的除尘效率。它的缺点是阻力很大。它适应于高温、高湿、有爆炸危险的气体，目前主要在冶金、化工等行业高温烟气净化中使用。

第十节 除尘器的选择

一、除尘器的选择原则

由于除尘器种类很多，被处理的粉尘又是多种多样，所以应该在了解被处理粉尘的特性和各种除尘器的技术性能和特点的基础上，根据粉尘的允许排放标准，选择合适的除尘装置。

1. 掌握被处理粉尘的特性

粉尘的性质对除尘器的性能具有很大的影响，例如，粉尘的密度比较大，粒径也比较大时，首先要考虑采用重力沉降室、惯性除尘器以及旋风除尘器。反之密度较小，粒径也较小时就要考虑采用袋式除尘器或电除尘器；含尘气体的温度和湿度较大时，就要考虑采用湿式除尘器，不宜采用布袋除尘；而对于水硬性和憎水性粉尘就不能采用湿式除尘；黏性大的粉尘容易粘结在除尘器的内表面，不宜采用干式除尘；比电阻过大的或者过小的，不宜采用静电除尘。

2. 气体的含尘浓度、温度和性质

气体的含尘浓度较高时，在电除尘器或袋式除尘器的前面应设置低阻力的初净化设备，去除大的颗粒，有利于除尘器更好地发挥作用。高温、高湿的气体不宜采用袋式除尘器。如果气体中同时含有有害气体时可以考虑采用湿式除尘器，但同时必须注意腐蚀问题。

3. 满足排放标准的要求

经除尘后排入大气的含尘浓度必须满足国家排放标准，详见有关规定。

4. 了解各种除尘器的性能、特点及使用范围

除尘器的主要性能是全效率、分级效率、压力损失、处理风量、适用粒径范围、特点、能量消耗、价格、运行管理费用等。各种除尘器的全效率和分级效率实验数据见表 5-5。各种除尘器的适用范围、压力损失及特点见表 5-6。

除尘器的分级效率 表 5-5

除尘器名称	全效率（%）	不同粒径下的分级效率（%）				
		0～5	5～10	10～20	20～44	＞44
带挡板的沉降室	58.6	7.5	22	43	80	99
简单的旋风	65.3	12	33	57	82	91
长锥体旋风	84.2	40	79	92	99.5	100
电除尘器	97.0	90	94.5	97	99.5	100
喷淋塔	94.5	72	96	98	100	100
文丘里除尘器（$\Delta P = 7.5$kPa）	99.5	99	99.5	100	100	100
袋式除尘器	99.7	99.5	100	100	100	100

注：表 5-5 的性能是国外用标准粉尘二氧化硅（SiO_2）实验得出的分级效率。

除尘器名称	适用的粒径范围 （μm）	效率 （%）	阻力 （Pa）	设备费	运行费
重力沉降室	> 50	< 50	50 ~ 130	少	少
惯性除尘器	20 ~ 50	50 ~ 70	300 ~ 800	少	少
旋风除尘器	5 ~ 15	60 ~ 90	800 ~ 1500	少	中
水浴除尘器	1 ~ 10	80 ~ 95	600 ~ 1200	少	中下
卧式旋风水膜除尘器	≥5	95 ~ 98	800 ~ 1200	中	中
冲激式除尘器	≥5	95	1000 ~ 1600	中	中上
电除尘器	0.5 ~ 1	90 ~ 98	50 ~ 130	大	中上
袋式除尘器	0.5 ~ 1	95 ~ 99	1000 ~ 1500	中上	大
文丘里除尘器	0.5 ~ 1	90 ~ 98	4000 ~ 10000	少	上

除尘器的性能　表 5-6

5．粉尘的回收及处理

选择除尘器时，必须同时考虑粉尘的回收和处理问题。对于需要回收的除尘方式，宜采用干式除尘器。当采用湿式除尘时，要考虑污水及泥浆的处理，不能造成二次污染，对于北方地区冬季还应考虑冻结问题。

二、除尘器的选择计算方法和步骤

(1) 根据进入除尘器含尘气流中的粉尘浓度 y_1 和除尘器出口粉尘浓度 y_2（按排放标准确定），采用公式（5-4）计算除尘器需要达到的除尘效率。

$$\eta = \frac{Ly_1 - Ly_2}{Ly_1} \times 100\% = \frac{y_1 - y_2}{y_1} \times 100\%$$

(2) 根据粉尘的性质和要求除尘器达到的除尘效率，对照表 5-5 选择合适的除尘器。

(3) 根据被选择的除尘器的分级效率和粉尘的分散度，采用公式（5-10）：

$$\eta' = \sum_{i=1}^{n} \eta_d f_{1d} \times 100\%$$

计算除尘器能达到的总除尘效率。

(4) 校核计算，如果 $\eta' \geq \eta$，说明选定除尘器的形式满足要求，计算需要该除尘器的过滤面积或台数；如果 $\eta' < \eta$，重新选择计算。

(5) 计算除尘器的压力损失。根据下式计算或者根据产品样本确定。

$$\Delta p = \xi \frac{v}{2} \rho \quad \text{Pa}$$

第十一节　有害气体的净化

为了防治大气污染，排入大气的废气必须进行净化处理，达到排放标准后才允许排放。在可能的情况下还要考虑回收利用，变废为宝。但是对于某些有害气体和蒸气目前还缺乏经济有效的处理方法，也可以考虑采用高烟囱排放，使有害气体和蒸气在高空扩散，利用大气稀释，使降落到地面的有害气体和蒸气的浓度不超过卫生标准中规定的"居住区大气中有害物质最高允许浓度"。但是这种方法并没有减少排入大气的有害气体和蒸气的总量。

有害气体和蒸气的净化方法主要有四种：燃烧法、冷凝法、吸收法、吸附法。

一、燃烧法

使排气中有害气体和蒸气通过燃烧变成无害物质的方法称燃烧法。燃烧法的优点是方法简单，设备投资也较少。但缺点是不能回收有用物质。这种方法只适用于可燃和高温下能分解的有害气体和蒸气。在可能的情况下要考虑有害气体和蒸气在燃烧时放出热量的利用。

燃烧法又分直接燃烧、热力燃烧和催化燃烧三种。直接燃烧是将有害气体直接点燃烧掉。例如有的炼油厂的烟囱常年点燃就是把排除的废气直接烧掉。热力燃烧是利用辅助燃料来加热有害气体，帮助其燃烧的方法。催化燃烧是利用催化剂来加快燃烧速度的方法。在催化燃烧时所使用的催化剂，其种类是根据有害气体的性质决定的。催化燃烧常用的催化剂是：铂（Pt）与钯（Pd）。催化剂的载体一般用氧化铝–氧化镁型和氧化铝-氧化硅型。载体可制成球状、柱状和蜂窝状等。把催化剂载于载体上置于反应器中，当有害气体通过反应器时，即可被催化燃烧，除去毒性，使有害气体得到净化。

燃烧法广泛应用于有机溶剂、碳氢化合物、一氧化碳等等。这些物质在燃烧时生成二氧化碳和水，并放出大量热量，因此，在可能的情况下要考虑有害气体和蒸气在燃烧时放出热量的利用。

二、冷凝法

把排气中含有的有害气体和蒸气冷凝，使之变成液体，从排气中分离出来的方法称冷凝法。这种方法设备简单，管理方便。但其效率低，只适用于冷凝温度高、浓度高的有害蒸气的净化。一般常采用水来冷却有害气体和蒸气。

三、吸收法

利用某些液体喷淋排气，从而吸收掉排气中有害气体和蒸气的方法，称吸收法。吸收法的特点是既能吸收有害气体，也能除掉排气中的粉尘。但这种方法的缺点是增加了废水处理问题。

吸收法分物理吸收和化学吸收两种。物理吸收是用液体吸收有害气体和蒸气时的纯物理溶解过程。它适用于在水中溶解度比较大的有害气体和蒸气。一般吸收效率较低。如用水吸收氨气。化学吸收是在吸收过程中伴有明显的化学反应，不是纯溶解过程。化学吸收效率高，是目前应用较多的有害气体处理方法，如用氢氧化钠溶液吸收酸性气体。

吸收法的设备以及工作过程和湿式除尘器基本相同。

四、吸附法

利用多孔性固体材料来吸附有害气体和蒸气的方法，称为吸附法。被吸附的物质称为吸附质，吸附材料称为吸附剂。吸附法是借助于固体吸附剂和有害气体及蒸气分子间具有分子引力、静电力及化学键力而进行吸附的。靠分子引力和静电力进行吸附的称为物理吸附。靠化学键力而进行吸附的称为化学吸附。物理吸附时，被吸附气体的性质不发生变化，而化学吸附时被吸附气体的化学性质发生变化。必须注意，物理吸附和化学吸附有时很难区分，有时既有物理吸附又有化学吸附。吸附剂使用一定时间以后，吸附能力就会下降，必须把吸附在吸附剂表面的吸附质除掉，以恢复吸附剂的吸附能力，这个过程叫再生。

图 5-33 为丝光沸石吸附氮氧化物的工艺流程。含有氮氧化物的废气用风机 1 送入冷

却塔的底部，在冷却塔2上部喷淋水，把废气中有害气体吸收一部分，同时冷却废气。在除雾器3内把废气携带的硝酸雾滴除去。然后进入吸附器，氮氧化物被吸附后，净气从上部排入大气或经加热后为干燥气体。当吸附器Ⅰ失去吸附能力时，转换用吸附器Ⅱ进行吸附，吸附器Ⅰ进行再生，即两个吸附器交替使用，交替再生。

再生分为四步，第一步将高温蒸气通入吸附器的夹套内进行加热，使吸附层升温。第二步由吸附器顶部送入蒸气，将吸附层上吸附的氮氧化物解吸，随蒸气一起进入冷凝冷却器8，经过冷凝冷却分离，而后进入硝酸吸收系统。第三步用吸附后的净气作为干燥气经加热器6加热后送入吸附塔，用来带走吸附层内残留的水蒸气。第四步将冷却水通入吸附器的夹套内进行冷却，待到温度符合要求时，关断冷却水，再生结束。吸附器可以重新进行吸附。

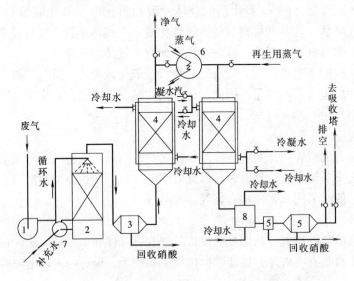

图 5-33 丝光沸石吸附氮氧化物流程

1—通风机；2—冷却塔；3—除雾器；4—吸附器；5—分离器；

6—加热器；7—循环水泵；8—冷凝冷却器

五、有害气体的高空排放

车间排气中含有有害气体时应净化后排入大气，以保证居住区的空气环境符合卫生标准。但在有害气体浓度较小，采用有害气体的净化方法不经济时，可采用高空排放扩散的方法来稀释有害气体，使有害气体降落到地面的最大浓度不超过卫生标准的规定。

影响有害气体在大气中扩散的因素很多，主要有地形情况、大气状态、大气温度、排气温度、排气量、大气风速等。考虑这些影响因素可以采用公式计算排气立管高度，也可以用公式绘制的线算图查取排气立管高度。图 5-34 就是对地形平坦、大气处于中性状态时排气立管高度的线算图。

图中纵坐标为 $(y_{\max} v_{10})/1000CL$，$y_{\max}$ 为"居住区大气中有害物质的最高允许浓度"（mg/m³）；v_{10} 为距地面 10m 高度处的平均风速（由各地气象台取得）（m/s）；C 为排气中有害物的质量浓度（mg/m³），L 为排气量（m³/s）。图中横坐标为 $\left(\dfrac{10.8}{\pi}\dfrac{\Delta T}{T_{\mathrm{P}}}L + \sqrt{Lv_{\mathrm{ch}}\dfrac{3}{\sqrt{\pi}}}\right)/$

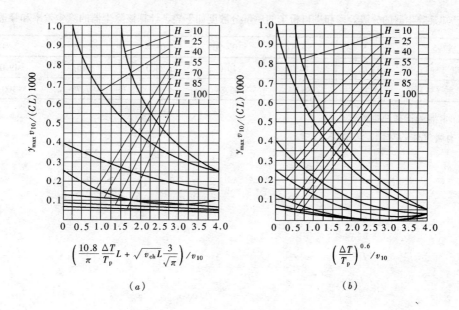

图 5-34　排气立管高度线算图

(a) $\Delta T < 35K$ 或 $Q_h = 2093.4kW$；(b) $\Delta T \geqslant 35K$　$2093.4kW \leqslant Q_h < 20934kW$

(Q_h—烟气排热量 kW)

v_{10} 和 $\left(\dfrac{\Delta T}{T_P}L\right)^{0.60} / v_{10}$，其中 ΔT 为排气立管出口处排气和大气的温差（K），T_P 为排气温度（K），v_{ch} 为排气立管出口处排气速度（m/s），一般取 15m/s 左右。其他符号意义同前。图中每条曲线代表一个排气立管高度。

要注意在排气立管附近有高大建筑物时，为避免有害气体卷入周围建筑物造成的涡流区内，排气立管至少要比周围最高建筑物高 0.5～2m。排气立管最好布置在建筑物的下风侧。

必须注意，图中 y_{max} 为日平均最大允许浓度，当查手册时给出的是一次最大浓度时，可以用下式修正。

$$y_{max} = \frac{y'_{max}}{2.86}$$

式中　　y'_{max}——一次最大允许浓度（mg/m³）。

思 考 题 与 习 题

1. 工业粉尘的基本性质有哪些？

2. 两个型号完全相同的除尘器串联运行时，它们的除尘效率是否相同？哪一级的除尘效率高？

3. 除尘器的阻力如何计算？

4. 什么是除尘器的除尘总效率和分级效率？两者的关系是什么？

5. 除尘器漏风对其除尘效率有什么影响？

6. 某除尘器处理风量为 8m³/s，进口粉尘浓度为 10g/m³，出口粉尘浓度为 1g/m³，计算该除尘器的除尘效率。

7. 有一个三级除尘系统，除尘的除尘效率各为 80%、90%、95%，计算该除尘系统的总除尘效率。

8. 已知某除尘器的分级效率和进口粉尘的质量分散度如下表，计算该除尘器的除尘效率和穿透率。

粉尘粒径	0～5	5～10	10～20	20～40	40～60	>60
分散度（%）	11.0	14.0	19.0	23.0	14.0	19.0
分级效率（%）	27.75	86.75	95.85	97	97.75	100

9. 除尘器的选择原则是什么？

10. 有害气体的净化方法是什么？

第六章 通风系统风道设计计算

通风管道是通风系统的重要组成部分，通风管道系统的设计合理与否直接影响到通风空调系统的使用效果和技术经济性能。通风系统风道设计计算的主要目的是，在保证要求的风量分配的前提下，合理布置风道的位置，并且计算出风道的截面尺寸和系统的阻力，为选择风机提供理论数据，使系统的初投资和运行费用最少。

第一节 风道中的阻力

风道中的阻力分摩擦阻力和局部阻力两种。

一、摩擦阻力

气体沿管壁流动，由于空气本身的黏滞性及其与管壁之间的摩擦而产生的能量损失，称为摩擦阻力或沿程阻力。按流体力学原理，摩擦阻力用下式计算：

$$\Delta P_\mathrm{m} = \lambda \, \frac{l}{4R_\mathrm{s}} \frac{v^2}{2} \rho \tag{6-1}$$

式中　ΔP_m——摩擦阻力（Pa）；

　　　λ——摩擦阻力系数；

　　　v——管内气流的平均速度（m/s）；

　　　ρ——空气密度（kg/m³）；

　　　l——风管长度（m）；

　　　R_s——风管的水力半径（m）。

$$R_\mathrm{s} = \frac{F}{S} \tag{6-2}$$

　　　F——风管截面积（m²）；

　　　S——风管截面周长（m）。

对于圆形风管：

$$R_\mathrm{s} = \frac{F}{S} = \frac{\dfrac{\pi D^2}{4}}{\pi D} = \frac{D}{4} \tag{6-3}$$

式中　D——圆形风管直径（m）。

这样，圆形风管的摩擦阻力为：

$$\Delta P_\mathrm{m} = \lambda \, \frac{l}{D} \frac{v^2}{2} \rho \tag{6-4}$$

圆形风管单位长度摩擦阻力即比摩阻 R_m 为：

$$R_\mathrm{m} = \frac{\lambda}{D} \frac{v^2}{2} \rho \quad \mathrm{Pa/m} \tag{6-5}$$

1. 摩擦阻力系数 λ

摩擦阻力系数与风管内表面的粗糙度 K 和风管内空气流动状态有关，在通风和空调系统中，薄钢板风管中的空气流动状态大多数属于紊流光滑区到粗糙区之间的紊流过渡区。高速风管的流动状态也处于过渡区。只有在空气流速很高而表面粗糙的砖、混凝土风道中空气的流动状态才属于粗糙区。在过渡区中 λ 用下式计算：

$$\frac{1}{\sqrt{\lambda}} = -2\lg\left(\frac{K}{3.71D} + \frac{2.51}{Re\sqrt{\lambda}}\right) \tag{6-6}$$

式中　K——风管内表面的当量绝对粗糙度（mm）；

　　　Re——雷诺数；

　　　D——管内径（m）。

各种管材的摩擦阻力系数见表 6-1，风管内表面的当量绝对粗糙度见表 6-2。

管内表面摩擦阻力系数 λ　　　　　　　　　表 6-1

管道材料	λ	管道材料	λ
薄钢板管和光滑水泥管	0.1 ~ 0.2	水泥胶砂抹的管道	0.05 ~ 0.1
污秽钢管	0.75 ~ 0.9	混凝土涵管	0.045 ~ 0.2
橡皮软管	0.01 ~ 0.03	水泥胶砂砖砌管	0.045 ~ 0.2
胶合板管	0.06 ~ 0.08	木　管	0.09 ~ 0.1

各种管材绝对粗糙度 K　　　　　　　　　表 6-2

管道材料	K（mm）	管道材料	K（mm）
薄钢板和镀锌薄钢板	0.15 ~ 0.18	胶合板	1.0
塑料板	0.01 ~ 0.05	砖管道	3 ~ 6
矿渣石膏板	1.0	混凝土管道	1 ~ 3
矿渣混凝土板	1.5	木　板	0.2 ~ 1.0

2. 空气流速的确定

空气流速的大小，决定通风系统的造价和耗电，空气流速小，风管截面大，消耗管材多，系统造价高；另一方面流速小时，阻力小，运行费用低。反之亦然。因此，必须经过技术经济比较来确定合理的流速。各种管道内的气流速度见表 6-3、表 6-4 和表 6-5。

工业管道中常用的空气流速（m/s）　　　　　　　　　表 6-3

建筑物类别	管道系统部位	风　速		靠近风机处的极限流速
		自然通风	机械通风	
辅助建筑物	吸入空气的百叶窗	0 ~ 1.0	2 ~ 4	10 ~ 12
	吸风道	1 ~ 2	2 ~ 6	
	支管及垂直风道	0.5 ~ 1.5	2 ~ 5	
	水平总风道	0.5 ~ 1.0	5 ~ 8	
	接近地面的进风口	0.2 ~ 0.5	0.2 ~ 0.5	
	接近顶棚的进风口	0.5 ~ 1.0	1 ~ 2	
	接近顶棚的排风口	0.5 ~ 1.0	1 ~ 2	
	排风塔	1 ~ 1.5	3 ~ 6	

工业建筑	材料	总管	支管	室内进风口	室内回风口	新鲜空气入口
	薄钢板	6~14	2~8	1.5~3.5	2.5~3.5	5.5~6.5
	砖、矿渣、石棉水泥、矿渣混凝土	4~12	2~6	1.5~3.0	2.0~3.0	5~6

除尘风道空气流速（m/s）　　　　　　　表 6-4

粉尘性质	垂直管	水平管	粉尘性质	垂直管	水平管
粉状黏土和砂	11	13	铁和铜（屑）	19	23
耐火泥	14	17	灰土、砂尘	16	18
重矿物粉尘	14	16	锯屑、刨屑	12	14
轻矿物粉尘	12	14	大块干木屑	14	15
干型砂	11	13	干微尘	8	10
煤　灰	10	12	染料灰尘	14~16	16~18
湿土（2%以上）	15	18	大块湿木屑	18	20
铁和铜（尘末）	13	15	谷物灰尘	10	12
棉　絮	8	10	麻短纤维灰尘	8	12
水泥粉尘	8~12	18~22			

空调系统中的空气流速（m/s）　　　　　　　表 6-5

风速（m/s）〉部位	低速风管						高速风管	
	推荐风速			最大风速			推荐	最大
	居住	公共	工业	居住	公共	工业	一般建筑	
新风入口	2.5	2.5	2.5	4.0	4.5	6	3	5
风机入口	3.5	4.0	5.0	4.5	5.0	7.0	8.5	16.5
风机出口	5~8	6.5~10	8~12	8.5	7.5~11	8.5~14	12.5	25
主风道	3.5~4.5	5~6.5	6~9	4~6	5.5~8	6.5~11	12.5	30
水平支风道	3.2	3.0~4.5	4~5	3.5~4.0	4.0~6.5	5~9	10	22.5
垂直支风道	2.5	3.0~3.5	4.0	3.25~4.0	4.0~6.5	5~8	10	22.5
送风口	1~2	1.5~3.5	3~4.0	2.0~3.0	3.0~5.0	3~5	4	

3. 摩擦阻力的计算方法

在通风管道设计中，为了简化计算，一般都是根据公式（6-5）和公式（6-6）绘制的圆形风管摩擦阻力线算图或计算表进行计算。图 6-1 为圆形风管（镀锌钢板）单位长度摩擦阻力线算图。制图条件是：大气压力为 101.3kPa，温度为 20℃，相对湿度为 60% 的标准空气，密度为 $1.2kg/m^3$，运动黏度 $15.06 \times 10^{-6}m^2/s$，管壁粗糙度 $k \approx 0$。只要知道风量、管径、比摩阻、流速四个参数中的任意两个，就可以确定其余参数。

4. 比摩阻的修正

当风道内表面绝对粗糙度、温度、空气密度、大气压等和图 6-1 的制图条件不同时，

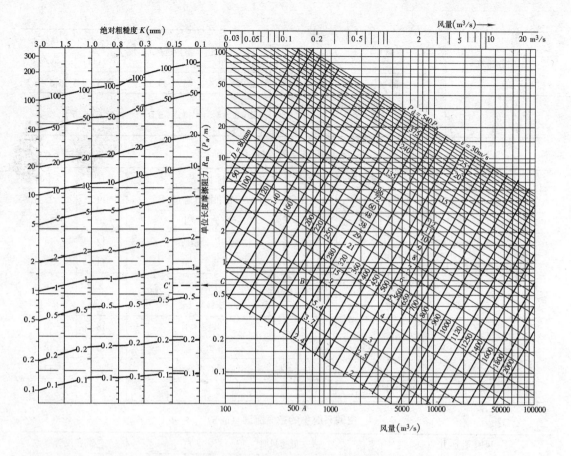

图 6-1　钢板风道的摩擦损失计算图

要对查出的比摩阻值进行修正。各种管材的绝对粗糙度见表 6-2。

（1）绝对粗糙度的修正系数

$$R'_m = \varepsilon_K R_m \qquad (6-7)$$

式中　R'_m——实际使用条件下的单位长度摩擦阻力（Pa/m）；

　　　R_m——从线算图或表中查得的单位长度摩擦阻力（Pa/m）；

　　　ε_K——粗糙度修正系数，见图 6-2。

（2）海拔高度和温度的修正系数

$$R'_m = \varepsilon_t \varepsilon_B R_m \qquad (6-8)$$

式中　ε_t——温度修正系数

$$\varepsilon_t = \left(\frac{273 + 20}{273 + t'}\right)^{0.825} \qquad (6-9)$$

　　　ε_B——海拔高度修正系数

$$\varepsilon_B = \left(\frac{B}{101.3}\right)^{0.9} \qquad (6-10)$$

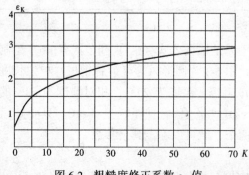

图 6-2　粗糙度修正系数 ε_K 值

　　　t'——风道中空气的实际温度（℃）；

B——实际的大气压力（kPa）。

ε_t 和 ε_B 也可查图 6-3。

5. 矩形风管当量直径

风管阻力损失的计算图表是根据圆形风管绘制的。当风道截面为矩形时，首先要把矩形风管折算成相当于圆形风管的当量直径，再按当量直径求得比摩阻 R_m。

当量直径有两种，一种是流速当量直径，另一种是流量当量直径。

（1）流速当量直径。如果矩形风管的空气流速与圆形风管的空气流速相等，且两风管中的比摩阻 R_m 值相等，此时圆形风管的直径就称为该矩形风管的流速当量直径，以 D_v 表示。

根据公式（6-1），当流速及比摩阻相同时，水力半径必须相等。

圆形风管水力半径

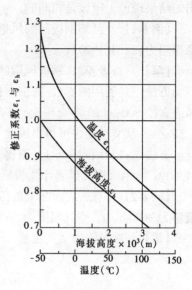

图 6-3　海拔高度和温度修正系数

$$R'_s = \frac{D}{4}$$

矩形风管水力半径

$$R''_s = \frac{F}{S} = \frac{ab}{2(a+b)}$$

式中 a 和 b 为矩形的长度和宽度。上面两式联立，

$$R'_s = R''_s \quad \frac{D}{4} = \frac{ab}{2(a+b)}$$

$$D = \frac{2ab}{a+b} = D_v \tag{6-11}$$

式中　D_v——矩形风管的流速当量直径。

（2）流量当量直径。如某一圆形风管中的空气流量与矩形风管中的空气流量相等，且单位长度摩擦阻力相等，则该圆形风管的直径就称为矩形风管的流量当量直径，以 D_L 表示。

圆形风管流量：$L = \dfrac{\pi D^2}{4} v'$

$$v' = \frac{4L}{\pi D^2}, \quad \Delta P'_m = \frac{\lambda l}{D_L} \frac{(4L/\pi D^2)^2}{2} \rho$$

矩形风管有：$L = abv''$，

$$v'' = \frac{L}{ab}, \quad \Delta P''_m = \frac{\lambda l}{4} \frac{1}{\left[\dfrac{ab}{2(a+b)}\right]} \frac{\left(\dfrac{L}{ab}\right)^2}{2} \rho$$

让 $\Delta P'_m = \Delta P''_m$ 有

$$D_L = 1.27 \sqrt[5]{\frac{a^3 b^3}{a+b}} \tag{6-12}$$

应当指出，当采用流速当量直径时，必须采用矩形风管内的空气流速去查比摩阻；采用流量当量直径时，必须用矩形风管中的空气流量去查比摩阻。无论用哪个数据去查，得出的结果理论上应该是相同的。

【例 6-1】 已知钢板制圆风道，风量为 10000m³/h，直径为 800mm，求其单位长度的摩擦阻力以及其他参数。

【解】 查表 6-2，钢板风道的 $K = 0.15$mm。

方法一：利用图 6-1，在横坐标上找到 $L = 10000$m³/h 的点，画平行于纵坐标的直线和风道直径 800mm 的斜线相交，从交点水平向左，在 $K = 0.15$mm 纵坐标上查到：$R_m = 4.5$Pa/m，从交点处也可得出风速 $v = 6$m/s，动压头 $P_d = 21$Pa。

方法二：利用附录 6-1，查得 $R_m = 0.43$Pa/m，也可得出风速 $v = 6$m/s，动压头 $P_d = 21.60$Pa。（钢板矩形风管计算表见附录 6-2）

【例 6-2】 有一表面光滑的砖砌风道，其粗糙度 $K = 3$mm，断面尺寸 500mm × 400mm，流量为 3600m³/h，空气温度为 50℃，标准大气压，求单位长度摩擦阻力。

【解】 求风管内空气流速

$$v = \frac{L}{3600F} = \frac{3600}{3600 \times 0.5 \times 0.4} = 5\text{m/s}$$

流速当量直径 D_v

$$D_v = \frac{2ab}{a+b} = \frac{2 \times 0.5 \times 0.4}{0.5 + 0.4} = 0.44\text{m}$$

用 $v = 5$m/s，$D_v = 0.44$，$K = 3$mm，查图 6-1 得 $R_m = 0.65$Pa/m，

温度修正

$$\varepsilon_t = \left(\frac{293}{t' + 273}\right)^{0.825} = \left(\frac{293}{50 + 273}\right)^{0.825} = 0.923$$

$$\therefore \quad R'_m = \varepsilon_t R_m = 0.923 \times 0.65 = 0.60\text{Pa/m}$$

二、局部阻力

流体通过各种局部构件造成的能量损失称局部阻力。

造成局部阻力的原因主要有流体的流动方向改变、流量改变、断面尺寸发生变化等等。

风道局部阻力按下式计算：

$$\Delta P_j = \xi \frac{v^2}{2} \rho \tag{6-13}$$

式中 ΔP_j——局部阻力损失（Pa）；

ξ——局部阻力系数，各种构件的局部阻力系数见附录 6-4；

v——气体通过局部构件时的流速（m/s）；

ρ——气体的密度（kg/m³）。

各种构件的局部阻力系数通常用实验的方法来确定，在计算局部阻力时一定要注意 ξ 值所对应的空气流速。

在通风系统中，局部阻力所造成的能量损失占很大的比例，甚至是主要的能量损失，

所以在设计和施工时应尽量减小局部阻力，减少能耗，通常采取以下措施。

图6-4　渐扩管内的空气流动

1. 渐扩管和渐缩管

在工程上应该尽量避免风道断面的突然变化，管道变径时尽量利用渐扩管和渐缩管来代替突扩和突缩。渐扩管和渐缩管的开口角大，涡流区就大，能量损失也大。为减小阻力，开口角 α ≤45°为宜，最好在 8 ~ 10°，见图6-4。

2. 弯头

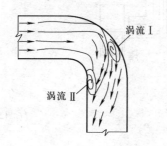

图6-5　90°弯管内气体的流动

90°弯管内气体的流动见图6-5，圆形管道弯头的阻力主要取决于它的曲率半径，曲率半径越小，阻力越大，反之亦然。通常圆形管道曲率半径为 1 ~ 4 倍的管径。矩形管道弯头阻力除了取决于它的曲率半径外，还和风管长宽比有关，长宽比越小，阻力越小，也就是说正方形的比矩形的小，所以应优先采用，矩形管道的曲率半径一般为 1 ~ 4 倍的矩形管道边长；必要时也可以在矩形管道内加设导流叶片，尽量不采用直角弯头。

3. 三通

三通局部阻力的大小与断面形状、两支管夹角、支管和总管的截面比例、用作分流还是合流等有关，为减小三通的局部阻力，应尽可能使支管与干管的夹角不超过30°，如图6-6所示。当合流三通内直管的气流速度大于支管的气流速度的时候，就会发生直管气流引射支管气流的作用，有时支管的局部阻力出现负数，同时直管的局部阻力也会出现负数，但是不可能同时出现负数。为了避免出现这种现象以减少局部阻力，应该尽量使 $v_1 \approx v_2 \approx v_3$，即 $F_1 + F_2 \approx F_3$，见图6-6。

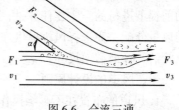

图6-6　合流三通

4. 风管的进口和出口

气流从风管流出时，将流出前的能量全部消耗掉，其数值等于出口动压，因此可以采用渐扩管（扩压管）来降低出口动压损失。空气进入风管时会产生涡流而造成局部阻力，可采取措施减少涡流，降低局部阻力，见图6-7。

5. 风管与风机的连接要合理，避免有流速与流向的突然变化

在风机进口前应尽量设置一定长度的直管段，其长度不小于管道直径。风机出口后也要设置1.5倍管道直径以上的直管段，且出口后第一个管道转弯的方向应该和风机叶轮的旋转方向相同，见图6-8。

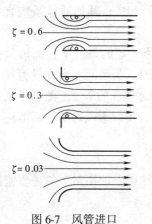

图6-7　风管进口

三、总阻力损失

总阻力损失即为沿程阻力损失和局部阻力损失的总和

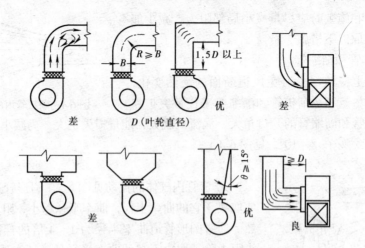

图 6-8　风机进出口管道的连接

$$\Delta P = \Delta P_{\mathrm{m}} + \Delta P_{\mathrm{j}} \qquad (6\text{-}14)$$

式中　ΔP——管段的总损失（Pa）；其余意义同前。

第二节　风道的水力计算

风道的水力计算是在系统和设备布置、风管材料、各个排风点的位置和风量已经确定的前提下进行的。主要任务是，确定各个管段的直径或者断面尺寸和阻力，保证设计要求的风量分配，为选择风机提供理论数据。有时是在风机的风量和风压确定的条件下来确定风管的管径或截面尺寸。

一、风道的设计原则

1. 风道的布置在不影响操作、维修和美观的前提下，尽可能的短、平、直，尽量减少局部构件，以减少系统的阻力。

2. 风道的计算压力损失，宜按下列数值附加：

一般送风系统 10% ～ 15%；

除尘系统 15% ～ 20%。

3. 除尘系统各并联支管之间的计算压力损失差值，宜小于 10%；其他通风系统宜小于 15%。

4. 通风系统应优先考虑使用圆形风管（因为在流量和风速一定的条件下，圆形风管的材料消耗和阻力最小），圆形风道的规格标准见附录 6-3 的表 1。当空间不允许或美观上有要求时，可以考虑采用矩形风道，矩形风道的规格标准见附录 6-3 的表 2，在矩形风道中尽可能的选用正方形管道（因为在流量和风速一定的条件下，正方形风管的材料消耗和阻力比矩形的小），当安装高度有限制时才采用矩形管道。

二、水力计算方法概述

风道水力计算方法有流速控制法，压损平均法，静压复得法等。应用最多的是流速控制法。

1. 流速控制法

流速控制法的特点是，先按技术经济要求选定风管的流速，再根据风管的风量确定风管的断面尺寸和阻力，管道流速的选取详见表6-3、表6-4、表6-5。

2. 压损平均法

这种方法是在已知作用压头的情况下，将总压头按干管长度平均分配给各部分，即求出平均比摩阻，再根据各部分的风量和分配到的作用压头，计算管道断面尺寸。该方法适用于风机压头已定，以及进行分支管路压损平衡等场合。

3. 静压复得法

该方法是利用风管分支处复得的静压来克服该管段的阻力，根据这一原则确定风管的断面尺寸。此法适用于高速空调系统的水力计算。

三、流速控制法风道设计计算方法和步骤

1. 确定通风系统方案，绘制管路系统轴测示意图。

2. 对系统轴测示意图分段，注明管段长度、风量等，并进行编号，相同流量和断面尺寸的管段划为一个计算管段。

3. 选定系统不同管段的流速，从表6-3、表6-4、表6-5中选取。

4. 确定最不利管路

最不利管路是长度最大的管路，也是比摩阻最小的管路。

5. 根据选定的流速和已知流量，计算最不利管路风管断面尺寸，确定风管断面尺寸时，应采用通风管道统一规格（见附录6-3）。然后再求出风管中的实际流速，并计算出沿程阻力和局部阻力。

6. 计算其他并联管路

为保证系统能够按设计要求分配流量，并联管路的阻力必须平衡。由于受到风道断面尺寸的限制，各并联管路的阻力可以有一定的不平衡率，除尘系统不超过10%，其他系统不超过15%，超过时可通过调整管径或阀门来解决。管径的调整可用下式确定：

$$D' = D\left(\frac{\Delta P}{\Delta P'}\right)^{0.225} \tag{6-15}$$

式中　D'——调整后的管径（mm）；

D——原设计管径（mm）；

ΔP——原设计的管道阻力（Pa）；

$\Delta P'$——要求达到的管道阻力（Pa）。

7. 选择风机

考虑到设备、风道的漏风和阻力计算的准确度，应该对理论计算的数值进行适当的附加，用附加后的风量和阻力来选择风机。

风量的附加系数：除尘系统为1.1~1.5，一般的送排风系统为1.1；

风压的附加系数：除尘系统为1.15~1.2，一般的送排风系统为1.1~1.15。

风机样本中给出的风量和风压值是在标准状态下测得的，当风机在非标准状态下工作时，应该对风机的性能进行换算，具体详见《流体力学泵与风机》。

【例6-3】　如图6-9所示的机械排风系统，风管材料为薄钢板，风机前风管为矩形，风机出口后采用圆形，输送气体的温度为20℃，伞形罩的扩张角为40°，风管90°弯头的

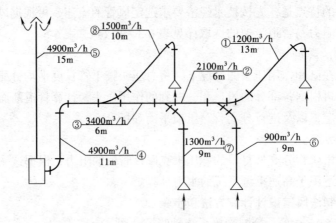

图 6-9　机械排风系统轴测图

曲率半径为 $R = 2D$，合流三通分支管的夹角为 30°，带扩压管的伞形风帽 $\dfrac{h}{D_0} = 0.6$，当地的大气压力为 92kPa。对该系统进行水力计算。

【解】　（1）对风管进行编号，标注风管长度和风量，如图 6-9 所示。

（2）确定各段风管的气体流速，查表 6-3，对于工业建筑通风干管 $v = 6 \sim 14\text{m/s}$，支管 $v = 2 \sim 8\text{m/s}$。

（3）确定最不利管路，本系统①②③④⑤为最不利管路。

（4）确定最不利管路的流速，根据各个管段的风量和流速确定各个管段的截面尺寸和比摩阻，计算沿程阻力，先计算最不利管路，然后计算其余的分支管路，并进行平衡计算。

最不利管路的计算：

管段①，$L = 1200\text{m}^3/\text{s}$，$v = 6 \sim 14\text{m/s}$，查附录 6-1 得 $a \times b = 250\text{mm} \times 160\text{mm}$，$v = 8.5$ m/s，动压 $P_\text{d} = 43.35\text{Pa}$，$R_\text{m} = 4.78\text{Pa/m}$

1）计算沿程阻力：

采用薄钢板，查表 6-2，$K = 0.15\text{mm}$，与制表条件相同，不需要修正，$\varepsilon_\text{K} = 1$。

输送气体的温度为 20℃，与制表条件相同，不需要修正，$\varepsilon_\text{t} = 1$。

大气压力为 92kPa，与制表条件不相同，故需要修正，

$$\varepsilon_\text{B} = \left(\frac{B}{101.3}\right)^{0.9} = \left(\frac{92}{101.3}\right)^{0.9} = 0.91$$

$$\therefore R'_\text{m} = \varepsilon_\text{B} R_\text{m} = 0.91 \times 4.78 = 4.35\text{Pa/m}$$

$$\therefore \Delta P_\text{m} = R'_\text{m} l = 4.35 \times 13 = 56.55\text{Pa}$$

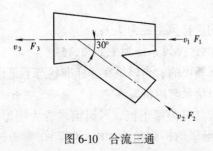

图 6-10　合流三通

2）计算局部阻力：

查附录 6-4 可知，局部构件当伞形罩的扩张角为 40°时，$\xi = 0.13$；管道 90°弯头 2 个（曲率半径为 $R = 2D$），$\xi = 2 \times 0.14 = 0.28$；合流三通直通段（分支管的夹角为 30°）1 个（见图 6-10）。

$$\frac{L_2}{L_3} = \frac{900}{2100} = 0.43$$

$$\frac{F_2}{F_3} = \frac{160 \times 160}{320 \times 200} = 0.4$$

$$F_1 = \frac{\pi}{4} \times (0.25 \times 0.16) = 0.0314$$

$$F_2 = \frac{\pi}{4}(0.16 \times 0.16) = 0.0201$$

$$F_3 = \frac{\pi}{4}(0.32 \times 0.20) = 0.0502$$

$$\therefore F_1 + F_2 \approx F_3$$

查得 $\xi = 0.47$

$$\Sigma\xi = 0.13 + 0.28 + 0.47 = 0.88$$

$$\therefore \Delta P_j = \Sigma\xi \frac{v^2}{2}\rho = 0.88 \times \frac{8.5^2}{2} \times 1.2 = 38.15\text{Pa}$$

3）总阻力 $\Delta P = \Delta P_m + \Delta P_j = 56.55 + 38.15 = 94.7\text{Pa}$

其他的管路计算结果见表 6-6。

4）计算系统总阻力

$$\Sigma P = \Sigma (P_m + P_j)_{1\sim5} = 375.87\text{Pa}$$

5）选择风机

风机风量 $L_f = K_L L = 1.1 \times 4900 = 5390\text{m}^3/\text{h}$

风机风压 $P_f = K_f \Sigma P = 1.15 \times 375.87 = 432.25\text{Pa}$

根据上面的计算结果选择风机。

水 力 计 算 表

表 6-6

管段编号	流量 L （m³/h）	管段长度 l （m）	矩形管尺寸 $a \times b$ （mm²）	假定流速 （m/s）	比摩阻 R_m （Pa/m）	实际流速 v （m/s）	动压头 P_d （Pa）
①	1200	13	250×160		4.78	8.5	43.35
②	2100	6	320×200		4.41	9.5	54.15
③	3400	6	500×200		3.70	9.6	54.72
④	4900	11	500×250		4.02	11.1	73.90
⑤	4900	15	D360	6~14	5.38	13.5	109.35
⑥	900	9	160×160		8.31	10.00	60.00
⑦	1300	9	200×160		9.52	10.52	79.35
⑦	1300	9	250×120		13.00	12.50	93.75
⑧	1500	10	250×120		16.76	14.5	126.15

管段编号	比摩阻修正系数 ε	实际比摩阻 R_m (Pa/m)	局部阻力系数 $\Sigma\xi$	摩擦阻力 ΔP_m (Pa)	局部阻力 ΔP_j (Pa)	管段总阻力 ΔP (Pa)	备 注
①		4.35	0.88	56.55	38.15	94.70	
②		4.00	0.37	24.00	20.04	44.04	
③		3.36	0.34	20.16	18.39	38.55	
④		3.66	0.26	40.26	19.21	59.47	
⑤	0.91	4.90	0.6	73.5	65.61	139.11	
⑥		7.56	0.38	68.04	22.8	90.84	①与⑥平衡
⑦		8.66	0.38	77.94	30.15	108.09	⑦与①+②不平衡重算
⑦		11.47	0.14	117.00	13.13	130.13	⑦与①+②平衡
⑧		15.25	0.08	152.50	10.09	162.59	⑧与①+②+③平衡

第三节　均匀送风管道的设计计算

在大空间的民用和工业建筑中，如车间、会议室、冷库、礼堂或者空气幕等，根据建筑的不同使用要求，通风系统的风管有时需要把等量的空气，沿着风管侧壁的孔口或短管均匀送出，使房间得到均匀的空气分布，合理的气流组织。

均匀送风管道一般有两种形式，一种是均匀送风管道的断面变化（断面逐渐减小）而侧风口形状、面积相等；另一种送风管道的断面不变化，而侧风口的面积都不相等。前者由于侧风口形状、面积相等，较美观；后者送风管道的断面不变化，截面尺寸大，材料消耗较多，投资较高，但是阻力小，运行费用低。

均匀送风管道的计算方法很多，下面介绍一种近似的计算方法。

一、基本原理

风管内流动着的空气，具有动压和静压。静压是作用于管壁上的压力，当空气流过管壁侧孔时，由于孔口内外静压差作用，使靠近侧孔的空气产生一垂直于管道壁的速度而流出。但由于受到原有管内轴向流速的影响，其孔口的流出方向并非垂直于管壁，而是以合成速度沿风管轴线成 α 角的方向流出，如图 6-11 所示。

1. 出口气流的实际速度与方向

风管内空气的轴向流速为：

$$v_d = \sqrt{\frac{2p_d}{\rho}} \quad \text{m/s} \tag{6-16}$$

式中　p_d——风管内空气的动压（Pa）。

空气由于静压差的作用，在侧孔处形成垂直于管壁的速度为：

$$v_j = \sqrt{\frac{2p_j}{\rho}} \quad \text{m/s} \tag{6-17}$$

式中　p_j——风管内空气的静压（Pa）。

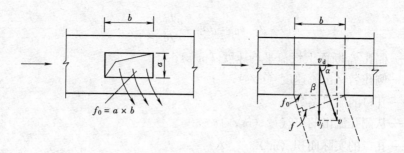

图 6-11 均匀送风孔口气流示意图

出口气流的实际速度应该是 v_a 和 v_j 的合成，用速度四边形的对角线表示为：

$$v = \sqrt{v_j^2 + v_d^2} \quad \text{m/s} \tag{6-18}$$

将公式（6-16）和（6-17）代入式（6-18）得

$$v = \sqrt{\frac{2}{\rho}(p_d + p_j)} = \sqrt{\frac{2p_q}{\rho}} \tag{6-19}$$

式中 p_q——风管内空气的全压（Pa）。

出口气流与风管轴线所成夹角 α 为：

$$\text{tg}\alpha = \frac{v_j}{v_d} = \sqrt{\frac{p_j}{p_d}} \tag{6-20}$$

从公式（6-19）和（6-20）可以看出，出口气流速度的大小与孔口处的动压和静压或全压的大小有关。而出口气流的方向则与静压和全压的比值有关。

均匀送风管道的设计，都要求出口气流方向应尽量与风管壁面垂直，即要求 α 角尽量大些，一般要求 $\alpha \geqslant 60°$。从公式（6-20）可知，只有提高风管内的静压或降低动压才可实现。

2. 侧孔面积与出口风量

从侧孔流出的空气量为

$$L_0 = \mu f v \quad \text{m}^3/\text{s} \tag{6-21}$$

式中 μ——孔口的流量系数；

f——孔口在气流垂直方向上的投影面积（m²）。

由图 6-11 可以看出：

$$f = f_0 \sin\alpha = f_0 \frac{v_j}{v} \tag{6-22}$$

式中 f_0——孔口的实际面积，$f = a \times b$（m²）。

将上式代入式（6-21）得

$$L_0 = \mu f_0 \sin\alpha v = \mu f_0 \frac{v_j}{v} v$$

$$= \mu f_0 v_j = \mu f_0 \sqrt{\frac{2p_j}{\rho}} \tag{6-23}$$

令 $v_0 = \mu v_j$，则上式可写为：

$$v_0 = \mu v_{\mathrm{j}} = \frac{L_0}{f_0} \qquad (6\text{-}24)$$

式中　v_0——侧孔 f_0 断面上气流平均速度（m/s）；

　　　v_{j}——侧孔名义出流速度（m/s）；

　　　μ——孔口的流量系数；

　　　L_0——从侧孔流出的空气量（m³/s）；

　　　f_0——孔口的实际面积（m²）。

3. 保证均匀送风的条件

从公式（6-23）可以看出，侧孔 f_0 上气流平均速度跟孔口的流量系数 μ 及侧孔名义出流速度成正比，即跟从侧孔流出的空气量成正比，跟孔口的实际面积 f_0 成反比。所以要保持各等面积的侧孔所流出的空气量都相等，就必须使各侧孔内静压相等和侧孔出流时的流量系数相等。这两个条件是均匀送风管道设计中的必要条件，在设计中必须遵守。

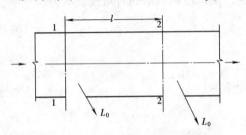

图 6-12　均匀送风管道侧孔示意图

（1）保持各侧孔静压相等的条件。

如图 6-12 所示有两个侧孔，根据流体力学原理可知，断面 1 处的全压 p_{q1} 应等于断面 2 处的全压 p_{q2} 加上断面 1—2 间的阻力，即

$$p_{\mathrm{q1}} = p_{\mathrm{q2}} + (R_{\mathrm{m}}l + \Delta p_{\mathrm{j}})_{1-2} \qquad (6\text{-}25)$$

要使两个侧孔静压相等，就必须使

$$p_{\mathrm{d1}} - p_{\mathrm{d2}} = (R_{\mathrm{m}}l + \Delta p_{\mathrm{j}})_{1-2} \qquad (6\text{-}26)$$

这就是说，如果能够使两侧孔的动压降等于两侧孔间的风管阻力，则两侧孔的静压就保持相等。

（2）保持各侧孔流量系数相等的条件。

流量系数 μ 值与孔口的形状、出口气流夹角 α，以及孔口流量比 $\overline{L} = \dfrac{L_0}{L}$（某孔口的流量 L_0 与该孔口前风管中的流量之比）等因素有关，它是由实验确定的。对于锐边孔口，在 $\alpha \geqslant 60°$、比 $\overline{L} = 0.1 \sim 0.5$ 范围内，可近似取 $\mu = 0.6$。

为了保持气流夹角 $\alpha \geqslant 60°$，由式（6-20）看出，只要使 $v_{\mathrm{j}} > 1.73 v_{\mathrm{d}}$，也就是使 $p_{\mathrm{j}} > 3p_{\mathrm{d}}$ 就可以达到。

二、均匀送风管道计算

均匀送风管道计算的目的是确定侧孔的面积、风管断面尺寸以及均匀送风管段的阻力。当侧孔的数量、侧孔的间距以及每个侧孔的送风量确定之后，即可进行计算。

下面通过例题说明均匀送风管道的计算步骤和方法。

【例 6-4】　如图 6-13 所示为矩形变截面送风口的均匀送风管道。总送风量为 1.8 m³/s，风道上均匀布置了 6 个侧风口，

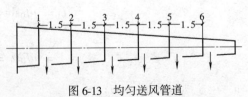

图 6-13　均匀送风管道

每个送风口的风量为 $0.3\text{m}^3/\text{s}$，风口的间距为 1.5m。试设计该均匀送风风道，并确定风道总阻力损失。

【解】 （1）给定侧孔的送风平均速度 v_0，计算静压速度 v_j 和侧孔面积 f_0：

设侧孔平均速度 $v_0 = 4.5\text{m/s}$，孔口流量系数近似值 $\mu = 0.6$，按式（6-24）求得 v_j

$$v_j = \frac{v_0}{\mu} = \frac{4.5}{0.6} = 7.5 \quad \text{m/s}$$

侧孔处应具有的静压

$$p_j = \frac{v_j^2}{2}\rho = \frac{7.5^2}{2} \times 1.2 = 33.75\text{Pa}$$

侧孔的面积

$$f_0 = \frac{L_0}{v_0} = \frac{0.3}{4.5} = 0.07\text{m}^2$$

选风口尺寸 $320\text{mm} \times 200\text{mm}$，$f_0' = 0.064\text{m}^2$

$$v_0' = \frac{L_0}{f_0'} = \frac{0.3}{0.064} = 4.69\text{m/s}$$

（2）为保持第一个侧孔的气流出流角 $\alpha \geqslant 60°$，即 $\text{tg}\alpha = \dfrac{v_j}{v_{d1}} \geqslant 1.73$，根据这个原则来确定断面 1 处的流速和断面尺寸。

设 $v_{d1} = 3.75\text{m/s}$，$\text{tg}\alpha = \dfrac{v_j}{v_{d1}} = \dfrac{v_0'/0.6}{v_{d1}} = \dfrac{4.69/0.6}{3.75} = 2.08 \geqslant 1.73$，气流出流角度 $\alpha = 64°$ $\geqslant 60°$，满足要求。

动压

$$p_{d1} = \frac{v_{d1}^2}{2}\rho = \frac{3.75^2}{2} \times 1.2 = 8.44\text{Pa}$$

截面 1-1 处的面积

$$F_1 = \frac{L_1}{v_{d1}} = \frac{1.8}{3.75} = 0.48\text{m}^2$$

设风道高度不变，仅改变风道宽度，采用 $B_1 \times H = 800\text{mm} \times 600\text{mm}$

（3）管段 1-2 的压力损失

根据 $B_1 \times H = 800\text{mm} \times 600\text{mm}$，总风量为 $1.8\text{m}^3/\text{s}$，即 $6480\text{m}^3/\text{h}$，查附录 6-3 得，

$$R_m = 0.20\text{Pa/m}, v_{d1} = 3.75\text{m/s}$$

则

$$\Delta p_m = R_m l = 0.2 \times 1.5 = 0.3\text{Pa}$$

分流三通直通的局部阻力系数用下式计算

$$\zeta = 0.35\left(\frac{L_0}{L}\right)^2$$

式中　L_0——每个侧孔的流量（m^3/s）；

L——侧孔前面风道内的流量（m^3/s）。

$\therefore$

$$\zeta = 0.35\left(\frac{0.3}{1.8}\right)^2 = 0.0097$$

$$\therefore \qquad \Delta p_j = \zeta \times \frac{v_{d1}^2}{2}\rho = 0.0097 \times \frac{3.75^2}{2} \times 1.2 = 0.08\text{Pa}$$

总阻力

$$\Delta p_{1\text{-}2} = 0.08 + 0.3 = 0.38\text{Pa}$$

（4）均匀送风管总阻力

从图 6-13 看出，均匀送风管共分 6 段，每一段阻力近似认为相等，则有

$$\Delta p_{1\text{-}6} = 0.38 \times 6 = 2.28\text{Pa}$$

（5）末端 6-6 处的流速及断面尺寸的计算

6-6 处动压：

$$p_{d6} = p_{d1} - \Delta p_{1\text{-}6} = 8.44 - 2.28 = 6.16\text{Pa}$$

6-6 处风速

$$v_{d6} = \sqrt{\frac{2p_{d6}}{\rho}} = \sqrt{\frac{2 \times 6.16}{1.2}} = 3.20\text{m/s}$$

6-6 处断面积

$$F_6 = \frac{L_0}{v_{d6}} = \frac{0.3}{3.20} = 0.094\text{m}^2$$

取截面尺寸：$B_6 \times H = 157\text{mm} \times 600\text{mm}$

把 B_1 和 B_6 用直线连起来，即得楔形的均匀送风管。

本计算方法是近似的，但也足够准确，再配以风口的调节，完全可以满足均匀送风的要求。

第四节　风道内的压力分布

空气在风道中流动时，由于风道的阻力和流速变化，空气的压力是不断变化的。研究风道内空气的压力分布规律，有助于更好地解决通风系统的设计和运行管理问题。

图 6-14 为某排风系统风道的压力分布图。

在砂轮 A 的入口，静压、动压及全压均为零。当气体流进到 a 点时，流速逐渐增大，动压也逐渐增加。气流通过砂轮罩时静压逐渐减少，这是由于砂轮罩的局部阻力所造成的。在 a—b 段中，由于管道直径没有变化，其中的流速也不变，因而动压保持为一常数。然而由于管道对气流的摩擦阻力使静压成直线下降。这时总压力也随静压的变化而变化。b—c 段为袋式除尘器，气流通过的时候，由于除尘器的断面比管道大，速度降低，动压也减少，但通过除尘器后，动压又重新恢复。如果袋式除尘器不漏风，则动压恢复的情况就取决于除尘器前后管道大小的比值。若前后管道截面相同，其中的动压可以恢复到原来的数值。由于除尘器具有一定的阻力，因此在 b—c 段中静压减少，减少的数值除了除尘器阻力外，还包括除尘器前后的渐扩管和渐缩管的局部阻力。d—e 段为风机，风机使管道内的静压大大提高，总压力也升高。风机前，静压为负值，通过风机，除了克服前段的阻力，还有部分剩余压力（正值），用以克服风机后的各种阻力。e—f 段为直管段，与 a—b 段相同。f—g 段为出口排气风帽，此处的静压为零。由于出口还有一定的气流速度，因而还有一定的动压。

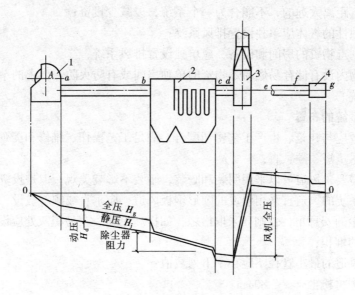

图 6-14　管网压力分布

1—砂轮机；2—袋式除尘器；3—风机；4—风帽

从上述分析可以看出空气在风道内的流动规律为：

（1）风机的风压等于风机的进口和出口的全压差，或者说等于风道的阻力以及出口动压损失之和，即等于风道总阻力。

（2）风机吸入段的全压和静压均为负值，在风机的入口处负压最大；风机压出段的全压和静压一般情况下是正值（只有当空气流速较大的时候，才可能出现负值，应尽可能避免风机压出段出现负值），在风机出口处正压最大。因此，风管连接处不严密，就会有空气被吸入或逸出，以致于影响风量的分配或造成粉尘或有害气体的泄漏。

（3）各并联支管的阻力总是相等的。如果设计时各支管的阻力不相等，在实际运行时，各支管会按照其阻力特性自动平衡，同时改变设计的流量分配。

第五节　风道设计中的有关问题

一、通风系统的划分

系统的划分应该根据建筑物的性质、使用特点、负荷变化、参数要求等，通过技术经济比较确定。

（1）排出含有水蒸气的气体，不能和排除粉尘的气体合为一个系统，以防粉尘粘结而堵塞风管；

（2）两种或两种以上的气体或粉尘混合后能引起爆炸，燃烧或引起毒性增大时，不能合为一个系统；

（3）使用时间不同的，不能合为一个系统，以减少运行能耗；同一生产流程、同时工作的排气点相距不远时，宜合设一个系统；

（4）同时工作但有害物种类不同的排气点，当工艺允许不同的有害物混合回收或回收无价值时，可合设一个系统，否则应该分设系统；

（5）排气点距离太远的，不能合为一个系统，以减少投资；

（6）有腐蚀性的气体应单独设置排风系统；

（7）散发剧毒物资的房间和设备，应单独设置排风系统；

（8）建筑物内设有储存易燃易爆物资的单独房间或有防火防爆要求的单独房间，应单独设置排风系统。

二、风道系统的布置

风管的布置应与建筑、生产工艺密切配合，满足工艺操作、维修和美观要求。

（1）风管尽量短、顺、直；

（2）根据需要，风道可以采用明装和暗装，暗装不影响美观，但是投资较高；

（3）除尘系统的风道宜采用明设的圆形钢板风道，应垂直或倾斜敷设，风道与水平面夹角要大于粉尘的安息角，否则要采取措施，如提高流速、在易积灰处应设密闭的清扫孔等，防止粉尘的堆积；

（4）除尘风道的最小管径不应小于下列数值：

细矿粉、木材粉尘	80mm
较粗粉尘、木屑	100mm
粗粉尘、粗刨花	130mm

（5）当输送的气体含有蒸汽、水滴时，应该有不小于 0.005 的坡度，并在风管的低处和风机的底部设置水封，注意水封的高度要满足运行的需要；

（6）风管上要设置必须的调节和测量装置（如阀门、温度计、压力表、采样孔等），其位置应该在便于操作和观测的地方；

（7）与风机或振动设备连接的管道，应装设如帆布、橡胶制作的软接头，以减少风机或振动设备对管道的影响；

（8）输送高温气体的风道应采用热补偿措施；

（9）风道穿墙时要采用软材料（如石棉绳）填充。

三、风道形状、材料和截面尺寸

1. 形状

常用的有矩形和圆形两种。

（1）矩形：矩形风道应用的较多，其主要特点是，制作简单、节省安装空间、容易与建筑结构配合、美观，但材料消耗大、阻力高、强度低；

（2）圆形：其主要特点是材料消耗小、阻力小、强度大，但占空间大、不易与建筑结构配合，美观性差、制作较困难。

2. 材料

要求风管材料坚固耐用、表面光滑、防腐性能好、易于加工制造和安装、内表面不产生脱落。主要有钢板、硬聚氯乙烯板、胶合板、玻璃钢、砖、混凝土等。通风管道宜采用钢板制作，当输送腐蚀性或潮湿气体时，通风管道、风机以及配件均应做防腐处理或采用非金属材料制作风道，但非金属材料必须符合防火要求，并应保证风管的坚固和严密性。砖、混凝土风道主要应用于和建筑配合的场合，多用于公共建筑。

3. 截面尺寸

通风管道的风管，宜采用圆形或长、短边之比小于 4 的矩形截面。

四、管道阀门

（1）通风机应装设调节阀，以便调节系统的风量和风压，调节阀一般采用百叶式或花瓣式。当通风机的配用电动机功率小于或等于 75kW，且供电条件允许时，可不装设仅为启动用的阀门；

（2）各分支管路要装设阀门，以便在系统运行调试时，保证各分支管路风量满足设计要求，阀门一般采用百叶式。

五、保温

在输送气体的过程中，为了减少能量的损耗、防止风管穿过房间对该房间室内参数的影响、低温风管表面结露、防止操作人员被烫伤和降低工作地点的温度、湿式除尘器或湿法除尘设施等可能冻结等，一般都需要对风管、设施、设备进行保温。

1. 保温材料

保温材料的导热系数一般为 0.12W/（m·℃）以内，传热系数一般在 1.84W/（m²·℃）以内，保温材料主要有软木、聚苯乙烯泡沫塑料、超细玻璃棉、玻璃纤维保温板、聚氨酯泡沫塑料等。

2. 结构

通常有四层：防腐层、保温层、防潮层和保护层。

（1）防腐层：涂防腐油漆或沥青；

（2）保温层：粘贴、捆扎或固定保温层；

（3）防潮层：包塑料布、油毛毡、铝箔或刷沥青，防止潮湿空气和水分进入保温层内，破坏保温层或在其内部结露，降低保温效果；

（4）保护层：室内风道可以用玻璃布、塑料布、木板、聚合板等作保护层，室外镀锌铁皮或铁丝网水泥作保护层。

具体结构详见有关标准图。

六、通风系统的防火防爆

（1）当排出的气体中含有易燃、易爆物质时，应有防爆措施。常用的防火防爆措施有以下几种：

1）加大排风量，减小可燃物的浓度；

2）风机选用防爆型；

3）在系统中应设置防爆门；

4）管道及设备应接地，防止静电放电引起火花。

（2）排除有燃烧或爆炸危险的气体、粉尘和容易起火的碎屑时，通风设备与管道应采用非燃烧材料制造。

思 考 题 与 习 题

1. 风道水力计算的方法有哪几种？最常用的是哪种？

2. 通风系统管道截面形式有哪几种？优先采用哪种形式？

3. 保证管道均匀送风的条件是什么？

4. 有一塑料通风管道，截面尺寸为 1200mm × 600mm，管道内空气的流速为 10m/s，空气温度为 20℃，计算其单位长度摩擦阻力。

5. 有一圆型薄钢板通风管道，直径为400mm，空气流量为5000m³/h，空气温度为60℃，计算其单位长度摩擦阻力。

6. 一矩形风管的截面尺寸为400mm×400mm，管道长为10m，风量为1m³/s，在温度为20℃的工况下运行，如果采用塑料风管，试分别用流量当量直径和流速当量直径计算其摩擦阻力，并比较其计算结果。

7. 如下图，对该排风系统进行水力计算并选择风机。已知 $L_a = 0.45\text{m}^3/\text{s}$，$L_b = 0.5\text{m}^3/\text{s}$，$L_e = 0.4\text{m}^3/\text{s}$，管道长度 ac 段为7m，bc 段为7.5m，cd 段为8m，ed 为10m，df 为7m，gh 为12m，排风口采用圆形伞形罩（扩张角为60°）；带扩散管的伞形风帽，$h/D_0 = 0.6$；合流三通夹角为30°（管内空气温度为20℃）。

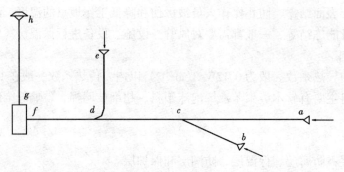

图 6-15　题 6-7 图

8. 通风管道设置坡度的意义。

9. 通风管道保温的意义以及保温层的结构。

10. 通风系统阀门的作用是什么？

第七章 自 然 通 风

自然通风是利用室内外温度差造成的热压或风力造成的风压来实现通风换气的一种通风方式。

自然通风不消耗机械动力，是一种经济的通风方式，所以应用十分广泛，对于产生大量余热的车间，采用自然通风可以得到很大的换气量。但是由于自然通风受自然气候条件的影响很大，特别是风力的作用不稳定，所以自然通风主要用于热车间排除余热的全面通风，某些热设备的局部排风也可以采用自然通风。除此之外，某些民用建筑（如住宅、办公室等）也采用自然通风来降温换气。

本章主要阐述热压和风压作用下的自然通风的基本原理以及设计计算方法。

第一节 自然通风的作用原理

如果建筑物外墙上的门窗孔洞两侧由于热压和风压造成压力差 Δp，空气就会经门窗孔洞进入室内，空气流过门窗孔洞时阻力等于孔洞内外的压差 Δp，（见图 7-1 所示）即：

$$\Delta p = \zeta \frac{v^2}{2} \rho \qquad (7-1)$$

式中 Δp——门窗孔洞两侧的压力差（Pa）；

    v——空气流过门窗孔洞时的流速（m/s）；

    ρ——空气的密度（kg/m³）；

    ζ——门窗孔洞的局部阻力系数。

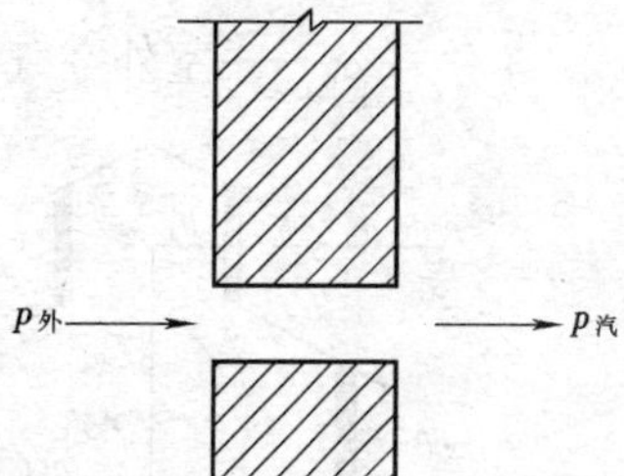

变换式（7-1）得：

图 7-1 建筑物外墙上孔洞示意图

$$v = \sqrt{\frac{2\Delta p}{\zeta\rho}} = \mu\sqrt{\frac{2\Delta p}{\rho}} \qquad (7-2)$$

式中 μ——窗孔的流量系数，$\mu = \frac{1}{\sqrt{\zeta}}$，$\mu$ 值的大小和窗孔的构造有关，一般小于1；

其他符号意义同前。

通过窗孔的体积流量为：

$$L = vF = \mu F\sqrt{\frac{2\Delta p}{\rho}} \quad \text{m}^3/\text{s} \qquad (7-3)$$

通过窗孔的质量流量为：

$$G = L\rho = \mu F\sqrt{2\Delta p\rho} \quad \text{kg/s} \qquad (7-4)$$

式中 F——孔洞的截面积（m²）。

上式表明，对于某一固定的建筑结构，其自然通风量的大小，取决于孔洞两侧压差的大小。

一、热压作用下的自然通风

1．总压差的计算

当室内外空气温度不同时，在车间的进排风窗孔上将造成一定的压力差。进排风窗孔压力差的总和称为总压力差。

如图7-2所示为车间进、排风口的布置情况。室内外空气温度分别为t_{pj}和t_w，密度为ρ_{pj}和ρ_w。设上部天窗为b，下部侧窗为a，窗孔外的静压力分别为p_a、p_b，窗孔内的静压力分别为p'_a、p'_b。如室内温度高于室外温度，即$t_{pj} > t_w$，则$\rho_{pj} < \rho_w$，窗孔a的内外压差为$\Delta p_a = p'_a - p_a$，天窗b的内外压差为$\Delta p_b = p'_b - p_b$，根据流体静力学原理可得：

$$p_a = p_b + gh\rho_w \left.\right\}$$
$$p'_a = p'_b + gh\rho_{pj}$$

$$\therefore \Delta p_a = p'_a - p_a = (p'_b + gh\rho_{pj}) - (p_b + gh\rho_w)$$
$$= \Delta p_b - gh(\rho_w - \rho_{pj})$$
$$\therefore \Delta p_b = \Delta p_a + gh(\rho_w - \rho_{pj}) \tag{7-5}$$

式中　Δp_a，Δp_b——窗孔a和b的内外压差（Pa）；

　　　　h——两窗孔的中心间距（m）；

　　　　g——重力加速度，$g = 9.8\text{m/s}^2$；

　　　　ρ_{pj}——室内平均温度下的空气密度（kg/m^3）；

　　　　ρ_w——室外空气的密度（kg/m^3）。

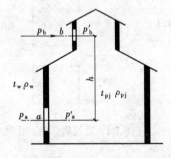

图7-2　热压作用下的自然通风　　　　图7-3　压差沿车间高度的变化

因为当$t_{pj} > t_w$时，$\rho_w > \rho_{pj}$，下部窗孔两侧室外静压大于室内静压，上部窗孔则相反，所以在密度差的作用下，下部窗孔将进风，上部天窗将排风。反之，当$t_{pj} < t_w$时，$\rho_w < \rho_{pj}$，上部天窗进风，下部侧窗排风，冷加工车间即出现这种情况。因为对于冷加工车间上部进风、下部排风时，污染空气被进风携带，将经过工人的呼吸区，在这种情况下，应关闭进排风窗口，停止自然通风。所以我们只讨论下进上排的热车间的自然通风。

变换式（7-5）得：

$$\Delta p_b + | - \Delta p_a | = \Delta p_b + | \Delta p_a | = gh(\rho_w - \rho_{pj}) \tag{7-6}$$

由式（7-6）可知，进风窗孔和排风窗孔两侧压差的绝对值之和与两窗孔的高差h和室内外的空气密度成正比。两者之和等于总压差即$gh(\rho_w - \rho_{pj})$，它是空气流动的动力，称为热压。

2. 余压和中和面的概念

为了以后方便计算，我们把室内某一点空气的压力和室外相同标高未受扰动的空气压力的差值称为该点的余压。仅有热压作用时，由于窗孔外的空气未受到室外空气扰动的影响，所以此时窗孔内外的压差即为该窗孔的余压，余压为正，该窗孔排风；余压为负，该窗孔进风；余压为零的平面叫中和面（或等压面），在中和面上既不进风，也不排风。中和面以上孔口均排风，中和面以下孔口均进风。离中和面越远，进、排风量越大。见图7-3。

因中和面上压差为零，所以，如果知道了中和面至 a 的距离为 h_1，至 b 的距离 h_2，则可以求出进、排风孔的压差，即该窗孔的余压

$$\Delta p_a = - h_1(\rho_w - \rho_{pj})g \quad \text{Pa} \tag{7-7}$$

$$\Delta p_b = h_2(\rho_w - \rho_{pj})g \quad \text{Pa} \tag{7-8}$$

式中　h_1、h_2——窗孔 a、b 至中和面的距离（m）；

其他符号意义同前。

有了各窗孔的压差就可以利用式（7-3）和（7-4）求风量。

3. 中和面的位置

中和面的位置直接影响进排风口内外压差的大小，影响进排风量的大小。根据空气平衡，在没有机械通风时，车间的自然进风等于自然排风，即：

$$G_{zj} = G_{zp}$$

根据式（7-4）得：

$$G_{zj} = \mu_j F_1 \sqrt{2 \mid \Delta p_j \mid \rho_w} \quad G_{zp} = \mu_p F_p \sqrt{2 \mid \Delta p_p \mid \rho_p}$$

近似认为 $\mu_j = \mu_p$、$\rho_w = \rho_p$ 两式相等则：

$$\left(\frac{F_j}{F_p}\right)^2 = \frac{\Delta p_p}{\mid \Delta p_j \mid} \tag{7-9}$$

又因为 $\Delta p_p = gh_2 (\rho_w - \rho_{pj})$、$\mid \Delta p_j \mid = gh_1 (\Delta \rho_w - \rho_{pj})$ 代入式（7-9）得

$$\left(\frac{F_j}{F_p}\right)^2 = \frac{h_2}{h_1} \tag{7-10}$$

而　　　　　　　　　　　　$$h = h_1 + h_2 \tag{7-11}$$

于是式（7-10）和式（7-11）联立即可求得 h_1 和 h_2，从而确定中和面位置。

4. 车间平均温度 t_{pj}

车间内平均温度很难准确求得，一般采用下式近似计算：

$$t_{pj} = \frac{t_p + t_n}{2} \tag{7-12}$$

式中　t_{pj}——车间空气的平均温度（℃）；

　　　t_p——上部天窗的排风温度（℃）；

　　　t_n——室内工作区设计温度（℃）。

5. 天窗排风温度

天窗排风温度和很多因素有关，如热源位置、热源散热量、工艺设备布置情况等，它们直接影响厂房内的温度分布和空气流动，情况复杂，目前尚无统一的解法。一般采用下

列两种方法进行计算。

（1）温度梯度法计算排风温度 t_p。

当厂房高度小于 15m，室内散热量比较均匀，且不大于 $16W/m^3$ 时，可以采用下式计算排风温度。

$$t_p = t_n + \Delta t(H - 2) \tag{7-13}$$

式中　Δt——温度梯度，即沿高度方向每升高 1m 温度的增加值，可按表 7-1 选用；

　　　H——排气口中心距地面的高度（m）；

　　　其他符号意义同前。

温度梯度 Δt 值（℃/m）　　　　　　　　　　表 7-1

室内散热量	厂　房　高　度　（m）										
（W/m³）	5	6	7	8	9	10	11	12	13	14	15
12 ~ 23	1.0	0.9	0.8	0.7	0.6	0.5	0.4	0.4	0.4	0.3	0.2
24 ~ 47	1.2	1.2	0.9	0.8	0.7	0.6	0.5	0.5	0.5	0.4	0.4
48 ~ 70	1.5	1.5	1.2	1.1	0.9	0.8	0.8	0.8	0.8	0.8	0.5
71 ~ 93	—	1.5	1.5	1.3	1.2	1.2	1.2	1.2	1.1	1.0	0.9
94 ~ 116	—	—	—	1.5	1.5	1.5	1.5	1.5	1.5	1.4	1.3

（2）有效系数法计算排风温度 t_p。

当车间内散热量大于 $116W/m^3$，车间高度大于 15m 时，应采用有效系数法计算天窗的排风温度。即

$$t_p = t_w + \frac{t_n - t_w}{m} \tag{7-14}$$

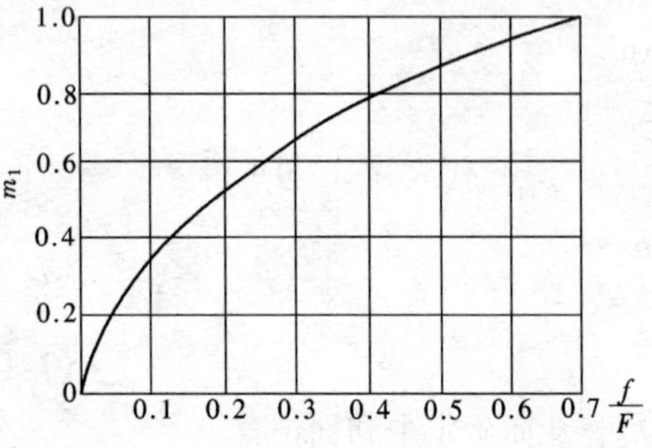

图 7-4　m_1 与 f/F 值的关系曲线

式中　m——有效系数；

　　　其他符号意义同前。

有效系数 m 同热源占地面积、热源高度等有关。常用下式计算：

$$m = m_1 m_2 m_3 \tag{7-15}$$

式中　m_1——与热源面积对地面面积之比 f/F 有关的系数，见图 7-4；

　　　m_2——与热源高度有关的系数，见表 7-2；

　　　m_3——与热源辐射散热量 Q_f 和总散热量之比有关的系数，按表 7-3 选用。

m_2　值　　　　　　　　　　表 7-2

热源高度（m）	≤2	4	6	8	10	12	≥14
m_2	1	0.85	0.75	0.65	0.60	0.55	0.5

m_3　值　　　　　　　　　　表 7-3

比值 Q_f/Q	≤0.40	0.50	0.55	0.60	0.65	0.70
m_3	1.0	1.07	1.12	1.18	1.30	1.45

二、风压作用下的自然通风

风压作用下的自然通风原理。

在风力作用下，室外气流流经建筑物时，由于受到建筑物的阻挡，将发生绕流（见图7-5）。建筑物四周气流的压力分布将因此而发生变化：迎风面气流受到阻碍，动压降低，静压增高，侧面和背面由于产生局部涡流，因而使静压降低。这种静压增高和降低与周围气压形成的压力差称为风压。迎风面静压升高，风压大于周围气压，称为正压；背风面静压下降，风压小于周围气压，称为负压。风压为负值的区域称为空气动力阴影，见图7-6。

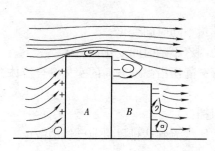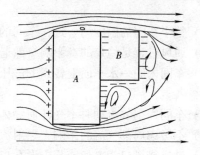

图 7-5　建筑物四周的气流分布

由于正压区室外静压大于室内静压，室外空气就要通过孔洞进入室内。在负压区正相反，室内空气通过孔洞排向室外，这就形成了风压作用下的自然通风。

风压的大小与作用在建筑物外表面上风速的大小、建筑物的几何形状等因素有关。风速是随高度发生变化的。

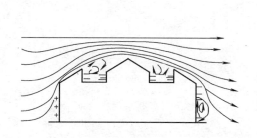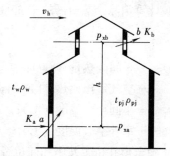

图 7-6　双凹型天窗周围的气流分布　　　图 7-7　热压、风压共同作用下的自然通风

三、风压、热压共同作用下的自然通风

当热压、风压同时作用于某一窗孔时，窗孔的总压差则为热压差和风压差的代数和。如图7-7所示为热压、风压共同作用的情况。

从图7-7可以看出，窗孔 a 风压差和热压差叠加，总压差增大，进风量增大。窗孔 b 热压差和风压差均为正，总压差也增大，排风量增大。如果在 b 窗同高度的左侧开天窗，则风压为负，热压为正，两者互相抵消，不利于排风。当风压的负值比热压还大时，就发生倒灌，不但不能排风，反而进风。所以在热压、风压同时作用时，迎风面不能开天窗，背风面不宜开下部侧窗，否则通风效果不好。但由于室外风向、风压很不稳定，实际工程中通常不考虑风压，仅按热压作用设计自然通风。

第二节　自然通风的计算

自然通风的计算目的主要是为了消除车间的余热，对于有害气体和蒸气、粉尘等还要采用机械通风才能消除。

1. 假设条件

由于车间内工艺设备布置，设备散热等情况很复杂，须采用一些假设条件才能进行计算。

(1) 整个车间的温度均一致，车间的余热量不随时间变化；

(2) 通风过程是稳定的，影响自然通风的因素不随时间变化；

(3) 车间内同一水平面上各点的静压相等，静压沿高度方向的变化符合流体静力学规律；

(4) 车间内空气流动时不受任何物体的阻挡；

(5) 不考虑局部气流的影响，热射流、通风气流到达排风口前已经消散；

(6) 进、排风口为方形或长方形孔口。

2. 已知条件和设计目的

(1) 已知条件。车间内余热量 Q、工作区设计温度 t_n、室外空气温度 t_w、车间内热源的几何尺寸、分布情况。

(2) 设计目的。确定各窗孔的位置和面积、计算自然通风量、确定运行管理方法。

3. 设计计算步骤

(1) 计算消除余热所需的全面通风量，用下式计算：

$$G = \frac{Q}{c(t_p - t_w)} \tag{7-16}$$

式中　　Q——车间余热量（kW）；

$\quad\quad c$——空气定压比热 $[kJ/(kg \cdot ℃)]$；

$\quad\quad t_p$——车间排气温度（℃）；

$\quad\quad t_w$——室外空气温度（℃）。

(2) 确定窗孔位置及中和面位置；

(3) 查取物性参数，如空气密度、空气比热、窗孔流量系数等；

(4) 计算各窗孔的内外压差，用式 (7-7) 和式 (7-8) 计算；

(5) 分配各窗孔的进、排风量，计算各窗孔的面积。

【例 7-1】　已知某车间的余热量 $Q = 650kW$，$m = 0.5$，室外空气温度 $t_w = 32℃$，室内工作区温度 $t_n = 35℃$。车间如图 7-8 所示，$\mu_1 = \mu_2 = 0.5$，$\mu_3 = \mu_4 = 0.6$，如果不考虑风压的作用，求所需的各窗孔面积。

【解】　(1) 求消除余热所需的全面通风量

排风温度：

$$t_p = t_w + \frac{t_n - t_w}{m} = 32 + \frac{35 - 32}{0.5} = 38℃$$

$$\therefore G = \frac{Q}{c(t_p - t_w)} = \frac{650}{1.01 \times (38 - 32)} = 107.26kg/s$$

(2) 确定窗孔位置及中和面位置

进、排风窗孔位置见图 7-8，设中和面位置在 h 的 $\frac{1}{3}$ 处，即

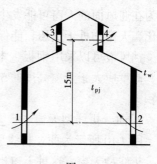

图 7-8

$$h_1 = \frac{1}{3} h = \frac{1}{3} \times 15 = 5\text{m}$$

$$h_2 = 15 - 5 = 10\text{m}$$

(3) 查取物性参数

$$t_p = 38\text{℃} \quad t_w = 32\text{℃}$$

$$t_{pj} = \frac{t_p + t_n}{2} = \frac{38 + 35}{2} = 36.5\text{℃}$$

查得 $\rho_p = 1.135\text{kg/m}^3$ $\rho_w = 1.157\text{kg/m}^3$ $\rho_{pj} = 1.140\text{kg/m}^3$

(4) 计算各窗孔的内外压差

$$\Delta p_1 = \Delta p_2 = - gh_1(\rho_w - \rho_{pj}) = - 9.8 \times 5 \times (1.157 - 1.140) = - 0.833\text{Pa}$$

$$\Delta p_3 = \Delta p_4 = gh_2(\rho_w - \rho_{pj}) = - 9.8 \times 10 \times (1.157 - 1.140) = 1.666\text{Pa}$$

(5) 分配各窗孔的进排风量，计算各窗孔面积

根据空气平衡方程

$$G_1 + G_2 = G_3 + G_4$$

$$令 \ G_1 = G_2 \quad G_3 = G_4$$

∵

$$G_1 = \mu_1 F_1 \sqrt{2 \mid \Delta p_1 \mid \rho_w} = \frac{G}{2}$$

∴ $F_1 = F_2 = G_1/(\mu_1 \sqrt{2 \mid \Delta p_1 \mid \rho_w}) = \dfrac{107.26}{2}/0.5 \sqrt{2 \times 0.833 \times 1.157} = 77.26\text{m}^2$

同理 $\quad F_3 = F_4 = \dfrac{107.26}{2}/0.6 \sqrt{2 \times 1.666 \times 1.135} = 45.96\text{m}^2$

第三节　避风天窗、屋顶通风器及风帽

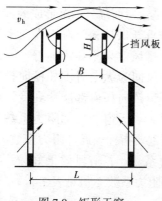

图 7-9　矩形天窗

一、避风天窗

车间的天窗按通风的功能分为普通天窗和避风天窗两类，在风的作用下，普通天窗迎风面的排风窗孔会发生倒灌。为了使天窗能稳定的排风，不发生倒灌，可以在天窗上增设挡风板，或者采取其他措施，保证天窗的排风口在任何情况下都处于负压区，可以正常排风。不管风向如何变化都能正常排风的天窗称避风天窗。避风天窗的形式很多，下面介绍几种常用的形式。

1. 矩形天窗

如图 7-9 所示为矩形天窗的示意图。天窗为上悬式，

因为在迎风面的天窗可能发生倒灌现象，所以在天窗两侧增设挡风板。不论室外风向如何变化，天窗均处于负压，能保证正常排风。

挡风板可以采用钢板、木板、石棉板、玻璃钢等。挡风板下端应有支架固定在屋顶上，高度应大于天窗高度的 $5\% \sim 10\%$，下端距屋顶应有 $10 \sim 20cm$ 的距离，便于排水和排除积雪。

2. 曲、折线型天窗

图 7-10 所示为曲、折线型天窗，把矩形天窗的竖直板改成曲线型板和折线型就成为曲、折线型天窗。这种天窗当风吹过时产生的负压比矩形天窗大，排风能力也大。但结构复杂，固定较麻烦。

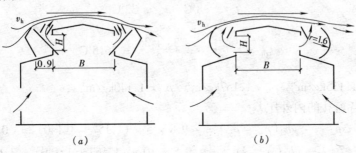

图 7-10　曲、折线型天窗
（a）折线型天窗；（b）曲线型天窗

3. 下沉式天窗

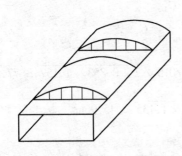

图 7-11　下沉式天窗（横向）

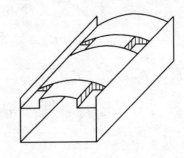

图 7-12　下沉式天窗（天井）

图 7-11、图 7-12、图 7-13 所示为下沉式天窗。这种天窗是让屋面部分下沉形成的，不像前述两种要用板材重新做挡板。对于横向下沉式，当风向为横向时排风效果不如纵向好。同理对于纵向下沉式，当风向为纵向时不如横向排风效果好。而天井式不论风向如何都能达到良好地排风，但其结构较复杂。天窗的局部阻力系数是衡量避风效果好坏的重要指标。局部阻力系数大，避风效果差，局部力系数小，避风效果好。几种常用避风天窗的局部阻力系数 ζ 值见表 7-4。

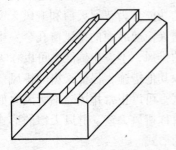

图 7-13　下沉式天窗（纵向）

几种常用天窗的 ζ 值

表 7-4

型　式	尺　寸			ζ 值	备　注
矩形天窗	$H = 1.82\text{m}$	$B = 6\text{m}$	$L = 6\text{m}$	5.38	无窗扇有挡雨片
	$H = 1.82\text{m}$	$B = 9\text{m}$	$L = 24\text{m}$	4.64	
	$H = 3.0\text{m}$	$B = 9\text{m}$	$L = 30\text{m}$	5.68	
天井式天窗	$H = 1.66\text{m}$	$l = 6\text{m}$		4.24 ~ 4.13	无窗扇有挡雨片
	$H = 1.78\text{m}$	$l = 12\text{m}$		3.83 ~ 3.57	
横向下沉式天窗	$H = 2.5\text{m}$	$L = 24\text{m}$		3.4 ~ 3.18	无窗扇有挡雨片
	$H = 4\text{m}$	$L = 24\text{m}$		5.35	
折线型天窗	$B = 3.0\text{m}$	$H = 1.6\text{m}$		2.74	无窗扇有挡雨片
	$B = 4.2\text{m}$	$H = 2.1\text{m}$		3.91	
	$B = 6\text{m}$	$H = 3.0\text{m}$		4.85	

注：B——喉口宽度；L——厂房跨度；H——垂直口高度；l——井长。

二、屋顶通风器

避风天窗虽然采取了各种措施保证排风口处于负压区，但由于风向不定，很难保证不倒灌。而且采用避风天窗使建筑结构复杂，安装也不方便。屋顶通风器就可克服以上缺点，见图 7-14。它是由外壳、防雨罩、蝶阀及喉口部分组成。外壳用合金镀锌板，板厚 $\delta = 1.0\text{mm}$ 喉口和车间内相连，当室内温度大于室外空气温度时，在热压的作用下，车间内热气流通过喉口进入屋顶通风器，从排

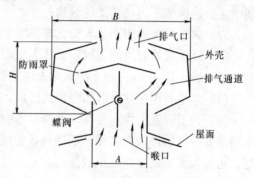

图 7-14　屋顶通风器示意图

气口排出。另一方面由于室外风速的作用，在排气口处造成负压，把车间内有害气体抽出。

该屋顶通风器是全避风型，无论风向怎样发生变化，也都能达到良好的排风效果。

其特点是：重量轻（采用镀锌钢板），施工方便（在工厂制造，运到现场组装），可以更换。

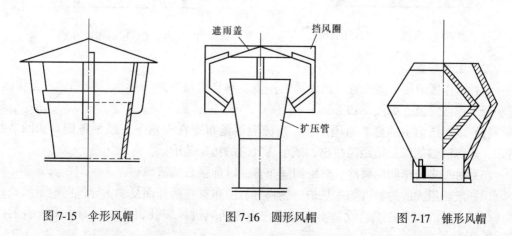

图 7-15　伞形风帽　　　　图 7-16　圆形风帽　　　　图 7-17　锥形风帽

三、风帽

风帽是装在排风管末端和需要加强全面通风的车间的屋顶上，充分利用风压的作用加强自然通风排风能力的一种装置。目前常用风帽的形式主要有伞形风帽（图7-15）、圆形风帽（图7-16）锥形风帽（图7-17）。

第四节 生产工艺、建筑形式对自然通风的影响

实际工程中，自然通风量的大小与工业厂房形式、工艺布置密切相关，处理好它们之间的协调关系才能取得较好的自然通风效果，否则，不但造成经济上的浪费，而且还直接影响工人的劳动条件。所以，确定车间的设计方案时，通风、工艺和建筑应该密切配合，对涉及到的问题要综合考虑。

一、建筑形式的选择

（1）为了增大进风面积，增加进风量，以自然通风为主的热车间应尽量采用单跨车间，主要进风侧不得加辅助建筑物；

（2）热车间宜采用避风天窗，端部应予封闭；

（3）夏季自然通风的进风窗，其下沿距地面不应高于1.2m；冬季自然通风的进风窗，其下沿一般不低于4m，防止冷风对人体的影响；

（4）尽量利用穿堂风以加强自然通风，但通过人呼吸区的空气必须是清洁的；

（5）为了降低工作区温度，冲淡有害物浓度，厂房宜采用双层结构，如图7-18所示。车间主要有害物源设在二楼，四周楼板做成格子形，空气由底层经格子形楼板直接进入二层，可以大大提高自然通风效果。

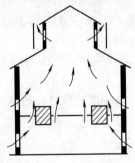

图7-18 双层厂房的自然通风

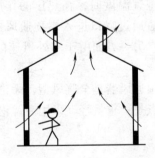

图7-19 工作区的布置情况

二、工艺布置

（1）工作区应尽可能布置在靠外墙的一侧，这样可使室外新鲜空气首先进入工作区，有利于工作区降温，如图7-19所示；

（2）以热压为主的自然通风厂房，热源应尽量布置在天窗下方或下风侧，如图7-20所示，热源散热能以最短距离排出，减小热气流的污染范围；

（3）对于多跨车间应将冷、热跨间隔布置，以加强自然通风；

（4）散热量大的热源（如加热炉、热料等）应布置在房外面夏季主导风向的下风处；

（5）车间内较大的工艺设备不宜布置在自然通风进风窗孔附近，否则由于设备的阻

挡，自然进风量减小。

三、各厂房之间的协调关系

当室外风吹过厂房时，迎风的正压区和背风的负压区都要延伸一定的距离，延伸距离的大小和风速及建筑物的形状、高度有关。风速越大，建筑物越高，压力区延伸距离就越大。如果在正压区有一低矮的厂房，则该厂房天窗就不能正常排风。为了使低矮厂房能正常进风和排风，厂房与厂房之间应保持一定的距离。图 7-21 和图 7-22 所示为避风天窗和风帽排风时的情况，尺寸应符合表 7-5 的规定，才能使低矮厂房正常进风和排风。

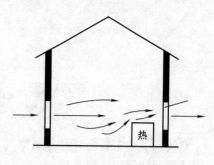

图 7-20　热源布置在下风侧

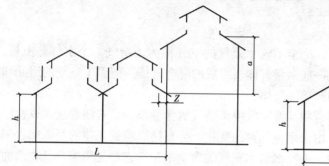

图 7-21　避风天窗与相邻较高建筑物距离　　　　图 7-22　风帽与相邻较高建筑物距离

排气天窗和风帽与相邻的较高建筑物外墙距离　　　　表 7-5

$\dfrac{Z}{a}$	0.4	0.6	0.8	1.0	1.2	1.4	1.6	1.8	2.0	2.1	2.2	2.3
$\dfrac{L-Z}{h}$	1.3	1.4	1.45	1.5	1.65	1.8	2.1	2.5	2.9	3.7	4.6	5.5

注：$\dfrac{Z}{a} > 2.3$ 时厂房的相关尺寸可不受限制。

思 考 题 与 习 题

1. 自然通风的动力是什么？

2. 什么是余压？余压与进风和排风的关系。

3. 什么是中和面？其位置如何确定。

4. 如何用温度梯度法计算车间的排风温度？

第八章　湿空气焓湿图及应用

空气调节的主要研究对象是空气，熟悉和了解空气的物理性质，是研究和解决空气调节中的各种问题的必要基础。

第一节　湿空气的物理性质

一、湿空气的组成

湿空气是指含有水蒸气的空气，完全不含水蒸气的空气称为干空气。干空气是由氮、氧、氩、二氧化碳、氖、氦和其他一些微量气体所组成的混合气体。但因干空气的组元和成分通常是一定的，可以当作一种"单一气体"。

湿空气是干空气和水蒸气的混合物。湿空气中水蒸气的含量很少，它随着气候以及产生水蒸气的来源情况变化而变化。由于水蒸气量的变化，会直接影响到人体的舒适感、工业生产过程、产品质量和设备维护。因此尽管水蒸气的含量很少，它却是影响空气物理性质的一个重要因素。

此外，在接近地面上空的湿空气中，还含有尘埃、烟雾、微生物以及废气等固态和气态污染物，它们对空气品质也会产生直接的影响，其净化处理方法在有关章节中介绍。

二、湿空气的物理性质和状态参数

湿空气的物理性质不仅取决于它的组成成分，而且与它所处的状态有关。湿空气的状态通常用压力、温度、相对湿度、含湿量及焓等参数表示。这些参数称为湿空气的状态参数。常用的状态参数有：

（一）压力

1. 大气压力

地球表面单位面积上的空气压力称为大气压力。大气压力通常用 P 或 B 表示，单位为帕（Pa）或千帕（kPa）。

大气压力不是一个定值，它随着各地区海拔高度不同而存在差异，还随季节、气候的变化稍有变化。例如，南京市海拔高度 8.9m，夏季大气压力为 100400Pa，冬季大气压力为 102520Pa；昆明市海拔高度 1891.4m，夏季大气压力为 80800Pa，冬季大气压力为 81150Pa。

2. 水蒸气分压力

湿空气中，水蒸气本身的压力称为水蒸气分压力。

在热力学中，常温常压下的干空气可认为是理想气体。而湿空气中的水蒸气由于处于过热状态，而且数量很少，分压力很低，比容较大，可近似地当作理想气体。根据道尔顿分压力定律，理想混合气体总压力等于各组成气体分压力之总和。对于湿空气，则有：

$$P = P_g + P_q \tag{8-1}$$

式中　P——大气压力（Pa）；

　　P_g——干空气的分压力（Pa）；

　　P_q——水蒸气的分压力（Pa）。

水蒸气分压力大小直接反映了水蒸气含量的多少。在一定温度下，空气中的水蒸气含量越多，空气就越潮湿，水蒸气分压力越大。当湿空气中的水蒸气含量达到最大限度时，则称湿空气处于饱和状态，称为饱和空气；相应的水蒸气分压力称之为饱和水蒸气分压力，用 $P_{q,b}$ 表示。

（二）温度

空气温度是表示空气冷热程度的物理量。温度的高低用温标来衡量。空调工程中，常采用绝对温标和摄氏温标。绝对温标，符号为 T，单位为 K；摄氏温标，符号为 t，单位为℃；这两种温标间的关系为：

$$t \approx T - 273 \tag{8-2}$$

（三）密度

单位容积的空气所具有的质量称为空气的密度，用符号 ρ 表示，单位为 kg/m^3。

湿空气的密度等于干空气的密度 ρ_g 与水蒸气的密度 ρ_q 之和，即：

$$\rho = \rho_g + \rho_q \tag{8-3}$$

由理想气体状态方程式 $PV = mRT$ 得 $\dfrac{m}{V} = \dfrac{P}{RT} = \rho$ 代入上式

$$\rho = \rho_g + \rho_q = \frac{P_g}{R_g T} + \frac{P_q}{R_q T} = \frac{B - P_q}{R_g T} + \frac{P_q}{R_q T} = \frac{1}{R_g}\frac{B}{T} - \frac{P_q}{T}\left(\frac{1}{R_g} - \frac{1}{R_q}\right) \tag{8-4}$$

将 R_g、R_q 代入式（8-4）中，整理后得

$$\rho = \rho_g + \rho_q = 0.00348\frac{B}{T} - 0.00132\frac{P_q}{T} \tag{8-5}$$

式中　ρ——湿空气的密度（kg/m^3）；

　　ρ_g——干空气密度（kg/m^3）；

　　ρ_q——水蒸气密度（kg/m^3）；

　　B——当地大气压强值（Pa）；

　　T——湿空气温度（K）。

从上式可见，湿空气的密度随水蒸气分压力的升高而降低，因此湿空气比干空气轻。空气温度越高，空气密度越小，大气压力也越低，因此同一地区夏季比冬季气压低。

单位质量的湿空气所占有的容积称为比容，用符号 υ 表示，单位为 m^3/kg。

（四）含湿量

在湿空气中，与 1kg 干空气同时并存的水蒸气量称为含湿量，用符号 d 表示，单位为 kg/kg干空气或 g/kg干空气。计算公式为：

$$d = 622\frac{P_q}{B - P_q} \quad （g/kg干空气） \tag{8-6}$$

公式（8-6）表明：当大气压力 B 一定时，水蒸气分压力只取决于含湿量，水蒸气分压力愈大，含湿量也愈大。当含湿量 d 一定时，水蒸气分压力将随大气压力的增加而增加，随大气压的减少而减少。

（五）相对湿度

含湿量虽能确切地反映空气中水蒸气量的多少，但不能反映空气的吸湿能力，不能表示空气接近饱和的程度。为此我们介绍湿空气另一状态参数——相对湿度。

相对湿度是空气中水蒸气分压力与同温度下饱和水蒸气分压力之比，用符号 φ 表示，即

$$\varphi = \frac{P_q}{P_{q,b}} \times 100\% \tag{8-7}$$

式（8-7）表明，φ 愈小，则空气饱和程度愈小，空气愈干燥，吸收水蒸气能力愈强；φ 愈大，则空气饱和程度愈大，空气愈湿润，吸收水蒸气能力愈弱。φ 为 100% 的湿空气为饱和空气。

相对湿度和含湿量都是表示空气湿度的参数，但意义却不相同：φ 能表示空气接近饱和的程度，却不能表示水蒸气的含量多少，而 d 能表示水蒸气含量多少，却不能表示空气接近饱和的程度。φ 和 d 的关系可用下式表示：

$$d = 622\frac{P_q}{B - P_q} = 622\frac{\varphi P_{q,b}}{B - \varphi P_{q,b}} \quad (\text{g/kg}_{干空气}) \tag{8-8}$$

（六）焓

空调工程需采取各种方法对湿空气进行处理，湿空气的状态经常变化，在空气处理过程中经常需要确定状态变化过程中热量的变化。空调工程中湿空气的状态变化属于定压过程。能够用空气状态前后的焓差来计算空气热量的变化。

湿空气的焓是 1kg 干空气的焓和 $d$kg 水蒸气焓的总和，用符号 i 表示，单位为 kJ/kg$_{干空气}$，即

$$i = i_g + di_q \quad (\text{kJ/kg}) \tag{8-9}$$

式中　i_g——表示 1kg 干空气的焓，kJ/kg$_{干空气}$

　　　i_q——表示 1kg 水蒸气的焓，kJ/kg$_{水蒸气}$

$$i_g = C_{p,g} \cdot m_g(t - 0) = C_{p,g} \cdot t = 1.01t \tag{8-10}$$

$$i_q = 2500 + C_{p,q} \cdot m_q(t - 0) = 2500 + C_{p,q} \cdot t = 2500 + 1.84t \tag{8-11}$$

式中　$C_{p,g}$——干空气的定压比热，常温下 $C_{p,g} = 1.01$kJ/（kg·℃）；

　　　$C_{p,q}$——水蒸气的定压比热，常温下 $C_{p,q} = 1.84$kJ/（kg·℃）；

　　　2500——0℃时水的汽化潜热，kJ/kg。

将式（8-10）、（8-11）代入式（8-9）中可得湿空气焓的计算公式

$$i = 1.01t + d(2500 + 1.84t) \tag{8-12}$$

或

$$i = (1.01 + 1.84d)t + 2500d \tag{8-13}$$

由式（8-13）看出，当湿空气的温度和含湿量增大时，焓值也增大，湿空气温度和含湿量降低时，焓值也减少。

（七）露点温度

未饱和湿空气也可通过另一途径达到饱和。如果湿空气中水蒸气的含量保持一定，即分压力不变而温度逐渐降低，使其由原来的温度 t 降低到 t_l，若对应于 t_l 的 $P_{q,b}$ 值恰与 p_q 相等，则 $\varphi = p_q / p_{q,d} = 100\%$，该未饱和空气就变成了饱和空气。这种在含湿量不变的条件下，使未饱和空气温度降低，达到饱和状态的温度 t_l 叫做露点温度。如果空气的温度

继续下降，则饱和空气中的水蒸气便有一部分凝结成水滴而被分离出来，这种现象称为结露。结露现象在日常生活中较常见，例如秋季凌晨草地上的露珠，夏季从冰箱取出冰冻饮料瓶表面的水珠等等。

如果在某种空气环境中有一冷表面，表面温度为 $t_{表面}$，当 $t_{表面} < t_l$ 时，该表面上就会有凝结水出现；而当 $t_{表面} \geq t_l$ 时，不结露。由此可见，是否结露取决于表面温度和空气露点温度两者间的关系。在空调技术中，常利用冷却方法使空气温度降到露点温度以下，水蒸气从空气中析出，凝结成水，从而达到干燥空气的目的。

（八）湿球温度

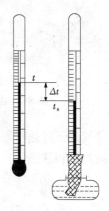

湿空气的相对湿度和含湿量通常采用干湿球温度计这种简便测量方法测定。干球温度计即普通温度计，测出的是湿空气的真实温度 t。另一支温度计的感温球上包裹有浸在水中的湿纱布，称为湿球温度计，见图 8-1。

当大量的未饱和空气流吹过暴露在空气中的湿纱布表面时，开始时湿纱布中水分温度与主体湿空气温度相同。由于湿空气未饱和，湿纱布中水分蒸发，通过气膜向空气流扩散。汽化需要的热量来自于水分本身，使水温度下降。但当水分温度低于湿空气流温度时，热量将由空气传给湿纱布中的水，传热速率随着两者温差增大而增大，直到单位时间内空气向湿纱布传递的热量等于湿纱布表面水分蒸发所需热量时，湿纱布中的水温保持恒定不变，达到平衡，湿球温度计指示的正是平衡时湿纱布中水分的温度。由于这一温度取决于周围湿空气的

图 8-1 干、湿球温度计

温度 t 和含湿量 d，故称为湿空气的湿球温度，用 t_s 表示。湿空气的 d 越小，湿纱布中的水分蒸发越快，蒸发所需热量越大，湿球温度越低。相反，若湿空气已达饱和状态 $\varphi = 100\%$，则湿球温度与干球温度相等。

第二节　湿空气的焓湿图及其应用

一、湿空气的焓湿图

空调工程中，可以将一定大气压力 B 作用下的 t、d、i、φ、p_q 等湿空气的状态参数之间的关系用线算图表示，使计算过程既直观又方便。线算图有焓湿图、温湿图、焓温图等，本书只介绍焓湿图（i-d 图）。

焓湿图是根据式（8-8）和（8-12）绘制而成的，见图 8-2 和附录 8-1，图中纵坐标是湿空气的焓 i，单位为 kJ/kg$_{干空气}$；横坐标是含湿量 d，单位为 kg/kg$_{干空气}$。为使各曲线簇不致拥挤，提高读数准确度，两坐标之间的夹角为 135°，而不是 90°。为了避免图面过长，常取一水平线画在图的上方代替实际的 d 轴。

i-d 图由下列五种线群组成：

（1）等含湿量线（等 d 线）：等 d 线是一组平行于纵坐标的直线群。露点 t_l 是湿空气冷却到 $\varphi = 100\%$ 时的温度。因此，当含湿量 d 相同时，状态不同的湿空气具有相同的露点。

（2）等焓线（等 i 线）：等 i 线是一组与横坐标轴成 135° 的平行直线。

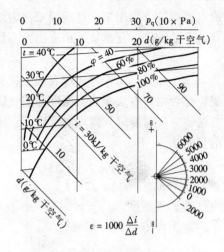

图 8-2 湿空气焓湿图

（3）等温线（等 t 线）：由式（8-12）$i = 1.01t + d(2500 + 1.84t)$ 可知：

当湿空气的干球温度 t = 定值时，i 和 d 之间成直线变化关系。t 不同时斜率不同。因此，等 t 线是一组互不平行的直线。但由于温度 t 对斜率的影响不显著，所以各等温线之间又近似平行。

（4）等相对湿度线（等 φ 线）：

由式（8-8）$d = 622\dfrac{\varphi P_{q,b}}{B - \varphi P_{q,b}}$ 可知，总压力一定时，$\varphi = f(d, t)$。这表明利用式（8-8）可在 i-d 图上绘出等 φ 线。等 φ 线是一组上凸形的曲线。$\varphi = 0\%$ 的等 φ 线是纵坐标轴，$\varphi = 100\%$ 的等 φ 线是湿空气的饱和状态线，它将 i-d 图分成两部分。上部是未饱和湿空气（湿空气区），$\varphi < 1$，水蒸气处于过热状态，其状态稳定；$\varphi = 100\%$ 曲线上的各点是饱和湿空气。下部为水蒸气的过饱和状态区。过饱和状态不稳定，没有实际意义。

（5）水蒸气分压力线：

公式 $d = 622\dfrac{P_q}{B - P_q}$ 可变换为 $P_q = \dfrac{B \cdot d}{622 + d}$。当大气压力 B 一定时，上式为 $p_q = f(d)$ 的函数形式，即水蒸气分压力 p_q 仅取决于含湿量 d，每给定一个 d 值就可以得到相应的 p_q 值。因此，可在代用 d 轴的上方绘一条水平线，标上 d 值对应的 p_q 值即为水蒸气分压力线。

在 i-d 图上，任意一点都代表着空气的一个状态，它的各种状态参数均可由图查出。此外，为了说明空气由一个状态变为另一状态的热湿变化过程，在 i-d 图上右下角还标有热湿比线。

当被处理空气由状态 A 变为状态 B 时，在 i-d 图上连接状态 A 和状态 B 的直线，就代表空气状态变化过程线，如图 8-3 所示。湿空气状态变化前后的焓差和含湿量差之比值，称为热湿比，用符号 ε 表示。即

$$\varepsilon = \frac{i_B - i_A}{d_B - d_A} = \frac{\Delta i}{\Delta d} \qquad (8-14)$$

热湿比 ε 表示了空气变化的方向和特征。将式（8-14）分子、分母同乘总空气量 G 得到：

$$\varepsilon = \frac{\Delta i}{\Delta d} = \frac{G \cdot \Delta i}{G \cdot \Delta d} = \frac{Q}{W} \qquad (8-15)$$

式（8-14）、（8-15）中，含湿量的单位为 kg/kg干空气。由平面直角坐标系可知，纵坐标（焓差）与横坐标（含湿量差）的比值表示直线的斜率。因此，ε 就是直线 AB 的斜率，它代表了过程线 AB 的倾斜角度，又称为"角系数"。对于起始状态不同的空气，只要斜率相同，其变化过程线必定相互平行。根据上述特征，在 i-d 图上以任意一点为中心作出一系列不同值的 ε 标尺线。实际应用时，只要将等值的 ε 标尺线平移至起始状态点，就能确定空气状态变化过程线（见图 8-4）。

132

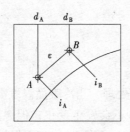

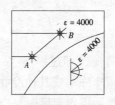

图 8-3　空气状态　　　　　　　　　　　图 8-4　用 ε 标尺线确
变化过程线　　　　　　　　　　　　定空气状态变化过程线

二、焓湿图的应用

（一）确定湿空气的状态及状态参数

上节介绍的湿空气的状态参数中，只有湿空气的 t、d、φ、i、t_s 五个物理量是独立的状态参数。在大气压力 B 一定的条件下，只要知道任意两个独立的状态参数就可以根据有关公式确定其余的状态参数，确定湿空气的状态。

【例 8-1】 已知大气压力 $B = 101325\text{Pa}$，空气的温度 $t = 25℃$，相对湿度 $\varphi = 60\%$，求该空气的 i、d、露点温度 t_l 和湿球温度 t_s。

【解】 在 $B = 101325\text{Pa}$ 的 $i\text{-}d$ 图上，根据 $t = 25℃$，$\varphi = 60\%$ 确定空气状态 A。在 $i\text{-}d$ 图上过 A 点引等焓线和等含湿量线，查得 $i = 55.5\text{kJ/kg}$，$d = 11.8\text{g/kg干空气}$。

将 A 状态空气沿等含湿量线冷却到与 $\varphi = 100\%$ 的饱和线相交，则交点 B 的温度即为 A 状态空气的露点温度 $t_l = 16.9℃$。

过 A 点引等焓线与 $\varphi = 100\%$ 线相交，则交点 C 的温度即为 A 状态空气的湿球温度，$t_s = 19.5℃$（见图 8-5 所示）。

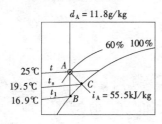

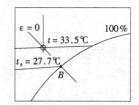

图 8-5　确定空气状态参数　　　　　　　图 8-6　确定空气状态

【例 8-2】 已知某城市夏季室外空气干球温度 $t = 33.5℃$，湿球温度 $t_s = 27.7℃$，试根据 $i\text{-}d$ 图确定室外空气状态。

【解】 首先由 $t_s = 27.7℃$ 作等温线与 $\varphi = 100\%$ 饱和线交于点 B，过 B 点作 $\varepsilon = 0$（等焓）线与 $t = 33.5℃$ 的等温线的交点即为所求的室外空气状态（见图 8-6），$i = 88.5\text{kJ/kg干空气}$，$d = 21.3\text{g/kg干空气}$。

（二）空气状态变化过程在 $i\text{-}d$ 图上的表示

本节只介绍几种典型空气状态变化过程（见图 8-7）。

1. 等湿加热过程

利用热水、蒸汽及电能等热源，通过热表面对湿空气进行加热处理，空气温度会升高而含湿量不变，因此，空气状态变化是等湿增焓升温过程。在 $i\text{-}d$ 图上，过程线为 $A{\rightarrow}B$，

其热湿比

$$\varepsilon = \frac{\Delta i}{\Delta d} = \frac{i_B - i_A}{0} = + \infty$$

2．等湿冷却过程

利用冷冻水或其他冷媒，通过冷表面对湿空气进行冷却处理，当冷表面温度高于或等于湿空气的露点温度时，空气中的水蒸气不会凝结，含湿量不会发生变化，但温度降低，焓值将减少，因此，空气状态变化是等湿减焓降温过程。在 $i\text{-}d$ 图上，过程线为 $A{\to}C$，其热湿比

$$\varepsilon = \frac{\Delta i}{\Delta d} = \frac{i_C - i_A}{d_C - d_A} = \frac{i_C - i_A}{0} = - \infty$$

3．等焓加湿过程

用喷水室喷循环水处理空气时，水吸收空气的热量蒸发为水蒸气，空气失去显热量，温度降低。水蒸气扩散到空气中使空气的含湿量增加，同时潜热量也增加。空气失去显热得到潜热，焓值基本不变，所以此过程为等焓加湿过程。因为此过程与外界无热量交换，又称绝热加湿过程。此时，循环水温稳定在空气的湿球温度上。空气状态变化过程如图8-7中 $A{\to}D$，其热湿比

$$\varepsilon = \frac{\Delta i}{\Delta d} = \frac{i_D - i_A}{d_D - d_A} = \frac{0}{d_D - d_A} = 0$$

4．等焓减湿过程

用固体吸湿剂处理空气时，湿空气中水蒸气被吸附，在吸湿剂表面凝结，空气含湿量降低，同时失去潜热。水蒸气凝结时放出的汽化热使空气温度升高，空气近似按等焓减湿升温过程变化。在 $i\text{-}d$ 图上，过程线为 $A{\to}E$，其热湿比

$$\varepsilon = \frac{\Delta i}{\Delta d} = \frac{i_E - i_A}{d_E - d_A} = \frac{0}{d_E - d_A} = 0$$

5．等温加湿过程

等温加湿是通过向空气中喷入蒸汽而实现的，过程线为图8-7中 $A{\to}F$。空气中增加水蒸气后，其焓值和含湿量值都将增加，焓的增加值为加入蒸汽的全热量，即

$$\Delta i = \Delta d \cdot i_q \quad \text{kJ/kg}$$

式中　Δd——每 kg 干空气增加的含湿量（kg/kg干空气）；

　　　i_q——水蒸气的焓，$i_q = 2500 + 1.84 t_q$。

此过程的 ε 值为

$$\varepsilon = \frac{\Delta i}{\Delta d} = \frac{\Delta d \cdot i_q}{\Delta d} = i_q = 2500 + 1.84 t_q$$

如果喷入蒸汽的温度为 100℃ 左右，则 $\varepsilon \approx 2690$，该过程线与等温线近似平行故为等温加湿过程。

6．减湿冷却（或冷却干燥）过程

利用喷水室或表面式冷却器处理空气时，若冷水温度或冷表面温度低于湿空气的露点温度，空气中的水蒸气将凝结为水，使空气的含湿量降低，空气的状态变化过程为减湿冷却过程或冷却干燥过程。过程线见图8-7中 $A{\to}G$，热湿比为

$$\varepsilon = \frac{i_G - i_A}{d_G - d_A} = \frac{-\Delta i}{-\Delta d} > 0$$

以上介绍了空气调节中常见的 6 种典型空气状态变化过程。从图 8-7 可看出，具有代表性的两条过程线 $\varepsilon = \pm\infty$ 和 $\varepsilon = 0$ 将 $i\text{-}d$ 图分成了 4 个象限，每个象限内的空气状态变化过程都有各自的特征，详见表 8-1。

空气状态变化的四个象限及特征表　　　　　　　　　表 8-1

象　限	热　湿　比	状态变化的特征
Ⅰ	$\varepsilon > 0$	增焓加湿升温（或等温、降温）
Ⅱ	$\varepsilon < 0$	增焓减湿升温
Ⅲ	$\varepsilon > 0$	减焓减湿降温（或等温、升温）
Ⅳ	$\varepsilon < 0$	减焓加湿降温

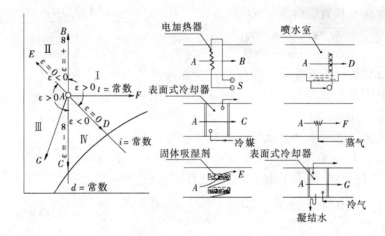

图 8-7　几种典型的空气状态变化过程

（三）两种不同状态空气混合过程在 $i\text{-}d$ 图上的表示

假设质量流量为 G_A（kg/s），状态为 A（i_A，d_A），质量流量为 G_B（kg/s），状态为 B（i_B，d_B）的两种空气相混合，混合后空气质量流量为 $G_C = G_A + G_B$（kg/s），状态为 C（i_C，d_C）。在混合过程中，如果与外界没有热湿交换，根据热平衡和湿平衡原理，可以列出下列方程式：

$$G_A i_A + G_B i_B = G_C i_C = (G_A + G_B) i_C \qquad (8\text{-}16)$$

$$G_A d_A + G_B d_B = G_C d_C = (G_A + G_B) d_C \qquad (8\text{-}17)$$

将上两式进行整理，可得

$$\frac{G_A}{G_B} = \frac{i_B - i_C}{i_C - i_A} = \frac{d_B - d_C}{d_C - d_A} \qquad (8\text{-}18)$$

$$\frac{i_B - i_C}{d_B - d_C} = \frac{i_C - i_A}{d_C - d_A} \qquad (8\text{-}19)$$

在 $i\text{-}d$ 图上（图 8-8）$\dfrac{i_B - i_C}{d_B - d_C}$ 为直线 $\overline{BC}$ 的斜率，$\dfrac{i_C - i_A}{d_C - d_A}$ 为直线 $\overline{CA}$ 的斜率，两条直线的斜率相同，两直线必然互相平行，因为有共同点 C，所以 A、B、C 三点必然在同一直

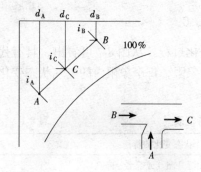

图 8-8 两种状态空气的混合

线上。根据三角形相似原理及式（8-18）可得出下式：

$$\frac{\overline{BC}}{\overline{CA}} = \frac{i_B - i_C}{i_C - i_A} = \frac{d_B - d_C}{d_C - d_A} = \frac{G_A}{G_B} \quad (8-20)$$

从上式可得出结论，参与混合的两种空气质量与混合点 C 将线段 AB 分成两线段的长度成反比，并且混合点靠近质量大的空气状态一端。

【例 8-3】 某空调系统采用两种状态空气混合。已知 $G_A = 3000$kg/h，$t_A = 20℃$，$\varphi_A = 55\%$，$G_B = 600$kg/h，$t_B = 33℃$，$\varphi_B = 80\%$。求混合后空气的状态（当地大气压力 $B = 101325$Pa）。

【解】 （1）在 $B = 101325$Pa 的 i-d 图上根据已知条件确定空气状态点 A、B，并连接成直线段如图 8-9 所示。

（2）混合点 C 位置应满足下式

$$\frac{\overline{BC}}{\overline{CA}} = \frac{G_A}{G_B} = \frac{3000}{600} = \frac{5}{1}$$

（3）将 AB 线段分成 6 等分，混合点 C 应靠近 A 状态一端的一等份处。从图上查得 $t_C = 22℃$，$\varphi_C = 65\%$，$i_C = 50.3$kJ/kg 干空气，$d_C = 10.9$g/kg 干空气。

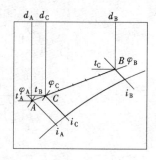

图 8-9 例 8-3 图

混合空气状态也可由计算确定。先在 i-d 图上查出 $i_A = 40.5$kJ/kg干空气，$d_A = 8$g/kg干空气，$i_B = 99.2$kJ/kg干空气，$d_B = 25.8$g/kg干空气，按公式（8-16）和（8-17）计算可得：

$$i_C = \frac{G_A i_A + G_B i_B}{G_A + G_B} = \frac{3000 \times 40.5 + 600 \times 99.2}{3000 + 600} = 50.3\text{kJ/kg干空气}$$

$$d_C = \frac{G_A d_A + G_B d_B}{G_A + G_B} = \frac{3000 \times 8 + 600 \times 25.8}{3000 + 600} = 10.9\text{g/kg干空气}$$

思 考 题 与 习 题

1. 湿空气是不是理想气体？为什么可以用理想气体状态方程来描述湿空气的状态？

2. 已知当地大气压力 $B = 101325$Pa，试求温度 $t = 25℃$ 时干空气的密度。

3. 某空调房间空气温度 $t = 24℃$，相对湿度 $\varphi = 70\%$，所在地区大气压强 $B = 101325$Pa，试计算空气的含湿量。

4. 已知空气的温度 $t = 25℃$，含湿量 $d = 9$g/kg干空气，大气压力 $B = 101325$Pa，计算该空气的焓和相对湿度。

5. 已知空气的大气压力为 101325Pa，试利用 i-d 图确定下列各空气状态的其他状态参数。

（1） $t = 22℃$，$\varphi = 60\%$；

（2） $i = 60$kJ/kg干空气，$d = 11$g/kg干空气；

（3） $t = 30℃$，$t_l = 20℃$；

（4） $t = 34℃$，$t_s = 23℃$。

6. 已知空气的温度 $t = 35℃$，相对湿度 $\varphi = 60\%$，利用湿空气的 i-d 图确定空气的湿球温度 t_s 和露点温度 t_l。如果相对湿度变为 85%，湿球温度和露点温度有什么变化？

7. 有一冷水管道（未保温）穿过空气温度 $t = 30℃$，相对湿度 $\varphi = 70\%$ 的房间，如果要防止管壁产生凝结水，则管道表面温度应为多少？当地大气压力 $B = 101325Pa$。

8. 在起始状态为 $t = 15℃$，$d = 8.5g/kg_{干空气}$ 的空气中，加入总热量 $Q = 8.0kW$，湿量 $W = 0.002kg/s$，试在 i-d 图上绘出空气状态变化过程线。如果从空气中减去 $8.0kW$ 的热量和 $0.001kg/s$ 的湿量，此时空气状态变化过程线如何表示？

9. 已知大气压力 $P = 101325Pa$，空气的初状态 $t_A = 21℃$，相对湿度 $\varphi = 60\%$，如果加入 $12000kJ/h$ 的热量和 $2kg/h$ 的湿量，此时空气温度 $t_B = 33℃$，求终状态空气的 i_B 和 d_B。

10. 某空调系统采用新风与回风混合，新风量 $G_W = 250kg/h$，新风参数 $t_W = 33℃$，$t_s = 26℃$（湿球温度），回风量 $G_N = 1000kg/h$，$t_N = 22℃$，$\varphi_W = 55\%$。所在地区大气压力 $P = 101325Pa$，试求混合后空气的状态。

11. 欲将 $t_1 = 15℃$，$\varphi_1 = 80\%$ 与 $t_2 = 28℃$，$\varphi_2 = 50\%$ 的两种空气混合至状态 3，$t_3 = 22℃$，总风量为 $12000kg/h$，求 1、2 两种状态空气量各为多少？

第九章　空调房间冷（热）、湿负荷计算

空调房间的冷（热）湿负荷的大小是确定空调系统送风量及空调设备容量的基本依据。本章主要介绍空调房间冷（热）湿负荷的计算方法。

建筑物处于自然环境中，空调间的空气环境受到外部、内部热源和湿源的综合作用，实现热能交换和湿交换。某一时刻进入空调房间的总热量和总湿量称为该时刻的得热量和得湿量；从空调房间带走的热量称为耗热量。某一时刻为维持房间恒温恒湿而需要空调系统向室内提供的冷量称为冷负荷；相反，为补偿房间失热而需要向室内提供的热量称为热负荷。为了维持室内相对湿度恒定需从房间除去的湿量称为湿负荷。

第一节　室内外空气计算参数

室内外空气计算参数是空调房间冷（热）、湿负荷计算的依据。

一、室内空气计算参数

室内空气计算参数，主要指空调工程作为设计与运行控制标准而采用的空气温度、相对湿度和空气流速等室内环境控制参数。室内空气计算参数的确定，除了考虑室内参数综合作用下的人体舒适和工艺特定需要外，还应根据工程所处地理位置，室外气象、经济条件和节能政策等具体情况进行综合考虑。

1. 舒适性空调

舒适性空调是以民用建筑和工业企业辅助建筑中保证人体舒适、健康和提高工作效率为目的的空调。

空气调节室内热舒适性采用预计的平均热感觉指数 PMV 和预计不满意者的百分数 PPD 评价，其值宜为：$-1 \leqslant \text{PMV} \leqslant +1$，$\text{PPD} \leqslant 27\%$。PMV 指数是根据人体热平衡的基本方程式以及心理生理学主观热感觉的等级为出发点，综合考虑了热舒适条件下人体活动程度、着衣情况、空气温度、湿度等诸多有关因素的全面评价指标。是表明群体对于（$+3$ ~ -3）7 个等级热感觉投票的平均指数。它可以代表绝大多数人对同一热环境的舒适感觉。但由于人与人之间的生理差别，总有少数人对该热环境并不满意，对此还需使用预计不满意百分数（PPD）指标来加以反映。

根据《采暖通风与空气调节设计规范》（GB 50019—2003）规定，舒适性空调室内计算参数应符合表 9-1 的规定。某些民用建筑空调室内设计参数可参考表 9-2 选用。

舒适性空气调节室内计算参数　　　　　　　　　表 9-1

参　　数	夏　　季	冬　　季
温度（℃）	22 ~ 28	18 ~ 22
风速（m/s）	≤0.3	≤0.2
相对湿度（%）	40 ~ 65	30 ~ 60

建筑类型			夏季			冬季		
			υ (m/s)	φ (%)	t (℃)	υ (m/s)	φ (%)	t (℃)
旅馆	客房	一级	0.25	55	24	0.15	50	24
		二级		60	25		40	23
		三级		65	25		30	22
		四级		70	26		—	22
	餐厅宴会厅	一级	0.25	65	24	0.15	40	23
		二级			25			21
		三级			26			21
		四级			26			20
	会议室、办公室接待室	一级	0.25	55	25	0.15	50	24
		二级		60	26		40	23
		三级		65	27		30	22
		四级		70	27		—	22
	商店服务机构	一级	0.25	65	24	0.15	40	23
		二级			25			21
		三级			26			20
		四级			27			20
	健身房		0.25	60	24	0.25	40	19
	保龄球房		0.25	60	25	0.25	40	21
	室内游泳池		0.15	60	26	0.15	50	24
	弹子房		0.25	60	27	0.25	40	22
	舞厅酒吧	非跳舞时	0.15	60	26	0.15	40	23
		跳舞时	0.15	60	23	0.15	50	18
公寓	卧室	高级	0.25	60	25	0.15	40	23
		一般		70	26		—	22
	起居室	高级	0.25	60	25	0.15	40	23
		一般		70	26		—	22
医院	高级病房 CT 房		0.25	60	25	0.15	40	23
	手术室		0.15	60	25		50	25
大会堂、体育馆、展厅			0.25	65	26	0.20	40	20
办公大楼、银行			0.25	65	26	0.15	40	20
商业中心、百货大楼、商场			0.25	70	27	0.25	35	18
影院、剧院、候机厅			0.25	65	26	0.15	40	20

2. 工艺性空调

工艺空气调节室内温湿度基数及其允许波动范围，应根据工艺需要及卫生要求确定。活动区的风速：冬季不宜大于 0.3m/s，夏季宜采用 0.2～0.5m/s；当室内温度高于 30℃

时，可大于 0.5m/s。表9-3 列举了一部分生产车间空调室内设计参数。工艺性空调的室内空气设计参数，可从国内有关专业标准、规范或设计手册中获得。某些生产厂房对室内温湿度无精度要求，这时空调对温湿度的要求是夏季工人操作时手不出汗，不使产品受潮，因此只规定温度湿度的上限：室温不大于 28℃，相对湿度不大于 60%。

部分生产车间空调室内设计参数   表 9-3

类 别		温度（℃）		相对湿度（%）
		夏 季	冬 季	
机械工业	Ⅰ级坐标膛床	20 ± 1	20 ± 1	$40 \sim 65$
	Ⅱ级坐标膛床	23 ± 1	17 ± 1	$40 \sim 65$
	精密轴承加工	$16 \sim 27$		$40 \sim 65$
	高精度刻线机	$20 \pm (0.1 \sim 0.2)$		$40 \sim 65$
计量室	热学计量室	$20 \pm (1 \sim 5)$		< 70
	力学计量室	$(17 \sim 23) \pm (0.5 \sim 2)$		$50 \sim 60$
	长度计量室	$20 \pm (0.2 \sim 4)$		$50 \sim 60$
计算机房	电子计算机房	$(20 \sim 23) \pm (1 \sim 2)$	$20 \sim 22 \pm (1 \sim 2)$	50 ± 10
棉纺织工业	梳 棉	$29 \sim 31$	$22 \sim 25$	$55 \sim 60$
	细 纱	$30 \sim 32$	$24 \sim 27$	$55 \sim 60$
	织 布	$28 \sim 30$	$23 \sim 26$	$70 \sim 75$

当工艺无特殊要求时，生产厂房夏季工作地点的温度，应根据夏季通风室外计算温度及其与工作地点的允许温差来确定，并不得超过表9-4 的规定。

夏季工作地点温度   表 9-4

夏季通风室外计算温度	≤22	23	24	25	26	27	28	29~32	≥33
允许温差	10	9	8	7	6	5	4	3	2
工作地点温度	≤32	32						32~35	35

二、室外空气计算参数

空调工程设计与运行中所用的一些室外气象参数人们习惯称之为室外空气计算参数。我国部分城市的室外空气计算参数见附录9-1。

室外气象参数就某一地区而言，随季节、昼夜或时刻在不断变化着，如全国各地大多在 7~8 月气温最高，而 1 月份气温最低；一天当中，一般在凌晨 3~4 点气温最低，而在下午 14~15 点气温最高。空气相对湿度取决于干球温度和含湿量，若一昼夜里含湿量视作近似不变，相对湿度的变化规律与干球温度变化规律相反。

室外空气计算参数的取值，直接影响室内空气状态和设备投资。如果按当地冬、夏最不利情况考虑，那么这种极端最低、最高温湿度要若干年才出现一次而且持续时间较短，这将使设备容量庞大而造成投资浪费。因此，设计规范中规定的室外计算参数是按全年少数时间不保证室内温湿度标准而制定的。当室内温湿度必须全年保证时，应另行确定空气调节室外计算参数。

下面介绍我国《采暖通风与空气调节设计规范》（GB 50019—2003）中对室外计算参

数的规定。

（1）夏季室外空气计算参数。

夏季空气调节室外计算干球温度，应采用历年平均不保证 50h 的干球温度。

夏季空气调节室外计算湿球温度，应采用历年平均不保证 50h 的湿球温度。

夏季空气调节室外计算日平均温度，应采用历年平均不保证 5 天的日平均温度。

夏季空气调节室外计算逐时温度，按下式计算确定：

$$t_{sh} = t_{wp} + \beta \Delta t_r \tag{9-1}$$

式中　t_{sh}——室外计算逐时温度（℃）；

　　　t_{wp}——夏季空气调节室外计算日平均温度（℃）；

　　　β——室外温度逐时变化系数，按表 9-5 确定；

　　　Δt_r——夏季室外计算平均日较差，按下式计算：

$$\Delta t_r = \frac{t_{wg} - t_{wp}}{0.52} \tag{9-2}$$

式中　t_{wg}——夏季空气调节室外计算干球温度（℃）。

室外温度逐时变化系数　　　　　　　　表 9-5

时　刻	1	2	3	4	5	6
β	−0.35	−0.38	−0.42	−0.45	−0.47	−0.41
时　刻	7	8	9	10	11	12
β	−0.28	−0.12	0.03	0.16	0.29	0.40
时　刻	13	14	15	16	17	18
β	0.48	0.52	0.51	0.43	0.39	0.28
时　刻	19	20	21	22	23	24
β	0.14	0.00	−0.10	−0.17	−0.23	−0.26

（2）冬季室外空气计算参数。

由于冬季加热、加湿所需费用总低于夏季冷却减湿的费用，冬季围护结构传热按稳定传热计算，不考虑室外气温的波动。冬季采用空调设备送热风时，计算其围护结构传热和冬季新风负荷时采用冬季空调室外计算温度。此外，冬季室外空气含湿量远小于夏季，且变化也很小，故其湿度参数只给出相对湿度值。

冬季空气调节室外计算温度，应采用历年平均不保证 1 天的日平均温度。

冬季空气调节室外计算相对湿度，应采用累年最冷月平均相对湿度。

第二节　太阳辐射热对建筑物的热作用及处理

一、太阳辐射强度

当太阳辐射穿过大气层时，一部分辐射光能被大气中的水蒸气、二氧化碳和臭氧等所吸收；一部分辐射光遇到空气分子、尘埃和微小水珠等时，产生散射现象。另外云层对太阳辐射还有反射作用。最终到达地球表面的太阳辐射能可分为两部分，一部分是从太阳直接照射到地球表面的部分，称为直接辐射；另一部分是经大气散射后到达地球表面的部分，称为散射辐射。二者之和，称为总辐射。

太阳辐射强度是指 $1m^2$ 黑体表面在太阳照射下所获得的热量值，单位为 kW/m^2 或 W/m^2。

地面所接收的太阳辐射强度受太阳高度角、大气透明度、地理纬度、云量和海拔高度等因素影响。

二、太阳辐射热对建筑物的热作用

一个建筑物体受到的太阳辐射热，有太阳的直射辐射和散射辐射。而散射辐射包括下列三项：

（1）天空散射辐射：指来自天空各方向反射、折射和散乱光，其中以短波辐射为主。

（2）地面反射辐射：指太阳光线射到地面上后，其中一部分被地面所反射到建筑物表面。

（3）大气长波辐射：大气中的水蒸气吸收太阳光的部分热，又吸收来自地面和围护结构外表面的反射辐射热后，使其温度上升，因而向地面进行长波辐射。

建筑物不同朝向的外表面所受到的辐射热强度各不相同。附录 9-2 和附录 9-3 列出了北纬 40°建筑物各朝向垂直面与水平面的太阳总辐射照度和透过标准窗玻璃的太阳直接辐射照度和散射辐射照度，供空调负荷计算时采用。其他纬度的太阳辐射照度详见规范。

应用附录 9-2 和附录 9-3 时，当地的大气透明度等级，应根据附录 9-4 及夏季大气压力按表 9-6 确定。

大气透明度等级 表 9-6

附录 9-4 标定的大气透明度等级	下列大气压力（$\times 10^5$Pa）时的透明度等级							
	650	700	750	800	850	900	950	1000
1	1	1	1	1	1	1	1	
2	1	1	1	1	1	2	2	2
3	1	2	2	2	2	2	3	3
4	2	2	3	3	3	4	4	4
5	3	3	4	4	4	4	4	5
6	4	4	4	5	5	5	6	6

当太阳照射到围护结构外表面时，一部分被反射，另一部分被吸收，二者的比例取决于表面材料的种类、粗糙度和颜色。各种材料的围护结构外表面对太阳辐射热的吸收系数不同（见附录 9-5）。表面愈粗糙，颜色愈深吸收的太阳辐射热愈多，为此，建筑外表的色调，采用白色或浅色有利于减少辐射热。对于外窗采用吸热和反射玻璃，增大玻璃的吸收率或反射率，能减少进入室内的太阳辐射热。建筑物的内外遮阳都是有效减少辐射热的手段。

三、室外空气综合温度

由于建筑物围护结构外表面一般总是同时受到太阳辐射和室外空气温度的综合热作用。这样，建筑物单位外表面上得到的热量应取决于其表面换热量与吸收的太阳辐射热之和，即：

$$q = \alpha_w(t_w - \tau_w) + \rho I = \alpha_w\left[\left(t_w + \frac{\rho I}{\alpha_w}\right) - \tau_w\right] = \alpha_w(t_z - \tau_w) \tag{9-3}$$

式中　α_w——围护结构外表面的换热系数〔W/（m²·K）〕；

　　　t_w——室外空气计算温度（℃）；

　　　τ_w——围护结构外表面温度（℃）；

　　　ρ——围护结构外表面对太阳辐射的吸收系数，见附录9-5；

　　　I——围护结构外表面接受的总太阳辐射照度（W/m²）。

上式中只是为了方便而引入一个相当的室外温度，称 $t_z = t_w + \dfrac{\rho I}{\alpha_w}$ 为综合温度。所谓综合温度，实际上相当于室外空气温度由原来的 t_w 增加了一个太阳辐射的等效温度 $\rho I/\alpha_w$ 值。

式（9-3）只考虑了来自太阳对围护结构的短波辐射，没有反映围护结构外表面与天空和地面之间存在的长波辐射。近年来对式（9-3）作了如下修改：

$$t_z = t_w + \frac{\rho I}{\alpha_w} - \frac{\varepsilon \Delta R}{\alpha_w} \tag{9-4}$$

式中　ε——围护结构外表面的长波辐射系数；

ΔR——围护结构外表面向外界发射的长波辐射和由天空及周围物体向围护结构外表面发射的长波辐射之差 W/m²。ΔR 的取值可近似按：垂直面 $\Delta R = 0$；水平面 $\dfrac{\varepsilon \Delta R}{\alpha_w} = 3.5 \sim 4℃$。

可见，综合温度 t_z 主要受到 t_w、ρ 和 I 值变化的影响，所以采用不同表面材料的建筑物屋顶和不同朝向外墙表面应当具有不同的逐时综合温度值。并且，当考虑长波辐射作用后，t_z 值还可能有所下降。

第三节　空调房间冷（热）、湿负荷的计算

一、概述

（一）得热量和冷负荷的区别

房间得热量是指某时刻由室外进入室内的热量和室内各种热源散发的热量的总和。房间瞬时得热量通常包括（1）由于太阳辐射进入房间的热量和室内外空气温差经围护结构传入房间的热量；（2）人体、照明、各种工艺设备和电气设备散入房间的热量。根据性质不同，得热量中包含有潜热和显热两部分热量，显热又由以对流和辐射两种方式传递的热量组成。

瞬时得热中以对流方式传递的显热和潜热得热才能直接放散到房间，并立即构成瞬时冷负荷；而以辐射方式传递的显热得热量，它在转化为室内冷负荷的过程中，数量上有所衰减，时间上有所延迟，其衰减和延迟的程度将取决于整个房间的蓄热特性。

由上述可见，任一时刻房间瞬时得热量的总和与同一时间冷负荷未必相等，只有当瞬时得热全部以对流方式传递给室内空气时或房间没有蓄热能力的情况下，两者才相等。

（二）空调冷负荷计算方法简介

我国于 20 世纪 70～80 年代积极开展革新空调负荷计算方法的研究，在借鉴国外研究成果的基础上，提出了符合我国国情的两种空调设计冷负荷计算法，即谐波反应法和冷负荷系数法。

谐波反应法将扰量视为连续的周期性函数曲线，从而可将它分解成多阶谐波的叠加，并用傅里叶级数来表达。这种谐性扰量所引起的系统反应也将是一谐量，称之为"频率响应"，其中考虑了壁体或房间对多阶谐性扰量的幅值衰减和波形的时间延迟。在计算由得热形成冷负荷时，首先从得热量中区分出对流和辐射热两种成份，并将后者按一定比例分配至各个壁面，然后依据房间对于各阶谐性辐射热扰量的衰减度和相位延迟得出辐射得热形成的冷负荷，最后再与对流热叠加，从而求得室内冷负荷。

冷负荷系数法乃是建立在 Z 传递函数理论基础上的一种工程实用方法。它除了用于设计负荷计算外，还特别适用于建筑物的全年动态负荷计算与能耗分析。该方法应用的关键在于，需结合一定设计条件，通过计算机运算事先给出不同类型房间或围护结构的传递函数诸系数值，按照业已导出的有关理论计算公式即可求得所需的瞬时得热量或冷负荷值。国内研究课题组在上述理论计算基础上，进一步提出冷负荷系数法，研制了"冷负荷温度"和"冷负荷系数"等专用数表，借以可由各种扰量值十分方便地求得相应的逐时冷负荷。

冷负荷系数法是便于工程上进行手算的一种简化方法，本教材将详细介绍此方法。

二、冷负荷系数法计算空调冷负荷

1. 通过外墙和屋顶传热形成的逐时冷负荷

在太阳辐射和室外气温的综合作用下，外墙和屋顶传热形成的冷负荷可按下式计算：

$$CL_q = KF(t_{cl} - t_N) \tag{9-5}$$

式中　CL_q——计算时刻通过外墙或屋顶得热形成的冷负荷（W）；

　　　　K——外墙和屋顶的传热系数 [W/ (m²·K)]，查附录 9-6 和附录 9-7；

　　　　F——外墙和屋顶的计算面积（m²）；

　　　　t_N——室内计算温度（℃）；

　　　　t_{cl}——外墙或屋顶的逐时冷负荷计算温度（℃），参见附录 9-8 和 9-9。

应用公式（9-5）计算时，应注意外墙和屋顶的逐时冷负荷计算温度值 t_{cl} 是以北京地区气象参数数据为依据计算出来的。所采用的外表面放热系数为 18.6W/ (m²·K)；内表面放热系数为 8.7W/ (m²·K)。所采用的外墙和屋面的吸收系数为 $\rho = 0.90$。房间传递函数系数 $V_0 = 0.681$，$W_1 = -0.87$。

为了使冷负荷计算温度适用于全国各地和其他条件，作如下修正：

$$t_{cl实际} = (t_{cl} + t_d)K_a K_\rho$$

式中　t_d——地点修正值（℃），见附录 9-10；

　　　　K_α——外表面放热系数修正值，见表 9-7；

　　　　K_ρ——外表面吸收系数修正值，考虑到城市大气污染和中浅颜色的耐久性差，建议
　　　　　　　　吸收系数均采用 $\rho = 0.90$。但确有把握经久保持建筑围护结构表面的中、浅
　　　　　　　　色时，则可采用表 9-8 的修正值。

修正后的冷负荷计算公式为：$CL_q = KF(t_{cl实际} - t_N)$ （9-6）

外表面放热系数修正值 K_α 表 9-7

α_w [W/（m²·K）]	14	16.3	18.6	20.9	23.3	25.6	27.9	30.2
α_w [kcal/（m²·h·K）]	12	14	16	18	20	22	24	26
K_α	1.06	1.03	1	0.98	0.97	0.95	0.94	0.93

吸收系数修正值 K_ρ 表 9-8

颜　色	类　别	外　　墙	屋　　面
浅　色		0.94	0.88
中　色		0.97	0.94

2. 通过外窗得热形成的冷负荷

在室内外温差的作用下，玻璃窗瞬变传热引起的逐时冷负荷按下式计算：

$$CL_C = KF(t_{cl} - t_N)$$ （9-7）

式中　CL_C——玻璃窗瞬变传热引起的冷负荷（W）；

　　　K——玻璃窗的传热系数 [W/（m²·K）]，由附录 9-11 和附录 9-12 查得；

　　　F——窗口面积（m²）；

　　　t_N——室内计算温度（℃）；

　　　t_{cl}——玻璃窗冷负荷计算温度（℃），参见表 9-9。

应用公式（9-7）时，对于不同的设计地点，t_{cl} 应加上地点修正值 t_d（见附录 9-13），附录 9-11 和附录 9-12 中的 K 值当窗框情况不同时，按表 9-10 进行修正；有内遮阳设施时，单层玻璃窗 K 值应减少 25%，双层窗 K 值应减少 15%。

因此，式（9-7）相应变为：$CL_C = C_k KF(t_{cl} + t_d - t_N)$ （9-8）

玻璃窗冷负荷计算温度 t_{cl} 表 9-9

时间	0	1	2	3	4	5	6	7	8	9	10	11
t_{cl}	27.2	26.7	26.2	25.8	25.5	25.3	25.4	26.0	26.9	27.9	29.0	29.9
时间	12	13	14	15	16	17	18	19	20	21	22	23
t_{cl}	30.8	31.5	31.9	32.2	32.2	32.0	31.6	30.8	29.9	29.1	28.4	27.8

玻璃窗传热系数修正值 C_k 表 9-10

窗 框 类 型	单 层 窗	双 层 窗
全部玻璃	1.00	1.00
木窗框，80%玻璃	0.90	0.95
木窗框，60%玻璃	0.80	0.85
金属窗框，80%玻璃	1.00	1.20

3. 透过玻璃窗的日射得热形成的负荷

透过玻璃窗进入室内的日射得热包括透过窗玻璃直接进入室内的太阳辐射热和窗玻璃吸收太阳辐射后传入室内的热量。这两部分的太阳辐射热与太阳辐射强度、玻璃的光学性能、窗的类型、遮阳设施等多种因素有关，为了简化计算，透过玻璃窗进入室内的日射得热形成的逐时冷负荷按下式计算：

$$CL = F \cdot C_z D_{j,\max} \cdot C_{cl} \tag{9-9}$$

式中 　CL——透过玻璃窗日射得热形成的冷负荷（W）；

$\quad F$——窗玻璃的净面积（m^2），为窗口面积乘以有效面积系数 C_α，见表 9-11；

$\quad C_z$——窗玻璃的综合遮挡系数，为窗玻璃的遮阳系数 C_s（见表 9-12）与窗内遮阳设施的遮阳系数 C_n（见表 9-13）的乘积（即 $C_z = C_s C_n$），见表 9-12 和表 9-13；

$\quad D_{j,\max}$——不同纬度带日射得热因数最大值（W/m^2），见表 9-14；

$\quad D_{cl}$——冷负荷系数，以北纬 27°30′ 为界，划为南北两区，其冷负荷系数见附录 9-14。

注意，公式（9-9）适用于无外遮阳的情况。

有外遮阳时，阴影部分的日射冷负荷 CL_s 与照光部分的日射冷负荷 C_{Lr} 之和为总的日射冷负荷，即：

$$CL = CL_s + CL_r = F_s C_s C_n (D_{j,\max})_N (C_{cl})_N + F_r C_s C_n D_{j,\max} C_{cl} \tag{9-10}$$

式中 　F_s——窗户的阴影面积（m^2）；

$\quad F_r$——窗户的照光面积（m^2）；

$\quad (D_{j,\max})_N$——北向的日射得热因数最大值（W/m^2）；

$\quad (C_{cl})_N$——北向玻璃窗冷负荷系数。

其他符号意义同前。

窗的有效面积系数 C_α　　　　表 9-11

窗 的 类 型	C_α	窗 的 类 型	C_α
单层钢窗	0.85	单层木窗	0.70
双层钢窗	0.75	双层木窗	0.60

窗玻璃的遮阳系数 C_s　　　　表 9-12

玻 璃 类 型	层　数	厚度（mm）	C_s
透明普通玻璃	单	3	1.00
	单	5	0.93
	单	6	0.89
浅蓝色吸热玻璃	单	3	0.96
	单	5	0.88
	单	6	0.83
透明普通玻璃	双	3 + 3	0.86
	双	5 + 5	0.78
	双	6 + 6	0.74
透明浮法玻璃	双	6 + 6	0.84
茶色浮法玻璃 + 透明浮法玻璃	双	4 + 4	0.66
	双	6 + 6	0.55
	双	10 + 6	0.40
灰色浮法玻璃 + 透明浮法玻璃	双	4 + 4	0.63
	双	6 + 6	0.55
	双	10 + 6	0.40
绿色浮法玻璃 + 透明浮法玻璃	双	6 + 6	0.55

内遮阳类型	颜 色	C_n	内遮阳类型	颜 色	C_n
布窗帘	白色	0.50	活动百叶窗（叶片 45°）	白色	0.60
布窗帘	浅蓝色	0.60	活动百叶窗（叶片 45°）	淡黄色	0.68
布窗帘	深黄色	0.65	活动百叶窗（叶片 45°）	浅灰色	0.75
布窗帘	紫红色	0.65	窗上涂白	白色	0.60
布窗帘	深绿色	0.65	毛玻璃	次白色	0.40

夏季各纬度带的日射得热因数最大值 $D_{j,max}$ 表 9-14

朝向 纬度带	S	SE	E	NE	N	NW	W	SW	水平
20°	112	268	465	400	112	400	465	268	753
25°	125	285	438	362	115	362	438	285	717
30°	149	322	463	357	99	357	463	322	716
35°	216	375	494	369	105	369	494	375	726
40°	260	410	515	380	98	380	515	410	724
45°	316	437	514	372	94	372	514	437	698
拉萨	150	397	625	509	114	509	625	397	852

注：每一纬度带包括的宽度为 ±2°30′纬度。

4. 室内热源散热引起的冷负荷

室内热源散热主要指室内工艺设备散热、照明散热和人体散热三部分。室内热源散热包括显热和潜热两部分。潜热散热作为瞬时冷负荷，显热散热中以对流形式散出的热量成为瞬时冷负荷，而以辐射形式散出的热量则先被围护结构表面所吸收，然后散出，形成滞后的冷负荷。因此必须采用相应的冷负荷系数。

（1）设备散热形成的冷负荷。设备和用具显热形成的冷负荷按下式计算：

$$CL = Q_s C_{cl} \tag{9-11}$$

式中　CL——设备和用具显热形成的冷负荷（W）；

　　　Q_s——设备和用具的实际显热散热量（W）；

　　　C_{cl}——设备和用具显热散热冷负荷系数，由附录 9-15 查得。

设备和用具的显热散热量的计算：

1）电动设备：

当工艺设备及其电动机都放在室内时：

$$Q_s = 1000 n_1 n_2 n_3 N/\eta \tag{9-12}$$

当只有工艺设备在室内，而电动机不在室内时：

$$Q_s = 1000 n_1 n_2 n_3 N \tag{9-13}$$

当工艺设备不在室内，而只有电动机放在室内时：

$$Q_s = 1000 n_1 n_2 n_3 \frac{1-\eta}{\eta} N \tag{9-14}$$

式中　N——电动设备的安装功率（kW）；

η——电动机效率，可由产品样本查得；

n_1——利用系数，是电动机最大实效功率与安装功率之比，一般可取 $0.7 \sim 0.9$，可用以反映安装功率的利用程度；

n_2——电动机负荷系数，定义为电动机每小时平均实耗功率与机器设计时最大实耗功率之比，对精密机床可取 $0.15 \sim 0.40$，对普通机床可取 0.5 左右；

n_3——同时使用系数，定义为室内电动机同时使用的安装功率与总安装功率之比，一般取 $0.5 \sim 0.8$。

2）电热设备：

对于无保温密闭罩的电热设备，按下式计算：

$$Q_s = 1000 n_1 n_2 n_3 n_4 N \tag{9-15}$$

式中　n_4——考虑排风带走热量的系数，一般取 0.5。

其他符号意义同前。

3）电子设备：

计算公式同式（9-14），其中系数 n_2 的值根据使用情况而定，对计算机可取 1.0，一般仪表取 $0.5 \sim 1.9$。

（2）照明散热形成的冷负荷。当电压稳定时，室内照明散热量属于不随时间变化的稳定散热。但照明散热仍以对流和辐射两种方式进行散热，因此，照明散热形成的瞬时冷负荷同样低于瞬时得热。

根据照明灯具的类型和安装方式不同，其冷负荷计算式分别为：

白炽灯 $$CL = 1000 N C_{cl} \tag{9-16}$$

荧光灯 $$CL = 1000 n_1 n_2 N C_{cl} \tag{9-17}$$

式中　CL——灯具散热形成的冷负荷（W）；

N——照明灯具所需功率（kW）；

n_1——镇流器消耗功率系数，当明装荧光灯的镇流器装在空调房间内时，取 $n_1 = 1.2$；当暗装荧光灯镇流器装设在顶棚内时，取 $n_1 = 1.0$；

n_2——灯罩隔热系数，当荧光灯罩上部穿有小孔，可利用自然通风散热于顶棚内时，取 $n_2 = 0.5 \sim 0.6$；对荧光灯罩无通风孔者，则视顶棚内通风情况取 $n_2 = 0.6 \sim 0.8$；

C_{cl}——照明散热冷负荷系数，可由附录 9-16 查得。

（3）人体散热形成的冷负荷。人体散热与人的性别、年龄、衣着、劳动强度及周围环境条件等多种因素有关。人体散发的热量中的对流热和潜热量直接形成瞬时冷负荷，至于辐射热则形成滞后冷负荷，需采用相应的冷负荷系数计算。

由于性质不同的建筑物中有不同比例的成年男子、女子和儿童，为了实际计算方便，以成年男子为基础，采用"群集系数"表示各种不同功能的建筑物中各类人员组成比例。

人体显热散热引起的冷负荷计算公式为：

$$CL = q_s n \mu C_{cl} \tag{9-18}$$

式中　CL——人体显热散热引起的冷负荷（W）；

q_s——不同室温和劳动性质成年男子显热散热量（W），见表 9-14；

n——室内全部人数；

μ——群集系数，见表9-16；

C_{cl}——人体显热散热冷负荷系数，由附录9-17查得。

但对于人员密集的场所，如电影院、剧院和会堂等，由于人体对围护结构和室内物品的辐射换热量相应减少，可取 $C_{cl} = 1.0$。

人体潜热散热引起的冷负荷计算公式为：

$$CL = q_l n\mu \tag{9-19}$$

式中　CL——人体潜热散热形成的冷负荷（W）；

q_l——不同室温和劳动性质成年男子潜热散热量（W），见表9-15；

其他符号意义同前。

不同温度条件下成年男子散热量、散湿量　　　　　　表 9-15

体力活动性质		热量湿量	室内温度（℃）										
			20	21	22	23	24	25	26	27	28	29	30
静坐	影剧院 会堂 阅览室	显热	84	81	78	74	71	67	63	58	53	48	43
		潜热	26	27	30	34	37	41	45	50	55	60	65
		全热	110	108	108	108	108	108	108	108	108	108	108
		湿量	38	40	45	45	56	61	68	75	82	90	97
极轻劳动	旅馆 体育馆 手表装配 电子元件	显热	90	85	79	75	70	65	60.5	57	51	45	41
		潜热	47	51	56	59	64	69	73.3	77	83	89	93
		全热	137	135	135	134	134	134	134	134	134	134	134
		湿量	69	76	83	89	96	109	109	115	132	132	139
轻度劳动	百货商店 化学实验室 电子计算 机房	显热	93	87	81	76	70	64	58	51	47	40	35
		潜热	90	94	80	106	112	117	123	130	135	142	147
		全热	183	181	181	182	182	181	181	181	182	182	182
		湿量	134	140	150	158	167	175	184	194	203	212	220
中等劳动	纺织车间 印刷车间 机加工车间	显热	117	112	104	97	88	83	74	67	61	52	45
		潜热	118	123	131	138	147	152	161	168	174	183	190
		全热	235	235	235	235	235	235	235	235	235	235	235
		湿量	175	184	196	207	219	227	240	250	260	273	283
重度劳动	炼钢车间 铸造车间 排练厅 室内运动场	显热	169	163	157	151	145	140	134	128	122	116	110
		潜热	238	244	250	256	262	267	273	279	285	291	297
		全热	407	407	407	407	407	407	407	407	407	407	407
		湿量	356	365	373	382	391	400	408	417	425	434	443

注：此表中热量单位为 W，湿量单位为 g/h。

群　集　系　数 μ　　　　　　表 9-16

工作场所	影剧院	百货商店	旅　馆	体育馆	图书阅览	工厂轻劳动	银　行	工厂重劳动
群集系数	0.89	0.89	0.93	0.92	0.96	0.90	1.0	1.0

三、空调房间热负荷计算

空气调节系统冬季的加热、加湿所耗费用远小于夏季的冷却、除湿所耗费用。为便于计算，冬季按稳定传热方法计算传热量，而不考虑室外气温的波动。其计算方法与采暖耗热量计算方法相同，只是采用冬季空调室外计算温度，而不能采用采暖室外计算温度，且因为空调房间保持一定正压值，故无需计算冷风渗透所形成的热负荷。

四、湿负荷的计算

湿负荷是指空调房间的湿源（人体散湿、敞开水槽表面散湿等）向室内的散湿量。

1. 人体散湿量

按下式计算：

$$W = n\mu\omega/3.6 \tag{9-20}$$

式中　W——人体散湿量（kg/s）；

　　　ω——成年男子的散湿量（g/h），见表9-15。

其他符号意义同前。

2. 敞开水槽表面散湿量

敞开水槽表面散湿量可用下式计算：

$$W = \beta(p_{q,b} - p_q)F\frac{B}{B'} \tag{9-21}$$

式中　W——敞开水槽表面散湿量（kg/s）；

　　　$p_{q,b}$——相应于水表面温度下饱和空气的水蒸气分压力（Pa）；

　　　p_q——空气中水蒸气分压力（Pa）；

　　　F——蒸发水槽表面积（m²）；

　　　B——标准大气压力，其值为101325Pa；

　　　B'——当地大气压力（Pa）；

　　　β——蒸发系数〔kg/（N·s）〕。

β 按下式确定：$\beta = (\alpha + 0.00363v) \times 10^{-5}$

　　　α——不同水温下的扩散系数〔kg/（N·s）〕，见表9-17；

　　　v——水面上空气流速（m/s）。

不同水温下的扩散系数 α　　　　　　　表9-17

水温（℃）	<30	40	50	60	70	80	90	100
α〔kg/（N·s）〕	0.0043	0.0058	0.0069	0.0077	0.0088	0.0096	0.0106	0.0125

地面积水蒸发量，计算方法与敞开水槽表面散湿量计算方法相同。

【例9-1】　计算济南某宾馆一客房（5层）夏季空调冷负荷。客房位于建筑物的顶层，层高为3.2m。客房内压力稍高于室外大气压力。

已知条件：

1）屋顶：构造同附录9-6中序号2，保温层为沥青膨胀珍珠岩（厚度100mm），传热系数 $K = 0.55$W/（m²·K），属于Ⅱ型，面积 $F = 33.6$m²。

2）南外墙：构造同附录9-7中序号2，墙厚370mm，传热系数 $K = 1.50$W/（m²·K），属于Ⅱ型，面积 $F = 6.6$m²。

3）南外窗：双层钢窗（3mm厚普通玻璃），80%玻璃，内挂深黄色布窗帘。面积 $F = 6$m²。

4）内墙：邻室包括走廊，均与客房温度相同。

5）人员：客房内有2人，在客房内总小时数为16h，从16：00到次日8：00。

6）照明：荧光灯200W，明装，开灯时数8h，空调运行24h。

7）室内设计参数：温度24℃，相对湿度60%。

8）室外空气计算参数及气象条件：空调室外计算干球温度34.8℃，空调室外计算湿球温度26.7℃；济南位于北纬36°41′，东经116°59′，海拔51.6m；大气压力夏季为99858Pa。

【解】 根据本题条件，分项计算如下：

（1）屋顶冷负荷

由附录9-9查得冷负荷计算温度逐时值，即可按公式（9-6）算出屋顶逐时冷负荷，计算结果列于表9-18中。

表 9-18

屋 顶 冷 负 荷

时间	7：00	8：00	9：00	10：00	11：00	12：00	13：00	14：00	15：00	16：00	17：00	18：00	19：00
t_{cl}	39.3	38.1	37.0	36.1	35.6	35.6	36.0	37.0	38.4	40.1	41.9	43.7	45.4
t_d						2.2							
K_a						1.0							
K_ρ						0.88							
t_{cl}实际	36.5	35.5	34.5	33.7	33.3	33.3	33.6	34.5	35.7	37.2	38.8	40.4	41.9
t_N						24							
K						0.55							
F						33.6							
CLq	231.0	212.5	194.0	179.3	171.9	171.9	177.4	194.0	216.2	243.9	273.5	303.1	330.8

注：外表面换热系数因建筑物属于低层建筑，室外风速较小，按18.6W/（m²·K）计算。

（2）南外墙冷负荷

由附录9-8查得外墙冷负荷计算温度，按公式（9-6）算出屋顶逐时冷负荷，计算结果列于表9-19中。

表 9-19

外 墙 冷 负 荷

时间	7：00	8：00	9：00	10：00	11：00	12：00	13：00	14：00	15：00	16：00	17：00	18：00	19：00
t_{cl}	35.0	34.6	34.2	33.9	33.5	33.2	32.9	32.8	32.9	33.1	33.4	33.9	34.4
t_d						0.8							
K_a						1.0							
K_ρ						0.94							
t_{cl}实际	33.7	33.3	32.9	32.6	32.2	32.0	31.7	31.6	31.7	31.9	32.1	32.6	33.1
t_N						24							
K						1.50							
F						6.6							
CLc	96.0	92.1	88.1	85.1	81.2	79.2	76.2	75.2	76.2	78.2	80.2	85.1	90.1

（3）南外窗瞬时传热冷负荷

根据附录 9-12，当 $\alpha_n = 8.7 \text{W}/(\text{m}^2 \cdot \text{K})$，$\alpha_w = 18.6 \text{W}/(\text{m}^2 \cdot \text{K})$ 查得双层玻璃窗的传热系数 $K = 3.01 \text{W}/(\text{m}^2 \cdot \text{K})$，根据表 9-9 查得玻璃窗传热系数修正值为 1.20。根据表 9-9 查得玻璃窗冷负荷计算温度，按式（9-8）计算，计算结果列入表 9-20。

南外窗瞬时传热冷负荷 表 9-20

时间	7:00	8:00	9:00	10:00	11:00	12:00	13:00	14:00	15:00	16:00	17:00	18:00	19:00
t_{cl}	26.0	26.9	27.9	29.0	29.9	30.8	31.5	31.9	32.2	32.2	32.0	31.6	30.8
t_d	3												
t_N	24												
K	$3.01 \times 1.20 = 3.612$												
F	6.6												
CL	119.2	141.0	164.5	190.7	212.2	233.6	250.3	260.0	267.0	267.0	262.2	252.7	233.6

（4）南外窗日射得热引起的冷负荷

由表 9-10 查得双层玻璃窗有效面积系数 $C_\alpha = 0.75$，由表 9-12 查得玻璃窗遮挡系数 $C_s = 0.86$，表 9-13 查得遮阳系数 $C_n = 0.65$，表 9-13 查得南向日射得热因数最大值 $D_{j,\max} = 251 \text{W}/\text{m}^2$。因济南属于北区，由附录 9-14 查得北区有内遮阳的玻璃窗冷负荷系数逐时值 C_{cl}，用公式（9-9）计算，计算结果列入表 9-21。

南外窗日射得热引起的冷负荷 表 9-21

时间	7:00	8:00	9:00	10:00	11:00	12:00	13:00	14:00	15:00	16:00	17:00	18:00	19:00
C_{cl}	0.18	0.26	0.40	0.58	0.72	0.84	0.80	0.62	0.45	0.32	0.24	0.16	0.10
$D_{j,\max}$	251												
C_s	0.86												
C_n	0.65												
F	$6 \times 0.75 = 4.5$												
CL	113.7	164.2	252.6	366.2	454.6	530.4	505.1	391.5	284.1	202.0	151.5	101.0	63.1

（5）照明散热引起的冷负荷

因明装荧光灯，镇流器装设在客房内，镇流器消耗功率系数 $n_1 = 1.2$，灯罩隔热系数 $n_2 = 0.8$。由附录 9-16 得照明散热冷负荷系数，按式（9-17）计算，计算结果列入表 9-22。

照明散热引起的冷负荷 表 9-22

时间	7:00	8:00	9:00	10:00	11:00	12:00	13:00	14:00	15:00	16:00	17:00	18:00	19:00
C_{cl}	0.15	0.14	0.12	0.11	0.10	0.09	0.08	0.07	0.06	0.37	0.67	0.71	0.74
n_1	1.2												
n_2	0.8												
N	200												
CL	28.8	26.9	23.0	21.1	19.2	17.3	15.4	13.4	11.5	71.0	128.6	136.3	142.1

（6）人体散热形成的冷负荷

宾馆属极轻劳动，查表 9-15 可知，当室温为 24℃时，每人散发的显热和潜热量分别为 70W 和 64W，由表 9-16 查得群集系数 $\mu = 0.93$，由附录 9-17 查得人体显热散热冷负荷系数逐时值，按式（9-18）计算人体显热散热冷负荷，按式（9-19）计算人体潜热散热冷负荷，计算结果列入表 9-23。

人体散热引起的冷负荷　　表 9-23

时间	7：00	8：00	9：00	10：00	11：00	12：00	13：00	14：00	15：00	16：00	17：00	18：00	19：00
C_{cl}	0.96	0.49	0.39	0.33	0.28	0.24	0.20	0.18	0.16	0.62	0.70	0.75	0.79
q_s	70												
μ	0.93												
n	2												
CLs	125.0	63.8	50.8	43.0	36.5	31.2	26.0	23.4	20.8	80.7	91.1	97.7	102.9
q_l	64												
CLl	119.0												
合计	244	182.8	169.8	162	155.5	150.2	145	142.4	139.8	199.7	210.1	216.7	221.9

由于室内压力高于大气压力，所以不需计算室外空气渗透所引起的冷负荷。

现将上述各分项计算结果汇总列入表 9-24，并逐项相加，求得客房的冷负荷值。

各分项逐时冷负荷汇总表　　表 9-24

时　间	7：00	8：00	9：00	10：00	11：00	12：00	13：00	14：00	15：00	16：00	17：00	18：00	19：00
屋　顶	231.0	212.5	194.0	179.3	171.9	171.9	177.4	194.0	216.2	243.9	273.5	303.1	330.8
外　墙	96.0	92.1	88.1	85.1	81.2	79.2	76.2	75.2	76.2	78.2	80.2	85.1	90.1
窗传热	119.2	141.0	164.5	190.7	212.2	233.6	250.3	260.0	267.0	267.0	262.2	252.7	233.6
窗日射	113.7	164.2	252.6	366.2	454.6	530.4	505.1	391.5	284.1	202.0	151.5	101.0	63.1
照　明	28.8	26.9	23.0	21.1	19.2	17.3	15.4	13.4	11.5	71.0	128.6	136.3	142.1
人　体	244	182.8	169.8	162	155.5	150.2	145	142.4	139.8	199.7	210.1	216.7	221.9
合　计	833	820	892	1004	1095	1183	1169	1077	995	1062	1106	1095	1082

从表 9-24 可以看出，此客房最大冷负荷值出现在 12：00 时，其值为 1183W。

第四节　冷（热）负荷估算指标

一、夏季冷负荷估算

空调房间夏季冷负荷应尽量按照第三节介绍的方法计算才能保证准确性。但民用建筑在方案设计阶段，计算条件不具备时，可根据空调负荷概算指标进行估算。所谓空调负荷概算指标，是指折算到建筑物中每一平方米空调面积所需制冷机或空调器提供的冷负荷值。将负荷概算指标乘以建筑物内的空调面积，即得夏季空调制冷系统总负荷的估算值。国内部分建筑空调冷负荷概算指标见表 9-25。

顺序	建筑类型及房间名称	冷负荷指标 (W/m²)	顺序	建筑类型及房间名称	冷负荷指标 (W/m²)
1	旅馆：客房（标准层）	80～110	17	医院：一般手术室	100～150
2	酒吧、咖啡厅	100～180	18	洁净手术室	300～500
3	西餐厅	160～200	19	X 光、CT、B 超诊断	120～150
4	中餐厅、宴会厅	180～350	20	商场、百货大楼营业室	150～250
5	商店、小卖部	100～160	21	影剧院：观众席	180～350
6	中庭、接待室	90～120	22	休息厅（允许吸烟）	300～400
7	小会议室（允许少量吸烟）	200～300	23	化妆室	90～120
8	大会议室（不允许吸烟）	180～280	24	体育馆：比赛馆	120～250
9	理发、美容	120～180	25	观众休息厅（允许吸烟）	300～400
10	健身房、保龄球	100～200	26	贵宾室	100～120
11	弹子房	90～120	27	展览厅、陈列室	130～200
12	室内游泳池	200～350	28	会堂、报告厅	150～200
13	舞厅（交谊舞）	200～250	29	图书阅览	75～100
14	舞厅（迪斯科）	250～350	30	科研、办公	90～140
15	办公	90～120	31	公寓、住宅	80～90
16	医院：高级病房	80～110	32	餐馆	200～250

二、冬季热负荷估算

民用建筑空气调节系统冬季热负荷，可按冬季采暖热负荷指标估算后，乘以空调系统冬季用室外新风量的加热系数 1.3～1.5 即可。

当只知道总建筑面积时，其采暖热指标可参考下列数值：

住宅 　　　　　　　　　47～70W/m²

办公楼、学校 　　　　　58～81W/m²

医院、幼儿园 　　　　　64～81W/m²

旅馆 　　　　　　　　　58～70W/m²

图书馆 　　　　　　　　47～76W/m²

商店 　　　　　　　　　64～87W/m²

单层住宅 　　　　　　　81～105W/m²

食堂、餐厅 　　　　　　116～140W/m²

影剧院 　　　　　　　　93～116W/m²

大礼堂、体育馆 　　　　116～163W/m²

总建筑面积大，外围护结构热工性能好，窗户面积小，采用较小的指标；反之，采用较大的指标。

思 考 题 与 习 题

1. 建筑物表面受到的太阳辐射总强度包括哪几种？

2. 写出综合温度的含义和表达式。

3. 得热量和冷负荷有什么区别？

4. 湖南长沙市某空调房间有一南外窗，采用单层钢窗，5mm 厚普通玻璃，窗口面积为 10m²，内挂浅色窗帘。计算 8 时到 18 时的日射得热形成的冷负荷。

5. 天津某空调房间有 8 人从事轻度劳动，群集系数为 0.96，室内有 40W 日光灯 8 只，明装，开灯时数为 8h，空调设备运行 16h。室内设计温度为 24℃。计算该房间人体、照明形成的冷负荷。

6. 空调车间内有一敞开水槽，水槽表面积为 2m²，水温为 60℃，室内设计温度为 24℃，相对湿度为 50%，水面上周围空气流速为 0.3m/s，所在地区大气压力为 101325Pa。试求该水槽产生的湿负荷。

7. 计算图 9-1 多媒体教室的夏季空调冷负荷。多媒体教室位于建筑物的顶层，层高为 3.9m。室内压力稍高于室外大气压力。走廊与邻室的温度与多媒体教室温度一致。墙体厚度、屋面构造类型等其他计算条件按本地的实际情况确定。

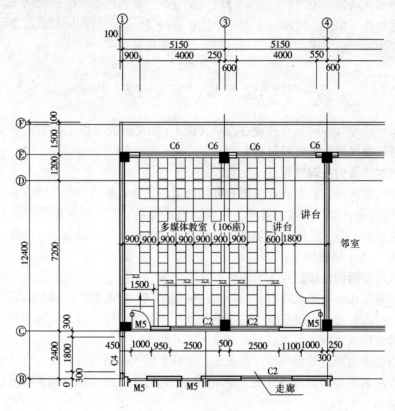

图 9-1　题 9-7 图

第十章 空气的热、湿处理过程及空调设备

送风状态和送风量确定之后，进一步的问题是如何得到所要求的送风状态。来自室外的空气，经过加热、加湿、冷却、去湿、净化、消声等处理，达到所要求的送风状态而进入室内。本章主要介绍空气的各种处理过程及空气处理设备。

第一节 空气热、湿处理的过程

在第八章中已经对各种空气处理过程及其在 *i-d* 图上的表示作了介绍，本节将从处理设备的角度分析空气热、湿处理过程。

一、空气加热器的处理过程

常用的空气加热器有表面式加热器和电加热器。表面式加热器是在管内通以热媒（热水或蒸汽），管外流过空气，通过管壁将热媒的热量传给空气。而电加热器是空气与电阻丝直接接触被加热。空气经空气加热器加热后，温度升高，但含湿量没有改变，是等湿加热过程，如图 10-1 中过程线 *A*-1。

二、空气冷却器的处理过程

空气冷却器是在管内通入冷媒，管外流过被冷却空气的表面式换热器。若冷媒温度高于被处理空气的露点温度，则空气中的水蒸气就不会凝结，空气的含湿量不变，这时空气冷却过程是等湿降温过程，可用过程线 *A*-2 表示（图 10-1）。

如果冷媒温度过低，使空气冷却器表面温度低于空气的露点温度时，空气中的一部分水蒸气就会在冷表面凝结而使空气的含湿量降低，这时空气的处理是减湿降温过程，可用过程线 *A*-3 表示（图 10-1）。

三、空气加湿器的处理过程

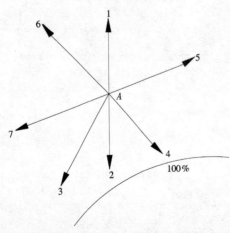

图 10-1 空气处理过程的 *i-d* 图

空气加湿器主要分喷雾加湿和喷蒸气加湿两种。喷雾加湿是将常温水喷成水雾直接混入空气中，此时空气的状态变化过程和湿球温度计周围空气状态的变化过程十分相似，是等焓加湿过程，可用过程线 *A*-4 表示（图 10-1）。

喷蒸气加湿是用多孔管把水蒸气直接喷入被处理的空气中，空气温度保持不变，是等温加湿过程，可用过程线 *A*-5 表示（图 10-1）。

四、吸湿剂处理过程

吸湿剂是用来对空气进行减湿处理的，常用的吸湿剂有两大类，一类是固体吸湿剂，一类是液体吸湿剂。固体吸湿剂处理空气的过程

近似为等焓减湿过程，其过程线为 A-6（图 10-1）。液体吸湿剂的吸湿过程与 A-3 相仿，也是减湿降温过程，如图 10-1 中的 A-7 过程线，但液体吸湿剂以减湿为主，它比 A-3 更偏向左边。

五、喷水室处理过程

（一）空气与水之间的热湿交换原理

喷水室是利用喷嘴将不同温度的水喷成雾滴，使空气与水之间进行热、湿交换，从而达到特定的处理效果。

当空气与水直接接触时，在贴近水表面的地方或水滴周围，由于水分子作不规则运动，形成一个温度等于水表面温度的饱和空气层，如图 10-2 所示。如果饱和空气层内的水蒸气分压力大于周围空气的水蒸气分压力，则水分子不断地从空气边界层扩散到周围空气中去，也就是水分向周围空气蒸发，空气得以加湿；反之，周围空气中的水分将被凝结出来，空气被减湿。总之，饱和空气层内的水蒸气分压力与周围空气的水蒸气分压力不同，即存在分压力差时，就会产生湿交换（蒸发或凝结）。在蒸发过程中，饱和空气层减少了的水蒸气分子由水面跃出的水分子来补充；在凝结过程中，饱和空气层中过多的水蒸气分子将回到水滴。

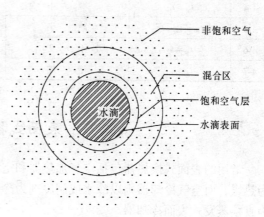

图 10-2　空气与水滴之间的热湿交换示意图

由此可见，空气与水之间的热交换是包括显热交换和潜热交换在内的总热交换，显热交换主要取决于饱和空气层与周围空气之间的温度差，而潜热交换是伴随着湿交换同时产生的，主要取决于两者之间的水蒸气分压力之差。

（二）空气与水直接接触时的状态变化过程

在喷水室中，用不同温度的水去喷淋空气，可获得各种空气处理过程。假设空气状态为 A，过 A 点分别作等湿线、等焓线、等温线与相对湿度 $\varphi = 100\%$ 相交于 2、4、6 点，然后过 A 点再作 $\varphi = 100\%$ 曲线的两条切线，并交于 1 和 7 点，图 10-3 是空气与不同水温 t_w 接触，且水量无限大、接触时间无限长时，空气的变化过程。其特点是空气变化过程都向着饱和曲线方向进行，而到达饱和曲线的理想终点状态的温度与水温相同。

事实上，在实际的喷水室中，由于结构特性以及空气与水滴接触时间等条件的限制，空气的状态变化过程不能如图 10-3 所示的那样完善。实际经喷水室处理空气的终点状态只能达到 $\varphi = 90\%$ ~95%，这一状态点称为"机器露点"。喷水室处理空气可能实现的状态变化过

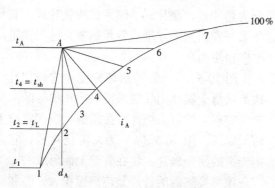

图 10-3　空气和水的热、湿交换过程

程均列入表 10-1 中。

空气与水直接接触时各种过程的特点 表 10-1

过程	喷水温度 t_w	空气温度或显热变化		空气含湿量或潜热变化		空气焓或全热变化	
A-1	$t_w < t_L$	减	小	减	小	减	小
A-2	$t_w = t_L$	减	小	不	变	减	小
A-3	$t_L < t_w < t_{sh}$	减	小	增	加	减	小
A-4	$t_w = t_{sh}$	减	小	增	加	不	变
A-5	$t_{sh} < t_w < t_A$	减	小	增	加	增	加
A-6	$t_w = t_A$	不	变	增	加	增	加
A-7	$t_w > t_A$	增	加	增	加	增	加

第二节　表面式换热器处理空气

常用的表面式换热器包括空气加热器和空气冷却器两类。空气加热器是以热水或蒸汽为热媒，而空气冷却器则以冷水或制冷剂为冷媒，前者又称为水冷式表面冷却器，后者称为直接蒸发式表面冷却器。

一、空气加热器

为了保证空调房间的温度、湿度，不仅冬季需要对空气加热，而且在夏季某些场所也要加热。

按加热器的用途来分，有一次加热、二次加热及精加热。为了便于控制调节，精加热都采用容量较小而且可以进行微调的电加热器。

（一）空气加热器的种类和构造

常见的表面式空气加热器有光管式和肋管式两大类。

1. 光管式加热器的构造和特点

构造见图 10-4，它是由联箱（较粗的管子）和焊接在联箱间的钢管组成。这种加热器的特点是加热面积小，金属消耗多。但表面光滑，易于清灰，不易堵塞，空气阻力小，易于加工。适用于灰尘较大的场合。

2. 肋管式加热器的构造和特点

肋管式加热器根据肋片加工方法不同可分为套片式、绕片式、镶片式或轧片式，其材料有钢管钢片、钢管铝片和铜管铜片等，近年来开发出水平浮动盘管换热器，已得到迅速推广和使用。

图 10-5（a）为皱褶螺旋绕片式，它是将狭带状薄金属片用轧皱机沿纵向在狭带的一边轧成皱褶，然后由绕片机按螺旋状绕在管壁上而形成的。图 10-5（b）为光滑绕片式，它是用光滑的薄金属片，绕在管壁上而形成的。

该类换热器的特点是传热面积大，金属消耗少，传热系数比光管式换热器小，热稳定性

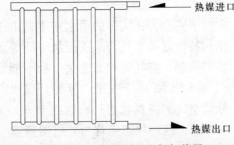

热媒进口
热媒出口
图 10-4　光管焊制的空气加热器

好，但空气阻力大，制造较麻烦。

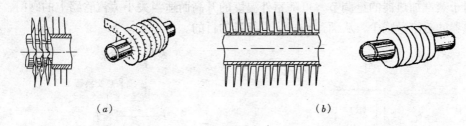

图 10-5 肋管式加热器

(a) 皱褶绕片；(b) 光滑绕片

(二) 空气加热器的安装与调节

1. 空气加热器的安装

空气加热器可根据空调机房的具体情况，水平安装或垂直安装。当加热器的热媒确定之后，在一定的空气状态下，加热器的加热量是一定的。因此，可根据需要的加热量大小与空气所需的温升情况，将加热器并联或串联。蒸汽管路与加热器只能采用并联，热水管路与加热器既可并联也可串联，当被处理的空气量较大时可采用并联组合，当被处理的空气要求温升较大时可采用串联组合。图 10-6 就是一组两台串联，两台又并联的组合方案。

蒸汽加热器蒸汽管入口处应安装压力表和调节阀，在凝结水管路上应设疏水器、截止阀和旁通管，以利于运行中的检修。

热水加热器的供、回水管路上应安装调节阀和温度计，并在管路的最高点装设放气阀，最低点设泄水阀。当热水加热器水平安装时，为便于排除凝结水，应考虑 1/100 的坡度。

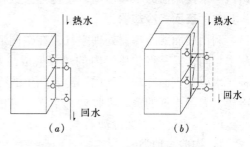

图 10-6 空气加热器的管路连接

2. 空气加热器的调节

空气加热器加热量是在热媒和被处理空气状态参数一定的条件下根据设计工况来确定的，如果室外空气参数发生变化，则必须对加热量进行调节。

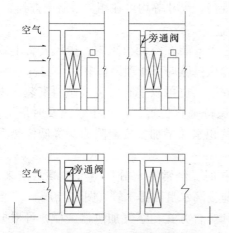

图 10-7 空气加热器的旁通阀装置图示

空气加热器加热量的调节主要有以下几种方法：

(1) 调节旁通风量。加热器的调节可利用设在加热器上部或侧部的旁通风门（图 10-7）来进行。当要求加热量减少时，可打开旁通风门，使部分空气经旁通风门流过，由于流过加热器的空气流量减少，从而减少了传热量。

(2) 调节热媒流量。对于热水加热器，当室外空气温度升高，需要减小加热量时，可采用此方法。

如图 10-8 所示，利用设在热水管上的三通阀使部分热水由旁通管流过，由于流过加热器的热水流量减少，空气加热量也随之减少，从而达到调节的目的。

对于蒸汽加热器的量调节，可随室外温度的升高而适当关小蒸汽管路上的阀门，使供给加热器的蒸汽量减少，从而达到减少供热量的目的。

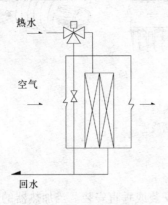

图 10-8　热媒量调节图示

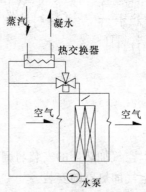

图 10-9　热媒温度调节图示

（3）调节热媒温度。如图 10-9 所示，对于热水加热器，在保持流经加热器的热水流量不变的情况下，通过改变热水温度而达到调节的目的。供水温度的调节是通过改变流经蒸汽 – 水换热器的水量多少，使传热系数和传热温差发生变化而实现的。

二、表面式冷却器

利用表面式冷却器处理空气，在空调工程中已广泛应用。表面式冷却器和空气加热器基本相同，只是将肋片管内的热媒换成冷媒。表面式冷却器分为水冷式和直接蒸发式两种。水冷式表面冷却器利用制冷机产生的冷冻水为冷媒，直接蒸发式表冷器是以制冷剂作冷媒，靠制冷剂的蒸发吸收外部空气的热量，从而冷却空气。

（一）水冷式表面冷却器

1．构造与种类

水冷式表冷器是由排管和肋片构成，其构造与空气加热器相同，只是管内通入的不是热媒而是冷水。目前国产的水冷式表冷器，大多可做冷、热两用，即通冷媒时做冷却器用，通热媒时做加热器用。

有关表冷器的规格、尺寸等均可在相关手册中查到。

2．安装与调节

表冷器根据用途可安装在空调机组内、送风支管上或安装在风机盘管、冷风机等局部处理设备中。

表冷器可水平安装，也可以垂直安装或倾斜安装。垂直安装时要使肋片保持垂直位置，以利于水滴及时落下，否则将因肋片上存留积水而增加空气侧阻力，降低传热系数。

由于表冷器工作时，经常有水分从空气中凝结出来，所以在表冷器下部应设滴水盘和排水管（图 10-10）。

表冷器的数量和组合方式与空气加热器一样，可根据被处理的空气量和需要冷量的多少确定。从空气流向看，

图 10-10　滴水盘的安装

既可以并联，也可以串联。当被处理的空气量大时，采用并联，以增大空气的流通截面，减少空气侧阻力。当被处理的空气要求温降较大时，则采用串联。

为了使冷水与空气之间有较大的平均温差，提高换热效率，减小表面式冷却器的面积，表冷器内外侧的冷水与空气应逆向流动。

表冷器管内水流速宜采用 0.6 ~ 0.8m/s，表冷器迎风面的空气质量流速宜为 2.5 ~ 3.5m/s，冷水进口温度应比空气的出口干球温度至少低 3.5℃，冷水温升宜采用 2.5 ~ 6.5℃。

冷热两用的表面式冷却器，热媒宜采用热水，且热水温度不应太高（一般应低于 65℃），以免因管内积垢过多而降低传热系数。

同空气加热器一样，表冷器最高点应设排气阀，最低点应设泄水阀，冷水管路上应安装温度计、调节阀。

水冷式表冷器的调节，与空气加热器的调节一样，也分为空气旁通风量的调节、冷水流量的调节和冷水温度的调节三种。

3. 选择计算

水冷式表冷器的选择计算包括热工计算和阻力计算两部分。

（1）热工计算。表冷器换热情况比较复杂，当水冷式表冷器盘管表面温度低于被处理空气初状态的温度但高于其露点温度时，将发生等湿冷却过程（干工况）；当表冷器表面温度低于被处理空气初状态的露点温度时，将发生减湿冷却过程（湿工况），此时热交换的推动力一部分是温差一部分是焓差。国内外关于表冷器的热工计算方法较多，下面介绍一种较为成熟的基于热交换效率的计算方法。

1）表冷器的热交换效率系数 ε_1。热交换效率系数：空气通过表冷器时的温度降低值与空气与冷冻水的最大温差之比，称表冷器的热交换效率系数，用 ε_1 表示。

根据定义有：

$$\varepsilon_1 = \frac{t_1 - t_2}{t_1 - t_{w1}} \tag{10-1}$$

式中　t_1、t_2——空气进入表冷器前后的干球温度（℃）；

t_{w1}——进入表冷器的冷冻水初始温度（℃）。

式中各项意义如图 10-11 所示。

公式（10-1）表示的热交换效率系数，同时考虑了空气和冷冻水两种介质的状态变化。当 t_2 减小时，说明热交换充分，空气温度降低较多，所以 ε_1 较大。另一方面，当冷冻水初温较低时，空气与水温差较大，热交换较彻底，ε_1 值也大。所以，ε_1 反映了空气和水热交换的效率。

2）接触系数 ε_2。

空气在表冷器内的实际温降与空气被冷却到饱和状态时温降的比值，称为接触系数或冷却系数，用 ε_2 表示，式中各项意义如图 10-12 所示。

从图 10-12 可看出，接触系数 ε_2 为：

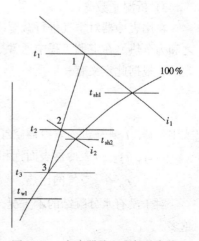

图 10-11　表冷器处理空气的参数

$$\varepsilon_2 = \frac{t_1 - t_2}{t_1 - t_3} = \frac{i_1 - i_2}{i_1 - i_3} = \frac{d_1 - d_2}{d_1 - d_3} \qquad (10\text{-}2)$$

式中　t_3——表冷器在理想条件下（接触时间无限长）工作时空气终状态的干球温度（℃）。

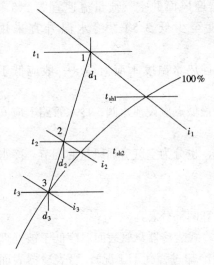

图 10-12　接触系数与空气参数的关系

由图 10-12 可见，状态点 3 位于 $i\text{-}d$ 图上状态点 1、2 连线的延长线与饱和曲线的交点上，t_3 可以代表表冷器表面的平均温度。

由于表冷器在实际使用过程中，外表面结垢和积灰，实际的接触系数比上式略小，所以乘以修正系数 α。

空气在水冷式表冷器内所能达到的接触系数 ε_2 的大小取决于表冷器的排数 N 和迎面风速 V_y 的值。表 10-2 即为 JW 型表冷器的 ε_2 值。

$$\varepsilon_2' = \alpha\varepsilon_2 \qquad (10\text{-}3)$$

式中　ε_2'——实际表冷器的接触系数；

　　　ε_2——干净表冷器的接触系数；

　　　α——修正系数，若表冷器只做冷却用时取 $\alpha = 0.9$；若表冷器两用时取 $\alpha = 0.8$。

JW 型表冷器的 ε_2 值　　　　表 10-2

表冷器型号	排数 N	迎风面风速 V_y（m/s）			
		1.5	2.0	2.5	3.0
JW 型	2	0.590	0.545	0.515	0.490
	4	0.841	0.797	0.768	0.740
	6	0.940	0.911	0.888	0.872
	8	0.977	0.964	0.954	0.945

3）析湿系数 ξ。

在用表冷器对空气进行减湿冷却处理时，既有显热交换，又有潜热交换，显热与潜热之和为全热。在空调工程中通常把全热交换和显热交换的比值称湿工况的析湿系数，用 ξ 表示，根据此定义有：

$$\xi = \frac{i_1 - i_3}{c_p(t_1 - t_3)} \qquad (10\text{-}4)$$

式中　i_1、t_1——进入表冷器空气的焓和温度；

　　　i_3、t_3——表冷器表面饱和空气层的焓和温度；

　　　c_p——空气的比热。

对于没有水分凝结的干工况，$\xi = 1$，对于湿工况 $\xi > 1$，而且 ξ 越大，则水分析出就越多。

4）传热系数 K。

传热系数是指单位传热面积和单位传热温差时的换热量。表冷器传热系数的大小和表冷器结构、管外风速 V_y、管内水流速 ω 以及析湿系数有关。一般采用试验公式计算，不同表冷器传热系数 K 值的试验公式不同，可查取相关的样本及资料。

（2）表冷器热工计算的方法和步骤。

表冷器的热工计算分为两类，一类是设计计算，在选择表冷器时用；另一类是校核计算，用于校核已知型号的表冷器能否将具有一定初参数的空气处理到要求的终状态。

表冷器的设计计算步骤为：

1）计算接触系数 ε_2，初选表冷器的型号、排数；

2）计算析湿系数 ξ；

3）计算传热系数 K；

4）计算表冷器通过的水流量 W：

$$W = f_w \times \omega \times 10^3 \quad \text{kg/s} \tag{10-5}$$

式中　f_w——水流通截面积（m^2）；

　　　ω——水流速（m/s），一般取 $\omega = 0.5 \sim 1.5 \text{m/s}$。

5）计算表冷器热交换效率系数 ε_1；

6）计算水的初温：

$$t_{w1} = t_1 - \frac{t_1 - t_2}{\varepsilon_1} \tag{10-6}$$

7）计算表冷器水的终温和冷负荷

$$t_{w2} = t_{w1} + \frac{G(i_1 - i_2)}{W \cdot c} \tag{10-7}$$

$$Q_0 = G(i_1 - i_2) \tag{10-8}$$

式中，c 为水的比热。

（3）表冷器的阻力。

表冷器的阻力分空气侧阻力和水侧阻力。目前这两种阻力大多采用经验公式计算。空气侧阻力的大小与空气流速及析湿系数有关，而水侧阻力与水流速大小有关，计算式如下：

$$\Delta H = CV_y^\alpha \zeta^\beta \tag{10-9}$$

式中　ΔH——空气侧阻力（Pa）；

　C、α、β——由实验得出的系数和指数。

$$\Delta h = D\omega^y \tag{10-10}$$

式中　Δh——水侧阻力（kPa）；

　D、y——由实验得出的系数和指数。

表冷器的空气侧阻力和水侧阻力可查阅相关的样本及资料。

（二）直接蒸发式冷却器

直接蒸发式表冷器实际上是制冷循环中的蒸发器，制冷剂在蒸发器内蒸发汽化，吸收汽化潜热。空气则在管外肋片间流过，把热量传给管内制冷剂。房间空调器、冷风机组等的蒸发器即属直接蒸发式表冷器。其优点是直接靠制冷剂蒸发吸收空气热量，冷量损失少，房间降温速度快，安装方便，易于实现自动控制等。但其对房间参数的控制精度不高，蓄冷能力较差。

由于直接蒸发式表冷器是制冷循环中的一个部件，其配管安装的质量将直接影响到制冷系统的运行，因此安装时必须严格遵守制冷系统所规定的各种配管方法。

直接蒸发式表冷器在使用过程中有冷凝水析出，所以应考虑设滴水盘及带有存水弯的排水管装置。

第三节　喷水室处理空气

喷水室又称喷雾室，是空调系统多年来所采用的一种主要的空气处理设备，喷水室处理空气，是用喷嘴将不同温度的水喷成雾滴，使空气与水进行热湿交换，从而达到特定的处理效果。喷水室的主要优点是能够实现多种空气处理过程、具有一定的净化空气的能力，与过滤净化相比，喷水室净化空气的费用较低，并且不存在使用寿命问题，对提高室内空气品质具有积极的作用。但是喷水室存在着对水质的卫生要求较高、占地面积大、水系统复杂、耗电量较大等缺点。

喷水室除了能改变空气的热、湿状态参数，还可用来净化空调新风中的有害气体，去除颗粒杂质，对室内空气品质具有重要作用。

一、喷水室的构造

喷水室由挡水板、喷嘴、喷嘴排管、补水装置、回水过滤器、溢水器、喷水室外壳等组成，如图 10-13 所示。

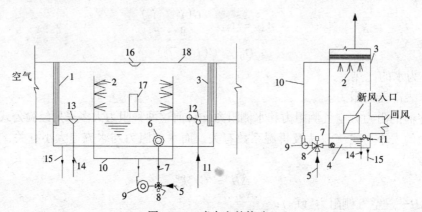

图 10-13　喷水室的构造

1—前挡水板；2—喷嘴与排管；3—后挡水板；4—底池；5—冷水管；6—滤水器；7—循环水管；
8—三通混合阀；9—水泵；10—供水管；11—补水管；12—浮球阀；13—溢水器；14—溢水管；15—泄水管；
16—防水灯；17—检查门；18—外壳

喷水室的工作过程是：被处理的空气以一定的速度经过前挡水板 1 进入喷水空间，在此空气与喷嘴喷出的雾状水滴直接接触，由于水和空气的温度不同，它们之间进行着复杂的热湿交换。由喷水室出来的空气经后挡水板，分离出所携带的水滴，再经其他处理后，由风机送入空调房间。

底池 4 用于收集喷淋水，池中的滤水器 6 和循环管 7 以及三通阀 8 组成了循环水系统。

底池与多种管道相接。在冬季，采用循环水喷淋空气时，为补充蒸发掉的水分和维持底池内的水位，设置由补水管11、浮球阀12组成的自动补水装置；夏季对空气作冷却减湿处理时，为排除空气中析出的多余凝结水，设有溢水器13和溢水管14。此外，为便于检修、冲洗底池和防冻需要，设有泄水管15，为观察喷水情况设有防水照明灯16和供检修用的检查门17。

喷嘴是喷水室的"心脏"，其作用是将水喷成小的水滴和雾滴，喷嘴性能决定着喷水室空气的热湿处理效果。近年来我国从国外引进和国内研制生产的喷嘴型号及规格较多，国内近年来开发研制的 PX-I 型、PY-I 型和 FD 型大孔径离心式喷嘴已在空调工程中应用。

喷水室的生产已基本作为空调箱的一个组成部分随产品一起出厂，制造喷水室的壳体材料主要是钢板和玻璃钢，现场施工时也可用钢筋混凝土制作。

二、喷水室的水系统

根据空调系统冷源不同，喷水室的水系统可分为天然冷源供水系统和人工冷源供水系统，一般来说，使用天然冷源的水系统要简单一些。

（一）使用天然冷源的水系统

最简单的水系统是用深井泵抽取地下水直接供喷水室使用，用过之后则排入下水道。但是长期使用地下水，会造成水源紧张，又可能引起地面下沉，所以在很多地方已被禁用。

（二）使用人工冷源的水系统

该系统是利用由制冷机制备的冷冻水来处理空气的水系统。根据制冷机蒸发器的类型、安装位置和是否使用辅助水池及水泵等因素可以有很多方式，常见的有：

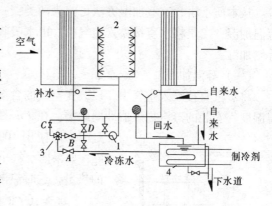

图 10-14　自流回水式喷水室水系统
1—喷水泵；2—喷水室；3—三通调节阀；4—蒸发水箱

1．自流回水方式

当冷冻站的蒸发水箱比喷水室底池低，则回水可靠自流回到蒸发水箱。在蒸发水箱冷却后的冷水再用水泵供给喷水室使用（图 10-14）。

2．压力回水方式

如果蒸发水箱高于喷水室底池则不能靠自流方式回水，则需要另设回水泵将喷水室的

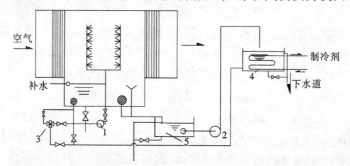

图 10-15　压力回水的喷水室水系统
1—喷水泵；2—回水泵；3—三通混合阀；4—蒸发水箱；5—回水箱

回水送回蒸发水箱。

如果几个喷水室共用一套制冷系统，可以采用集中的回水泵。为此要增设一个低位的集中回水池，使各喷水室的回水均能自流到集中回水池，然后用一个回水泵送回蒸发水箱（图10-15）。此时，回水泵的开、停可由水池水位通过行程开关自动控制。选用的回水泵流量应大于各喷水室的最大回水量之和。

第四节　空气的其他热湿处理方法

一、空气的加湿处理

在冬季和过渡季节，室外空气含湿量一般比室内空气含湿量低，为了保证相对湿度的要求，有时需要向空气中加湿。在空调系统中，空气的加湿可以在两个地方进行：在空气处理室或送风管道内对空气集中加湿，或在空调房间内部对空气进行局部补充加湿。

空气的加湿方法，除利用喷水室加湿外，还有喷蒸汽加湿、电加湿和直接喷水加湿等。从本质上讲，这些加湿方法可归为两类：一是将水蒸气直接混入空气中进行加湿，即等温加湿；二是将水直接喷入空气中，由水吸收空气中的显热而气化进入空气的加湿，即等焓加湿。

（一）等温加湿

将蒸汽直接喷入空气中，以改变空气的含湿量。在工业生产中，为了维持生产要求的温湿度，安装的蒸汽加湿器即属此类。在 i-d 图上，蒸汽加湿过程几乎与等温线平行。这是因为当使用 100℃ 的饱和蒸汽时，其焓值约等于 2676kJ/kg，如果向空气中加入 Wkg 蒸汽，则空气将增加 $W \times 2676$kJ 的热量，这时热湿比为：

$$\varepsilon = Q/W = W \times 2676/W \approx 2676 \text{kJ/kg} \qquad (10\text{-}11)$$

在 i-d 图上，当 $\varepsilon = 2676$ 时，热湿比线几乎和等温线平行，因而蒸汽加湿可视为等温加湿过程。

为了对空气加湿进行较好的控制，目前国产设备在空调机组中，广泛应用电加湿器对空气加湿。

电加湿器主要有电热式和电极式两种。电热式加湿器是电流通过放在水容器中的电阻丝，将水加热至沸腾而产生蒸汽。电极式加湿器，是利用火线接上一个铜棒作电极，金属容器接地，容器中的水作电阻，通电后水被加热产生蒸汽（如图10-16）。

电极式加湿器产生的蒸汽量是由水位高度来控制的，水位越高，导电面积越大，电流通过也多，蒸发量就越大，因此可用改变橡皮管长度的办法来调节蒸汽量的大小，同时与湿球温度敏感元件、调节器等可组成加湿自控系统。

电极加湿器的耗电量较大，其功率可按下式计算：

$$N = Wi \qquad (10\text{-}12)$$

式中　W——需要的产湿量（kg/h）；

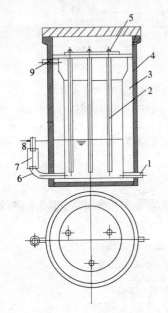

图 10-16　电极式加湿器

1—进水管；2—电极；3—保温层；

4—外壳；5—接线柱；6—溢水管；

7—橡皮短管；8—溢水嘴；

9—蒸汽出口

i——水温升所需热与汽化热之和（可取 2676kJ/kg）。

电极式加湿器结构紧凑，而且加温量容易控制，所以使用较广泛。它的缺点是耗电量较大，电极上易积水垢和腐蚀。因此，宜在小型空调系统中使用。

（二）等焓加湿

直接向空调房间空气中喷水的加湿装置有浸湿面蒸发式加湿器、离心式加湿器、加压喷雾式加湿器和超声波加湿器等。

浸湿面蒸发式加湿器的工作原理是利用泵使水流动，不断地往纤维状的浸湿面上淋水，通过浸湿面不断蒸发而加湿，用于加湿的水蒸气不含杂质，所以不会污染水质。

离心式加湿器的工作原理是往高速旋转盘上供给水，形成水膜流向转盘的周边，水撞到周边的挡板上而受离心力雾化。这种加湿器所需的动力小，适用于工业场合或供暖的场合，可安装在风道内，也可以和送风机组合成单元式机组设在室内使用。

加压喷雾式加湿器由给水加压泵和多个 0.2mm 直径的喷嘴组成，组装在空调器内使用，喷雾压力 800kPa 以下居多，水滴粒径 $100\mu m$，由于水滴不会全部蒸发，存在水滴析出问题。为了避免喷嘴堵塞，当环境要求严格时，应设置水处理装置。水处理采用浸透膜处理比较适用。

如果利用高频电力从水中向水面发射具有一定强度的、波长相当于红外波长的超声波，则水面就将产生喷水状的细小水柱，在水柱端部将形成水的细微粒子。超声波就是利用这种原理制作的加湿设备。其主要优点是产生的水滴颗粒细、运行安静可靠，产品小型单元化、使用方便，目前已大量进入城镇家庭。

除上面介绍的加湿方法外，还有一些利用水表面自然蒸发的简易加湿方法，如在地面洒水、铺湿草垫、让空气在风机作用下通过带水的填料层等，但这些方法存在加湿量不易控制、加湿速度慢等缺点。

二、空气的除湿处理

空调的湿负荷主要来自室内人员的产湿以及新风含湿量，这部分湿负荷在总的空调负荷中占 20%～40%，是整个空调负荷的重要组成部分。空气的除湿处理对于某些相对湿度要求低的生产工艺和产品贮存有非常重要的意义。例如，在我国南方比较潮湿的地区或地下建筑、仪表加工、档案室及各种仓库等场合，均需要对空气进行除湿。

目前空调系统常用的除湿方式除前面所说的利用表面式冷却器除湿外，还有加热通风法除湿、冷冻除湿、液体吸湿剂除湿和固体吸湿剂除湿。

（一）加热通风法除湿

空气的加热过程，是等湿升温、相对湿度降低的过程。

实践证明，在含湿量一定时，空气温度每升高 1℃，相对湿度约降低 5%。如果室外空气含湿量低于室内空气的含湿量，就可以将经过加热的室外空气送入室内，同时从房间内排除同样数量的潮湿空气，从而达到除湿的目的。这种方法是一种经济易行的方法，其特点是设备简单、投资少、运行费用低，但受自然条件的限制，不能确保室内的除湿效果。

（二）冷冻除湿

冷冻除湿法就是利用制冷设备，将被处理的空气降低到它的露点温度以下，除掉空气中析出的水分，再将空气温度升高，达到除湿的目的。

图 10-17 就是冷冻除湿机的工作原理图。制冷剂经压缩—冷凝—节流—蒸发—压缩反复循环而连续制冷，制冷系统的蒸发器表面温度低于空气的露点温度，空气中的水蒸气在此被凝结出来，含湿量降低，温度降低，达到除湿目的。被除湿降温的空气，经过冷凝器时，待空气获得热量，温度升高，由风机送入室内使用。

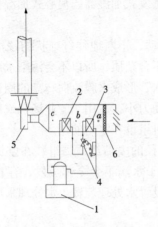

图 10-17　除湿机原理图
1—压缩机；2—冷凝器；3—蒸发
器；4—膨胀阀；5—风机；6—空
气过滤器

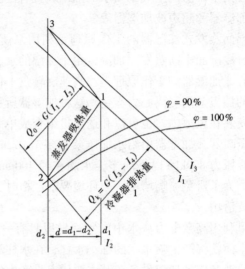

图 10-18　除湿机中的空气状态变化

冷冻除湿机的除湿过程在 $i\text{-}d$ 图上的表示，如图 10-18 所示。需要除湿的空气由状态 1 进入除湿机后，在蒸发器中冷却干燥至状态 2，接近于饱和状态。在此过程中，每 kg 空气凝结的水量为 Δdg，失去的热量为 $\Delta i \mathrm{kJ}$。空气经冷凝器等湿加热至状态 3，其相对湿度急剧下降。

冷冻除湿性能稳定，运行可靠，不需要水源，管理方便，能连续除湿。但初投资比较大，在低温下运行性能很差，适宜于空气露点温度高于 4℃ 的场所。

（三）液体吸湿剂除湿

由于盐水溶液表面水蒸气分压力低于空气中的水蒸气分压力，当盐水溶液与空气直接接触时，空气中的水分就会被盐水吸收，从而达到除湿的目的，因此，这种除湿方法也称为吸收法除湿。

盐水浓度越高，其表面水蒸气分压力就越低，吸湿能力越强、盐水吸湿后浓度下降，吸湿能力也随之降低。因此，为了重复使用稀释溶液，需要将其再生处理，除去其中的水分，提高溶液的浓度。

液体吸湿剂常用的有溴化锂、氯化钙、氯化锂等无机盐类，此类物质的特点是腐蚀性强，在使用过程中，需要采用防腐材料或缓蚀剂。

液体除湿系统在应用过程中也曾出现了诸多问题。如溴化锂、氯化锂溶液对管道、设备有强烈腐蚀性；而另一些有机溶液吸湿剂，如三甘醇，有挥发性，会危害人体健康；液体吸湿剂稀释和再生过程都为变温过程，不可逆损失大，导致系统的效率低下。目前这些问题已得到解决，采用塑料材料既可防止盐溶液腐蚀，又可降低成本，而且盐溶液也不会挥发而污染空气；通过调整工艺流程，可得到接近等温过程的除湿与再生，实现设备较高的效率。

由于液体具有流动性，采用液体吸湿剂的传热设备比较容易实现；此外，液体除湿过程容易被冷却，从而实现等温除湿的目的，并且可能达到较好的热力学效果。

随着我国能源结构的调整，天然气将成为重要的城市能源，从节能的角度考虑，采用液体除湿空调实现湿度独立控制，避免冷凝除湿的能源浪费，这种方法已得到广泛的推广和使用。

（四）固体吸湿剂除湿

采用固体吸湿材料除湿的系统已开发出多种形式。

目前采用的固体除湿剂主要有硅胶、铝胶和氯化钙等。固体除湿剂除湿的原理是因为其内部有很多孔隙，孔隙中原有少量的水，由于毛细管作用使水面呈凹形，凹形水面的水蒸气分压力比空气中水蒸气分压力低，空气中水蒸气被固体吸湿剂吸收，达到除湿的目的。

采用固体吸湿材料除湿的系统有固定床式和转轮式两种。固定床式固体吸附除湿装置是通过改变空气侧流向，实现间歇式的吸湿再生；转轮除湿可实现连续的除湿再生，得到了更广泛的应用。

图 10-19 为转轮除湿机的工作原理图。当转轮以每小时 6 转的速度缓慢转动时，需要除湿的空气经过滤，进入四分之三的通道，通道呈蜂窝状，以增加接触面积。空气中的水蒸气被浸有氯化锂溶液石棉纸吸收，除湿后的空气由风机送到使用地点。

同时，再生空气经加热后，从转轮相反的方向进入到转轮的四分之一通道，带走除湿剂及载体的水分，使石棉纸上的氯化锂再生。随着转轮的不断转动空气连续得到干燥。

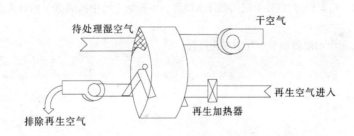

图 10-19　转轮除湿机工作原理图

（五）膜法除湿

近年来随着膜技术的发展，利用膜的选择透过性进行除湿的方法有了很大进步。膜法除湿是依靠膜两侧的温度差和压力差而造成一定的浓度差，以膜两边的水蒸气分压力差作为驱动力，使水蒸气透过膜而散发到环境中去。图 10-20 为典型的原料加压膜法空气除湿系统。该系统中，外界的新鲜空气经压缩机加压后进入膜组件，由于进气侧总压提高，其中水蒸气的分压力也相应提高，水蒸气在膜进出侧压力差的作用下优先透过膜而被除

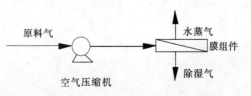

图 10-20　原料加压膜法空气除湿系统

去，干燥的空气进入房间。

几种常见的除湿装置的性能比较见表10-3所示。

空气除湿装置的性能比较   表 10-3

操作方法	冷冻除湿	液体除湿	固体吸附除湿	转轮除湿	膜法除湿
分离原理	冷凝	吸收	吸附	吸附	渗透
除湿后露点（℃）	0 ~ -20	0 ~ -30	-30 ~ -50	-30 ~ -50	-20 ~ -40
设备占地面积	中	大	大	小	小
操作维修	中	难	中	难	易
生产规模	小~大型	大型	中~大型	小~大型	小~大型
主要设备	冷冻机 表冷器	吸收塔 换热器 泵	吸附塔 换热器 切换阀	转轮除湿器 换热器	膜分离器 换热器
耗能	大	大	大	大	小

思 考 题 与 习 题

1. 空气的热湿处理设备有哪些？

2. 什么情况下采用加热器的串联或并联组合？

3. 蒸汽或热水加热器的热媒管路应如何连接？

4. 表面式冷却器处理空气能实现哪些过程？

5. 喷水室处理空气能实现哪些过程？

6. 只供夏季冷却干燥用的喷水室是否需要补水管及浮球阀？

7. 空调工程中常用哪些除湿方法？各方法有什么优缺点？

8. 对 $t = 10℃$，$t_{sh} = 5℃$ 的室外空气用循环水喷雾，一开始水池中灌满 20℃ 的自来水，试问最终水温会变为多少？

9. 用 $i\text{-}d$ 图表示电加湿器加湿空气的变化过程。

第十一章　空气调节系统

第一节　空调房间的送风状态与送风量的确定

一、夏季空调房间的送风状态和送风量

图 11-1 是某空调房间的送风示意图，假设为了消除室内产生的余热、余湿，需要向空调房间内送入 (i_o，d_o) 状态的空气 Gkg，送入的空气吸收空调房间产生的余热、余湿后，变为 (i_n，d_n) 状态的空气，从排风口排出。

由空调房间的热、湿平衡可知：

$$Gi_o + Q = Gi_n \tag{11-1}$$

$$Gd_o + W = Gd_n \tag{11-2}$$

式中　Q——空调房间的冷负荷（W）；

　　　W——空调房间的湿负荷（kg/s）；

　　　G——空调房间的送风量（kg/s）；

　　　i_o——送入空调房间的空气的焓（kJ/kg）；

　　　i_n——排出空调房间的空气的焓（kJ/kg）；

　　　d_o——送入空调房间的空气的含湿量（kg/kg）；

　　　d_n——排出空调房间的空气的含湿量（kg/kg）。

由上式可得：

$$G = Q/(i_n - i_o) \tag{11-3}$$

或　　　　　　　　　$$G = W/(d_n - d_o)$$

由空调房间的热、湿平衡得出的送风量应相等，所以，两式相比可得空调房间的热湿比为：

$$\varepsilon = Q/W = (i_n - i_o)/(d_n - d_o) \tag{11-4}$$

式中 ε 是空调房间的热湿比。

由于空调房间的空气状态 (i_n，d_n) 是设计提出的要求，也就是说是已知的，因此，由 (i_n，d_n) 即可在 i-d 图上确定出室内状态点 N。又因为室内要消除的余热、余湿已计算出。因而，送入房间的空气状态变化过程的热湿比由上式即可得出。

由此，在过室内状态点 N 的热湿比线上确定出一个送风状态点 O 以及 O 点的空气状态参

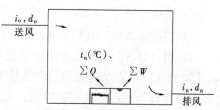

图 11-1　空调房间送风示意图

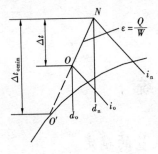

图 11-2 夏季送风状态

数（i_o，d_o），再根据计算式（11-3）即可求出所需要的送风量。

但是，从图 11-2 上可知，凡是位于室内状态点 N 以下的热湿比线上的任何一点，都可以作为送风状态点，只不过由送风量的计算式（11-3）可知，送风状态点 O 离室内状态点 N 越近，送风温差 Δt_o（或焓差）越小，所需要的送风量越大。反之，送风状态点 O 距离室内状态点 N 越远，送风温差就越大，所需要的送风量越小。因此，送风状态点 O 的选择就涉及到一个经济技术的比较问题。

从经济上讲，一般总是希望送风温差 Δt_o（或焓差）尽可能的大，这样，需要的送风量就小，空气处理设备也可以小一些。既可以节约初投资的费用，又可以节省运行时的能耗。

但是从效果上看，送风量太小时，空调房间的温度场和速度场的均匀性和稳定性都会受到影响。同时，由于送风温差大，t_o 较低，冷气流会使人感到不舒适。此外，t_o 太低时，还会使天然冷源的利用受到限制。

设计规范根据空调房间恒温精度的要求，对送风温差 Δt_o 和换气次数给出了不同的推荐值，如表 11-1 所示。其中，换气次数的定义是：

$$n = L/V \tag{11-5}$$

式中　n——换气次数（次/h），衡量空调房间送风量的指标；

　　　L——空调房间送风量（m³/h）；

　　　V——空调房间的体积（m³）。

送风温差和换气次数　　　　　　　　　　　　　　　表 11-1

室内允许波动范围	送风温差（℃）	换气次数（次/h）
±0.1～0.2℃	2～3	150～20
±0.5℃	3～6	>8
±1.0℃	6～10	≥5
>±1.0℃	人工冷源：≤15 天然冷源：可能的最大值	

从上面的讨论可知，当选定送风温差 Δt_o 后，即可按以下的步骤确定送风状态点 O 和所需要的送风量：

（1）在 i-d 图上确定出室内状态点 N；

（2）由热湿比 ε，作出过 N 点的热湿比线；

（3）根据所选取的送风温差，在热湿比线上定出送风状态点 O；

（4）用（11-3）式计算所需要的送风量，并校核换气次数。

【例 11-1】　某空调房间总余热量 $Q = 3314W$，余湿量 $W = 0.264g/s$，要求全年室内保持的空气参数为：$t_n = （22 \pm 1）℃$，$\varphi_n = （55 \pm 5）\%$，当地大气压力 $B = 101325Pa$。试确定该空调房间的送风状态和送风量。

【解】

（1）求热湿比 $\varepsilon = Q/W = 3314/0.264 = 12600\text{kJ/kg}$；

（2）在 i-d 图（见图11-3）上确定出室内状态点 N，作过 N 点的热湿比线 $\varepsilon = 12600$ 的过程线，取送风温差 $\Delta t_o = 8℃$，则送风温度 $t_o = 22 - 8 = 14℃$，由送风温度 t_o 与热湿比线的交点，可确定送风状态点 O，在 i-d 图上查得：

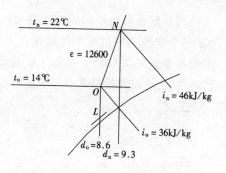

图11-3　例11-1图

$$i_o = 36\text{kJ/kg}, \quad i_n = 46\text{kJ/kg}$$

$$d_o = 8.6\text{g/kg}, \quad d_n = 9.3\text{g/kg}$$

（3）计算送风量：

按消除余热计算：

$$G = Q/(i_n - i_o)$$
$$= 3314/(46 - 36) = 0.33\text{kg/s}$$

按消除余湿计算：

$$G = W/(d_n - d_o) = 0.264/(9.3 - 8.6)$$
$$= 0.33\text{kg/s}$$

按消除余热和余湿求出的送风量相同，说明计算正确。

二、冬季送风状态和送风量的确定

（一）采用与夏季不同的送风量

在冬季，由于围护结构的温差传热往往是从室内向室外传递，室内的余热比夏季少，甚至是负值，而余湿量常常与夏季相同，因此，冬季的热湿比比夏季小，甚至是负值。因而，空调房间的送风温度 t_o，往往高于室温 t_n，送风焓值也大于室内焓值，如图11-4所示。

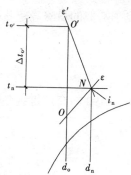

图11-4　冬季送风状态

由于冬季送热风的送风温差可以比夏季送冷风的送风温差大得多，因而，冬季往往可以采用较小的送风量。对于较大的空调系统，这样就可采用较小的电机，减少运行费用。设计时可采用变速电机，或冬夏季分别设置两台电机。需要注意的是，减少送风量有时还要受到人体卫生要求、空调房间温湿度的精度要求等条件的限制。

采用与夏季不同的送风量时，冬季送风量的确定方法和步骤与夏季相同。

（二）采用与夏季相同的送风量

在工程上，应用较多的是全年固定送风量，即在先确定了夏季送风量后，冬季就采用与夏季相同的送风量，这样全年运行时只需调节送风参数即可，因而比较方便，这时可根据公式（11-3）反求出冬季的送风状态 $(i_{o'}, d_{o'})$，即：

$$i_{o'} = i_n - Q/G$$

$$d_{o'} = d_n - W/G$$

当冬夏季采用相同的送风量 G 时，如果全年散湿量 W 不变，则由公式（11-3）可知，Δd 是个常数，则过夏季送风状态点 O 的等含湿量线 d_o 与冬季热湿比 ε' 线的交点就是所求的冬季送风状态 O'，实际上，由所求出的（$i_{o'}$，$d_{o'}$）确定的冬季送风状态点 O' 与室内状态 N 点的连线就是冬季工况的热湿比线。

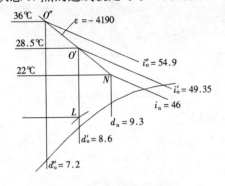

图 11-5　例题 11-2 图

【例 11-2】　仍按上题基本条件，如冬季空调房间总余热量 $Q = -1.105\mathrm{kW}$，余湿量 $W = 0.264\mathrm{g/s}$，试确定该空调房间冬季工况的送风状态和送风量。

【解】　（1）取与夏季相同的送风量

1）求冬季热湿比 $\varepsilon = Q/W = -1105/0.264 = -4190\mathrm{kJ/kg}$

2）由于冬、夏季室内散湿量相同，因而，冬季送风量状态的含湿量应当与夏季相同，即：

$$d_{o'} = d_o = 8.6\mathrm{g/kg}$$

过室内状态点 N 作热湿比 $\varepsilon = -4190$ 的过程线，与 $d_o = 8.6\mathrm{g/kg}$ 的等含湿量线的交点即是所求的冬季送风状态点 O'，从 i-d 图上可查得：

$$i_{o'} = 49.35\mathrm{kJ/kg}$$

$$t_{o'} = 28.5℃$$

实际上，由于冬季送风量与夏季相同，可直接通过计算求出冬季送风状态点的焓值：

$$i_{o'} = i_n - Q/G = 46 + 1.105/0.33 = 49.35\mathrm{kJ/kg}$$

在 i-d 图上可查得：$t_{o'} = 28.5℃$。

（2）取与夏季不同的送风量

如果希望冬季采用较大的送风温差，减少送风量，则可按与夏季类似的步骤确定冬季的送风状态点和送风量。

1）求冬季热湿比。$\varepsilon = Q/W = -1105/0.264 = -4190\mathrm{kJ/kg}$

2）确定冬季送风状态点。

取冬季送风温度 $t_{o''} = 36℃$，则可由送风温度与冬季热湿比 $\varepsilon = -4190$ 的交点得到冬季送风状态点 O''，从 i-d 图上可查得：

$$i_{o''} = 54.9\mathrm{kJ/kg} \quad d_{o''} = 7.2\mathrm{g/kg}$$

3）计算送风量。

$$G = Q/(i_n - i_{o''}) = -1.105/(46 - 54.9) = 0.124\mathrm{kg/s}$$

第二节　空气调节系统的分类

空气调节系统一般应包括：冷（热）源设备、冷（热）媒输送设备、空气处理设备、空气分配装置、冷（热）媒输送管道、空气输配管道、自动控制装置等。这些组成部分可根据建筑物形式和空调空间的要求组成不同的空气调节系统。在实际工程中，应根据建筑物的用途和性质、热湿负荷特点、温湿度调节与控制的要求、空调机房的面积和位置、初投资和运行费用等许多方面的因素选定适合的空调系统，因此，首先要了解空调系统的分类。

一、按空气处理设备的设置情况分类

1. 集中式空调系统

这种系统的所有空气处理设备（包括冷却器、加热器、过滤器、加湿器和风机等）均设置在一个集中的空调机房内，处理后的空气经风道输送到各空调房间。集中式空调系统又可分为单风管系统、双风管系统和变风量系统。

集中式空调系统处理空气量大，有集中的冷源和热源，运行可靠，便于管理和维修，但机房占地面积较大。

2. 半集中式空调系统

这种系统除了设有集中空调机房外，还设有分散在空调房间内的空气处理装置。半集中式空气调节系统按末端装置的形式又可分为末端再热式系统、风机盘管系统和诱导器系统。

3. 全分散空调系统

全分散空调系统又称为局部空调系统或局部机组。该系统的特点是将冷（热）源、空气处理设备和空气输送装置都集中设置在一个空调机内。可以按照需要，灵活、方便地布置在各个不同的空调房间或邻室内。全分散空调系统不需要集中的空气处理机房。常用的有单元式空调器系统、窗式空调器系统和分体式空调器系统。

二、按负担室内负荷所用的介质来分类

1. 全空气系统

全空气空调系统是指空调房间的室内负荷全部由经过处理的空气来负担的空气调节系统。如图 11-6 (a) 所示，在室内热湿负荷为正值的场合，用低于室内空气焓值的空气送入房间，吸收余热余湿后排出房间。由于空气的比热小，用于吸收室内余热的空气量很大，因而这种系统的风管截面大，占用建筑空间较多。

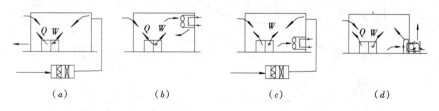

图 11-6　按负担室内负荷所用介质的种类对空调系统分类示意图
(a) 全空气系统；(b) 全水系统；(c) 空气—水系统；(d) 冷剂系统

2. 全水系统

指空调房间的热湿负荷全由水作为冷热介质来负担的空气调节系统，如图 11-6 (b) 所示。由于水的比热比空气大得多，在相同条件下只需较小的水量，从而使输送管道占用的建筑空间较小。但这种系统不能解决空调房间的通风换气问题，通常情况不单独使用。

3. 空气—水系统

由空气和水共同负担空调房间的热湿负荷的空调系统称为空气—水系统。如图11-6 (c) 所示，这种系统有效地解决了全空气系统占用建筑空间大和全水系统空调房间通风换气的问题。

4. 冷剂系统

将制冷系统的蒸发器直接置于空调房间以吸收余热和余湿的空调系统称为冷剂系统，如图11-6 (d)。这种系统的优点在于冷热源利用率高，占用建筑空间少，布置灵活，可根据不同的空调要求自由选择制冷和供热。通常用于分散安装的局部空调机组。

三、根据集中式空调系统处理的空气来源分类

1. 封闭式系统

它所处理的空气全部来自空调房间，没有室外新风补充，因此房间和空气处理设备之间形成了一个封闭环路（图11-7 (a)）。封闭式系统用于封闭空间且无法（或不需要）采用室外空气的场合。

这种系统冷、热量消耗最少，但卫生效果差。当室内有人长期停留时，必须考虑换气。这种系统应用于战时的地下蔽护所等战备工程以及很少有人进入的仓库。

2. 直流式系统

它所处理的空气全部来自室外，室外空气经处理后送入室内，然后全部排至室外（图11-7 (b)）。这种系统适用于不允许采用回风的场合，如放射性实验室以及散发大量有害物的车间等。为了回收排出空气的热量和冷量对室外新风进行预处理，可在系统中设置热回收装置。

3. 混合式系统

封闭式系统不能满足卫生要求，直流式系统在经济上不合理。因而两者在使用时均有很大的局限性。对于大多数场合，往往需要综合这两者的利弊，采用混合一部分回风的系统，见图11-7 (c)。这种系统既能满足卫生要求，又经济合理，故应用最广。

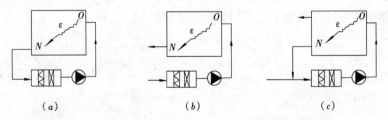

图 11-7　按处理空气的来源不同对空调系统分类示意图
(a) 封闭式；(b) 直流式；(c) 混合式

四、按风道中空气流速分类

1. 高速空调系统

高速空调系统主风道中的流速可达 20～30m/s，由于风速大，风道断面可以减少许多，故可用于层高受限，布置风道困难的建筑物中。

2. 低速空调系统

低速空调系统风道中的流速一般不超过 8 ~ 12m/s，风道断面较大，需要占较大的建筑空间。

第三节　集中式空气调节系统

集中式空气调节系统是最早出现的一种典型的全空气系统。这种系统的服务面积大，处理空气多，便于集中管理，在一些大型公共建筑（体育场馆、剧场、商店等）采用较多。

一、直流式（全新风式）空气调节系统

1. 夏季处理方案

图 11-8 所示为直流式空气调节系统图示，图 11-9 表示这种系统夏季处理方案的 i-d 图。图中 W 表示夏季室外空气状态点，N 表示室内要求的空气状态点，O 为夏季送风状态点。空气处理的任务是使室外空气由状态 W 处理到规定的送风状态点 O，然后送入室内，保证室内温湿度的要求。

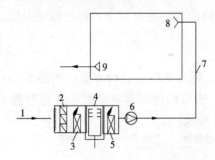

图 11-8　直流式空气调节系统
1—进风口；2—过滤器；3—预热器；
4—喷水室；5—再热器；6—风机；
7—风道；8—送风口；9—排风口

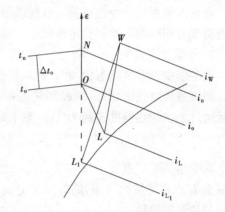

图 11-9　直流式空调系统夏季处理方案

直流式空调系统常采用下列处理方案。室外新风由状态 W，经喷水室进行冷却减湿处理到机器露点 L（L 的位置是 O 点状态的等湿线与 $\varphi = 90\% \sim 95\%$ 的等相对湿度线的交点），然后经过加热器加热到 O 点。整个处理过程可写成：

$$W \xrightarrow{\text{冷却减湿}} L \xrightarrow{\text{绝热减湿}} O \xrightarrow{\varepsilon} N$$

此过程处理空气所需冷量为：

$$Q_0 = G(i_W - i_L)$$

式中　G——空气量（kg/h）；

i_W——新风的焓值（kJ/kg）；

i_L——机器露点 L 状态空气的焓值（kJ/kg）。

这一过程所需加热量为：

$$Q = G(i_o - i_L)$$

式中　i_o——送风状态空气的焓值（kJ/kg）。

在这种方案的处理过程中，为了保证必要的送风温差，不得不把经过喷水室冷却减湿以后的空气再加热，这样就造成了冷热抵销，增加了能耗。

对于送风温差无严格限制的空调系统，可以用最大温差送风，即露点送风，如图 11-9 中虚线表示的处理方案。这时将室外空气从 W 状态点直接喷水冷却减湿至 L_1 点即可送入室内。这种方法所需的风量为：

$$G' = \frac{Q}{i_n - i_{L_1}}$$

式中　Q——房间余热量（W）；

　　　i_n——空调房间空气的焓值（kJ/kg）；

　　　i_{L_1}——机器露点 L_1 状态下空气的焓值（kJ/kg）。

所需冷量 Q'_0 为：

$$Q'_0 = G'(i_W - i_{L_1})$$

露点送风可以减小送风量，且能消除冷热量抵销造成的能量损失，但送风温差较大，室内温度分布的均匀性和稳定性较差。

2. 冬季处理方案

设冬季室外空气状态为 W'，送风状态点为 O'，则冬季空气处理方案可用图 11-10 表示，即将室外空气由状态 W' 经预热器加热到 W'_1，然后经过喷水室喷循环水处理到 L'，最后通过二次加热器处理到 O' 点。整个处理过程可写成：

$$W' \xrightarrow{\text{等湿加热}} W'_1 \xrightarrow{\text{等焓加湿}} L' \xrightarrow{\text{等湿加热}} O' \xrightarrow{\varepsilon'} N$$

其中 W'_1 和 L' 点按下述方法确定：通过 O' 作等湿线与 $\varphi = 90\% \sim 95\%$ 线交于 L' 点，然后由 L' 点作等焓线与 W' 的等湿线交于 W'_1 点。冬季两次加热所需加热量分别为：

预热器加热量

$$Q_1 = G(i_{W'_1} - i_{W'})$$

二次加热量

$$Q_2 = G(i_{o'} - i_{L'})$$

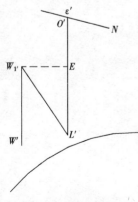

图 11-10　直流式空调系统
冬季处理方案

式中 $i_{W'1}$、$i_{W'}$、$i_{o'}$、$i_{L'}$ 分别为 W'_1、W'、O' 和 L' 状态空气的焓值。

将夏季和冬季空气处理方案进行比较可以看出，空气经喷水室后，不论冬季或夏季都要经过加热处理，只是加热量不同。因此在选择加热器时，应该按较大的用热量选择。

应该指出，为了达到夏季和冬季送风状态点，可以有很多途径，上面所讲的是最常用的处理方案，其优点是夏季和冬季可以合用一套空气处理设备。

如果不使用喷水室，而是夏季使用表面冷却器，冬季使用喷蒸汽加湿，则夏季处理方案仍如图 11-9 所示，冬季处理方案如图 11-10 中虚线部分（等温加湿）。喷蒸汽过程所需蒸汽

量 W 为：

$$W = G(d_{L'} - d_{W'})$$

式中　$d_{L'}$——L'状态空气的含湿量（g/kg）；

$d_{W'}$——W'状态空气的含湿量（g/kg）。

　　如果冬季采用与夏季相同的送风量，且冬、夏季室内参数相同，余湿量也相同，则 L 点与 L' 点重合，即冬、夏季为同一露点。

二、一次回风式空气调节系统

　　直流式空调系统卫生条件好，但是冷、热量消耗大，封闭式空调系统最经济，但卫生条件差，因此两者都只在特殊场合采用。在实际工程中，最常用的是混合式系统，即利用一部分回风与室外新风混合处理后再送入室内的空调系统（称为一次回风系统）。这种系统既能满足卫生要求，又经济合理，故应用最广泛（见图 11-11）。

　　显然，在一次回风系统中回风量越大，新风量越小，就愈经济。但实际上不能无限制地减少新风量。一般规定，空调系统中的新风量占送风量的百分比不应低于 10%。

　　确定新风量的依据有下列三个因素：

　　(1) 卫生要求。为了保证人们的身体健康，必

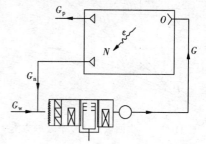

图 11-11　一次回风空调系统示意图

须向空调房间送入足够的新鲜空气。对某些空调房间的调查表明，有些房间由于新风量不足，工作人员的患病率显著增加。这是因为人体每时每刻都在不断地吸入氧气，呼出二氧化碳。在新风量不足时，就不能供给人体足够的氧气，因而影响了人体的健康。表 11-2 和表 11-3 给出了不同条件下每个人呼出的二氧化碳量和各种场合下室内二氧化碳允许浓度。实际工程中，空调系统的新风量可按规范确定：民用建筑按表 11-4 采用；生产厂房应按保证每人不小于 $30m^3/h$ 的新风量确定。

人体在不同状态下二氧化碳呼出量　表 11-2

工作状态	二氧化碳呼出量 [L/（h·人）]	二氧化碳呼出量 [g/（h·人）]
安静时	13	19.5
极轻工作时	22	33
轻劳动	30	45
中等劳动	46	69
重劳动	74	111

二氧化碳允许浓度　表 11-3

房间性质	二氧化碳允许浓度 （L/m³）	二氧化碳允许浓度 （g/kg）
人长期停留	1	1.5
儿童和病人停留	0.7	1.0
人周期性停留	1.25	1.75
人短期停留	2.0	3.0

民用建筑最小新风量　　　　表 11-4

房　间　名　称	每人最小新风量（m³/h）	吸烟情况
影剧院、博物馆、体育馆、商店	8	无
办公室、图书馆、会议室、餐厅、舞厅、医院门诊部、普通病房	17	无
旅馆客房	30	少量

注：旅馆客房等的卫生间，当其排风量大于按本表所确定的数值时，则新风量应按排风量采用。

（2）补充局部排风量。当空调房间有局部排风装置时，为了不使室内产生负压，在系统中必须有相应的新风量来补充排风量。此时新风量等于局部排气量。

（3）保持空调房间正压的要求。为了防止外界空气侵入，影响空调房间空气参数，需要在空调房间内保持正压，使送风量大于排风量，多余的风量由门窗缝隙渗出。

在实际工程中，按上述方法求得的新风量不足总风量的 10% 时，仍应按 10% 计算。

必须指出，在冬季和夏季室外设计计算参数下规定的最小新风比，是出于经济方面的考虑。在春、秋过渡季节，可以提高新风比例，甚至采用全新风，充分利用室外新风的冷量或热量，从而减少，甚至免除处理过程所需要的冷、热量。

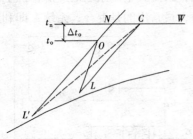

图 11-12　一次回风系统夏季处理方案

1. 夏季处理方案

图 11-11 为一次回风系统图示。图中 G_W 为新风量，G_n 为回风量，G_p 为排至室外的风量，$G_{\Delta p}$ 是保持房间正压所需风量。其中 $G_n = G_p + G_{\Delta p}$，送风量 $G = G_W + G_n$。

图 11-12 是一次回风空调系统的夏季空气处理方案的 i-d 图。图中 C 表示新风与回风的混合状态点，其余各点和全新风系统意义相同。为了获得 O 点，常用的方法是将室内、外混合状态 C 的空气通过喷水室（或空气冷却器）冷却减湿处理到 L 点，再从 L 加热到 O 点，然后送入室内，吸收房间的余热余湿后变成室内状态 N，整个处理过程可写成：

$$\left.\begin{matrix}W\\N\end{matrix}\right\} \xrightarrow{\text{混合}} C \xrightarrow{\text{冷却减湿}} L \xrightarrow{\text{等湿加热}} O \xrightarrow{\varepsilon} N$$

新、回风混合点 C 可按下列方法求得：

$$\frac{\overline{NC}}{\overline{NW}} = \frac{G_W}{G} \quad \therefore \overline{NC} = \overline{NW}\frac{G_W}{G}$$

而 G_W / G 即新风比 $m\%$，为已知条件，于是 C 点的位置就确定了。C 点也可以通过数学方法计算确定：

$$\frac{G_W}{G} = \frac{i_C - i_n}{i_W - i_n} \quad \therefore i_C = i_n + \frac{G_W}{G}(i_W - i_n)$$

同理可求得：
$$d_C = d_n + \frac{G_W}{G}(d_W - d_n)$$

在 i-d 图上求得 i_C（或 d_C）线与 $\overline{NW}$ 线的交点即为 C 点。

处理过程所需冷量为：
$$Q_o = G(i_C - i_L)$$

式中　G——送风量（kg/h）；

　i_C, i_L——分别为 C 状态和 L 状态空气的焓值（kJ/kg）。

当送风量相等，露点 L 相同时，与全新风空调系统比较，$i_C < i_W$，所以一次回风系统的耗冷量比全新风系统少，而且新风量越小，节省的冷量就越多。

这一处理过程所需的加热量为：
$$Q = G(i_o - i_L)$$

式中　i_o——送风状态 O 点空气的焓值（kJ/kg）；

其他各项符号意义同前。

如果采用露点送风，只要将混合后的空气（C 点状态）经冷却减湿至 L' 点送入室内即可，这时 L' 点也就是送风状态点。如图 11-12 中的虚线部分。这种处理过程可以节省再热量，但送风温差大，影响空调精度。这一过程所需冷量为：

$$Q'_0 = G'(i_C - i_{L'})$$

式中　G'——露点送风量（kg/h）；

　　　$i_{L'}$——露点 L' 状态空气的焓值（kJ/kg）；

　　　i_C——新、回风混合状态空气的焓值（kJ/kg）。

【例 11-3】　某空调房间参数为 $t_n = 25 \pm 0.5℃$，$\varphi_n = 65 \pm 5\%$，余热量 $Q = 6kW$，余湿量不计；室外空气计算参数为 $t_w = 34℃$，$t_{sh} = 26.8℃$，大气压力为 101325Pa，要求新风比为 15%，若采用水冷式表面冷却器冷却空气，求夏季设计工况所需冷量。

【解】

（1）求热湿比 ε

$$\varepsilon = \frac{Q}{W} = \frac{6000}{0} = \infty$$

（2）确定送风状态点 O

根据已知条件在 i-d 图上找出室内空气状态点 N，过 N 点作 $\varepsilon = \infty$ 的直线与等相对湿度线 $\varphi = 92\%$ 曲线交于 L 点（机器露点），得 $t_L = 19.6℃$，$i_L = 52.4kJ/kg$（见图 11-13）。

按空调精度 $\Delta t = \pm 0.5℃$，取送风温差 $\Delta t_o = 4℃$，得送风温度 $t_o = t_n - \Delta t_o = 25 - 4 = 21℃$。作 $t_o = 21℃$ 等温线与 $\varepsilon = \infty$ 线的交点 O 身即为送风状态点。$i_o = 53.8kJ/kg$。

（3）求送风量 G

$$G = \frac{Q}{i_n - i_o} = \frac{6}{58 - 53.8} = 1.429kg/s$$

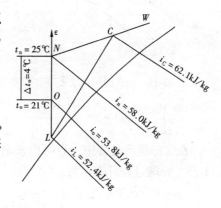

图 11-13　例 11-3 图

（4）确定新回风混合点 C

根据已知新风比为 15%，$G_W/G = 0.15$ 得线段比 $\dfrac{\overline{NC}}{\overline{NW}} = 0.15$，按此比例在 i-d 图上求得 C 点位置，$i_C = 62.1kJ/kg$。

（5）空调系统所需冷量

$$Q_0 = G(i_C - i_L) = 1.429 \times (62.1 - 52.4) = 13.861kW = 13861W$$

2. 冬季处理方案

图 11-14 所示为冬季空气处理方案，图中的 O'、N、L' 等状态点的位置确定方法与全新风系统相同。为了采用喷循环水绝热加湿法将空气处理到 L' 点，在不小于最小新风比的前提下，应使新、回风混合后的状态点 C' 正好落在 $i_{L'}$ 线上。按此要求确定新、回风混合比和新风量。这一处理过程可表示为：

$$\left.\begin{array}{c} W' \\ N \end{array}\right\} \xrightarrow{\text{混合}} C' \xrightarrow{\text{绝热加湿}} L' \xrightarrow{\text{等湿加热}} O' \xrightarrow{\varepsilon'} N$$

上述处理方案中绝热加湿过程也可以用喷蒸汽的方法来实现,即从 C' 点等温加湿(喷蒸汽)到 E 点,然后加热到 O' 点(图 11-14 中虚线部分),即

$$\left.\begin{array}{c} W' \\ N \end{array}\right\} \xrightarrow{\text{混合}} C' \xrightarrow{\text{等温加湿}} E \xrightarrow{\text{等湿加热}} O' \xrightarrow{\varepsilon'} N$$

当采用绝热加湿方案时,有时即使是按最小新风比进行新、回风混合,其混合点 C' 的焓值 i_C 仍然低于 $i_{L'}$。这时,可以采用将混合后的空气预热的方法,使状态点 C'_1 落到 i_L 线上,这样就可以采用绝热加湿的方法了,如图 11-15 所示,其中 C' 为按照最小新风比进行混合的一次混合点,C'_1 为过 C' 点作等含湿线与 i_L 线的交点。整个处理过程可表示为:

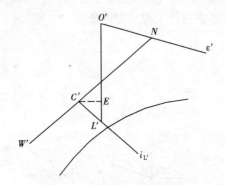

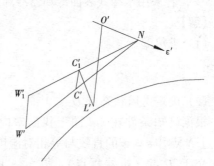

图 11-14 一次回风系统冬季处理方案 I   图 11-15 一次回风系统冬季处理方案 II

$$\left.\begin{array}{c} W' \\ N \end{array}\right\} \xrightarrow{\text{混合}} C' \xrightarrow{\text{等湿加热}} C'_1 \xrightarrow{\text{绝热加湿}} L' \xrightarrow{\text{等湿加热}} O' \xrightarrow{\varepsilon'} N$$

在实际运行过程中,有时也采用先将新风加热,然后再与回风混合的处理过程,如图 11-15。处理过程可表示为:

$$\left.\begin{array}{c} W' \xrightarrow{\text{等湿加热}} W'_1 \\ N \end{array}\right\} \xrightarrow{\text{混合}} C'_1 \xrightarrow{\text{绝热加湿}} L' \xrightarrow{\text{等湿加热}} O' \xrightarrow{\varepsilon'} N$$

W'_1 点为 W' 点的等含湿量线与 $\overline{NC'_1}$ 延长线的交点,于是

$$\frac{\overline{NC'_1}}{\overline{NW'_1}} = \frac{\overline{NC'}}{\overline{NW'}} = \frac{G_W}{G} = \frac{i_N - i_{C'_1}}{i_N - i_{W'_1}}$$

$$\because i_{L'} = i_{C'_1}, \therefore i_{W'_1} = i_N - \frac{G(i_N - i_{L'})}{G_W} = i_N - \frac{i_N - i_{L'}}{m\%}$$

由上式可知,当室外焓值小于 $i_{W'_1}$ 时,需预热。预热量为

$$Q = (i_{W'_1} - i_{W'})G_W$$

这种先加热新风,后混合的方法常用于寒冷地区,以避免室外冷空气直接与室内回风混合后,混合状态出现在 $\varphi = 100\%$ 曲线以下,造成水汽凝结成雾的现象。

需要指出,先混合后加热与先加热后混合,在热量消耗上是相同的。

三、二次回风式空气调节系统

图 11-16 所示为二次回风式空调系统图。图中各设备、部件名称与一次回风系统相同。一次回风系统虽然比全新风系统节能，但是仍然需要再热器来解决送风温差受限制的问题，再热耗能造成冷热能量抵消。

二次回风系统是在喷水室前后两次引入回风，以喷水室后的回风代替再热器对空气再加热，可节省热量和冷量。由于采用了两次回风，所以称为二次回风系统。

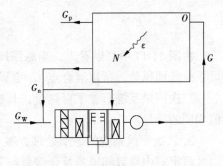

图 11-16　二次回风空调系统示意图

1. 夏季处理方案

这种系统的总回风量与一次回风系统相同，即回风量等于送风量与新风量之差（$G_n = G - G_W$），只是将回风分成两部分，第一部分回风（一次回风）风量为 G_1，与新风在喷水室前混合。第二部分回风（二次回风）风量为 G_2，与经过喷水室处理后的空气第二次混合。

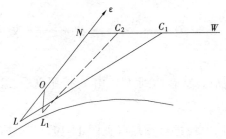

图 11-17　二次回风系统夏季处理方案

图 11-17 为二次回风系统夏季处理过程的 i-d 图。室外空气状态 W 与一次回风混合到 C_1 点，经喷水室冷却减湿至 L，然后与二次回风混合，使混合后的空气状态 C_2 正好与所需要的夏季送风状态点 O 相吻合，最后，将 O 状态空气送入房间，吸收余热、余湿后，变成室内要求的空气状态 N。这一处理过程可表示如下：

$$\left.\begin{array}{c} W \\ N \end{array}\right\} \xrightarrow{\text{混合}} C_1 \xrightarrow{\text{冷却减湿}} \left.\begin{array}{c} L \\ \\ N \end{array}\right\} \xrightarrow{\text{混合}} O \xrightarrow{\varepsilon} N$$

这里的 L 点不同于一次回风系统的机器露点 L_1，L 是 ε 线与 $\varphi = 90\% \sim 95\%$ 线的交点。按照确定空气混合状态点的方法，可以求出回风量 G_1 和 G_2。

$$\frac{G_2}{G_L} = \frac{\overline{OL}}{\overline{NO}} = \frac{i_o - i_L}{i_n - i_o}$$

$$\frac{G_2}{G} = \frac{G_2}{G_2 + G_L} = \frac{\overline{OL}}{\overline{NO} + \overline{OL}} = \frac{\overline{OL}}{\overline{NL}} = \frac{i_o - i_L}{i_n - i_L}$$

$$\therefore G_2 = G \frac{\overline{OL}}{\overline{NL}} = G \frac{i_o - i_L}{i_n - i_L}$$

同理

$$G_L = G \frac{\overline{NO}}{\overline{NL}} = G \frac{i_n - i_o}{i_n - i_L} = \frac{Q}{i_n - i_L}$$

$$G_1 = G_L - G_W$$

式中　Q——空调房间余热量（kW）。

第一次回风混合状态点可以由下列方法确定。

$$\frac{G_W}{G_1} = \frac{\overline{NC_1}}{\overline{WC_1}} = \frac{i_N - i_{C_1}}{i_{C_1} - i_W}$$

$$i_{C_1} = \frac{G_1 i_N + G_W i_W}{G_1 + G_W}$$

由图 11-17 中可以看出，当总回风量相同时，二次回风系统的一次回风量小于一次回风系统的回风量，所以混合点 C_1 更靠近 W。

二次回风系统节省了再热量，其数值为 $Q_1 = G(i_o - i_L)$，同时也节省了与这个热量数值相同的冷量。

2. 二次回风系统的冬季处理方案

假定室内参数和风量及余湿量与夏季相同，第二次回风的混合比，冬、夏季也不变。机器露点的位置也与夏季相同。

由以上假定可知，冬季送风状态点与夏季送风状态点的含湿量相同，即冬、夏季送风状态点 O 和 O' 在同一条等 d 线上。可通过加热使空气状态由 O 点变为 O'，而 O 点就是夏季的二次混合点（见图 11-18）。整个处理过程如下：

$$\left.\begin{array}{c} W' \\ N \end{array}\right\} \xrightarrow{\text{一次混合}} C' \xrightarrow{\text{绝热加湿}} \left.\begin{array}{c} L' \\ \\ N \end{array}\right\} \xrightarrow{\text{二次混合}} O \xrightarrow{\text{等湿加热}} O' \xrightarrow{\varepsilon'} N$$

即新风与回风按新风比 $= \dfrac{\overline{NC'}}{\overline{NW'}}$ 混合、绝热加湿后，状态达到 L'，由 L' 按照夏季二次混合比与二次回风混合至 O，经再热器加热至 O' 点。

当按照最小新风比混合，C' 点处于 i_L 线以下时，应进行预热（见图 11-19），其处理过程如下：

$$\left.\begin{array}{c} W' \\ N \end{array}\right\} \xrightarrow{\text{一次混合}} C' \xrightarrow{\text{等湿加热}} C'_1 \xrightarrow{\text{绝热加湿}} \left.\begin{array}{c} L' \\ \\ N \end{array}\right\} \xrightarrow{\text{二次混合}} O \xrightarrow{\text{等湿加热}} O' \xrightarrow{\varepsilon'} N$$

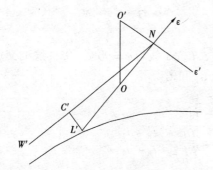

图 11-18　二次回风系统冬季处理方案 Ⅰ

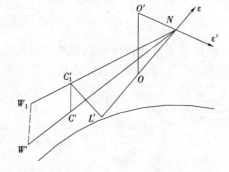

图 11-19　二次回风系统冬季处理方案 Ⅱ

预热器加热量为：

$$Q = G_L(i_{C'_1} - i_{C'})$$

冬季设计工况下的再热器加热量为：

$$Q = G(i_{o'} - i_o)$$

如果先将室外空气加热，然后进行第一次混合，也是可行的。处理过程如图 11-19 中虚线部分，先混合再加热与先加热再混合所需热量是相同的。

【例 11-4】 某恒温恒湿车间空调要求 $t_n = 23 \pm 1℃$，$\varphi_n = 55 \pm 10\%$。车间余热量，夏季和冬季分别为 $Q = 16700W$，$Q' = -5000W$，余湿量冬夏季均为 $W = 1.67g/s$，局部排气量为 $0.222m^3/s$。室外空气计算参数为：夏季 $t_W = 34℃$，$t_{sh} = 26.8℃$，冬季 $t_{W'} = -11℃$，$\varphi_{W'} = 58\%$。当地大气压力为 101325Pa。若采用二次回风集中空调系统，试确定空调方案和设备容量。

【解】

(1) 夏季

1) 根据热湿负荷求热湿比 ε

$$\varepsilon = \frac{Q}{W} = \frac{16700}{1.67} = 10000 kJ/kg$$

在 i-d 图（$P = 101325Pa$）上，过室内空气状态点 N 作 ε 线，与 $\varphi = 95\%$ 线交点 L 即为机器露点，$t_L = 14.2℃$，$i_L = 32.5kJ/kg$。

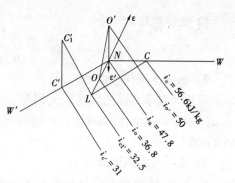

图 11-20 例 11-4 图

2) 按空调精度（$\pm 1℃$）要求，取送风温差 $\Delta t_o = 8℃$，则 $t_o = t_n - \Delta t_o = 23 - 8 = 15℃$。$t_o = 15℃$ 等温线与 ε 线的交点 O 即为送风状态点。由 i-d 图上查得 $i_o = 36.8kJ/kg$，$d_o = 8.6g/kg$。

3) 计算送风量 G

$$G = \frac{Q}{i_n - i_o} = \frac{16.7}{47.8 - 36.8} = 1.518 kg/s = 5465 kg/h$$

4) 通过喷水室的风量 G_L（见图 11-20）

$$\frac{G_L}{G} = \frac{\overline{NO}}{\overline{NL}}$$

$$G_L = G\frac{\overline{NO}}{\overline{NL}} = G\frac{i_n - i_o}{i_n - i_L} = 1.518 \times \frac{47.8 - 36.8}{47.8 - 32.5} = 1.091 kg/s$$

5) 求二次回风量 G_2

$$G_2 = G - G_L = 1.518 - 1.091 = 0.427 kg/s$$

6) 确定新风量 G_W

由于室内有局部排风，补充排风所需的新风量占送风量的百分数

$$\frac{G_W}{G} \times 100\% = \frac{0.222 \times 1.146}{1.518} \times 100\% = 16.8\%$$

（上式中 1.146 为空气 34℃时的密度）

上式求得的百分数满足卫生要求，故确定新风量为 $G_W = 0.222 \times 1.146 = 0.254 kg/s$（没有考虑正压的要求）

7) 求一次回风量 G_1

$$G_1 = G_L - G_W = 1.091 - 0.254 = 0.837 kg/s$$

8) 确定一次回风混合点 C

$$i_C = \frac{G_1 i_N + G_W i_W}{G_1 + G_W} = \frac{0.837 \times 47.8 + 0.254 \times 83.5}{0.837 + 0.254} = 56.1$$

9）计算冷量 Q_0

$$Q_0 = G_L(i_C - i_L) = 1.091 \times (56.1 - 32.5) = 25.7\text{kW}$$

（2）冬季

1）求热湿比 ε'

$$\varepsilon' = \frac{Q'}{W} = \frac{-5000}{1.67} = -2994$$

2）确定送风状态点 O'

采用与夏季相同的风量。又因冬、夏季余湿量相同，故冬、夏季含湿量相等，即 $d_o = d_{o'}$。在 i-d 图上找出 ε' 线与 d_o 线的交点即为冬季送风状态点 O'。查得 $i_{o'} = 50\text{kJ/kg}$（见图 11-20）。

3）求一次回风混合点 C'

由于 N、L' 等状态点与夏季 N、L 等点相同，这使得二次混合过程与夏季也相同。因此可按夏季相同混合比求一次回风混合点 C'。

$$\frac{\overline{C'W'}}{\overline{NW'}} = \frac{G_1}{G_L}$$

$$\overline{C'W'} = \frac{G_1}{G_L}\overline{NW'} = 0.77\,\overline{NW'}$$

查得 $i_{C'} = 31\text{kJ/kg} < i_{L'}$，应设预热器（$i_{C'}$ 也可通过计算求得）。

4）求 C_1'

过 C' 的等 d 线与 $i_{L'}$ 线的交点即为 C_1' 点，$i_{C_1'} = 32.5\text{kJ/kg}$。

5）求加热量 Q

一次混合后的加热量：$Q_1 = G_L(i_{C_1'} - i_{C'}) = 1.091 \times (32.5 - 31) = 1.6\text{kW}$

二次混合后的加热量：$Q_2 = G(i_{o'} - i_o) = 1.518 \times (50 - 36.8) = 20.03\text{kW}$

第四节 风机盘管系统

风机盘管空调系统在每个空调房间内设有风机盘管（FC）机组，作为系统的末端装置。新风经集中处理也送入房间，由两者结合运行，属于半集中式空调系统。这种系统在目前的大多数办公楼、商用建筑及小型别墅中采用较多。

一、风机盘管系统的构造、分类和特点

风机盘管机组是由冷热盘管（一般采用 2～4 排铜管串片式）和风机（多采用前向多翼离心式风机或贯流风机）组成。室内空气直接通过机组内部盘管进行热湿处理。风机的电机多采用单相电容调速低噪声电机。与风机盘管机组相连接的有冷、热水管路和凝结水管路。

风机盘管机组可分为立式、卧式和卡式（图 11-21）等。可按室内安装位置选定，同时根据装潢要求做成明装或暗装。

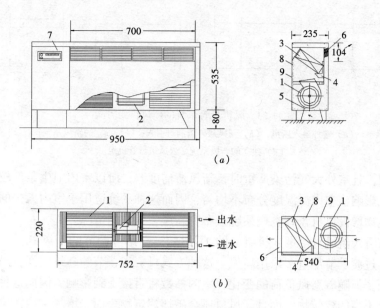

图 11-21　风机盘管构造示意图

1—风机；2—电机；3—盘管；4—凝结水盘；5—循环风进口及过滤
器；6—出风口格栅；7—控制器；8—吸声材料；9—箱体

风机盘管机组系统一般采用风量调节（一般为三速控制），也可以采用水量调节。具有水量调节的双水管风机盘管系统在盘管进水或出水管路上装有水量调节阀，并由室温控制器控制，使室内温度得以自动调节。如图11-22所示。它由感温元件、双位调节器和小型电动三通分流阀门所构成，在室温敏感元件作用下通过调节器控制水量阀（双位调节阀），向机组断续供水而达到调节室温的目的。

风机盘管的优点是：布置灵活，容易与装潢工程配合；各房间可以独立调节室温，当房间无人时可方便地关机而不影响其他房间的使用，有利于节约能量；房间之间空气互不串通；系统占用建筑空间少。

它的缺点是：布置分散，维护管理不方便；当机组没有新风系统同时工作时，冬季室内相对湿度偏低，故不能用于全年室内湿度有要求的地方；空气的过滤效果差；必须采用高效低噪声风机；通常仅适合于进深小于6m的房间；水系统复杂，容易漏水；盘管冷热兼用时，容易结垢，不易清洗。

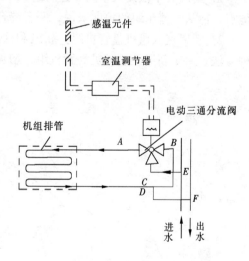

图 11-22　风机盘管系统的温室控制

二、风机盘管机组系统新风供给方式和设计原则

风机盘管机组的新风供给方式有多种（图11-23）。

（1）靠渗入室外空气（室内机械排风）补充新风（图11-23a），机组基本上处理再循环空气。这种方案投资和运行费用经济，但因靠渗透补充新风，受风向、热压等影响，新

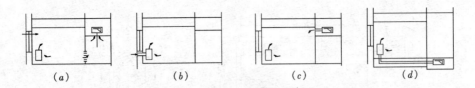

图 11-23　风机盘管系统的新风供给方式

(a) 室外渗入新风；(b) 新风从外墙洞口引入；(c) 独立的新风系统；
(d) 独立的新风系统送入风机盘管机组

风量无法控制，且室外大气污染严重时，新风清洁度差，所以室内卫生条件较差；且受无组织的渗透风影响，室内温湿度分布不均匀，因而这种系统适用于室内人少的场合，特别适用于旧建筑物增设风机盘管空调系统且布置新风管困难的情况。

(2) 墙洞引入新风直接进入机组（图 11-23b），利用可调节的新风口，冬、夏按最小新风量运行，过渡季节尽量多采用新风。这种方式投资省，节约建筑空间，虽然新风得到比较好的保证，但随着新风负荷的变化，室内参数将直接受到影响，因而这种系统适用于室内参数要求不高的建筑物。而且新风口还会破坏建筑物表面，增加室内污染和噪声，所以要求高的地方也不宜采用。

(3) 由独立的新风系统提供新风，即把新风处理到一定的参数，由风管系统送入各个房间（图 11-23c、d）。这种方案既提高了系统的调节和运行的灵活性，且进入风机盘管的供水温度可适当调节，水管的结露现象可得到改善。这种系统目前被广泛采用。

1）新风管单独接入室内。这时送风口可以紧靠风机盘管的出风口，也可以不在同一地点，但从气流组织的角度来说，两者混合后再送入工作区比较好。

2）新风接入风机盘管机组。新风和回风先混合，再经风机盘管处理后送入房间。这种方法，由于新风经过风机盘管机组，增加了机组风量的负荷，使运行费用增加和噪声增大。此外，由于受热湿比的限制，盘管只能在湿工况下运行。

三、独立新风系统空气处理过程的分析

采用独立新风的风机盘管空调系统主要有以下几种方式：

1. 新风处理到室内干球温度（$t_L = t_N$）

如图 11-24（a）所示，这种方式风机盘管机组负担室内冷负荷、部分新风冷负荷和湿负荷，新风机组承担部分新风冷负荷和湿负荷。这时，风机盘管机组负荷较大，在湿工况下运行，卫生条件较差。新风机组处理的焓差小，冷却去湿能力不能充分发挥。这种空调方式如图 11-24（a）

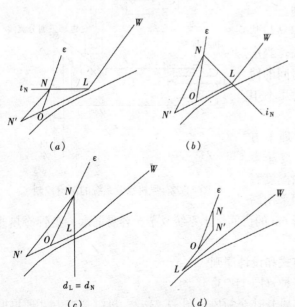

图 11-24　独立新风系统的空调方式

所示。

2．新风处理到室内焓值（$i_L = i_N$）

如图 11-24（b）所示，该方式风机盘管机组承担室内冷负荷、湿负荷和部分新风湿负荷，新风机组承担新风冷负荷和部分新风湿负荷。风机盘管机组在湿工况下运行。

3．新风处理到室内等含湿量线上（$d_L = d_N$）

如图 11-24（c）所示，该方式风机盘管承担部分室内冷负荷、湿负荷，新风机组承担新风冷负荷和湿负荷，部分室内冷负荷。盘管在湿工况下运行。

4．新风处理到低于室内含湿量（$d_L < d_N$）

如图 11-24（d）所示，此方式风机盘管承担室内人体、照明、和日射得热引起的瞬变负荷，新风机组承担新风负荷和室内湿负荷。这时，风机盘管机组的负荷较小，要求的冷水温度较高，盘管在干工况下运行，卫生条件较好。但是，新风机组要求的冷水温度较低，新风处理的焓差较大（$\Delta i \geqslant 40 \mathrm{kJ/kg干空气}$），需要 6～8 排盘管，一般的新风机组和表冷器难以满足，因而这种方式适用于室内湿负荷不大的场合。否则新风机组需要设置二次加热器。这种处理方法欧美国家用的较多。

四、夏季空调过程设计

下面就新风处理到等于室内焓值（$i_L = i_N$），和新风处理到低于室内含湿量（$d_L < d_N$）两种情况下空调过程的设计计算作分析讨论。

（一）新风处理到室内焓值（$i_L = i_N$）（湿工况）

根据新风和回风混合的情况，有以下两种处理方式。

1．新风管单独接入室内

这时新风直接送入室内，与经过盘管冷却去湿后的室内回风混合后达到室内送风状态点，如图 11-25（a）所示，空气处理过程为：

$$W \xrightarrow{\text{冷却减湿}} L \xrightarrow{\text{风机温升}} L' \left.\begin{array}{c} \\ \\ \end{array}\right\} \text{混合} \; O \xrightarrow{\;\varepsilon\;} N$$
$$N \xrightarrow{\text{冷却减湿}} N'$$

空调过程的设计可按以下步骤进行：

（1）根据设计条件确定室外状态点 W 和室内状态点 N。

（2）确定新风处理后的终状态 L'。

根据室内空气 i_N 线、新风处理后的机器露点的相对湿度和风机温升 Δt 即可确定新风处理后的机器露点 L 及温升后的 L' 点。

（3）确定室内送风状态点 O。

过室内状态点 N 作热湿比线 ε，ε 线与相对湿度 $\varphi = 90\% \sim 95\%$ 的交点就是室内送风状态点 O，也可按送风温差 Δt_o 确定 O 点。

由于风机盘管在绝大多数场合是用于舒适性空调，一般对送风温差无严格限制，所以应尽量使风机盘管出口的空气状态接近机器露点，以提高

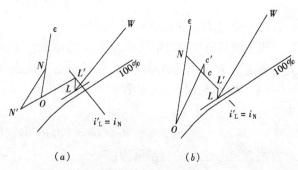

（a）　　　　　（b）

图 11-25　新风处理到室内焓值（$i_L = i_N$）

盘管的处理效率。送风状态点 O 确定之后，即可计算出空调房间的送风量

$$G = Q/(i_N - i_o) \tag{11-6}$$

（4）确定风机盘管处理后的状态点 N'。

连接 $\overline{L'O}$ 并延长到 N'，使 $\overline{L'O}/\overline{ON'} = G_N/G_W$

则 N' 就是风机盘管处理空气的出口状态点。

式中　G_W——新风量（kg/s）；

　　　　G_N——风机盘管处理的空气量（kg/s），$G_N = G - G_W$。

由混合原理

$$G_W/G_N = (i_o - i_{N'})/(i_{L'} - i_o)$$

$$G_W/G_N = (d_o - d_{N'})/(d_{L'} - d_o)$$

可得

$$\left.\begin{array}{l} i_{N'} = i_o - (i_{L'} - i_o)G_W/G_N \\ d_{N'} = d_o - (d_{L'} - d_o)G_W/G_N \end{array}\right\} \tag{11-7}$$

（5）确定新风负担的冷量和盘管负担的冷量。

新风负担的冷量为：

$$Q_o = G_W(i_W - i_L) \tag{11-8}$$

盘管负担的冷量为：

$$Q'_o = G_N(i_N - i_{N'}) \tag{11-9}$$

2. 新风接入风机盘管机组

这时，新风先与室内回风混合，再经盘管冷却去湿处理到室内送风状态点送入房间，由于新风经过风机盘管机组，增加了机组风量的负荷，使运行费用增加和噪声增大。这种情况下的空调过程如图 11-25（b）所示。空气处理流程为：

$$W \xrightarrow{\text{冷却减湿}} L \xrightarrow{\text{风机温升}} \left.\begin{array}{l} L' \\ N \end{array}\right\}\text{混合} \xrightarrow{} C \xrightarrow{\text{风机温升}} C' \xrightarrow{\text{冷却减湿}} O \xrightarrow{\varepsilon} N$$

空调过程的设计可按以下步骤进行：

（1）确定室内的总送风量 G。

过室内状态点 N 作热湿比线 ε，ε 线与 $\varphi = 90\% \sim 95\%$ 的等相对湿度线相交确定出送风状态点 O，送风状态点 O 确定之后，即可计算出空调房间的送风量为：

$$G = Q/(i_N - i_o) \tag{11-10}$$

（2）确定 L' 点和机器露点 L。

根据新风机组出口空气状态 L' 点的焓值等于室内焓值（$i_{L'} = i_N$），新风机组的风机温升可确定出 L' 点和机器露点 L，机器露点 L 应当在相对湿度 $\varphi = 90\% \sim 95\%$ 的范围内。

（3）确定混合状态点 C 和 C' 点。

由

$$G_W/G = (d_C - d_N)/(d_{L'} - d_N)$$

可得混合状态点 C 的含湿量为：

$$d_C = d_N + (d_{L'} - d_N)G_W/G = d_N + m(d_{L'} - d_N) \tag{11-11}$$

等含湿量线 d_C 与 $\overline{NL'}$ 连线的交点即为混合状态点 C。然后根据风机盘管温升即可在 d_C 含湿量线上确定出 C' 点。

（4）确定新风负担的冷量和盘管负担的冷量。

新风负担的冷量为：

$$Q_o = G_W(i_W - i_L) \tag{11-12}$$

盘管负担的冷量为：

$$Q_{o'} = G(i_{C'} - i_o) \tag{11-13}$$

（二）新风处理到低于室内含湿量 $[d_L < d_N(干工况)]$

这时风机盘管承担室内人体、照明、日射得热引起的瞬变负荷，新风机组承担新风负荷、室内湿负荷以及围护结构传热的渐变负荷。盘管在干工况下运行。这种情况下的空调过程如图 11-26（a）所示，空气处理流程为：

$$W \xrightarrow{\text{冷却减湿}} L \xrightarrow{\text{风机温升}} L' \left.\right\} \xrightarrow{\text{混合}} O \xrightarrow{\varepsilon} N$$
$$N \xrightarrow{\text{等湿冷却}} N'$$

从空气调节过程可以看到，干工况时，要求处理新风的水温和新风被处理后的露点温度都比较低。由于新风处理的焓差较大，当 $\Delta i \geq 40kJ/kg_{干空气}$ 时，一般的新风机组和表冷器难以达到，通常只适用于湿负荷较小的场合。

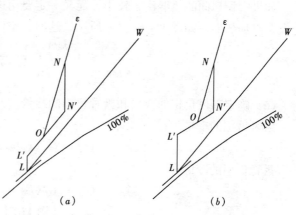

图 11-26　新风处理到低于室内焓湿量（$d_L < d_N$）

干工况下的空调过程设计可按以下步骤进行：

（1）确定风机盘管出口的空气状态点 N'。

干工况下，风机盘管出口的空气状态点 N' 应当在过室内状态点 N 的等含湿量线 d_N 上。为了使风机盘管实现干冷，同时又要尽可能使 N' 点靠近露点，以免使盘管水温过高，一般建议取：

$$t_{N'} = t_{NL} + 2 \tag{11-14}$$

式中　t_{NL}——室内空气的露点温度（℃）。

（2）确定室内送风状态点 O。

过室内状态点 N 作热湿比线 ε，与 $\varphi = 90\% \sim 95\%$ 的等相对湿度线相交可确定出室内送风状态点 O，送风状态点 O 确定之后，即可计算出空调房间的送风量为：

$$G = Q/(i_N - i_o) \tag{11-15}$$

（3）确定风机盘管处理的风量 G_N。

风机盘管处理的风量由下式确定：

$$G_N = G - G_W \tag{11-16}$$

（4）确定 L' 点。

由

$$G_W/G = (i_{N'} - i_o)/(i_{N'} - i_{L'})$$

$$G_W/G = (d_{N'} - d_o)/(d_{N'} - d_{L'})$$

可求出 L' 点的焓和含湿量为

$$\left.\begin{array}{l} i_{L'} = i_{N'} - (i_{N'} - i_o)G/G_W = i_{N'} - (i_{N'} - i_o)/m \\ d_{L'} = d_{N'} - (d_{N'} - d_o)G/G_W = d_{N'} - (d_{N'} - d_o)/m \end{array}\right\} \tag{11-17}$$

由 $(i_{L'}, d_{L'})$ 即可确定 L' 状态点，L' 点亦应当在 $\overline{N'O}$ 的延长线上。

（5）确定新风机组空气出口的机器露点 L。

由过 L' 的等含湿量线 $d_{L'}$，根据风机温升可确定出机器露点 L。L 点应当在相对湿度 $\varphi = 90\% \sim 95\%$ 的范围内，否则的话，则应当调整 N' 点，重新计算。

一般来说，用这种方法处理空气时，空调房间的湿负荷不能太大，以免使机器露点 L 过低，新风机组处理的焓差过大而无法实现。此外，机器露点 L 过低也会使制冷效率降低。

如果空调房间的热湿比 ε 较小，而又一定要用这种处理方式时，则需要在新风处理室中设置再加热器。如图 11-26（b）所示，这时，空气的处理过程为：

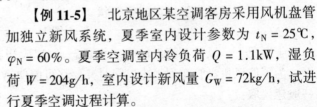

（6）确定新风负担的冷量和盘管负担的冷量。

新风负担的冷量为：

$$Q_o = G_W(i_W - i_L) \tag{11-18}$$

盘管负担的冷量为：

$$Q'_o = G_N(i_N - i_{N'}) \tag{11-19}$$

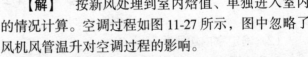

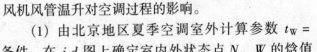

图 11-27　例 11-5 图

【例 11-5】　北京地区某空调客房采用风机盘管加独立新风系统，夏季室内设计参数为 $t_N = 25\,^\circ\!C$，$\varphi_N = 60\%$。夏季空调室内冷负荷 $Q = 1.1\text{kW}$，湿负荷 $W = 204\text{g/h}$，室内设计新风量 $G_W = 72\text{kg/h}$，试进行夏季空调过程计算。

【解】　按新风处理到室内焓值、单独进入室内的情况计算。空调过程如图 11-27 所示，图中忽略了风机风管温升对空调过程的影响。

（1）由北京地区夏季空调室外计算参数 $t_W = 33.2\,^\circ\!C$，$t_{sh} = 26.4\,^\circ\!C$，以及室内设计条件，在 i-d 图上确定室内外状态点 N、W 的焓值为：

$$i_W = 82.5\text{kJ/kg}, \quad i_N = 55.8\text{kJ/kg}$$

（2）确定新风处理后的状态点 L

根据题设条件，过室内状态的等焓线与 $\varphi_N = 95\%$ 等相对湿度线的交点即为 L 点，且有 $i_L = i_N = 55.8\text{kJ/kg}$。

（3）确定室内送风状态点 O

计算室内热湿比

$$\varepsilon = Q/W = 1100 \times 3600/204 = 19411\text{kJ/kg}$$

过室内状态点 N 作 $\varepsilon = 19411$ 的热湿比线与相对湿度 $\varphi = 93\%$ 等相对湿度线相交即可确定出室内送风状态点 O，该点的焓为 $i_\text{o} = 46\text{kJ/kg}$。

（4）确定空调房间的送风量 G

$$G = Q/(i_\text{N} - i_\text{o}) = 1.1/(55.8 - 46) = 0.112\text{kg/s}(404\text{m}^3/\text{h})$$

（5）确定风机盘管出口状态点 N'

$$由 \quad G_\text{L}/G_\text{W} = (i_\text{L} - i_\text{o})/(i_\text{o} - i_{N'})$$

$$i_{N'} = i_\text{o} - (i_\text{L} - i_\text{o})G_\text{W}/G_\text{L}$$

$$= 46 - (55.8 - 46) \times 72/(404 - 72)$$

$$= 43.9\text{kJ/kg}$$

（6）确定新风负担的冷量

$$Q_\text{o} = G_\text{W}(i_\text{W} - i_\text{L})$$

$$= (82.5 - 55.8) \times 72/3600 = 0.534\text{kW}$$

（7）确定风机盘管负担的冷量

$$Q_{o'} = G_\text{L}(i_\text{N} - i_{N'})$$

$$= (55.8 - 43.9) \times (404 - 72)/3600 = 1.098\text{kW}$$

五、风机盘管水系统

风机盘管的水系统按供回水管的根数可分为双水管系统、三水管系统和四水管系统三种。对于具有供、回水管各一根的风机盘管水系统，称为双水管系统，冬季供热水，夏季供冷水，工作原理和机械循环热水采暖系统相似。这种系统形式简单，投资少，但对于要求全年空调且建筑物内负荷差别较大的场合，如在过渡季节中有的房间需要供冷，有的房间需要供热时，则不能满足使用要求。在这种情况下，可以采用三水管系统（两根冷热水进水管、共用一根回水管），即在盘管进口处没有程序控制的三通阀，由室内恒温器控制，根据需要提供冷水或热水（但不能同时通过），这种系统能很好满足使用要求，但由于有混合损失，能量消耗大。更为完善的系统是四水管系统，这种系统有两种作法：一种是在三水管基础上加一根回水管；另一种作法是把盘管分成冷却和加热两组，使水系统完全独立。采用四管系统，初投资较高，但运行很经济，因为大多可由建筑物内部热源的热泵提供热量，而对调节室温具有较好的效果。四管系统一般在舒适性要求很高的建筑物内采用。图 11-28 是四管系统的两种连接方法。

风机盘管机组系统的水管设计与采暖管路有许多相同之处，例如，管路同样要考虑必要的坡度，设置放气装置，以排除管路内的空气，防止产生气堵；系统应设置膨胀水箱（开放式和闭式）；大多数风机盘管机组系

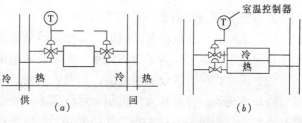

图 11-28　四水管系统及其连接方式

统中应设置凝结水管（干工况除外）。采暖管路的设计方法大多可用于风机盘管机组系统的水管设计之中，参见《供热工程》等相关书目。

第五节 局部空调机组

在一些建筑物中，如果只是少数房间有空调要求，这些房间又很分散，或者各房间负荷变化规律有不同，显然用集中式或半集中式空调系统是不适宜的，而采用分散式空调系统——局部空调机组是适用的。

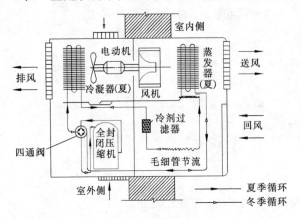

图 11-29 窗式空调机

局部空调机组实际上是一个小型空调系统，采用直接蒸发或冷媒冷却方式，它结构紧凑，安装方便，使用灵活，是空调工程中常用的设备。小容量空调设备作为家电产品大批量生产。

一、构造类型

1. 按容量大小分

（1）窗式：容量小，冷量在 7kW 以下，风量在 0.33m³/s（1200m³/h）以下，属小型空调机。一般安装在窗台上，蒸发器朝向室内，冷凝器朝向室外。如图 11-29 所示。

（2）挂壁机和吊装机：容量小，冷量在 13kW 以下，风量在 0.33m³/s（1200m³/h）以下，如图 11-30 所示。

（3）立柜式：容量较大，冷量在 70kW 以下，风量在 5.55m³/s（20000m³/h）以下。立柜式空调机组通常落地安装，机组可以放在室外。如图 11-31 所示。

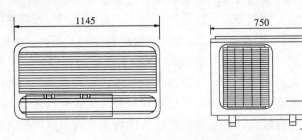

图 11-30 挂壁机和吊装机

2. 按制冷设备冷凝器的冷却方式分

（1）水冷式：容量较大的机组，其冷凝器采用水冷式，用户必须具备冷却水源，一般用于水源充足的地区，为了节约用水，大多数采用循环水。

（2）风冷式：容量较小的机组，如窗式空调，其冷凝器部分在室外，借助风机用室外空气冷却冷凝器。容量较大的机组也可将风冷冷凝器独立放在室外。风冷式空调机不需要冷却塔和冷却水泵，不受水源条件的限制，在任何地区都可以使用。

3．按供热方式分

（1）普通式：冬季用电加热器供暖。

（2）热泵式：冬季仍用制冷机工作，借助四通阀的转换，使制冷剂逆向循环，把原蒸发器当作冷凝器、原冷凝器作为蒸发器，空气流过冷凝器被加热作为采暖用。

4．按机组的整体性来分

（1）整体机：将空气处理部分、制冷部分和电控系统的控制部分等安装在一个罩壳内形成一个整体。结构紧凑，操作灵活，但噪声振动较大。

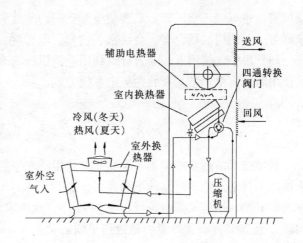

图 11-31　风冷式空调机组（冷凝器分开安装，热泵式）

（2）分体式：把蒸发器和室内风机作为室内侧机组，把制冷系统的蒸发器之外的其他部分置于室外，称为室外机组。两者用冷剂管道相连接。可使室内的噪声降低。在目前的产品中也有用一台室外机与多台室内机相匹配。由于传感器、配管技术和机电一体化的发展，分体式机组的形式可有多种多样。

二、空调机组的性能和应用

1．空调机组的能效比（EER）

空调机组的能耗指标可用能效比来评价：

$$能效比 = \frac{机组名义工况下制冷量（W）}{整机的功率消耗（W）}$$

机组的名义工况（又称额定工况）制冷量是指国家标准规定的进风湿球温度、风冷冷凝器进口空气的干球温度等检验工况下测得的制冷量。随着产品质量和性能的提高，目前空调机组的 EER 值一般在 2.5～3.2 之间。

2．空调机组的选定

空调机组的选定应考虑以下几个方面：

（1）确定空调房间的室内参数，计算热、湿负荷，确定新风量。

（2）根据用户的实际条件与要求、空调房间的总冷负荷（包括新风负荷）和空气在 i-d 图上实际处理过程的要求，查用机组的特性曲线和性能表（不同进风湿球温度和不同冷凝器进水温度或进风干球温度下的制冷量），使冷量和出风温度符合工程的设计要求。不能只根据机组的名义工况来选择机组。

3．空调机组的应用

空调机组的开发和应用应满足人们生产和生活不断发展的需要，力求产品的多样化、系列化、机组结构优化和控制自动化。

从目前来看，空调机组的应用大致有以下几种：

（1）个别方式：作为典型的局部地点使用。在建筑物内个别房间设置，彼此独立工作，相互没有影响。住宅建筑中多采用这种空调方式。

（2）多台合用方式：对于较大的空间，使用多台空调机联合工作。这种空调方式可以接风管，也可以不接风管，只要使空调空间内空气分布均匀，噪声水平低，满足温湿度要求即可。常使用的场合有：会议室、食堂、电影院、车间等。

（3）集中化使用方式：为有效利用空调机组的冷热量，提高运转水平，在建筑物内大量使用时，由个别方式发展为集中系统方式。

第六节　户式中央空调

科学技术的进步推动了人类物质文化生活水平的不断提高，人们对舒适生活条件的渴求推动了舒适性空调产品的不断发展，20世纪80～90年代，是我国家用房间空调器蓬勃发展的时期，据有关部门统计，至1999年，我国家用房间空调器的年产量超过1000万台（套），至2001年，年产量更是达到了创记录的1200万台，北京、上海、广州等大中城市家庭房间空调器的普及率达70%～80%。随着我国人民物质生活水平的进一步提高，住房条件得到了极大的改善，家用房间空调器已不能满足一部分先富起来的人们对空调产品的要求，于是户式中央空调应运而生。

一、户式中央空调的形式

（1）多联式机组。多联式机组是最早出现在我国的户式中央空调，它最先是由日本研制成功的，并且现在仍然是日本主要的户式中央空调方式，因此可以说是日本式的户式中央空调。该系统最显著的特点是使用了最新的电子控制技术，如压缩机的变频技术和电子膨胀阀技术等，因此可以方便的对各房间进行独立调节，节能性能非常好。另外，由于变频技术和变流量技术的采用，该系统控制能力强，运行平稳。最大的缺点是对各方面的技术要求高，难度较大，且初投资费用高。

（2）风管式机组。风管式机组是将整套居室的空气进行集中处理，然后由风道系统将处理过的空气输送到各个房间，这可以说是美国方式的户式中央空调机组，因为最先是由美国开发出来并且在美国广泛使用。该机组和燃气供热功能联合使用，很好的满足了美国家庭冬夏两季供冷或供热的使用要求。和多联式机组相比，该机组制冷系统简单，对控制技术的要求不高，且初投资费用较低。对于我们国家来讲，风管式机组是最适合家用的户式中央空调。

（3）冷热水机组。冷热水机组是一种集中产生冷热量、分散处理房间负荷的空调系统型式，这可以说是中国式的户式中央空调。其大部分品牌本身就是商用中央空调的品牌，如清华同方、北京金万众、浙江盾安等。目前，冷热水机组是国产户式中央空调的主流产品，其特点是技术比较成熟（接近商用中央空调冷热水机组），控制也比较简单，初投资费用介于多联机组和风管式机组之间，各房间可以单独调节（通过风机盘管），满足不同的空调需求。

二、确定户式空调负荷的方法

确定户式空调负荷一般参照宾馆建筑的空调负荷，但宾馆客房和住宅之间的空调负荷存在着比较大的差异，下面介绍在确定户式空调负荷时应注意的问题。

（一）户式空调负荷特点

1. 负荷参差性大

住宅空调的一个最大特点就是负荷参差性大，主要表现在使用时间和同时使用率方面。在使用时间方面，住宅空调一般有几个使用高峰，主要是 17:00 ~ 23:00，其次是 11:30 ~ 14:30，23:00 ~ 8:00。

2. 同时使用系数低

根据中国人的习惯，通常是使用哪间房间就开哪间房间的空调，人离空调关。另一方面，现代住宅的一个趋势就是每户人数在减少（一般为 3 ~ 4 人），而建筑面积在增加，一套住宅的房间数比较多，因此住宅空调的同时使用系数比较低。

3. 空调负荷的结构差异大

由于消费观念的差异、作息时间的不同等原因，住宅建筑空调负荷有别于宾馆客房空调负荷的另一特点是，住宅建筑空调必须考虑户间传热（同层、上下层）、户内各室间的传热（各房间单独空调时）。

4. 室内设计参数对负荷的影响大

由于构成室内空调负荷的途径比宾馆客房的多，其室内空调设计参数的大小对空调负荷的影响很大，这对空调设备的选型及初投资也会带来较大的影响。

（二）室内空调设计参数的确定

对于一个 140m^2 左右的住宅，夏季室内设计温度每下降 1℃，对应的空调冷负荷就增加 8.5W/m^2 左右；冬季室内设计温度每升高 1℃，空调热负荷就增加 6.6W/m^2 左右。由此可见，室内设计温度对住宅空调设备的选择及运行费用带来较大的影响，确定一合适的室内设计温度就显得十分重要。对我国冬冷夏热地区的特点，夏天将室内的空调温度设置在 27℃甚至更高，中、老年住户及有婴、幼儿的住户有时甚至设为 30℃，如果温度偏低，身体就会出现各种程度的不适；在冬天，一般将室内温度设置为 17℃即可满足热舒适要求。因此，建议该地区的住户在冬、夏两季室内的空调温度值为 17℃/27℃，这样不仅节能，而且在一定的程度上保护了人体健康。

（三）户式空调负荷的结构

构成住宅建筑空调冷负荷的因素与宾馆客房相比有本质的区别，且各自所占的分量也大不一样，由于墙体、楼板等围护结构的热工性能没有达到节能的要求；而内隔墙、楼板及分户墙所形成的负荷是中间层的宾馆客房所没有的，由外墙和窗户形成的负荷较小，可见住户邻室（同层、上下层）之间不空调所产生的户间传热也是重要原因。当然，在实际使用过程中，某房间单独空调时，户内相邻房间受空调房间的渗风影响及房间本身空调/非空调转换的影响，户内隔墙负荷会有所减少。

（四）户式空调的同时使用系数

众所周知，住宅建筑空调时的同时使用系数较小，但具体小到什么程度目前国内尚没有定论，也没有相关方面的计算结果。同时使用最多的为卧室，其次是副卧室（或书房）与客厅。因此，同时使用系数应按照此两项中最大项来确定。一般对住宅建筑来说，其空调负荷的同时使用系数可取 0.63。

思 考 题 与 习 题

1. 怎样确定空调房间和系统的新风量。

2. 试分别说明一、二次回风系统的特点和运用场合。

3. 一次回风系统的需冷量由哪几部分组成。

4. 风机盘管、空调系统的新风供给方式有几种，各有什么优缺点？

5. 空调房间夏季负荷 $Q = 5.00\text{kW}$，余湿量很小可忽略不计，室内设计参数 $t_n = 26℃$，$\varphi_n = 60\%$ 已知当地夏季空调室外计算参数 $t_w = 35℃$，$i_w = 90\text{kJ/kg}$，大气压力 $B = 101325\text{Pa}$，现采用一次回风系统处理空气，室内允许波动范围为 $\pm 0.5℃$，新风比为 15%，试求空气处理所需的冷量。

6. 北京地区某空调客房采用风机盘管加独立新风系统，夏季室内设计参数为 $t_n = 26℃$，$\varphi_n = 60\%$。夏季空调室内冷负荷 $Q = 1.4\text{kW}$，湿负荷忽略为零，室内设计新风量 $G_w = 65\text{kg/h}$，试进行夏季空调过程计算。

第十二章 空气的净化处理

空气调节系统中所处理空气的来源，一般是新风和回风二者的混合空气。新风由于室外大气环境的污染而被污染；回风则因室内人的活动、室内燃烧设备产生有害物、建筑材料污染物散发、生产和工艺过程等而被污染。空气中的污染物对人体不利，还会影响室内设备、家具的使用寿命，甚至还会影响生产工艺的正常进行。因此，在空气调节系统中设置过滤器和其他净化空气的装置是十分必要的。所谓净化处理，主要是指以过滤器为主要处理设备除去空气中的悬浮尘埃、细菌、有毒有害气体、除臭、增加空气离子等。

随着现代工业和科学技术的发展，为保证产品的质量、精度和高成品率等，需要有高洁净程度的生产环境。例如，电子、精密仪器等工业对空气环境的洁净要求，远远超过人体卫生标准。随着现代生物技术的发展，一些制药厂、医院手术室、医学实验室等，要求无菌无尘，这些洁净房间称为"生物洁净室"。

本章主要介绍净化空调系统、室内空气品质及室内空气处理方法。

第一节 室内空气的净化标准

目前，一般工业和民用空调工程中，按空气中含尘浓度的多少，通常将空气净化标准分为三类：

一般净化：对于以温湿度要求为主的空调系统，对室内含尘浓度无具体要求，往往采用粗效过滤器一次过滤即可。大多数空调系统都属此类。

中等净化：对室内空气含尘浓度有一定的要求，通常用质量浓度表示，如在大型公共建筑中空气中悬浮微粒的质量浓度$\leqslant 0.15mg/m^3$。

超净净化：对室内空气含尘浓度提出了严格要求。由于尘粒对工艺的有害程度与尘粒的大小和数量有关，所以洁净指标按照环境空气含有的微粒数量的多少来确定，即以单位体积空气中的最大允许尘粒微粒数（指大于某一粒径的总数），以颗粒浓度来划分空气洁净度的等级。

洁净度等级的命名方法各国有所不同，我国是以$n \times 35$表示每立方米空气中大于等于$0.5\mu m$的粒子数，其中n为等级。

我国洁净室级别的制订开始于20世纪70年代，经过大量的实践，于1984年颁布了《洁净厂房设计规范》（GBJ 73—84），规范除规定洁净等级外，对洁净厂房的总体设计、电气设计等有全面的规定。表12-1为我国空气洁净度等级。

我国空气洁净度等级		表 12-1
等 级	每立方米空气中 $\geqslant 0.5\mu m$尘粒数	每立方米空气中 $\geqslant 5\mu m$尘粒数
100 级	$\leqslant 35 \times 100$ (3.5)	
1000 级	$\leqslant 35 \times 1000$ (35)	$\leqslant 250$ (0.25)
10000 级	$\leqslant 35 \times 10000$ (350)	$\leqslant 2500$ (2.5)
100000 级	$\leqslant 35 \times 100000$ (3500)	$\leqslant 25000$ (25)

由多个国家的空气洁净技术学会联合组成的国际"洁净室和有关控制环境"标准制订委员会制定的 ISO/TC209 国际标准，不仅包括洁净室的级别、设备和装置的标准、试验方法等，还涉及可见与不可见粒子、室内温湿度、表面污染、气流流型、生物洁净技术、生物危害分析与控制、室内照度等方面，该标准极大地推进了洁净技术的发展。

第二节 空气调节用过滤器

一、过滤器的形式

空气调节用过滤器也称空气过滤器，用于空调系统进气的净化，其作用机理是粉尘颗粒依靠筛滤、惯性碰撞、接触阻留、扩散、静电等综合作用而从空气中分离。

目前常用的过滤器有以下几种形式：

（一）粗效过滤器

滤料大多采用金属丝网、铁屑、瓷环、玻璃丝（直径大约 20μm）、粗孔聚氨脂泡沫塑料和各种人造纤维。

粗效过滤器过滤尘粒主要是利用惯性碰撞效应，为了便于更换，一般做成 500mm × 500mm × 50mm 的块状过滤器。

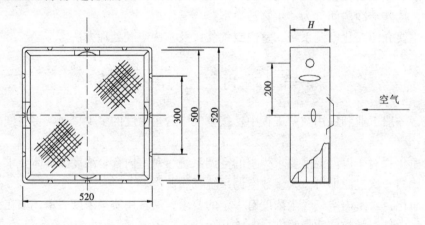

图 12-1 浸油金属网过滤器结构图

金属丝网、铁屑等材料制成的过滤器常浸油使用，可提高过滤效率，易于清洗和防止锈蚀，如图 12-1 所示。

（二）中效过滤器

主要滤料是玻璃纤维（直径大约 10μm）、中细孔聚乙烯泡沫塑料和由涤沦、丙纶等原料制成的合成纤维。为了提高过滤效率并能处理较大的风量，一般做成抽屉式或袋式，如图 12-2 所示。

中效过滤器滤速不易过大，一般为 0.25m/s 左右，否则会增大阻力，产生噪声。

（三）高效过滤器

高效过滤器必须在粗、中效过滤器的保护下使用。滤料多采用超细玻璃纤维、超细石棉纤维（直径大约 1μm）和微孔薄膜复合滤料等。滤料多做成薄膜状，为减少阻力，必须采用低滤速（每秒几厘米）。所以为了提高效率，将薄膜多次折叠，使其过滤面积为迎风面积的 50~60 倍，薄膜折叠后，中间的通道靠波纹分隔片分隔，如图 12-3 所示。

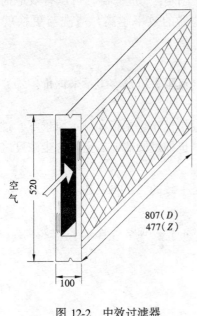

图 12-2　中效过滤器

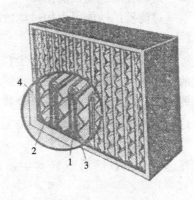

图 12-3　高效过滤器外形
1—滤纸；2—分隔片；
3—密封胶；4—木外框

高效过滤器中还有一种静电过滤器，其过滤原理是使颗粒尘埃在电场中带电，然后被极性相反的电极捕获，静电过滤器阻力小，由于使用的是高压电，在工作过程中会产生臭氧。

各种过滤器的分类及效率，可参见表 12-2。

空气过滤器的分类　　　　　　　　　　　　　　　　表 12-2

过滤器类型	有效捕集粒径（μm）	适应含尘浓度	压力损失（Pa）	过滤效率（%）质量法	容尘量（g/m³）	备　注
粗效过滤器	>5	中~大	30~200	70~90	500~2000	作高效、亚高效、中效过滤器前的预过滤器用（滤速以 m/s 计）
中效过滤器	>1	中	80~250	90~96	300~800	滤速以 dm/s 计
亚高效过滤器	<1	小	150~350	>90	70~250	滤速以 cm/s 计
高效过滤器	≥0.5	小	250~400	无法鉴别	50~70	
超高效过滤器	≥0.1	小	150~350	无法鉴别	30~50	过滤器迎面风速不大于 1m/s
静电过滤器	<1	小	80~100	>99	60~75	

在公共建筑中，空气中会带有很多细菌且细菌是附着在尘埃上的，带菌的尘埃一般都较大，例如细菌（$0.5~5\mu m$）、病毒（$0.003~0.5\mu m$）等微生物，以群体存在，可视为 $1~5\mu m$ 的微粒，附着在固体或液体颗粒上，悬浮于空气中，在有效地过滤掉空气中

的大部分尘粒的同时，会相应地过滤掉大部分浮游细菌。从表 12-2 可看出，中效过滤器可以保证对人体可吸入颗粒物的过滤，亚高效以上的空气过滤器，可以有效地捕集空气中微生物，过滤后的空气基本无菌。但是，过滤器的效率越高，清洗与更换就越困难。

二、过滤器的主要性能指标

空气过滤器的性能可以用过滤效率、穿透率、气流阻力以及容尘量来评价。

（一）过滤效率

过滤效率是衡量过滤器捕获尘粒能力的一个特性指标，它是指在额定风量下，过滤器捕获的灰尘量与进入过滤器的灰尘量之比的百分数。也即过滤器前后空气含尘浓度之差与过滤器前空气含尘浓度之比的百分数，用 $\eta\%$ 表示。

这里所说的过滤效率与袋式除尘器的过滤效率是一致的，不再赘述。

（二）穿透率

穿透率是指过滤后空气含尘浓度与过滤前空气含尘浓度之比的百分数，用 K 表示。

$$K = \frac{c_2}{c_1} \times 100\% \qquad (12-1)$$

穿透率和过滤效率的关系是

$$K = 1 - \eta \qquad (12-2)$$

过滤器的穿透率能明确地表明过滤后空气含尘量。

（三）过滤器阻力

对于未沾尘的新纤维过滤器的阻力值，可由实验值近似整理为：

$$\Delta H = Av + Bv^2 \qquad (12-3)$$

式中　ΔH——阻力（Pa）；

v——过滤器迎风断面通过气流的速度（m/s）。

A、B 均为实验系数。

公式中第一部分表示滤料阻力，第二部分表示过滤器结构阻力。

空气过滤器阻力是整个空调系统总阻力的主要组成部分，它随过滤器通过风量的增大而增大，所以，评价过滤器的阻力时，均以在额定风量时的阻力为依据。另外，当过滤器沾尘后，随沾尘量的增大阻力会逐步增加，其数值由生产厂家经试验决定。

（四）容尘量

在额定风量下，当过滤器上允许沾尘量达到最大值时，若沾尘量超过此值会使过滤器阻力过大，效率下降，此时过滤器所容纳的尘粒质量即为容尘量。

第三节　净化空调系统

净化空调系统是以保证空间空气的洁净度为主要目标，与一般的空调系统有所不同。

一、净化空调的基本形式

（一）全空间净化

以集中式净化空调系统对整个房间送风，造成全面的洁净环境。适合于室内要求相同的洁净度的场所，如图 12-4 所示。

（二）局部净化

以净化空调器或局部净化设备（如净化工作台、层流罩等），在空调房间的局部区域造成一定的洁净环境，适用于不需要全空间净化的场所，如图 12-5 所示。

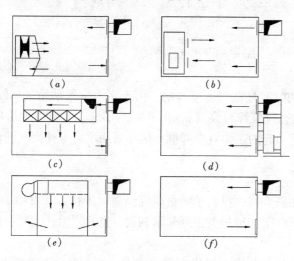

图 12-5　局部净化的几种方式

（a）室内设置洁净工作台；（b）室内设置空气自净器；（c）室内设置层流罩式装配式洁净小室；（d）走廊或套间设置空气自净器；（e）现场加工洁净小室；（f）送风口装设高效过滤器风机机组

图 12-4　全室净化空调系统示意图

（三）隧道形净化

如图 12-6 所示，以两条层流工作区和中间的紊流操作活动区组成隧道形洁净环境，是目前较为推广的净化方式。

二、净化空调实例

近年来，高大空间建筑物在工业和国防工程中的应用逐步增多。在以往的洁净空调工程中，对于洁净厂房多采用全空间净化的设计思路，能耗很大。但高大空间类型的洁净厂房，往往使用上并不要求全空间净化，只是对某一高度以下区域（工作区）有洁净度等级和温湿度控制要求。这里介绍一种洁净分层空调，它不仅较好地解决了非全空间净化的问题，而且在满足工艺条件的同时，缩短了工程的施工周期，大大减少了系统的循环处理风量和冷量，节约了初投资和运行费用。

工程实例：某高大洁净厂房（长 72m、宽 24m、高 22m），要求 14m 以下为洁净区，净化等级 10 万级，温度 $t_n = 23 \pm 5℃$，相对湿度 $\varphi_n = 35\% \sim 55\%$。其剖面图见图 12-7。

针对该高大洁净厂房的使用特点，采用洁净分层空调的方式来保证洁净工作区的温湿度和洁净度。在侧墙上均匀布置对吹的带高效过滤器的组合送风口装置，在厂房侧墙下部距地面 0.25m 高度附近均匀布置了带阻尼的回风口装置，构成了工作区分层

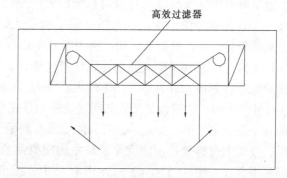

图 12-6　洁净隧道——棚式洁净隧道

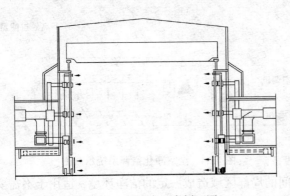

图 12-7 某洁净厂房剖面图

侧送、集中侧下回的气流组织形式。同时，为了使 14m 以上非洁净工作区的空气从洁净度和温湿度上不形成死区，减少顶棚室外冷、热辐射对工作区的影响，又能把上部吊车工作中产生的尘埃粒子及时排走，并充分利用扩散到 14m 以上的洁净空气；在非洁净空调区布置了一排小型的带状回风口，形成了一个小的循环回风系统，可以大大减轻上部非洁净区域对下部洁净工作区的污染。

第四节 室内空气品质

统计资料显示，人们有 80% 以上的时间是在室内度过的，由于室内空气品质（Indoor air quality，简称 IAQ）不好所导致的病态建筑综合症（sick building syndrome）极大地影响了人们的身心健康和工作效率，由此而引起的工作效率降低和医疗费用增高等社会问题也已受到了广泛关注。

一、室内空气品质的定义

近十年来，发达国家的有关大学和研究机构投入了大量研究经费，进行了几百项 IAQ 方面的试验，召开了许多国际会议，创办了多种相关国际学术刊物，究其原因，主要有以下三个：

（1）因为室内是人们主要的生活和工作环境，现代人类在室内停留的时间越来越长，IAQ 质量的好坏，对人们的影响甚大；

（2）现代建筑大量采用墙漆、地毯等装饰性材料，这些材料散发大量的有毒有害物质，对室内空气的污染相当严重；

（3）现代建筑大部分装有空调系统，从节能角度考虑，通过空调系统进入室内的新风量减少。同时，空调系统也有可能由于运行管理不善而成为某些病菌病毒滋生的温床和交叉感染的有效途径。

最早对室内空气品质进行较为系统研究的是丹麦技术大学的 P.O.Fanger 教授，他在 1989 年 IAQ 品质会议上提出：品质反映了满足人们需要的程度，如果人们对空气满意，就是高质量；反之，就是低质量。英国的 CIBSE（chartered Institute of Building Serrilces Engineers）认为：少于 50% 的人能察觉到任何气味，少于 20% 的人感觉不舒服，少于 10% 的人感觉到黏膜刺激，并且少于 5% 的人在不足 2% 时间内感到烦燥，则可认为此时的 IAQ 是可接受的。这两种定义的共同点是将 IAQ 完全变成了人们的主观感受。但是，房间内的有一些有害气体，如氡等，对人体是没有刺激作用的，但它们对人体的危害却很大，所以，仅凭主观感受是不能完全反映室内空气品质的。1996 年，美国供暖、制冷和空调工程师协会（ASHRAE）在 62—1989R 标准中，提出了"可接受的 IAQ"和"感受到的可接受 IAQ"的概念。"可接受的 IAQ"定义为：空调房间中绝大多数人没有对室内空气表示不满意，并且空气中没有已知污染物达到了可能对人体健康产生严重威胁的浓度。"感受到的可接受 IAQ"定义为：空调空间中绝大多数人没有因为气味或刺激性表示不满，它是达到可接受的 IAQ 的必要而非充分条件。在这一标准中，室内空气品质包括了客观指标和人的主观感受两个方面的内容，比较科学和全面。

二、室内空气污染的特征

室内空气污染与室外大气污染不同，有着以下显著的特征。

（一）累积性

室内环境是相对封闭的空间，从污染物进入室内导致浓度升高，到排出室外至浓度趋于零，需要较长的时间。室内的建筑装饰材料、家具、地毯、复印机、打印机等都可能释放出一定的化学物质。如不采取措施，它们将在室内逐渐累积，构成对人体的危害。

（二）长期性

由于人们大部分的时间是处于室内环境中，即使浓度很低的污染物，在长期作用于人体后，也影响人体健康。

（三）多样性

室内空气污染既有生物性污染物，如细菌、病毒；又有化学性污染物，如甲醛、苯、氨、甲苯、一氧化碳、二氧化硫等；另外还有放射性污染物，如氡等。

室内空气污染物的来源既有室内污染源，如家庭装修用的人造板材、油漆等会释放出大量的有机污染物；也有来自室外污染源的污染物，如室外污染空气向室内的扩散。

因此，室内空气污染无论从污染物的种类上，还是污染物的来源上都具有多样性。

三、室内空气污染物的种类及危害

按照污染源散发污染物及典型室内空气调查结果归纳出室内主要污染物有：

（一）挥发性有机化合物（VOC）

挥发性有机化合物（VOC）是指环境监测中以氢焰离子检测器测出的非甲烷烃类物质的总称，其中包括含氧烃类、含卤烃类。研究证明，建筑材料散发的 VOC 是产生"病态建筑综合症"（SBS）的主要原因之一。VOC 对人体健康影响主要是刺激眼睛和呼吸道、皮肤过敏，使人产生头痛、咽痛和乏力。VOC 中的苯、氯乙烯、多环芳烃等为致癌物质。

（二）甲醛

室内甲醛主要来源于建筑材料、家具、各种粘合剂涂料、合成织品等，香烟及一些有机材料燃烧也会散发出甲醛。低浓度甲醛对人体影响主要表现在皮肤过敏、咳嗽、多痰、失眠、恶心、头痛等，甲醛对中枢神经系统有明显的影响，另外，甲醛与空气中离子形成氯化物的反应生成致癌物质——二氯甲基醚，这已引起人们的关注。

（三）氨气

室内氨来源于室内装饰材料、木制板材、以及土建施工中为加速混凝土凝固所添加的含有氨水的添加剂和冬季施工中使用尿素和氨水为主要原料的防冻剂。氨是一种碱性物质，它对接触的皮肤组织有腐蚀和刺激作用，损害上呼吸道粘膜上皮组织，使病原微生物易于入侵，减弱人体对疾病的抵抗力。

（四）颗粒污染物

颗粒污染物也即通常所说的悬浮颗粒。室内颗粒污染物主要来自室外、生活炉灶以及吸烟。这些颗粒污染物成分很复杂，除一般尘埃外，还有炭黑、石棉、二氧化硅、铁、铝、镉、砷、多环芳烃类等 130 多种有害物质，这些颗粒污染物通过呼吸道进入人体后，可危害人体的呼吸系统和引起心血管系统的病变，降低人体免疫功能。

（五）氡及其衍生物

氡污染主要有三方面来源：一是存在于地表，特别是地下花岗岩和火山结构的地区；二是从房基土壤、建筑材料中析出的氡；三是从室外空气中、从供水及用于取暖和厨房设备的天然气中释放的氡。

氡气是世界卫生组织确认的主要环境致癌物之一。氡是无色无味、不可挥发的放射性惰性气体，当氡及其衍生物通过呼吸道进入人体后，往往长期滞留在人体的整个呼吸道内，是导致人体呼吸系统疾病的重要原因之一。

（六）CO 和 CO_2

室内 CO 来源于家庭用燃气灶或小型煤油加热器的不完全燃烧产物，CO 对人体的心血管系统、神经系统均有影响，严重时可危及生命，CO 还可引起胎儿体质降低和智力发育迟缓。

居室中 CO_2 的来源主要是人体自身排出的呼吸产物、燃料燃烧产物、吸烟产物和植物呼吸产物，CO_2 属呼吸中枢兴奋剂，为生理所需，但当其浓度超过一定范围后，会导致空气中氧气含量降低，对人体产生危害。研究表明，CO_2 浓度增加与室内细菌总数、CO、甲醛浓度呈正比关系，使室内空气污染更加严重。

（七）NO_x、SO_x 及 O_3

室内 NO_x、SO_x 来源于燃料燃烧产物，O_3 则来源于室外大气污染和室内电视机、复印机、激光印刷机、负离子发生器、紫外线灯、电子消毒柜等在使用过程中的产物，这三类物质均有很强的刺激性，严重时可导致人体呼吸系统病变，危害人体的中枢神经。

对上述各类污染物在室内的浓度，目前都有专门的检测方法和检测仪器，一般来讲，室内污染物的检测分为样品处理及进样、样品分离、检测、数据处理四个步骤，现阶段的检测仪器如检测挥发性有机化合物（VOC）浓度的便携式气相色谱仪、检测甲醛浓度的甲醛测试仪等使用起来都很简单方便。

第五节　室内空气品质的评价标准

室内空气品质评价是认识室内环境的一种科学方法，是随着人们对室内环境重要性认识的不断加深所提出的新概念。室内空气品质评价分为主观评价和客观评价。

客观评价是直接用室内污染物指标来评价室内空气品质，由于涉及到室内空气品质低浓度污染物太多，不可能每样都监测，需要选择具有代表性的污染物作为评价指标来全面、公正地反映室内空气品质的状况，例如，甲醛浓度是评价建筑材料有机性释放物（VOC）对室内空气污染的指标。大量的测试数据表明，即使在 IAQ 状况恶化，室内人员频繁抱怨时，室内低浓度的污染也很少有超标的；此外，由于人们对污染的反应有一定的个体差异，在相同的室内，人们会由于所处的精神状态、工作压力、性别等因素不同而产生不同的反应。因此，客观评价有一定的局限性，在对室内空气品质进行评价时还必须将各种主观因素考虑在内，表 12-3 是我国制定的室内空气质量的客观标准，表 12-4、表 12-5 分别为室内环境质量分级基准和室内空气品质等级。

室内空气质量标准（中国）　　　　　　　　表 12-3

序　号	污染物名称	标　准　值	标　准　号
1	细菌	≤4000cfc/m³	GB/T17093—1997
2	二氧化碳	≤2000mg/m³	GB/T17094—1997
3	可吸入颗粒物	日平均最高允许浓度为 0.15mg/m³	GB/T17095—1997
4	氮氧化物	日平均最高允许浓度为 0.10mg/m³	GB/T17096—1997
5	二氧化硫	日平均最高允许浓度为 0.15mg/m³	GB/T17097—1997
6	氡（室内）	新建平衡当量浓度年平均≤100Bq/m³ 已建平衡当量浓度年平均≤200Bq/m³	GB/T16146—1999
7	甲醛	0.08mg/m³	GB/T16127—1995

环境质量分级基准　　　　　　　　表 12-4

分　级	特　　点
清洁	适宜人类生活
未污染	各环境要素的污染物均不超标，人类生活正常
轻污染	至少有一个环境要素的污染物超标，除了敏感者外，一般不会发生急慢性中毒
中污染	一般有 2～3 个环境要素的污染物超标，人群健康明显受害，敏感者受害严重
重污染	一般有 3～4 个环境要素的污染物超标，人群健康受害严重，敏感者可能死亡

室内空气品质等级　　　　　　　　表 12-5

综合指数	室内空气品质等级	等级评语	综合指数	室内空气品质等级	等级评语
≤0.49	Ⅰ	清洁	1.50～1.99	Ⅳ	中污染
0.50～0.99	Ⅱ	未污染	≥2.00	Ⅴ	重污染
1.00～1.49	Ⅲ	轻污染			

主观评价是利用人自身的感觉器官进行描述和评判。主观评价主要有两个，一是表达对环境因素的感觉；二是表述环境对健康的影响。室内人员对室内环境接受与否是属于评判性评价；对空气品质感受程度则属于描述性评价。常用方法有培养专人进行感官分析，也有采用对大量人群进行调查的方法。调查表采用选择法对各种感觉程度进行量化，为提高可信度有时还对被调查人员背景资料进行调查以排除影响因素，最后统计归纳得出规律性。

目前，人们正在积极探索将主观评价与客观评价相结合得出室内空气品质结论的更为准确的方法。

第六节　室内空气净化的其他装置

长期以来，空调系统中新风过滤都只采用粗效过滤器，而净化系统则普遍采用三级过滤：新风粗效、回风中效、送风高效。净化空调的这种设计极大降低了由新风带入室内的尘菌浓度，同时在一定程度上延长系统部件的寿命。但是这种新风过滤主要考虑室外颗粒污染物（及附着其上的微生物）的除去，而室内空气品质涉及的除室外污染外，更多是室内微生物污染和气态污染物的影响。因此，新风三级过滤不能有效防止室内有害气体，而需采用其他的处理装置。

（一）活性炭过滤器

活性炭过滤器是采用活性炭吸附剂吸附空气中有毒或有臭味的气体、蒸气或其他有机物质。活性炭为纤维状或颗粒状，内部有极多极细小的孔隙，1克（约 $2cm^3$）活性炭与空气的有效接触面积达 $1000m^2$，在正常条件下，吸附保持量（即吸附的物质量与活性炭质量之比）可达 15%～25%。活性炭吸附性能见表12-6。

活性炭吸附性能　　　　　　　　　　　　　　　　　　　　表 12-6

物质名称	吸附保持量%	物质名称	吸附保持量%
二氧化硫	10	吡啶 （烟草燃烧产物）	25
氯	15		
二硫化碳	15	丁基酸 （汗、体臭）	35
苯	24		
臭氧	能还原为 O_2	浴、厕气味	约 30

一般来说，对于居住建筑，每 $1000m^3/h$ 风量，约需 10kg 活性炭，使用寿命 2 年左右；对于商业建筑，每 $1000m^3/h$ 风量，约需 10～12kg 活性炭，使用寿命 1～1.5 年。

（二）纳米光催化空气净化器

纳米光催化空气净化器是利用纳米级的二氧化钛（TiO_2）吸收阳光中或人工制造的紫外线后，内部电子被激发，形成活性氧类的超氧化物和羟基原子团，其超强的氧化能力，可以破坏细胞的细胞膜，使细胞质流失至死亡，凝固病毒的蛋白质，抑制病毒的活性，并捕捉、杀除空气中的浮游细菌，杀菌能力达到 99.997%；同时，二氧化钛受光后生成的氢氧自由基能加快有机物质、气体的分解，提高空气清净效率，从而起到脱臭的功效。据实验检测，光催化剂可有效除去大肠杆菌、金黄葡萄球菌、化脓菌等多种类型的细菌，还能抑制一些病原体的传播。实验发现，光催化剂比臭氧、负氧离子有着更强的氧化能力，可强力分解臭源。利用光催化剂处理的布包装食品可明显抑制霉变，在 10 天以后仍能保持新鲜。而光催化剂的超亲水特性，能保证污垢不易附着，让使用了光催化剂的物体能长久保持洁净。

二氧化钛光催化材料目前已被用于房间空气净化器，光催化空气净化器中光催化材料与吸附材料的混合配置正处于空调行业积极研究发展阶段。

思 考 题 与 习 题

1. 净化空调的主要特征是什么？
2. 简述空气过滤器的过滤机理。常用的过滤器有哪几种形式？过滤器的主要性能指标有哪些？
3. 净化空调的基本形式有哪些？
4. 怎样定义室内空气品质？
5. 室内空气污染物对人类有什么危害？
6. 室内空气净化常用的装置有哪些？

第十三章　空调房间的气流组织

气流组织，就是在空调房间内合理地布置送风口和回风口，使得经过处理后的空气由送风口送入室内后，在扩散与混合的过程中，均匀地消除室内余热和余湿，从而使工作区形成比较均匀而稳定的温度、湿度、气流速度和洁净度，以满足生产工艺和人体舒适的要求。

空调房间气流组织不同，房间得到的空调效果也不同。

影响气流组织的因素很多，如送风口和回风口的位置、形式、大小、数量；送入室内气流的温度和速度；房间的形式和大小，室内工艺设备的布置等都直接影响气流组织，而且各因素之间往往相互联系相互制约，再加上实际工程中具体条件的多样性，因此在气流组织的设计上，光靠理论计算是不够的，一般尚要借助现场调试，才能达到预期的效果。

第一节　送回风口的气流流动规律

一、送风射流的流动规律

空气经过孔口或喷嘴向周围气体的外射流动称为射流。由流体力学可知，根据流态不同，射流可分为层流射流和紊流射流；按射流过程中是否受周界表面的限制分为自由射流和受限射流；根据射流与周围流体的温度是否相同可分为等温射流与非等温射流；按喷嘴型式不同，射流分为集中射流（由圆形、方形和矩形风口出流的射流）、扁射流（边长比大于 10 的扁长风口出流的射流）和扇形射流（呈扇形导流径向扩散出流的射流）。在空调工程中常见的射流多属于紊流非等温受限射流。

1. 自由射流

空气自喷嘴喷射到比射流体积大的多的房间中，射流可不受限制地扩大，此射流称为自由射流。当射流的出口温度与周围静止空气温度相同时，称为等温射流；当射流的出口温度与周围静止空气温度不相同时，称为非等温射流。

（1）等温自由射流。图 13-1 所示为等温自由圆断面射流。我们把射流轴心速度保持不变的一段长度称为起始段，其后称为主体段。起始段的长度取决于喷嘴的型式和大小，一般比较短，空调中主要是应用主体段。

根据流体力学可知，紊流自由射流的特性可归纳如下：

1）当出口速度为 u_0 的射流喷入静止的空气中，由于紊流射流的卷吸作用，使周围气体不断的被卷进射流范围内，因此射流的范围愈

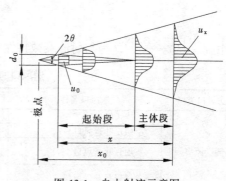

图 13-1　自由射流示意图

来愈大。射流的边界面是圆锥面，圆锥的顶点称为极点，圆锥的半顶角 θ 称为射流的极角（图 13-1）。

射流的极角为

$$\tan\theta = \alpha\varphi \tag{13-1}$$

式中 θ——射流极角，为整个扩张角的一半。圆形喷嘴 $\theta = 14°30'$；

      α——紊流系数，可参考表 13-1 中的实验数据。它决定于喷嘴的结构及空气经喷口时所受扰动的大小。如扰动越大，空气射出后与周围空气发生的卷吸作用越强烈，扩张角也越大，所以 α 值就越大；

      φ——射流喷口的形状系数。圆断面射流 $\varphi = 3.4$，条缝射流 $\varphi = 2.44$。

喷嘴紊流系数 α 值   表 13-1

喷 嘴 形 式		紊流系数 α
圆射流	收缩极好的喷嘴	0.066
	圆管	0.076
	扩散角为 8°~12°的扩散管	0.09
	矩形短管	0.1
	带可动导叶的喷口	0.2
	活动百叶风口	0.16
平面射流	收缩极好的扁平喷口	0.108
	平壁上带锐缘的条缝	0.115
	圆边口带导叶的风管纵向缝	0.155

2）由于射流的卷吸作用，周围空气不断地被卷进射流范围内，因此射流的流量沿射程不断增加。

3）射流起始段内维持出口速度的射流核心逐渐缩小，主体段内轴心速度随着射程增大而逐渐缩小。

射流主体段轴心速度的衰减规律计算公式为：

$$\frac{u_x}{u_0} = \frac{0.48}{\dfrac{\alpha x}{d_0} + 0.145} \tag{13-2}$$

式中 u_x——以风口为起点，到射流计算断面距离为 x 处的轴心速度（m/s）；

      u_0——射流出口的平均速度（m/s）；

      d_0——送风口直径（m）；

      α——送风口的紊流系数；

      x——由风口至计算断面的距离（m）。

或忽略由极点至风口的一段距离，在主体计算时直接用

$$\frac{u_x}{u_0} \approx \frac{0.48}{\dfrac{\alpha x}{d_0}} \tag{13-3}$$

将 d_0 以风口出流面积 F_0 表示，则

$$\frac{u_x}{u_0} \approx \frac{m\sqrt{F_0}}{x} \tag{13-4}$$

式中 $m = \dfrac{1.13 \times 0.48}{\alpha}$，为与射流衰减特性有关的常数，见表 13-2。

送风口的形式和使用范围   表 13-2

送风口类型	送风口名称	使 用 范 围	m	n
侧送风口	格栅送风口	要求不高的一般空调工程	6.0	4.2
	单层百叶送风口	用于一般精度的空调工程	4.5	3.2
	双层百叶送风口	用于公共建筑的舒适性空调，以及精度较高的工艺性空调	3.4	2.4
	条缝形百叶送风口	可作风机盘管出风口，也可用于一般空调工程	2.5	2.0

送风口类型	送风口名称	使 用 范 围	m	n
散流器	圆形（方形）直片式散流器	用于公共建筑的舒适性空调和工艺性空调	1.35	1.1
	圆盘形散流器	用于公共建筑的舒适性空调和工艺性空调	1.35	1.1
	流线形散流器	用于净化空调		
	方（矩）形散流器	用于公共建筑的舒适性空调		
	条缝（线）形散流器	用于公共建筑的舒适性空调		
喷射式送风口	圆形喷口	用于公共建筑和高大厂房的一般空调	7.7	5.8
	矩形喷口	用于公共建筑和高大厂房的一般空调	6.8	4.8
	圆形旋转风口	用于空调和通风岗位送风		
条形送风口	活叶条形散流器	用于公共建筑的舒适性空调		
扩散孔板送风口	扩散孔板风口	用于乱流洁净室的末端送风装置，或净化系统的送风口		

对于方形或矩形风口（风口的长边与短边比不超过 3），空气射流断面很快地从矩形发展为圆形，所以式（13-4）同样适用。但当矩形风口长边与短边比超过 10 时，则应按扁射流计算，即

$$\frac{u_x}{u_0} = m\sqrt{\frac{b_0}{x}} \qquad (13\text{-}5)$$

式中 b_0——扁口的高度（m）。

4）随着射程的增大，射流断面逐渐增大，同时射流流速逐渐减小，断面流速分布曲线逐渐扁平。对射流而言，$u_x < 0.25\text{m/s}$ 可视为"静止空气"或称自由流动空气。

5）由于射流中各点的静压强均相等，所以我们任取一段射流隔离体，其外力之和恒等于零。根据动量方程式，单位时间内通过射流各断面的动量应该相等。

（2）非等温自由射流。非等温射流是射流出口温度与室内空气温度不相同的射流，当送风温度低于室内温度时称为"冷射流"；高于室内温度时称为"热射流"。由于温差的存在，射流的密度与室内空气的密度不同，造成了水平射流轴线的弯曲。热射流的轴线将往上翘，冷射流的轴线则往下弯曲，见图 13-2 所示。在空调工程中，非等温射流的温差一般较小，可以认为整个射流轨迹仍然对称于轴线，也就是说，整个射流随轴线一起弯曲。

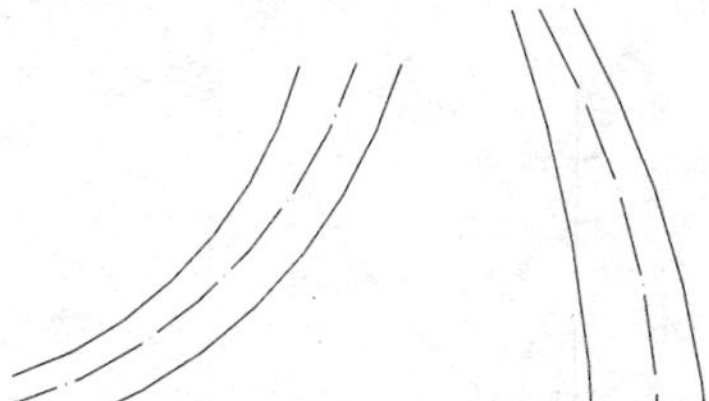

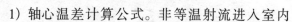

图 13-2 非等温射线
（a）热射流；（b）冷射流

1）轴心温差计算公式。非等温射流进入室内后，射流边界与周围空气之间不仅要进行动量交换，而且要进行热量交换。因此，射流随着离开出口距离的增大，其轴心温度也在变化。轴心温差计算公式为：

$$\frac{\Delta T_x}{\Delta T_0} = 0.73 \frac{u_x}{u_0} \tag{13-6}$$

即
$$\frac{\Delta T_x}{\Delta T_0} = 0.73 \frac{u_x}{u_0} = \frac{0.73m \sqrt{F_0}}{x} = \frac{n \sqrt{F_0}}{x} \tag{13-7}$$

式中　ΔT_x——主体段内射程 x 处轴心温度与周围空气温度之差（K）；

ΔT_0——射流出口温度与周围空气温度之差（K）；

n——代表温度衰减的系数，$n = 0.73m$，见表 13-2。

在非等温射流中，射流截面中的温度分布与速度分布具有相似性。但热量交换比动量交换快，即射流温度的扩散角大于速度的扩散角，因而温度的衰减较速度快。

2）阿基米德数 Ar。对于非等温自由射流，由于射流与周围空气的密度不同，在浮力与重力不平衡的条件下，射流将发生变形，即水平射出（或与水平面成一定角度射出）的射流轴线将发生弯曲，其判别依据为阿基米德数 Ar：

$$Ar = \frac{gd_0(T_0 - T_n)}{u_0^2 T_n} \tag{13-8}$$

式中　T_0——射流出口温度（K）；

T_n——房间空气温度（K）；

g——重力加速度（m/s²）。

显然当 Ar > 0 时为热射流，Ar < 0 为冷射流，而当 |Ar| < 0.001 时，则可忽略射流弯曲按等温射流计算。如 |Ar| > 0.001 时，射流轴心轨迹的计算公式为：

$$\frac{y_i}{d_0} = \frac{x_i}{d_0}\mathrm{tg}\beta + Ar\left(\frac{x_i}{d_0\cos\beta}\right)^2\left(0.51 \frac{\alpha x_i}{d_0\cos\beta} + 0.35\right) \tag{13-9}$$

式中各符号的意义见图 13-3。由式（13-9）可见，Ar 的正负和大小决定了射流弯曲的方向和程度。

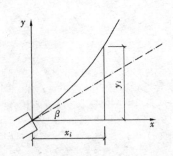

图 13-3　非等温射流轨迹计算图

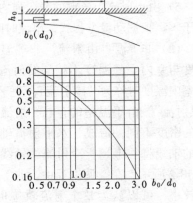

图 13-4　贴附冷射流的贴附长度

2. 受限射流

在空气调节中，还经常遇到送风气流流动受到壁面限制情况。如送风口贴近顶棚时，射流在顶棚处不能卷吸空气，因而流速大、静压小，而射流下部流速小、静压大，使得气流贴附于顶棚流动，这样的射流称为贴附射流（图 13-4）。由于壁面处不可能混合静止空气，也就是卷吸量减少了，贴附射流轴心速度的衰减比自由射流慢，所以贴附射流的射程比自由射流更长。贴附射流截面的最大速度在靠近壁面处。若射流为冷射流时，气流下弯，贴附长度将受影响。

如果忽略顶棚壁面对射流的影响，可以认为贴附射流相当于把喷嘴面积扩大一倍后射流的一半。

对于集中贴附射流：

$$\frac{u_x}{u_0} = \frac{m\sqrt{2F_0}}{x} \tag{13-10}$$

对于贴附扁射流：

$$\frac{u_x}{u_0} = m\sqrt{\frac{2b_0}{x}} \tag{13-11}$$

由此可见，贴附射流轴心速度的衰减比自由射流慢，因而达到同样轴心速度的衰减程度需要更长的距离。

射流几何特性系数 z 是考虑非等温射流的浮力（或重力）作用而在形式上相当于一个线形长度的特征量。对于集中射流和扇形射流（边长比大于 10 的扁长风口出流的射流称扁射流或平面流，径向扩散出流的射流称扇形射流）为：

$$z = 5.45 m' u_0 \sqrt[4]{\frac{F_0}{(n'\Delta T_0)^2}} \tag{13-12}$$

对于扁射流：

$$z = 9.6 \times \sqrt[3]{b_0 \frac{(m'u_0)^4}{(n'\Delta T_0)^2}} \tag{13-13}$$

式中　$m' = \sqrt{2}m; n' = \sqrt{2}n$

则其贴附长度为：

集中射流：　　　　　　　　$x_l = 0.5 z e^k \tag{13-14}$

扇形射流：　　　　　　　　$x_l = 0.4 z e^k \tag{13-15}$

式中　$k = 0.35 - 0.62\dfrac{h_0}{\sqrt{F_0}}$ 或 $k = 0.35 - 0.7\dfrac{h_0}{b_0}$（扁射流，$b_0 = 1.13\sqrt{F_0}$）。

在已知 h_0/b_0（或用 $b_0 = 1.13\sqrt{F_0}$）时可直接查图 13-4 得 e^k。

除贴附射流外，空调房间四周的围护结构可能对射流扩散构成限制，出现与自由射流完全不同的射流，这种射流称为"有限射流"或"有限空间射流"。图 13-5 为有限空间内贴附与非贴附两种受限射流的运动情况。当喷口处于空间高度的一半（$h = 0.5H$）时，则形成完整的对称流，射流区呈椭圆形，回流在射流区的四周；当喷口位于空间高度的上部（$h > 0.7H$）时，则出现贴附的有限空间射流，它相当于完整的对称流的一半。

如果以贴附射流为基础，将无因次距离定为：

$$\overline{x} = \frac{\alpha x_0}{\sqrt{F_n}} \tag{13-16}$$

则对于全射流即为：

$$\overline{x} = \frac{\alpha x_0}{\sqrt{0.5F_n}} \tag{13-17}$$

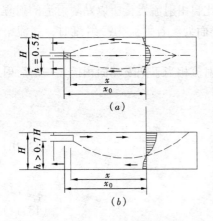

图 13-5　有限空间射流流动

以上两式中，x_0 是由极点至计算断面的距离；F_n 是垂直于射流的空间断面面积。

实验结果表明，当 $\overline{x} \leqslant 0.1$ 时，射流的扩散规律与自由射流相同，并称 $\overline{x} \approx 0.1$ 为第一临界断面。当 $\overline{x} > 0.1$ 时，射流扩散受限，射流断面与流量增加变缓，动量不再守恒，并且到 $\overline{x} \approx 0.2$ 时射流流量最大，射流断面在稍后处亦达最大，称 $\overline{x} \approx 0.2$ 为第二临界断面。同时，不难看出，在第二临界断面处回流的平均流速也达到最大值。在第二临界断面以后，射流空气逐步改变流向，参与回流，使射流流量、面积和动量不断减小，直至消失。

有限空间射流的压力场是不均匀的，各断面的静压随射程而增加。一般认为当射流断面面积达到空间断面面积的 1/5 时，射流受限，成为有限空间射流。

由于有限空间射流的回流区一般也是工作区，控制回流区的风速具有实际意义。回流区最大平均风速的计算式为

$$\frac{u_n}{u_0} = \frac{m}{C\sqrt{\dfrac{F_n}{F_0}}} \qquad (13\text{-}18)$$

式中　u_n——回流区最大平均风速（m/s）；

F_0——风口出流面积（m^2）；

C——与风口型式有关的系数，对集中射流取 10.5。

3. 平行射流的叠加

当两股平行射流在同一高度上且距离比较近时，射流的发展互相影响。在汇合之前，每股射流独立发展。汇合之后，射流边界相交、互相干扰并重叠，逐渐形成一股总射流（见图 13-6）。总射流的轴心速度逐渐增大，直至最大，然后再逐渐衰减直至趋近于零。

其 x 断面上的速度为：

$$u_x = \frac{m u_0 \sqrt{F_0}}{x} \sqrt{1 + \exp\left[-\left(\frac{l}{cx}\right)^2\right]} \quad (13\text{-}19)$$

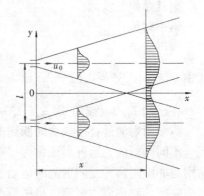

图 13-6　平行射流的叠加

式中　c——实验常数，可取 $c = 0.082$；

l——两射流的中心距（m）。

二、排（回）风口的气流流动

1. 点汇的气流流动

由流体力学可知，对于一个点汇，其流场中的等速面是以汇点为中心的等球面，而且通过各个球面的流量都相等。因此随着离开汇点的距离增加，流速呈二次方衰减。

2. 实际排（回）风口的气流流动

实际排（回）风口的气流速度衰减很快。排（回）风口速度衰减快的特点，决定了其作用范围的有限性，因此在研究空间内气流分布时，主要考虑送风口射流的作用，同时考虑排（回）风口的合理位置，以便达到预定的气流分布模式。

第二节　送、回风口的形式

一、风口的形式

送风口的形式及其紊流系数的大小，对射流的扩散及气流流型的形成有直接影响。送风口的形式有多种，通常要根据房间的特点、对流型的要求和房间内部装修等加以选择。常用送风口的形式、特征及使用范围见表13-2所示。

1. 侧送风口

在房间内横向送出的风口叫侧送风口。常用的侧送风口形式见表13-3所示。工程上用的最多的是百叶风口；百叶风口中的百叶可做成活动可调的，既能调风量，也能调送风方向。百叶风口常用的有单层百叶风口（叶片横装的可调仰角或俯角，叶片竖装的可调节水平扩散角）和双层百叶风口（外层叶片横装，内层叶片竖装；外层叶片竖装，内层叶片横装）。除了百叶风口外，还有格栅送风口和条缝送风口，风口应与建筑装饰很好地配合。

常用侧送风口形式　　　　　　　　　　　　　　表 13-3

风　口　形　式	射流特性及应用范围
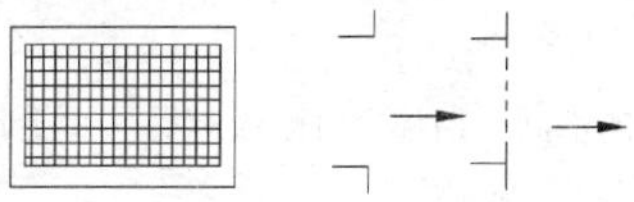	（a）格栅送风口 叶片或空花图案的格栅，用于一般空调工程
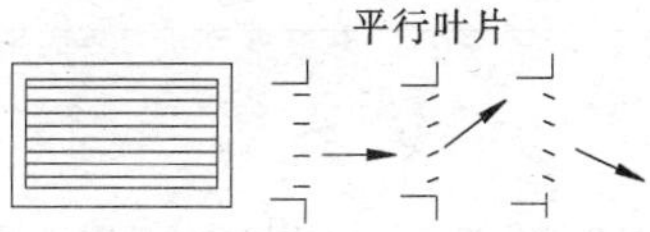 平行叶片	（b）单层百叶送风口 叶片可活动，可根据冷、热射流调节送风的上下倾角，用于一般空调工程
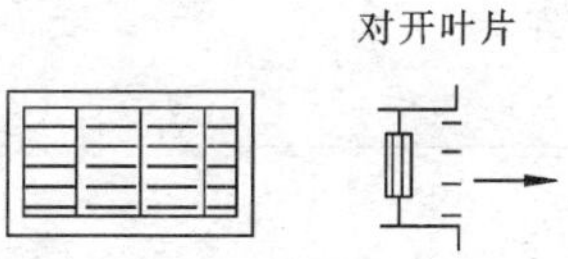 对开叶片	（c）双层百叶送风口 叶片可活动，内层对开叶片用以调节风量，用于较高精度空调工程
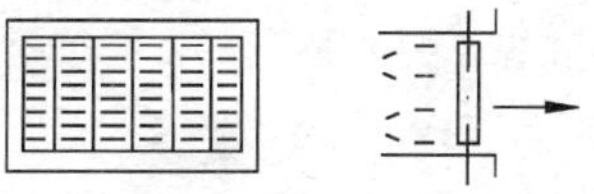	（d）三层百叶送风口 叶片可活动，有对开叶片可调风量，又有水平、垂直叶片可调上下倾角和射流扩散角，用于高精度空调工程
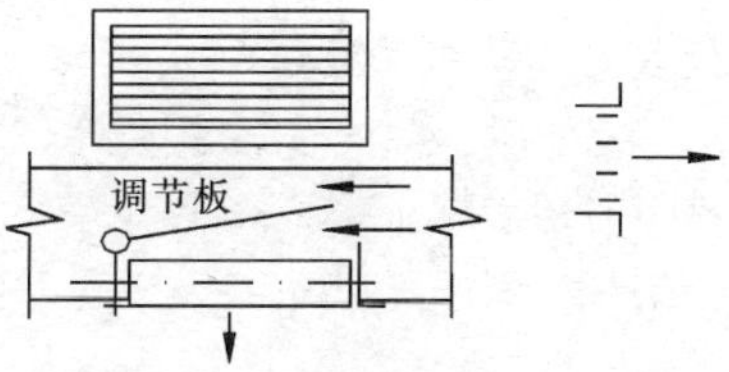 调节板	（e）带调节板活动百叶送风口 通过调节板调整风量，用于较高精度空调工程

风 口 形 式	射流特性及应用范围
	(*f*) 带出口隔板的条缝形风口 常设于工业车间的截面变化均匀送风管道上，用于一般精度的空调工程
	(*g*) 条缝形风口 常配合静压箱（兼作吸引箱）使用，可作为风机盘管、诱导器的出风口，适用于一般精度的民用建筑空调工程

2. 散流器

散流器是装在天花板上的一种由上向下送风的风口，射流沿表面呈辐射状流动。散流器的外形有圆形、方形和矩形；按气流扩散方向有单向的和多向的；按气流流型可分为垂直下送和平送贴附散流器。表 13-4 是常见散流器的形式，表 13-5 是矩形或方形散流器的形式及其在房间内的布置示意图。

常用散流器形式　　　　　　　　　　　　　表 13-4

风 口 形 式	风口名称及气流流型
	(*a*) 盘式散流器 属平送流型，用于层高较低的房间，挡板上可贴吸声材料，能起消声作用
	(*b*) 直片式散流器 平送流型或下送流型（降低扩散圈在散流器中的相对位置时可得到平送流型，反之则可得到下送流型）
	(*c*) 流线型散流器 属下送流型，适用于净化空调工程
	(*d*) 送吸式散流器 属平送流型，可将送、回风口结合在一起

散流器形式	在房间内位置及气流方向	散流器形式	在房间内位置及气流方向

3. 孔板送风口

孔板送风是利用顶棚上面的空间为送风静压箱（或另外安装静压箱），空气在箱内静压作用下通过在金属板上开设的大量孔径为 4～10mm 的小孔，大面积地向室内送风的方式。根据孔板在顶棚上的布置形式不同，可分为全面孔板（孔板面积与顶棚面积之比大于或等于 50%）和局部孔板（孔板面积与顶棚面积之比小于 50%）。全面孔板是指在空调房间的整个顶棚上（除布置照明灯具所占面积外），均匀布置送风孔板（见图 13-7）；局部孔板是指在顶棚的中间或两侧，布置成带形、矩形和方形，以及按不同的格式交叉排列的孔板。

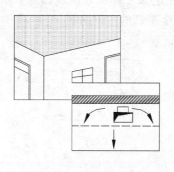

图 13-7　孔板送风口

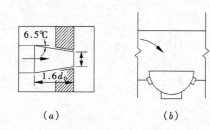

(a)　　　　　(b)

图 13-8　喷口送风
(a) 圆形喷口；(b) 球形转动喷口

4. 喷射式送风口

对于大型体育馆、礼堂、剧院和通用大厅等建筑常采用喷射式送风口。图 13-8 (a)

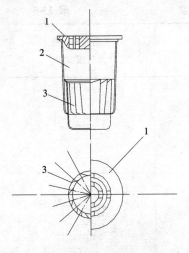

图 13-9　旋流式风口
1—出风格栅；2—集尘箱；3—旋流叶片

所示为圆形喷口，该喷口有较小的收缩角度，并且无叶片遮挡，因此喷口的噪声低、紊流系数小、射程长。为了提高喷射送风口的使用灵活性，可以作成图 13-8 (b) 所示的既能调方向又能调风量的球形转动喷口形式。

5. 旋流送风口

旋流送风口由出口格栅、集尘箱和旋流叶片组成，如图 13-9 所示。空调送风经旋流叶片切向进入集尘箱，形成旋转气流由格栅送出。送风气流与室内空气混合好，速度衰减快。格栅和集尘箱可以随时取出清扫。这种送风口适用于电子计算机房的地面送风。

二、回风口形式

由于回风口附近气流速度衰减很快，对室内气流组织的影响很小，因而构造简单，类型也不多。最简单的是矩形网式回风口、蓖板式回风口。此外如格栅、百叶风口、条缝风口等，均可当回风口用。

第三节　气流组织的基本方式

一、气流组织形式

空调房间对工作区内的温度、相对湿度有一定的精度要求，除要求有均匀、稳定的温度场和速度场外，有时还要控制噪声水平和含尘浓度。这些都直接受气流流动和分布状况影响。而这些又取决于送风口的构造形式、尺寸、送风参数、送回风口的位置等。气流组织形式一般分为：

（一）上送下回方式

这是最基本的气流组织形式。送风口安装在房间的侧上部或顶棚上，而回风口则设于房间的下部，见图 13-10。它的主要特点是送风气流在进入工作区之前就已充分混合，易形成均匀的温度场和速度场。适用于温湿度和洁净度要求高的空调房间。

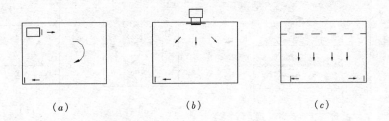

（a）　　　　　　　　（b）　　　　　　　　（c）

图 13-10　上送下回方式
（a）侧送侧回；（b）散流器送风；（c）孔板送风

（二）上送上回方式

在工程中，采用下回风时布置管路有一定的困难，常采用上送风上回风方式，见图

13-11。这种方式的主要特点是施工方便，但影响房间的净空使用。且如设计计算不准确，会造成气流短路，影响空调质量。

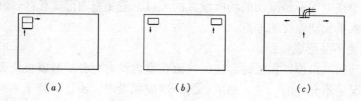

图 13-11　上送上回方式

(*a*) 单侧上送上回；(*b*) 异侧上送上回；(*c*) 送吸式散流器

（三）中送风

某些高大空间的空调房间，采用前述方式需要大量送风，空调耗冷量、耗热量都大。因而采用在房间高度上的中部位置采用侧送风口或喷口的送风方式，见图 13-12。中送风是将房间下部作为空调区，上部作为非空调区。在满足工作区空调要求的前提下，有显著的节能效果。

（四）下送风

图 13-13（*a*）为地面均匀送风、上部集中排风。此种方式送风直接进入工作区，为满足生产及人的舒适要求，送风温差必然远小于上送方式，因而加大了送风量。同时考虑到人的舒适条件，送风速度也不能大，一般不超过 $0.5 \sim 0.7 \text{m/s}$，这就必须增大送风口的面积或数量，给风口布置带来困难。此外地面容易积聚脏物，将会影

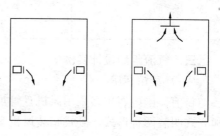

图 13-12　中送风方式

响送风的清洁度，但下送风方式能使新鲜空气首先通过工作区。同时由于是顶部排风，因而房间上部余热（如照明散热、上部围护结构传热等）可以不进入工作区而被直接排走，故具有一定的节能效果，同时有利于改善工作区的空气质量。

图 13-13（*b*）为送风口设于窗台下面垂直上送风的形式，这样可在工作区造成均匀的气流流动，同时能阻挡通过窗户进入室内的冷热气流直接进入工作区。在工程中风机盘管常采用这种方式。

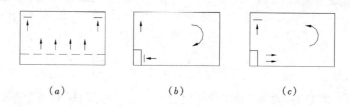

(*a*)　　　　　　　(*b*)　　　　　　　(*c*)

图 13-13　下送风方式

(*a*) 地面均匀送风；(*b*) 盘管下送；(*c*) 置换式送风

二、送、回风口的位置

送风口或回风口的位置，对室内空气分布影响最大，因此送、回风口的设置应注意以下几点：

1. 室内空气没有循环不均的现象

对于射程长的房间应采用轴向型的送风口，而对于射程短的房间可采用扩散性能好的风口。另外，要在空气不易流动的场所设置回风口，避免室内形成死区。回风口也不应设在射流区内和人员长期停留的地点。

2. 送风气流不易形成短路

当送风口与回风口位置靠近时，送风气流在室内没有充分扩散就被回风口吸进，形成短路，这种情况是不允许的。送、回风口的距离应尽量增大或让其处于不同的平面上。采用侧送时，回风口宜设在送风口的同侧；采用孔板或散流器下送时，回风口宜设在下部；当室内温湿度精度不高且室内参数相同或相近的系统可采用走廊回风；采用顶棚回风时，回风口与照明灯具宜结合成一整体。回风口的吸风速度见表13-6。

回风口的吸风速度　　　　　　　　　　　　表13-6

回 风 口 的 位 置		吸风速度（m/s）
房 间 上 部		4.0~5.0
房 间 下 部	不靠近人经常停留的地点	3.0~4.0
	靠近人经常停留的地点	1.5~2.0
	用于走廊回风口	1.0~1.5

三、气流组织设计实例

（一）宾馆客房

目前，国内客房多采用风机盘管加新风的空调系统。客房内风机盘管多采用卧式暗装和立式明装两种形式。卧式暗装风机盘管一般安装在客房过道的吊顶内。气流组织采用侧上部送风、过道吊顶下回风的方式（图13-14a）。采用此方式应注意的是送风口一定要采用双层百叶，以调节气流扩散角度及气流垂直倾角，否则易在房间内产生温度不均的现象。该种方式的主要特点是施工方便，外形比较美观，不占使用空间，故国内客房大多采用此种方式。

立式明装风机盘管一般安装于窗下地面上，气流组织形式见图13-14（b）。这种方式的最大特点是维修方便，冬季可防止窗面的下降冷气流直接进入活动区，但影响空间的使用。

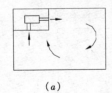 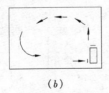 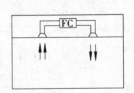

（a）　　　　　　　　　　（b）

图13-14　客房气流组织　　　　　　　图13-15　办公室气流组织

（a）卧式暗装风机盘管；（b）立式明装风机盘管

（二）办公建筑

在办公建筑中，常采用风机盘管加新风的空调系统。对智能化的办公大楼，则需对空调系统分区。外区空调负荷随季节的变化而变化，而内区则常年为冷负荷。一般情况下，外区可采用风机盘管系统，内区则采用全空气系统。办公建筑内室内气流组织多采用上送

220

上回方式，见图13-15。风机盘管多采用带余压的盘管。这种方式的主要特点是施工方便，减少所占空间的高度，但送、回风口的位置不应太近，以免气流形成短路。

（三）体育场馆

由于体育建筑比赛大厅的气流组织形式既要满足观众舒适要求，又要适应各种体育比赛时要求的环境条件，同时还要结合建筑形状进行综合考虑。目前常用的气流组织形式有上送方式、侧送方式、下送方式和分区送风。

上送方式又称顶送下回，即将送风口安装在比赛大厅顶棚上或上部网架空间内，将回风口设在座位台阶和比赛场边的侧壁上。空气自上而下送入观众席和比赛场地，然后由回风口带走，见图13-16（*a*）。这种方式的最大优点是能把处理好的空气均匀送到各个部位，以满足各个区域所需的空调参数。但由于送风支管较多，有时顶棚又难以布置，处理风量也较大，因而耗能多、造价高。

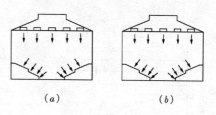

图 13-16　体育馆气流组织
（*a*）上送方式；（*b*）侧送方式

侧送方式是将送风口安装在比赛大厅四周侧墙上部，回风口仍设于座位下和场边，见图13-16（*b*）。这种方式的特点是射程长、送风量要比顶送少；观众区处于回流区，无脑后风；送风管路短，系统简单，是一种经济的送风方式。国内大部分体育建筑仍采用此种方式。

下送上回是将送风口设在观众席地面或座椅上，回风口设在顶棚上。这种送风方式的特点是节能，由于每个座椅只送新风，诱导室内空气与之混合，并可将余热从建筑上部排走。避免了灯光和屋顶等空调负荷带入观众区和比赛厅，使负荷大为减少，设备也相应减小。另外，由于空气直接送给观众，新风充足。但风口形式复杂，而且数量多，一次性投资大些。

分区送风方式是指在比赛大厅内，将观众区和比赛场分区送风和回风，以适应两区不同的要求，这种方式适用于大型综合性体育馆。

第四节　气流组织的计算

一、气流组织的计算

气流组织的计算就是根据房间工作区对空气参数的设计要求，选择和设计合适的气流流型，确定送回风口形式、尺寸及其布置，计算送风参数。下面介绍几种常用的气流组织计算方法。

1. 侧送风的计算

侧送方式的气流流型，常采用贴附射流。在整个房间截面内形成一个大的回旋气流，也就是使射流有足够的射程（x）能够送到对面墙（对于双侧内送方式，要求能送到房间的一半），整个工作区为回流区，应避免射流中途进入工作区，以利于送风温差和风速充分衰减，工作区达到较均匀的温度场和速度场。为了加强贴附，避免射流中途下落，送风口应尽量接近平顶或设置向上倾斜 15°～20°角的导流片。

贴附射流（见图 13-17）的射程（x）主要取决于阿基米德数 Ar。为了使射流在整个射程中能贴附于顶棚，就需控制阿基米德数 Ar 小于一定数值，一般当 Ar≤0.0097 时，就能贴附于顶棚。阿基米德数 Ar 与贴附长度的关系见图 13-18，设计时需选取适宜的 Δt_0、v_0、d_0 等，使 Ar 数小于图 13-18 所得的数值。

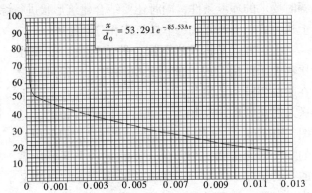

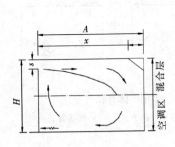

图 13-17　侧送贴附射流流型

图 13-18　相对于射程 x/d_0 和阿基米德数 Ar 关系图
是采用三层百叶送风口（相似于国家标准图 T202-3），
在恒温试验室所得的实验结果

设计侧送方式除了设计气流流型外，还要进行射流温差衰减的计算，要使射流进入工作区时，其轴心温度与室内温度之差 Δt_x 小于要求的室温允许波动范围。

射流温差的衰减与送风口紊流系数 α、射流自由度 $\dfrac{\sqrt{F}}{d_0}$（F 是每个送风口所管辖的房间横截面面积）等因素有关。对于室温允许波动范围大于或等于 1℃ 的舒适性空调房间，可忽略上述影响，查图 13-19 所示的曲线。

为了使侧送射流不直接进入工作区，需要一定的射流混合高度，因此空调房间的最小高度为：

$$H = h + s + 0.07x + 0.3 \tag{13-20}$$

式中　H——工艺要求的工作区高度（m）；

　　　h——空调区高度，一般为 2m；

　　　s——送风口下缘到顶棚的距离（m）；

　$0.07x$——射流向下扩展的距离，取扩散角 $\theta = 4°$，$\mathrm{tg}\theta = 0.07$；

　　0.3——安全系数。

侧送风的计算步骤为：

（1）选取送风温差 $\Delta t_0 = t_n - t_0$，一般可选取 6～10℃，根据已知室内余热量，确定总送风量 L_0。

（2）根据要求的室温允许波动范围查图 13-19，求出 x/d_0。一般舒适性空调室温允许波动 $\Delta t_x \leq 1$℃。

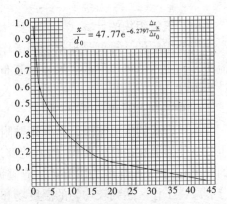

图 13-19　非等温受限射流轴心温差衰减曲线

222

（3）选取送风速度 u_0，计算每个送风口的送风量 L_0，一般取 $u_0 = 2 \sim 5 \mathrm{m/s}$。

（4）根据总风量 L 和每个送风口的送风量 L_0，计算送风口个数 N，取整数后，再重新计算送风口的速度。

（5）贴附长度校核计算。按公式（13-8）计算 Ar，查图 13-18 求得射程 x，使其大于或等于要求的贴附长度。如果不符合，则重新假设 Δt_0、u_0 进行计算，直至满足要求为止。

【例 13-1】 某客房尺寸 $A = 5.5 \mathrm{m}$，$B = 3.6 \mathrm{m}$，$H = 3.2 \mathrm{m}$，室内的显热冷负荷 $Q_\mathrm{x} = 5690 \mathrm{kJ/h}$，室温要求 $26 \pm 1℃$。

【解】

（1）选取送风温差 $\Delta t_0 = 6℃$，确定总送风量 L。

$$L = \frac{Q_\mathrm{x}}{\rho c_\mathrm{p} \Delta t_0} = \frac{5690}{1.2 \times 1.01 \times 6} = 782 \mathrm{m^3/h}$$

（2）取 $\Delta t_\mathrm{x} = 1℃$

$$\frac{\Delta t_\mathrm{x}}{\Delta t_0} = \frac{1}{6} = 0.167$$

查图 13-19 得，$x/d_0 = 17$

（3）取 $u_0 = 3 \mathrm{m/s}$，计算每个送风口送风量 L_0。

$$d_0 = \frac{x}{17} = \frac{5}{7} = 0.29 \mathrm{m}$$

送风口有效面积 $f_0 = \pi d_0^2/4 = 0.066 \mathrm{m^2}$，对于国产可调式双层百叶风口的有效面积系数 $k = 0.72$，选送风口尺寸 $130 \times 700 \mathrm{mm^2}$，其有效面积约为 $0.066 \mathrm{m^2}$。

$$L_0 = 3600 f_0 u_0 = 3600 \times 0.066 \times 3 = 712.8 \mathrm{m^3/h}$$

（4）计算送风口个数

$$n = \frac{L}{L_0} = \frac{782}{712.8} = 1.09 \text{ 个，取 1 个}$$

$$u = \frac{782}{3600 \times \frac{\pi}{4} \times 0.29^2} = 3.29 \mathrm{m/s}$$

（5）校核贴附长度

$$\mathrm{Ar} = \frac{g d_0 (T_0 - T_\mathrm{n})}{u_0^2 (t_\mathrm{n} + 273)} = \frac{9.81 \times 0.29 \times 6}{3.29^2 \times 299} = 0.00527 < 0.0097$$

查图 13-18 得 $\frac{x}{d_0} = 25$

要求贴附长度为 5m，实际可达 7.25m，满足要求。

（6）校核房间高度

$$H = h + s + 0.07x + 0.3 = 2 + 0.3 + 0.07 \times (5.5 - 1) + 0.3 = 2.92 \mathrm{m}$$

房间高为 3.2m，满足要求。

2. 散流器平送计算

在室温有允许波动范围要求的空调房间，通常应先考虑平送流型。盘形散流器或扩散角 $\theta > 40°$ 的方形、圆形直片式散流器均能形成平送流型。

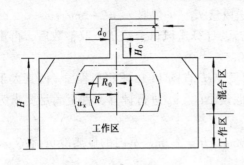

图 13-20　散流器平送流型

根据房间的大小，可设置一个或多个散流器，多个散流器宜对称布置。布置散流器时，散流器之间的间距以及散流器中心离墙距离的选择，一方面应使射流有足够的射程，另一方面又要使射流扩散好。圆型或方型散流器相应送风面积的长宽比控制在 1:1.5 以内。送风的水平射程与垂直射程 h_x 之比宜保持在 0.5 ～ 1.5 之间。散流器中心线和侧墙的距离，一般不小于 1m。

对于散流器平送的流型如图 13-20 所示。

平送射流散流器在距离送风口较远处的轴心速度衰减可按下式计算：

$$\frac{u_x}{u_0} = \frac{C}{\sqrt{2R/R_0}} \tag{13-21}$$

令 $C_k = \dfrac{C}{\sqrt{2}}$，则

$$\frac{u_x}{u_0} = \frac{C_k}{R/R_0} \tag{13-22}$$

轴心温差衰减近似地取：

$$\frac{\Delta t_x}{\Delta t_0} \approx \frac{u_x}{u_0} \tag{13-23}$$

式中　u_x——流程在 R 处的射流轴心速度（m/s）；

u_0——散流器喉部风速（m/s）；

d_0——散流器喉部直径（m）；

R_0——圆盘的半径（m），可取 $R_0 = 1.3$m；

R——水平射程，沿射流轴心线由送风口到射流速度为 u_x 的距离（m），R 可用下式计算：

当房间高度 $H \leqslant 3$m 时，$R = 0.5l$

当房间高度 $H > 3$m 时，$R = 0.5l + (H - 3)$；　（13-24）

l——散流器中心线之间的间距（m），散流器离墙距离为 $0.5l$，若间距或离墙在两个方向不等时，应取平均数；

Δt_x——射流轴心温度与室内温度之差（℃）；

Δt_0——送风温度与室内温度之差（℃）；

C、C_k——扩散系数，与散流器的型式有关，可由实验确定。

根据实验，对于盘形散流器，$C_k = 0.7$，而对于圆形、方形直片式散流器，$C_k = 0.5$。为了便于计算，制成散流器的性能表（见附录 13-1、附录 13-2），制表条件如下：

（1）附录 13-1 表中圆盘直径 $D_0 = 2d_0$，圆盘和顶棚间距 $H_0 = \dfrac{1}{2}d_0$；

（2）射流末端轴心速度为 0.2 ～ 0.4m/s；

（3）房间的高度 $H \leqslant 3$m，如果 $H > 3$m，流程应按公式（13-24）计算；

224

(4) $\dfrac{\Delta t_x}{\Delta t_0}$ 和 $\dfrac{u_x}{u_0}$ 按公式 (13-22)、(13-23) 计算；

(5) 表中 L_0 为每个散流器的送风量，l_0 为每 m^2 空调面积的单位送风量。

设计时，应根据散流器的流程，从表中选择单位送风量比较接近的散流器，确定喉部直径 d_0 和喉部风速 u_0。u_0 一般宜在 $2 \sim 5 m/s$ 之间；对商场、旅馆的公共部位，餐厅等，最大风速允许在 $6 \sim 7.5 m/s$。冬季需要送热风时，u_0 宜取较大值。

【例 13-2】 某空调房间，其房间尺寸为 $6m \times 3.6m \times 3m$，室内最大冷负荷为 0.08kW/m^2，室温要求 20 ± 1℃，相对湿度 50%，原有 1m 高的计算夹层，采用盘式散流器，取送风温差 $\Delta t_0 = 6$℃，试求各参数。

【解】

(1) 计算单位面积的送风量

$$l_0 = \frac{3600Q}{\rho c_p \Delta t_0} = \frac{3600 \times 0.08}{1.2 \times 1.01 \times 6} = 39.6 m^3/(m^2 \cdot h)$$

(2) 根据房间面积 $6 \times 3.6m$，因此选择两个盘形散流器。

散流器间距 $l = (3 + 3.6)/2 = 3.3m$

由于 $H = 3m$，$R = 0.5l = 0.5 \times 3.3 = 1.65m$

(3) 由流程 R 和单位面积送风量 l_0 查附录 13-1 得：$u_0 = 3m/s$，$d_0 = 250mm$，

$$\frac{\Delta t_x}{\Delta t_0} = \frac{u_x}{u_0} = 0.09$$

$$D_0 = 2d_0 = 500mm$$

(4) $u_x = 3 \times 0.09 = 0.27m/s$，$\Delta t_x = 6 \times 0.09 = 0.54$℃

满足要求。

思考题与习题

1. 一个面积为 $6m \times 4m \times 3.2m$（长×宽×高）的空调房间，室内要求 20 ± 0.5℃，工作区风速不得大于 $0.25m/s$，夏季显热冷负荷为 5400kJ/h，试进行侧送风的气流组织计算。

2. 某空调房间，室内要求 20 ± 0.5℃，室内长、宽、高分别为 $6m \times 6m \times 3.6m$。夏季每平方米空调面积的显热负荷 $Q = 300kJ/h$，采用散流器送风，取送风温差 $\Delta t_0 = 4$℃，试确定各有关参数。

第十四章　空调水系统

空调水系统包括冷冻水（热水）系统和冷却水系统两部分。冷冻水（热水）系统是指将冷冻站或锅炉房提供的冷水或热水送至空调机组或末端空气处理设备的水路系统。冷却水系统是指将冷冻机中冷凝器的散热带走的水系统，对于风冷式冷冻机组，则不需要冷却水系统。

第一节　空调冷（热）水系统的组成及分类

空调冷（热）水系统承担了空调系统的冷（热）负荷，系统组成比较复杂，投资及运行费用都较高。

空调冷（热）水系统主要由冷（热）水水源、供回水管、阀门、仪表、集箱、水泵、空调机组或风机盘管、膨胀水箱等组成。供回水管一般采用镀锌无缝钢管。集箱分供水集箱和回水集箱，集箱主要起稳压和分配管理的作用，集箱上有若干阀门，控制空调供、回水流量，集箱上装有温度计及压力表，便于监视、控制。

空调冷（热）水系统的阀门有手动和自动阀门。手动阀门有闸阀、截止阀和蝶阀。闸阀一般用于以关断为主要目的的场合；截止阀大多用于以调节流量为主要目的，关断为次要目的的场合；蝶阀多用于管径在 $DN100mm$ 以上，调节流量和关断两种目的的场合。

膨胀水箱设置在系统的最高点，在密闭循环的冷冻水系统中，当水温发生变化时，冷冻水的容积也会发生变化，此时膨胀水箱用以容纳或补充系统的水量。

不论系统是否运行，系统的最低点总会受到建筑高度的静压力作用。所以空调冷冻水系统的各组成部分必须具有一定的承压能力（膨胀水箱除外）。

空调冷冻水系统的形式有以下几种：

(1) 按水压特性不同，可分为开式系统和闭式系统。

(2) 按末端设备的水流程不同，可分为同程式系统和异程式系统。

(3) 按冷、热水管道的设置方式不同，可分为双管制、三管制和四管制系统。

(4) 按水量特性不同，可分为定流量系统和变流量系统。

一、开式系统和闭式系统

（一）开式系统

开式系统的水流经末端空气处理设备后，靠重力作用流入建筑物地下室的蓄水池，再经冷却或加热后由水泵送至各个用户盘管系统，如图14-1所示。

此系统最显著的特点是设有一个蓄水池，一旦供水泵停止工作，管网系统内的水面只能与水池水面保持同一高度，此高度以上的管道内均为空气。开式系统的优点是当水池容量较大时，具有一定的蓄冷能力，可以部分降低用电峰值及设备的电气安装容量。但是由于开式系统管道与大气相通，具有水质易受污染、管道较脏易堵塞、易腐蚀的缺点；当末端设备与水池的高差较大时，水泵不仅需克服水系统的阻力，还要把水提升至末端设备的高度，所以开式系统还有系统较复杂、水力平衡困难、静压大、水泵扬程及功率大等缺点。

由于上述缺点，开式系统不常使用。

（二）闭式系统

闭式系统的冷（热）水在密闭系统中循环，不与外界大气相接触，仅在系统的最高点设置膨胀水箱，如图 14-2 所示。

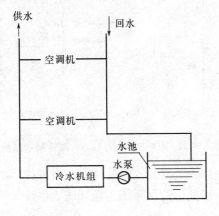

图 14-1　开式水系统

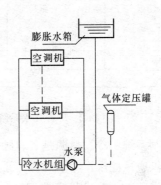

图 14-2　闭式水系统

闭式管道系统水泵的扬程只用来克服管网的循环阻力而不需要克服水的静压力。在高层建筑中，闭式系统的水泵扬程与建筑高度没有关系，因此它比开式系统的扬程小的多，从而使水泵电耗大大降低。同时，由于不设蓄水池，机房占地面积也相应减小。

闭式系统管道内始终充满了水，所以避免了管道的腐蚀，在系统的最高处设有开式膨胀水箱作为定压设备，水箱水位通常应高出最高的系统水管 1.5m 以上。

由于闭式系统克服了开式系统的缺点，所以得到广泛应用，它也是目前惟一适用于高层民用建筑的空调冷冻水系统形式。

二、同程式系统和异程式系统

（一）同程式系统

同程式系统（见图 14-3）是指系统每个循环环路的长度相同。其特点是各环路的水流阻力、冷（热）量损失相等或近似相等，这样有利于水力平衡，可以减少系统调试的工作量。

（二）异程式系统

异程式系统（见图 14-4），是指系统中水流经每个末端设备的流程都不相同，其特点是各环路的水流阻力不相等，易产生水力失调；但管路系统简单，投资较省。当系统较小时，可采用异程式水系统，但必须在末端空调机组或风机盘管连接管上设流量调节阀以平衡阻力。

三、两管制、三管制和四管制系统

（一）两管制系统

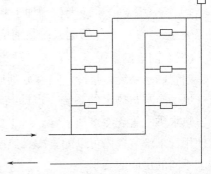

图 14-3　同程式水系统

两管制水系统是指冷、热源利用一组供回水管为末端装置的盘管提供冷水或热水的系统。也即连接空调机组或风机盘管的管路有二条，如图 14-5 所示。

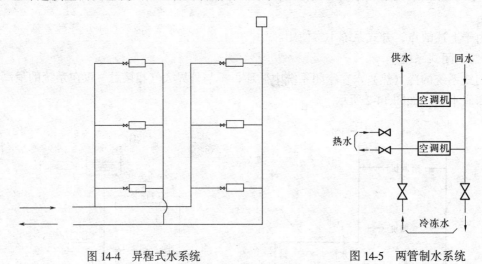

图 14-4　异程式水系统　　　　　　　图 14-5　两管制水系统

两管制系统中冷、热源是各自独立的。夏季，关闭热水总管阀门，打开冷冻水总管阀门，系统供应冷冻水；冬季的操作正好相反。因此，这种系统不能同时既供冷又供热，在春秋过渡季节，不能满足空调房间的不同冷暖要求，舒适性不高。但由于该系统简单实用，投资少，作为一种基本的系统形式，在我国高层民用建筑中得到广泛的应用。

（二）三管制系统

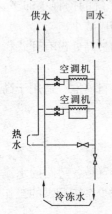

图 14-6　三管制水系统

三管制水系统是指冷、热源分别通过各自的供、回水管路，为末端装置的冷盘管与热盘管提供冷水与热水，而回水共用一根回水管路的系统。也即与空调机组和风机盘管连接的管路有三条：冷水供水管、热水供水管、冷热水回水管，如图 14-6 所示。

这种系统的优点是解决了两管制系统中各末端无法解决自由选择冷、热的问题，因此适应负荷变化的能力强，可以较好地根据房间的需要，全年任意调节房间的温度，建筑的使用标准得以提高。但是，三管制系统末端控制较为复杂，末端设备处冷、热两个电动阀的切换较为频繁，回水分流至冷冻机和热交换器的控制也相当复杂，且在过渡季节使用时，冷热回水同时进入一根管道，混合损失较大，增加了制冷及加热的负荷，运行效益低。由于上述缺点，三管制系统目前应用很少。

（三）四管制系统

四管制水系统是指冷、热源分别通过各自的供、回水管路，为末端装置的冷盘管与热盘管提供冷水与热水的系统。也即与空调机组和风机盘管连接的管路有四条：冷水供水管、热水供水管、冷水回水管、热水回水管，如图 14-7 所示。四管制系统，冷、热源同时使用，末端装置内可以配置冷、热两组盘管，以实现同时供冷、供热，满足供冷、供热需求不同的房间的要求。

与三管制系统相比，由于不存在冷、热抵消的问题，因此运行时更节能。其缺点是管

228

道系统运行管理较为复杂，投资大，管道占用空间大，所以多用于高标准的场合。

四、定流量和变流量系统

（一）定流量系统

定流量水系统是指空调水系统输配管路的流量保持恒定。空调房间的温度依靠三通调节阀调节空调机组和风机盘管的给水量以及改变房间送风量等手段进行控制，如图14-8所示。

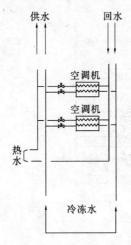

图14-7　四管制水系统

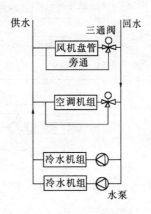

图14-8　定水量系统

定流量水系统比较简单，系统的水量变化基本上由水泵的运行台数所决定。但由于水泵的流量是按最大负荷选定的固定流量，并且不能调节，在部分负荷时，既浪费了水泵运行的电能，又增加了管路上的热损失，运行费用较高。由于空调冷冻水系统部分负荷的场合较多，所以定流量水系统在经济上是不合理的。

定流量系统管道简单，控制方便，因此在我国仍有一些标准较低的民用建筑中采用。

（二）变流量系统

变流量水系统是指空调水系统中输配管路的流量随着末端装置流量的调节而改变。

变流量水系统常采用多台冷（热）设备和多台水泵（即一台设备配一台水泵）的方式，各台水泵水流量不变，只需对设备和相应的水泵进行运行台数的控制就可调节系统供水的流量。另外，也可采用变速水泵来调节系统供水的流量，或者在风机盘管处设置二通调节阀，依据空调房间的温度信号控制二通调节阀的开度，以达到变流量的目的，如图14-9所示。

变流量水系统的耗电量比定流量系统小的多，特别适用于大型空调水系统。

图14-9　变流量水系统

（三）一次泵变流量空调水系统

一次泵变流量空调水系统是目前我国高层民用建筑中采用最广泛的空调冷冻水系统。一次泵变流量空调水系统中，每一台冷冻机和锅炉侧都配有一台水泵，水泵的作用是克服整个空调水系统的阻力，一般都把冷冻机或锅炉设在水泵的出口处，以确保冷热源机组和水泵的工作稳定及空调冷冻水系统供水温度的恒定。

在变流量系统中，一方面，从末端处理设备使用要求看，用户侧要求水系统作变水量运行；另一方面，冷冻机组的特性又要求定水量运行，解决这一矛盾的常用方法是在供、回水总管上设置压差旁通阀，则一次泵变流量系统如图 14-10 所示。

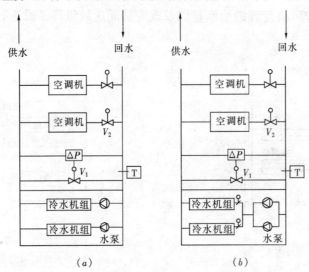

图 14-10　一次泵变水量系统
（a）一次泵变水量系统（先串后并方式）；（b）一次泵变水量系统（先并后串方式）

该系统的工作原理是：当系统处于设计工况下，所有设备都满负荷运行，压差旁通阀开度为零，即没有旁通水流过，这时压差控制器两端接口处的压力差即是控制器的设定压差值。当末端负荷变小后，末端的两通阀关小，旁通阀两侧的供、回水压差增大而超过设定值，在压差控制器的作用下，旁通阀会自动打开，旁通阀的开度加大将使供、回水压差减小直至达到设定压差值才停止继续开大，部分水从旁通阀流过而直接进入回水管，与用户侧回水混合后进入水泵及冷冻机。在此过程中，基本保持了冷冻水泵及冷冻机的水量不变。

压差旁通阀的作用主要有以下两点：

（1）在负荷侧流量变化时，自动根据压差控制器的指令开大或关小，调节旁通水流量以保证末端处理设备及冷冻机要求的水量。

（2）当旁通阀流量达到一台冷冻水泵的流量时，说明有一台泵完全没有发挥作用，应停止一台冷冻水泵的运行以节能。因此，旁通阀也是水泵台数启停控制的一个关键性因素。因此，旁通阀的最大设计流量就是一台冷冻水泵的流量。

（四）二次泵变流量空调水系统

二次泵变流量空调水系统是目前在一些大型高层民用建筑或多功能建筑群中正逐步采用的一种空调冷冻水系统形式。

二次泵水系统中，每一台冷冻机和锅炉侧都配有一台水泵，称一次泵。而在用户侧根据实际需要，另行配置若干台二次泵。一次泵用于克服冷（热）源侧（包括管路、阀门及冷热设备）的阻力。二次泵用于克服用户侧（包括管路、阀门及空调机组或风机盘管等）

的阻力。根据用户侧供回水的压差控制二次泵开启台数，而一次泵的开启可同冷冻机或锅炉设备连锁，如图 14-11 所示。当二次泵总供水量与一次泵总供水量有差异时，相差的部分就从平衡管 AB 中流过（可以从 A 流向 B，也可以从 B 流向 A），这样就可以解决冷热源机组与用户侧水量控制不同步的问题。由于用户侧供水量的调节通过二次泵的运行台数及压差旁通阀 V_1 来控制，压差旁通阀控制方式与一次泵空调冷冻水系统相同，所以，压差旁通阀 V_1 的最大旁通量为一台二次泵的流量。

由于二次泵变流量空调水系统内的压力分别由一次泵和二次泵供给，水泵扬程小，水系统承受的压力也较小，特别适用于高层建筑。其中二次泵要采用变频调速泵。

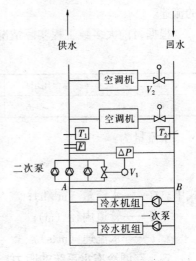

图 14-11　二次泵变水量系统

五、冷冻水系统的分区

空调冷冻水系统的分区通常有两种方式，按水系统压力分区和按承担空调负荷的性质分区。

（一）按压力分区

在空调水系统中，由于各种设备及管件的工作压力都有一定的限制，所以根据设备及管件的承压能力宜进行竖向分区。每一分区都有单独的空调水系统，即冷热源、水泵、供回水管、集箱、阀门、膨胀水箱以及空调机组、风机盘管等。

空调冷冻水系统通常以 1.6MPa 作为工作压力划分的界限，在设计时，使水系统内所有设备和附件的工作压力都处于 1.6MPa 以下。

（二）按负荷性质分区

按负荷性质分区，主要是从使用性质或各房间所处的位置来考虑，尤其是对于综合性建筑，各区域在使用时间、使用方式上有很大区别，分区的优点是可以实现各区独立管理，不用时可以最大限度节省能源。但是分区通常要求设置分区转换层即设备层，对建筑的投资产生很大影响，因此应慎重考

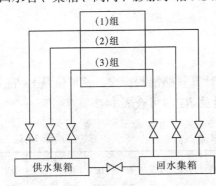

图 14-12　空调水系统分组示意图

虑。对于一些高度不大的建筑，设置设备层不经济，这时可以采用水系统环路分组的方法，如图 14-12 所示。

第二节　空调冷冻水（热水）系统的水力计算

一、空调冷冻水的流速及流量

空调冷冻水（热水）供回水管径的选用，不仅应该考虑投资费用和运行费用最经济，也要考虑水中空气和其他杂质引起的腐蚀和噪声等因素，所以首先必须合理地选用管道内

的流速。

根据目前大多数工程实际情况，流速的推荐值可按下表采用。

水管流速表（m/s）　　　　　　　　表 14-1

部　位	水泵压出口	水泵吸入口	主干管	一般管道	向上管道
流速（m/s）	2.4~3.6	1.2~2.1	1.2~4.5	1.5~3.0	1.0~3.0

水流量为：

$$Q = 3600 \times \frac{\pi}{4} d^2 \cdot v \tag{14-1}$$

式中　Q——水流量（m³/h）；

　　　d——管道内径（m）；

　　　v——水流速（m/s）。

二、空调冷冻水系统的阻力

空调冷冻水系统的阻力包括管道沿程阻力 h_A，管道局部阻力 h_B，以及设备局部阻力 h_C。

（一）沿程阻力 h_A

沿程阻力的计算式为：

$$h_A = \frac{1}{2} \rho v^2 \times \frac{\lambda \cdot L}{d} \tag{14-2}$$

式中　λ——阻力系数；

　　　h_A——沿程阻力（Pa）；

　　　d——管道内径（m）；

　　　L——管道长度（m）；

　　　ρ——水的密度，通常取 1000kg/m³；

　　　v——管内水流速（m/s）。

为了简化计算，常采用单位长度的沿程阻力 R_A 计算管路沿程损失，其单位是 Pa/m。

对于普通钢管，不同流速、不同管径时的水流量及 R_A 值可查表 14-2。

不同管径时的 R_A 值　　　　　　　　表 14-2

水流速（m/s）	公称直径（mm）	DN 15	DN 20	DN 25	DN 32	DN 40	DN 50	DN 70	DN 80	DN 100	DN 125	DN 150	DN 200	DN 250	DN 300	DN 350	DN 400
0.5	Q	0.35	0.64	1.03	1.81	2.38	3.97	6.54	9.16	15.88	22.09	31.81	60.58	94.83	135	180.2	230.7
	R_A	511	335	241	164	136	96	69	55	39	31	25	16	12	10	82	7
0.6	Q	0.42	0.77	1.24	2.17	2.85	4.77	7.84	10.99	9.06	26.51	38.17	72.69	113.8	162	216.2	276.9
	R_A	728	477	342	233	194	137	99	79	55	44	35	23	18	14	12	10
0.7	Q	0.49	0.89	1.44	2.53	3.33	5.56	9.15	12.83	22.24	30.93	44.53	84.81	132.8	189	252.3	323
	R_A	982	644	462	315	261	185	133	106	74	60	47	31	24	19	16	14
0.8	Q	0.56	1.02	1.65	2.89	3.8	6.35	10.46	14.66	25.42	35.34	50.89	96.92	151.7	216	288.3	369.2
	R_A	1273	83.5	59.9	408	339	240	172	138	96	78	62	41	31	25	21	18

水流速 (m/s)	公称直径 (mm)	DN 15	DN 20	DN 25	DN 32	DN 40	DN 50	DN 70	DN 80	DN 100	DN 125	DN 150	DN 200	DN 250	DN 300	DN 350	DN 400
0.9	Q	0.63	1.15	1.86	3.25	4.28	24.04	11.77	16.49	28.59	39.76	57.26	109	170.7	243	324.3	415.3
	R_A	1603	1052	754	514	427	302	217	174	121	98	78	51	38	31	26	22
1.0	Q	0.7	1.28	2.06	3.61	4.75	7.94	13.07	18.32	31.77	44.18	63.62	121.2	189.7	270	360.4	461.5
	R_A	1971	1293	927	632	525	372	267	214	149	121	95	63.1	48	38	32	27
1.1	Q	0.77	1.4	2.27	3.98	5.23	8.74	14.38	20.15	34.95	48.6	70	133.3	208.6	297	396.4	507.6
	R_A	2376	1559	1118	762	633	448	322	258	180	145	115	76.1	57	46	38.2	33
1.2	Q	0.84	1.53	2.47	4.34	5.7	9.53	15.69	21.99	38.12	53.01	76.34	145.4	227.6	324	432.4	553.8
	R_A	2819	1849	1327	904	751	532	382	306	214	172	136	90	68	54	45	39
1.3	Q	0.91	1.66	2.68	4.7	6.18	10.32	17.0	23.82	41.3	57.43	82.7	157.5	246.6	351	468.5	599.9
	R_A	3300	2165	1553	1058	879	623	447	358	250	202	160	106	80	64	53	46
1.4	Q	0.98	1.79	2.89	5.06	6.65	11.12	18.3	25.65	44.48	61.85	89.06	169.6	265.5	378	504.5	646.1
	R_A	3819	2506	1798	1224	1017	721	518	414	289	234	185	122	92	74	61	53
1.5	Q	1.05	1.92	3.09	5.42	7.13	11.91	19.61	27.48	47.65	66.27	95.43	181.7	284.5	405	540.5	692.2
	R_A	4376	2871	2060	1403	1165	826	593	475	331	268	212	140	106	84	70	60
1.6	Q	1.12	2.04	3.3	5.78	7.6	12.71	20.92	29.32	50.83	70.69	101.8	193.8	303.5	432	576.6	738.4
	R_A	4971	3261	2340	1594	1324	938	674	539	377	304	240	159	120	96	80	69
1.7	Q	1.19	2.17	3.5	6.14	8.08	13.5	22.23	31.15	54.01	75.1	108.2	206	322.4	458.9	612.6	784.5
	R_A	5603	3676	2637	1797	1492	1057	759	608	424	343	271	180	135	108	90	77
1.8	Q	1.26	2.3	3.71	6.5	8.56	14.3	23.53	32.98	57.18	79.5	114.5	218.1	341.4	485.9	648.6	830.7
	R_A	6274	4116	2953	2011	1671	1184	850	681	475	384	303	201	151	121	101	87
1.9	Q	1.33	2.43	3.92	6.87	9.03	15.09	24.84	34.81	60.36	83.94	120.9	230.2	360.4	512.9	684.7	876.8
	R_A	6982	4580	3286	2239	1859	1317	946	758	529	427	338	224	168	135	112	96
2.0	Q	1.4	2.25	4.12	7.23	9.51	15.88	26.15	36.65	63.54	88.36	127.2	242.3	379.3	539.9	720.7	923
	R_A	7728	5070	3638	2478	2058	1458	1047	839	585	473	374	248	186	149	124	107
2.1	Q	1.47	2.68	4.33	7.59	9.98	16.68	27.46	38.48	66.72	92.78	133.6	254.4	398.3	566.9	756.7	969.1
	R_A	8512	5584	4007	2729	2267	1606	1154	924	645	521	412	273	205	164	137	117
2.2	Q	1.54	2.81	4.53	7.95	10.46	17.47	28.76	40.31	69.89	97.19	140	266.5	417.3	593.9	792.8	1015
	R_A	9334	6123	4393	2993.	2486	1761	1265	1013	707	571	451	299	225	180	150	129
2.3	Q	1.61	2.94	4.74	8.31	10.93	18.27	30.07	42.14	73.07	101.6	146.3	278.7	436.2	620.9	828.8	1061
	R_A	10190	6687	4798	3268	2715	1923	1382	1106	772	624	493	327	246	197	164	141
2.4	Q	1.68	3.06	4.95	8.67	11.41	19.06	31.38	43.97	76.25	106	152.7	290.8	455.2	647.9	864.9	1108
	R_A	11090	7276	5220	3556	2954	2093	1503	1204	840	678	536	355	267	214	179	153
2.5	Q	1.75	3.19	5.15	9.03	11.88	19.86	32.69	45.81	79.42	110.5	159.0	302.9	474.2	674.9	900.9	1154
	R_A	12030	7889	5661	3856	3203	2269	1630	1305	911	736	582	385	290	232	193.5	137

注：v 管内流速（m/s）；Q 水流量（m³/h）；单位长度的沿程阻力 R_A（Pa/m）。

空调水系统各管段的 R_A 值由表 14-2 查得后，沿程阻力 h_A 为：

$$h_A = L \times R_A \tag{14-3}$$

各管段的总的沿程阻力为：

$$h_A = \Sigma L \times R_A \tag{14-4}$$

（二）局部阻力 h_B

空调冷冻水流过弯头、三通以及其他配件时，因变向、摩擦、涡流等原因产生局部阻力 h_B。

$$h_B = \zeta \times \frac{1}{2}\rho v^2 \quad \text{Pa} \tag{14-5}$$

式中　ζ——局部阻力系数；

ρ——水的密度，kg/m^3；

v——管内水流速，m/s。

所有配件总的局部阻力为：

$$h_B = \Sigma\zeta \times \frac{1}{2}\rho v^2 \tag{14-6}$$

不同管件的局部阻力系数可见有关的设计资料及生产厂家样本。

空调冷（热）水系统中，局部阻力和沿程阻力的比值有一近似值，在高层建筑中一般在 0.5 ~ 1 之间，远距离输送为 0.2 ~ 0.6 之间，计算时可以此作参考。

（三）设备局部阻力 h_C

设备的局部阻力 h_C 可参考下列数值：

离心式冷冻机	3 ~ 8mH₂O；
吸收式冷冻机	4 ~ 10mH₂O；
热交换器	2 ~ 5mH₂O；
空调器盘管	2 ~ 5mH₂O；
风机盘管	1 ~ 2mH₂O；
自动控制阀	3 ~ 5mH₂O。

空调冷（热）水系统的总阻力 $H = h_A + h_B + h_C$(Pa)，根据总阻力 H 可确定水泵的扬程。

一般情况下，根据系统所需要的流量 Q 和总阻力 H 分别加 10% ~ 20% 的安全量（考虑计算和管路损耗）作为选择水泵流量和扬程的依据，即 $Q_{水泵} = 1.1Q$，$H_{水泵} = 1.1 ~ 1.2H$。当水泵的类型选定后，应根据流量和扬程，查阅样本和手册，选定其大小（型号）和转数。一般可利用综合"选择曲线图"进行初选，水泵工作点应落在最高效率区域内，并在 $Q—H$ 曲线最高点右侧的下降段上，以保证工作的稳定性和经济性。

空调水系统要求进行除垢、防腐、杀菌等必要处理，以保证水系统的正常运行，水质处理及处理设备的选型应根据当地的水质情况确定。

三、膨胀水箱的有效膨胀容积

膨胀水箱与系统的连接方式如图 14-13

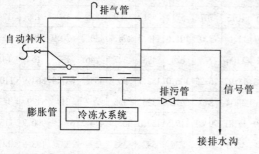

图 14-13　膨胀水箱的连接方式

所示。膨胀水箱底部标高比冷冻水系统顶部高，膨胀管应接冷冻水系统的底部，以保证膨胀水箱正常的补水和排气。

在空调冷冻水系统的设计中，必须根据膨胀水箱的有效膨胀容积来选择合适的膨胀水箱。有效膨胀容积是指系统内由低温向高温的变化过程中，水的体积膨胀量 V_C。

$$V_C = \left(\frac{1}{\rho_2} - \frac{1}{\rho_1} \right) V \tag{14-7}$$

式中　ρ_1——系统运行前空调水密度（kg/m^3）；

　　　ρ_2——系统运行中空调水密度（kg/m^3）；

　　V——空调水系统的总容积（m^3），可按下式估算。

$$V = \frac{\alpha A}{1000} \tag{14-8}$$

式中　α——水容积数（L/m^2）；

　　　　全空气系统：冷水 $\alpha = 0.40 \sim 0.55$（L/m^2）

　　　　　　　　　　热水 $\alpha = 1.25 \sim 2.0$（L/m^2）

　　　　空气—水系统：冷水 $\alpha = 0.70 \sim 1.30$（L/m^2）

　　　　　　　　　　热水 $\alpha = 0.25 \sim 0.90$（L/m^2）

　　　A——建筑面积（m^2）。

第三节　空调冷却水系统

空调冷却水系统是专为水冷式冷水机组或水冷直接蒸发式空调机组而设置的。其主要作用是将冷水机组中冷凝器的散热带走，以保证冷水机组的正常运行。

一、冷却水系统的组成

目前的民用建筑尤其是高层民用建筑，大量采用循环水冷却方式，以节省水资源。利用循环水冷却的系统组成如图 14-14 所示。

来自冷却塔的较低温度的冷却水（通常为32℃），经冷却水泵加压后进入冷水机组，带走冷凝器的散热量。高温的冷却回水（通常为37℃）重新送至冷却塔上部喷淋。由于冷却塔风扇的运转，使冷却水在喷淋下落过程中，不断与塔下部进入的室外空气进行热湿交换，冷却后的水落入冷却塔集水盘中，由水泵重新送入冷水机组循环使用。

每循环一次都要损失部分冷却水量，主要原因是蒸发和漂损，损失的水量一般占循环冷却水量的 0.3% ~ 1%。对于损失的水量，可通过自来水来补充。

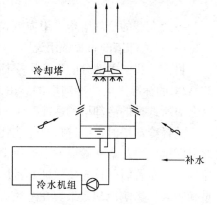

图 14-14　冷却水循环系统

二、冷却塔

在循环水冷却系统中，冷却塔是一个重要的设备。水在冷却塔中被分散成很小的水滴或很薄的水膜，具有很大的冷却表面，水与外界空气依靠机械通风来形成相对运动，以保证水的冷却效果。按照水与空气相对运动的方式不同，冷却塔可分为逆流式冷却塔和横流式冷却塔。前者指水和空气平行流动但方向相反，常用于制冷空调系统；后者指水和空气流动方向相互垂直，常用于负荷较大的工业冷却。

（一）逆流式冷却塔

逆流式冷却塔的构造如图 14-15 所示。它是由外壳、轴流风机、填料层、进水及布水管、出水管、集水盘和进风百叶等主要部分组成。

根据热交换的基本原理，逆流式冷却塔的热交换效率最高。

（二）横流式冷却塔

横流式冷却塔结构如图 14-16 所示，其组成与逆流式冷却塔基本相同，不同之处在于填料放在冷却塔的两侧，空气从两侧的百叶窗垂直于水流的方向横向流过，横流塔的体积稍大、通风阻力较小，并且百叶窗与填料在同一高度，不但降低了塔的整体高度，也减少了填料同集水盘的距离，降低落水噪声。

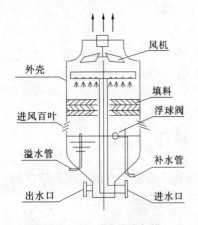

图 14-15　逆流式冷却塔

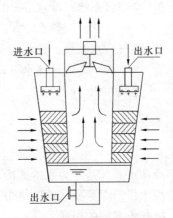

图 14-16　横流式冷却塔

一般大型的冷却塔均采用横流式冷却塔。

（三）冷却塔的布置选用说明

目前，我国大部分的生产厂家都是以室外空气湿球湿度为 28℃，冷却水进/出水温度 37/32℃的标准来生产冷却塔的。由于建筑所在地区不同，空外空气湿球温度也不相同，这会对所选择的冷却塔的性能产生一定的影响，设计选用时应予以考虑。

选择冷却塔时，应进行全年能耗分析比较，综合考虑投资、占地面积、使用要求及噪声等因素。冷却塔一般应放在通风良好的室外，在高层民用建筑中，多放在裙楼或主楼的屋顶。在布置时，首先要保证其排风口上方无遮挡物，避免排出的热风被遮挡而由进风口重新吸入，影响冷却效果。在进风口周围，至少应有 1m 以上的净空，以保证进风气流不受影响，且进风口处不应有大量的高湿热空气的排气口。

冷却塔大都采用玻璃钢制造，难以达到非燃要求，因此要求消防排烟风口必须远离冷却塔。

冷却塔的选用参数有：冷却水量、进塔水温、出塔水温、室外大气干球温度、室外大气湿球温度、室外大气压力、噪声要求等。

第四节　蓄冷空调系统和辐射板制冷水系统

一、蓄冷空调系统

空调蓄冷技术是指采用制冷机和蓄冷装置，在电网低谷的廉价电费计时区域，进行蓄冷作业，而在空调负荷高峰时，将所蓄冷的冷量释放的成套技术。蓄冷空调系统作为平衡电网昼夜峰谷差的有效技术措施已受到越来越多的重视。根据使用蓄冷介质不同，蓄冷空调系统可分为水蓄冷空调系统和冰蓄冷空调系统等。

（一）水蓄冷空调系统

水是一种优良的蓄冷介质，水蓄冷系统如图14-17所示。

在水蓄冷循环中，蓄冷泵和冷水机组运行时，使冷水不断制冷后（通常达到4～6℃），存入蓄水池中；在空调水循环中，由空调水泵把贮存的冷水送至用户。

水蓄冷系统也可考虑采用消防水池作蓄水池，以降低造价。蓄水池是水蓄冷系统的关键，完善的蓄水池结构形式能保持良好的温度分层，减少热混合损失，提高蓄冷效率。

图14-17的空调水循环是一个开式系统，该系统的冷源完全由蓄水池供应而无法由冷水机组和水池联合供应。该系统属全负荷蓄冷，它适用于间歇性的空调场合，如体育馆、影剧院等，但不适用高层建筑和部分负荷蓄冷的情况。解决这一问题的办法是采用部分负荷蓄冷方式，使蓄冷装置和制冷机联合运行。图14-18为用换热器间接供冷的部分负荷蓄冷方式。

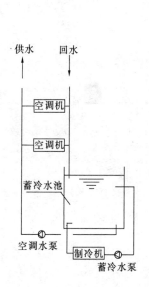

图 14-17　全负荷水蓄冷
系统示意图

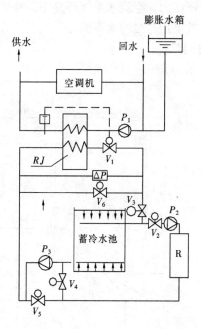

图 14-18　用换热器间接供冷的流程
图中：*RJ*—换热器；*V*—阀门；*P*—水泵

图14-18中，用户侧系统要求7℃供水，冷水机及蓄水池的供水温度为4～6℃，采用高效板式换热器（传热温差0.5～1℃）用于冷水机组和空调水系统之间的热量交换。此

类水蓄冷系统可以实现多种运行工况，即蓄冷工况、制冷机供冷工况、蓄水池供冷工况和制冷机与蓄水池联合供冷工况。

（二）冰蓄冷空调系统

冰蓄冷是利用冰的溶解热进行蓄冷，由于冰的溶解热大大高于水的比热，因此冰蓄冷系统的蓄冰池容积比蓄冷水池要小的多，不但节约了占地面积，而且冷损耗小（约为水蓄冷的 1% ~ 3%）。

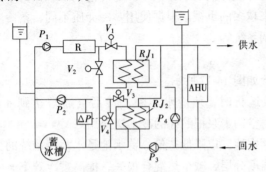

图 14-19　冰蓄冷并联系统
图中：RJ—换热器；V—阀门；P—水泵

冰蓄冷空调系统，是在常规空调系统的基础上，末端处理装置和系统不变，改变制冷机为双工况制冷机组，蓄冰时要求制冷机出水温度为 -5℃，系统中设板式换热器，通过板式换热器得到 7℃/12℃的冷水；直接供冷时，要求制冷机组出水温度为 5 ~ 5.5℃。因此，冰蓄冷空调系统蓄冰和供冷通常是不能同时进行的。

冰蓄冷根据用户与冰槽在系统中的相对连接形式可分为并联系统和串联系统。

1．并联系统

如图 14-19 所示，此蓄冰系统是由两个完全分开的环路组成，各环路具有独立的膨胀水箱及循环压力。空调水系统环路中，介质为普通水；而在蓄冷环路中，介质需考虑防冻要求，通常采用乙二醇水溶液。

2．串联系统

如图 4-20 所示。

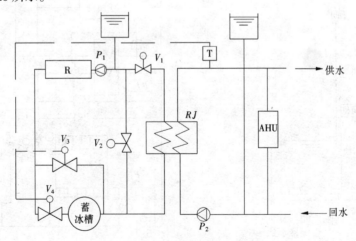

图 14-20　冰蓄冷串联系统
图中：RJ—换热器；V—阀门；P—水泵

无论是并联还是串联冰蓄冷系统都可实现四种运行工况，即蓄冰工况、制冷机供冷工况、蓄冰槽供冷工况和制冷机与蓄冰槽联合供冷工况。

冰蓄冷空调系统除了转移尖峰用电时段的空调用电负荷目标外，还能充分利用冰蓄冷的高品位冷量的优势，采用低温、大温差供冷送风技术，明显地缩小了风管、水管、空气处理设备、风机、水泵的尺寸，所节省的一次投资可有效地补偿冰蓄冷装置及其控制系统所增加的设备投资费。同时，低温、大温差供冷送风又使空调水系统、风系统的输配电耗比常规空调系统降低三分之二左右，可有效地补偿单纯冰蓄冷在电耗上的增加，使整体运行电耗低于常规空调系统，且在实行分时电价的情况下更节约电费。

（三）蓄冷空调系统的经济性分析

蓄冷空调系统的经济性分析比常规空调工程复杂的多，主要从以下几方面考虑：

（1）由于各地区电网的缺电状况和夏季峰谷负荷差不尽相同，因此要综合考虑各地区供电部门的时间电价结构和增容建设费的收费标准；

（2）蓄冷空调系统的运行电耗与建筑物的冷负荷特性、蓄冷方式、运行策略、控制模式密切相关，应综合考虑；

（3）蓄冷装置的种类很多，采用不同的蓄冷方式和制冷机组，初投资会有很大差异；

（4）在计算初投资时，要综合考虑蓄冷装置多占用建筑面积的不利因素和可以降低建筑层高的有利因素。

综上所述，对一项工程是否采用蓄冷空调系统，必须根据建筑物的使用功能要求，建筑物的冷负荷特性，当地的时间电价政策，对蓄冷装置与主机的选配，控制策略与控制模式的组合，进行多种方案的经济比较与优化分析，选出最佳方案。

二、辐射板制冷（采暖）系统

辐射板制冷系统在欧美已有多年的使用历史，近年来也越来越受到国内空调行业的重视。一般的辐射冷却顶板只能承担室内的冷负荷，无法承担室内的湿负荷，所以需要新风系统的配合，由新风系统除去湿负荷，同时也更好地保证室内空气的质量。

图 14-21 是一典型的与蓄冰相结合的辐射板制冷空调系统，在该系统中，供冷介质以冰的形式贮存在屋顶蓄冰箱里，冰是由 1 台制冷机在夏季夜间生产出来的。当白天供冷时，将蓄冰箱里 3 ~ 4℃的冷水供给每个房间的空调机组，空调机组利用冷水产生低温低湿的空气，并将其送入安装在房间顶板与吊顶上的金属辐射板之间的空间，冷空气通过对流方式将辐射板冷却，冷辐射板则通过辐射方式（也伴随有对流方式），将热量从室内人体、地板、墙面等带走。吊顶空间里的冷空气从窗侧的吊顶末端送入房间，用于排除周边区的热量和通风换

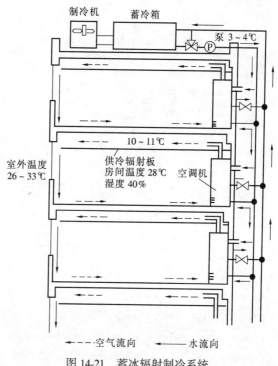

图 14-21　蓄冰辐射制冷系统

气。

图 14-21 的系统中，供给空调机组的冷水温度为 3～4℃，低于一般空调制冷系统的水温（6～7℃）。空调机组的出口送风温度为 10～11℃，也低于一般空调系统（16～17℃）。这样可以降低泵和风机的功率，也可以将低含湿量的空气送进房间，增强除湿效果。根据对吊顶冷热辐射板的研究表明，冷水温度在 16～18℃，热水温度在 35～40℃时，室内温差不超过 2℃，可达到温度分布均匀、稳定的舒适效果。

总之，辐射板制冷（采暖）系统可以减少供冷、采暖的初投资和运行费用，具有舒适、节能、便于分户计量等单独使用空调送风降温（加热）所不可比拟的优势，值得推广应用。

思 考 题 与 习 题

1. 什么是空调冷冻水系统？主要由哪些部分组成？

2. 空调冷冻水系统有哪几种划分形式？

3. 开式和闭式、同程和异程式冷冻水系统各有何特点？

4. 什么是两管制、三管制和四管制系统？各有何优缺点？

5. 何谓变流量水系统？主要适用于何种场所？有哪些形式？

6. 压差旁通阀的作用是什么？

7. 冷冻水系统的分区是如何进行的？

8. 空调冷却水系统的作用是什么？主要由哪些部分组成？

9. 简述蓄冷空调系统的特点及其常用形式。

第十五章 空调系统的消声与减振

噪声是指人们不需要的和令人厌烦的声音。空调房间内如有较大的噪声就会引起人的听力损伤、精神烦恼、视觉减弱、消化力减退等疾病。这不仅会影响劳动生产率，而且会危及人的身体健康。空调设备产生的噪声是空调房间的一个主要噪声来源，为保证空调房间的正常工作，使房间噪声控制在允许范围内，必须了解并采取一定的消声措施。

第一节 噪声及空调房间噪声的物理量度

一、噪声的基本概念

从物理学的角度讲，当不同强度和频率的声音无规律地混杂在一起时，就形成了噪声。从心理学和生理学的角度讲，噪声不仅包括杂乱无章不协调的声音，还包括影响他人工作、休息的各种音乐，脚步声及汽车、机械撞击等的声音，所以对噪声的判断往往与人所处环境和主观感觉有关。

世界卫生组织认为噪声不同程度地影响人的精神状态，干扰人们的工作、学习和生活。我国把噪声定为环境污染四害之一（即空气污染、水污染、垃圾及噪声污染）。

噪声是空气中传递的一种声波，它具有声波的一切特性。

二、空调系统噪声的来源

噪声来源于物体的振动，按其产生的机理可分为气体动力噪声、机械噪声和电磁性噪声。

室内噪声主要来源于室内、外的噪声源。如室内家用电器（冰箱、洗衣机、空调、抽油烟机等）的轰鸣、门窗的撞击声及卫生间上下水声、室外临街交通噪声、工地施工噪声、他人房屋装修声等等。

作为空调系统，产生噪声的主要原因是空气动力性噪声及机械性噪声。空气动力性噪声是由气流发生涡流或压力突变而引起的，机械性噪声是由机械振动所引起的。

三、空调房间噪声的物理量度

（一）声强与声压

描述声音强弱的物理量称做声强，它是指垂直于声波传播方向的单位面积上在单位时间内通过的声能，通常用 I 表示。引起人耳产生听觉的声强的最低限叫"基准声强"或"可闻阈"声强（I_0），约为 10^{-12}W/m^2，而人耳能够忍受的最大声强称为"痛阈"声强，约为 1W/m^2。

声波传播时，不但与声源本身有关，还与空气密度有关。由于空气受到振动而使大气压随着声波的作用不断起伏，相当于在原大气压上叠加一个变化的压强，这个被叠加的压强就称为声压，用 P 表示，单位是微巴（μbar）或 Pa（N/m^2）。人耳可以感觉到的最小声压称基准声压或可闻阈声压，用 P_0 表示，而人耳可以忍受的最大声压称痛阈声压，约为 20Pa。

（二）声强级与声压级

从上述分析可知，基准声强与痛阈声强绝对值相差 10^{12} 倍，这说明人耳的可听范围很宽。由于声强的强弱只有相对意义，为了计算方便，通常用对数标度。以 I_0 作为相对比较的声强标准，如果某一声波的声强为 I，则取 I/I_0 的常用对数的 10 倍来计算该声波声强的级别，称为"声强级"，用符号 L_I 表示，其单位为分贝（dB）。

$$L_I = 10\lg\frac{I}{I_0} \tag{15-1}$$

国际上规定以 $I_0 = 10^{-12}\text{W/m}^2$ 作为参考标准，此时的声强定义为 0dB。

同样，以声压与基准声压（P_0）之比的常用对数的 20 倍来表示声压级，用 L_P 表示，单位也是分贝（dB）。

$$L_P = 20\lg\frac{P}{P_0} \tag{15-2}$$

通常规定 $2\times10^{-5}\text{Pa}$ 作为基准声压 P_0。

测量声强较困难，实际上往往是测量出声压，利用声强与声压的平方成正比关系，改用声压表示声音的强弱。

（三）声功率与声功率级

声功率是用来直接表示声源发声能量的大小，它是指声源在单位时间内以声波的形式辐射出的总能量，用 W 表示，单位是瓦。基准声功率 W_0 定义为 10^{-12}W。

同声压一样，声功率也可以用级来表示，这就是声功率级，其表达式为：

$$L_W = 10\lg\frac{W}{W_0} \tag{15-3}$$

（四）声波的叠加

由于各种声波的单位是对数单位，当有两个声源同时产生噪声时，其合成的声级就应按对数法则进行运算。

当几个不同的声压级叠加时，可用下式计算：

$$\Sigma L_p = 10\lg(10^{0.1L_{p1}} + 10^{0.1L_{p2}} + \cdots\cdots + 10^{0.1L_{pn}}) \tag{15-4}$$

式中 ΣL_p——各个声压级叠加的总和（dB）；

    L_{p1}、L_{p2}、L_{pn}——分别为声源 1、2……n 的声压级（dB）。

例如，工地施工噪声声压级在 78～105dB 范围内，而人所能忍受的最大噪声声压级一般在 90dB 左右。

四、空调房间的噪声标准

声压是噪声的基本物理参数，但人耳对声音的感受不仅和声压有关，而且也和频率有关，声压级相同而频率不同的声音听起来是不一样的。根据人耳的这一特性，人们仿照声压级的概念，引出一个与频率有关的概念即响度级，其单位为方（phon）。其定义为取 1000Hz 的纯音为基准声音，若某噪声听起来与该纯音一样响，则该噪声的响度级（方值）就等于这个纯音的声压级（dB 值）。若某声音听起来与声压级 60dB、频率为 1000Hz 的基准声音同样响，则该噪声的响度级就是 60 方，也就是说，响度级是声音响度的主观感觉量，它把声压级和频率用一个单位统一起来了。

房间内允许的噪声级称为室内噪声标准。噪声标准的制定应满足生产或生活的需要，消除噪声对人体的有害影响，同时还要考虑技术上的可能性和经济上的合理性等。

基于人耳对各种频率的响度感觉不同，以及对不同频率的噪声控制措施也不同，所以应该给出不同频带的允许噪声标准。我国目前采用国际标准组织制定的噪声评价曲线（即 N 或 NR 曲线）作为标准，如图 15-1 所示。考虑到人耳对低频噪声不敏感，以及低频噪声消声处理较困难的特点，图 15-1 中低频噪声的允许声压级分贝值较高，而高频噪声的允许声压级分贝值较低。

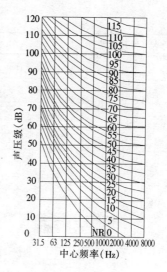

图 15-1　噪音评价
曲线 N（NR 曲线）

空调房间对噪声的要求大致可分为两类：一类是生产或工作过程对声音有严格要求的房间（如播音室、录音室等），这类房间的噪声标准应由工艺需要提出；另一类是生产或工作过程中要求有较安静的操作环境（如仪表装配、测试车间等）。表 15-1 列出了一些建筑物的室内噪声标准可供参考。

室内允许的最高噪声级（A 声级，dB）　　　　　　　表 15-1

序号	建筑性质	房　　间	特级	一级	二级	三级
1	住　宅	卧室、书房	—	40	45	50
		起居室	—	45	50	50
2	旅　馆	客房	35	40	45	55
		会议室	40	45	50	50
		多用途大厅	40	45	50	—
		办公室	45	50	55	55
		餐厅、宴会厅	50	55	60	—
3	医　院	病房、医务人员休息室	—	40	45	50
		门诊室	—	55	55	60
		手术室		45	45	50
		听力测听室		25	25	30
4	图书馆	研究室、专业阅览室、视听室、报告厅、变通阅览室	40			
5	电影院	甲等	40			
		乙、丙等	45			
		有立体声	40			

序号	建筑性质	房 间	特级	一级	二级	三级
6	广播电台	语言录音间、广播剧录音		20（NR-15）		
		音乐、文艺录音、混响室		25（NR-20）		
		语言或音乐录音控制室、复制室、试听室、标准审听室		30（NR-15）		
7	电视演播	语言录音间		20（NR-15）		
		音乐、文艺录音室、小于 250m² 的演播室		25（NR-20）		
		文艺、音乐录音控制室、音响导演室、电子编辑室、大于 250m² 的演播室		30（NR-25）		
		中心机房、图像导演室		35（NR-30）		
		中心机房（无人值班）、磁带库		40（NR-35）		

注：1. 表中所列值是根据我国有关的规范、标准等编制而成；

　　2. 特级—指有特殊要求的建筑；

　　　一级—指有较高要求的建筑；

　　　二级—指有一般要求的建筑；

　　　三级—指最低要求的建筑。

五、空调系统中噪声的自然衰减

空调系统中噪声的自然衰减可分为噪声在风管内的自然衰减和空气进入房间内的自然衰减两部分。

（一）噪声在风管内的自然衰减

风管在输送空气到房间的过程中噪声的衰减机理很复杂，噪声在直管中可被管材吸收一部分，也有可能透射到管外，在风口、风管转弯处和断面变形等局部阻力较大的地方，还将有一部分噪声被反射，从而引起噪声的衰减。表 15-2 列出了矩形风管贴有保温材料时低频噪声的减声量数据，可供参考。

矩形风管的减声量（dB/m）　　　　　　　　表 15-2

风　道	尺寸（mm）	中 心 频 率			
		63	125	250	> 250
小	152 × 152	0.7	0.7	0.5	0.3
中	610 × 610	0.7	0.7	0.5	0.16
大	1830 × 1830	0.3	0.3	0.16	0.03

（二）空气进入房间内噪声的衰减

室内允许的噪声标准是以声压级为基准的，由于建筑物内壁、屋顶、家具设备等的吸声性能不同，室内的声压级有很大的差异，但可以肯定地说，声音进入房间后将再一次被衰减，表 15-3 列出了不同类型的房间吸声能力的大小。

室内吸声能力（平均吸声系数 α） 表 15-3

房 间 名 称	吸声系数	房 间 名 称	吸声系数
广播台、音乐厅	0.4	剧场、展览馆	0.1
宴会厅等	0.3	体 育 馆	0.05
办公室、会议室	0.15 ~ 0.20		

表 15-3 中吸声系数 α 表明了房间吸声能力的大小，α 可用专门的声学仪器测量。

第二节　空调系统噪声的控制

一、减少噪声的主要措施

消除噪声，首先从减少噪声来源着手。室内噪声的控制，可以采用建造有隔声作用的楼房，选用低噪声的卫生洁具，在电梯附近考虑防振与隔声等措施实现。空调系统内噪声的控制，可从以下几个方面考虑：

1. 选用通风机的正常工作点，应接近通风机的最高效率点，此时风机噪声最小；另外转速低，直接传动的通风机噪声都比较小。

2. 尽可能使系统的总风量和风压小一些，这样可以减少噪声。

3. 风管内空气风速不宜过大，一般空调设计主风管的流速不大于 8m/s，有严格要求消声的房间，主风管风速不超过 5m/s。

4. 风机出口应用软接头，并避免急剧转弯，风机基础应有减振措施。

5. 空调机房的安装应尽可能远离有消声要求的空调房间，为防止设备运转时噪声传出，可在机房内贴吸声材料。

6. 为防止风管振动，当矩形风管通过墙壁或悬吊的楼板下时，风管和支架要隔振。

总之，对于噪声以隔、防为主，如仍不能满足房间噪声标准要求时，就必须采用消声器。

二、消声器

消声器是消除噪声的一种辅助手段。不同型式的消声器是由吸声材料按不同的消声原理设计成的构件，有阻性消声器、共振性消声器、抗性消声器、复合式消声器等。

（一）消声器的消声原理

制作消声器的材料一般都是吸声材料。由于吸声材料的多孔性和松散性，能把入射在其上的声能部分地吸收掉。当声波进入消声材料的孔隙，引起孔隙中的空气和材料产生微小的振动，由于摩擦和黏滞阻力，使相当一部分声能化为热能而被吸收。所以吸声材料多为疏松或多孔性的。

常用的吸声材料有玻璃棉、泡沫塑料、石棉绒、吸声砖、聚氨脂泡沫塑料（穿孔形）、木丝板、加气混凝土、卡普隆纤维管式等。对于如何选择吸声材料，首先要求吸声系数 α 高（大于 0.1 ~ 0.2），吸声系数越高，说明材料的吸声性能越好；其次要求防火、防蛀、坚固并便于施工，无臭、不易老化、使用寿命长、吸湿性低、表面摩擦系数小、且价廉易购。

当消声器使用一定时期后（如 8 ~ 10 年），其性能可能会变差，甚至完全失效，这时需要大修更换消声器。

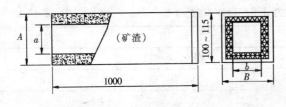

图 15-2　T701 两种阻性管式消声器

（二）消声器的常用形式

1. 阻性消声器

把吸声材料固定在管道内壁，或按一定方式排列在管道或壳体内，就构成了阻性消声器。阻性消声器是依靠吸声材料的吸声作用来达到消声目的的，这种消声器对低频消声性能较好，中、高频较差。关于阻性消声器的结构可参见图 15-2。

2. 共振性消声器

通过管道开孔与共振腔相连接，利用小孔处的空气柱和空腔内的空气构成了弹性共振系统，当外界噪声频率和此共振系统的固有频率相同时，小孔中的空气柱发生共振而与孔壁发生剧烈摩擦，摩擦又是以消耗声能为代价，所以达到消声的目的。这种消声器频带选择范围小，但在其频带选择范围内对消除低频噪声的性能很好，如图 15-3 所示。

3. 抗性消声器

主要是利用管道突变的办法使传播的声波沿声源方向反射回去，而起到消声作用，其结构简单，对低频噪声有较好的消声效果。

4. 复合式消声器（又称宽频带消声器）

复合式消声器是利用前面三种消声器的特点综合而成的消声器。如阻抗式复合消声器就是由吸声材料制成的阻性吸音片与抗性消声器组合而成的，这样就使低频噪声的消除比较容易解决。复合式消声器具体结构可参见采暖通风标准图集。

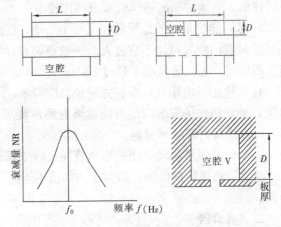

图 15-3　共振性消声器

5. 其他形式消声器

在实际工程中，还可以利用风管构件做为消声器，其优点是可以节约空间。常用的有消声弯头和消声静压箱。

（1）消声弯头。当机房位置窄小或对原有建筑改进消声措施时，可以直接在弯头上进行消声处理。它有两种作法：一种是在弯头内贴吸声材料如图 15-4（a），要求弯头内缘做成圆弧，外缘粘贴吸声材料的长度不应小于弯头宽度的 4 倍；另一种做法是将弯头改良成消声弯头，外缘采用穿孔板、吸声材料和空腔如图 15-4（b）。消声弯头的结构可参见图 15-4。

（2）消声静压箱。在空调机组出口处或在空气分布器前设置静压箱，内贴吸声材料，既可起到稳定气流的作用，又可起到消声的作用，消声静压箱还可兼作分风静压箱。

三、消声器应用举例

某摄影棚允许的噪声评价曲线为 NR15～20，采用空调系统的噪声自然衰减法进行消

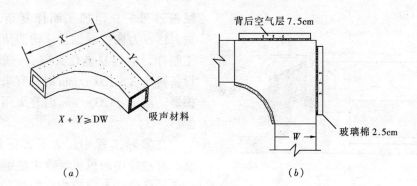

图 15-4　消声弯头

（a）内贴吸声材料；（b）采用穿孔、板吸声材料和空腔

声计算后，消声处理结果为：空调机组送风机的出口处各主风道上分别采用静压箱和两台阻抗复合式消声器，回风道上在 240mm 砖砌土建风道内贴 30mm 厚超细玻璃棉毡吸声材料，回风机前加一段消声管道。

第三节　空调装置的减振

一、基本概念

通风空调系统的噪声除了通过空气传播到室内外，还能通过建筑结构和基础进行传递。风机、冷水机组和水泵等运转所产生的振动可直接传给基础，并以弹性波的形式从设备基础沿建筑结构传到其他房间，又以噪声的形式出现。噪声振动不仅影响人的身体健康、工作效率，影响产品质量，有时还会破坏支承结构。所以，对通风空调系统中的一些运转设备，需要采取减振措施。

二、减振措施

空调装置的减振措施就是在振源和它的基础之间安装与基础隔开的弹性构件（如弹簧、橡胶减振器、软木等），使从振源传到基础上的振动得到一定程度的减弱。在空调工程中最常用的减振材料是金属弹簧和橡胶减振器，图 15-5 为弹簧减振器结构示意图，其

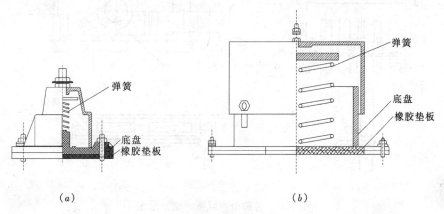

图 15-5　弹簧减振器

（a）TJ1-1-10；（b）TJ1-11-14

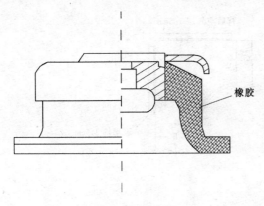

图 15-6　JG 型橡胶隔振器

减振效果好，但加工制作复杂，价格较贵。15-6 为橡胶减振器，构造简单，易加工制作，但容易老化失效。一般情况下，设备转速 $n > 1200 r/min$ 时，宜采用橡胶减振器，当 $n < 1200 r/min$ 时宜采用弹簧减振器。

在实际工程中，为了方便设计和安装，有些常用的风机、冷水机组和水泵等设备，已设计有定型配套的减振装置，可在相关的安装图中直接选用。

三、消声减振措施的实例

空调工程中消除噪声和振动的措施包括：在风机出口处装帆布软接头，管路上装设消声器，风机、冷水机组、水泵基础考虑减振，水泵的进出管路设隔振软管，在管道吊卡、支架、穿墙处采用隔振处理等。图 15-7 列举了有关这方面的措施，可供参考。

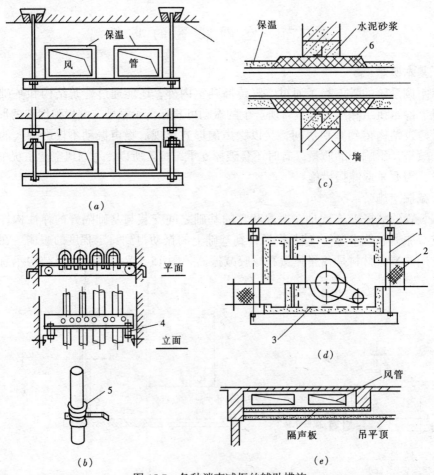

图 15-7　各种消声减振的辅助措施
(a) 风管吊卡的减振方法；(b) 水管的减振支架；(c) 风道穿墙减振方法；
(d) 悬挂风机的消声减振方法；(e) 防止风道噪声从吊平顶向下扩散的隔声方法
1—减振吊卡；2—软接头；3—吸声材料；4—减振支座；5—包裹弹性材料；6—玻璃纤维棉

248

设计中对消声和减振的具体措施可归纳为：

(1) 在选择空调器时，选择带通风机减振台座的空调风机段，以降低振动的传递；

(2) 空调器下设橡胶减振垫。通风机、空调器与风管采用防火软接头连接，水管与水泵、表冷器采用橡胶柔性接头连接；

(3) 选用高效、低噪声水泵、风机，并使水泵、风机在最高效率点附近运行，风管、水管穿墙和楼板处间隙用非燃软性材料填充；

(4) 尽可能控制风管、风口风速，以满足房间噪声标准；

(5) 在局部送、回风管路上设置消声器、消声弯头，降低系统噪声；

空调机房内壁表面衬贴吸声材料及吸声孔板，机房门采用消声密闭门，使墙体有足够隔声能力，等等。

思 考 题 与 习 题

1. 简述噪声的基本概念、空调房间噪声的物理量度。

2. 何谓声功率与声功率级、声强与声压、声强级与声压级？

3. 减少噪声的主要措施有哪些？

4. 阐述消声器的消声原理？常用的吸声材料有哪些？消声器的常用形式有哪些？

5. 空调装置常用的减振措施是怎样的？

附录

附录 1-1 居住区大气中有害物质
最高容许浓度（摘要）

物 质 名 称	最高容许浓度 （mg/m³）		物 质 名 称	最高容许浓度 （mg/m³）	
	一次	日平均		一次	日平均
一氧化碳	3.00	1.00	敌百虫	0.10	
乙醛	1.01		氢氰酸		0.01
二甲苯	0.30		酚	0.02	
二氧化硫	0.50	0.15	硫化氢	0.01	
二硫化碳	0.04		硫酸	0.30	0.10
五氧化二磷	0.15	0.05	硝基苯	0.01	
丙烯腈		0.05	铅及其无机化合物(换算成Pb)		0.0007
丙烯醛	0.10		铍		0.00001
丙酮	0.80		氯	0.1	0.03
甲醇	3.00	1.00	氯丁二烯	0.1	
甲醛	0.05		氯化氢	0.05	0.015
汞		0.0003	铬（六价）	0.0015	
汽油（换算成C）	5.00	1.50	锰及其化合物(换算成MnO₂)	0.03	0.01
吡啶	0.08		大气中灰尘：		
苯	2.40	0.80	灰尘自然沉降量①	3吨/平方千米/月	
苯乙烯	0.01				
苯胺	0.10	0.03			
氟化物（换算成F）	0.02	0.007	煤烟	0.15	0.05
氨	0.20		飘尘	0.50	0.15
氧化氮（换算成NO₂）	0.15				
砷化物（换算成As）		0.003			

注：1. 一次最高容许浓度，指任何一次测定结果的最大容许值。

　　2. 日平均最高容许浓度，指任何一日的平均浓度的最大容许值。

———————

①在当地清洁区基础上容许增加的数值。

附录 1-2　车间空气中有害物质的最高容许浓度（摘要）

物 质 名 称	最高容许浓度（mg/m³）	物 质 名 称	最高容许浓度（mg/m³）
一、有毒物质		氟化氢	1
一氧化碳①	30	氨	30
一甲胺	5	臭氧	0.3
乙醚	500	氧化氮（换算成 NO₂）	5
乙腈	3	氧化锌	5
二甲胺	10	氧化镉	0.1
二甲苯	100	砷化氢	0.3
二氧化硫	15	铅及其化合物：	
二氧化硒	0.1	铅烟	0.03
二硫化碳（皮）	10	铅尘	0.05
丁烯	100	四乙基铅（皮）	0.005
丁二烯	100	硫化铅	0.5
二氧化二砷及五氧化二砷	0.3	铍及其化合物	0.001
吡啶	4	铀（可溶性化合物）	0.015
汞及其化合物：		三氧化铬、铬酸盐、重铬酸盐	
金属汞	0.01	（换算成 Cr₂O₃）	0.05
升汞	0.1	五氧化二磷	1
有机汞化合物（皮）	0.005	六六六	0.1
松节油	300	丙酮	400
环氧乙烷	5	丙烯腈（皮）	2
苯（皮）	40	丙烯醛	0.3
苯及其同系物的一硝基化合物（硝基苯及硝基甲苯等）（皮）	5	甲苯	100
		甲醛	3
苯及其同系物的二及三硝基化合物（二硝基苯、三硝基甲苯等）（皮）	1	光气	0.5
		有机化合物：	
苯胺、甲苯胺、二甲苯胺（皮）	5	乐戈（乐果）（皮）	1
苯乙烯	40	敌百虫（皮）	1
钒及其化合物：		敌敌畏（皮）	0.3
五氧化二钒粉尘	0.5	氯	1
铥	0.05	氯化氢及盐酸	15
苛性碱（换算成 NaOH）	0.5	氯苯	50

物 质 名 称	最高容许浓度 （mg/m³）	物 质 名 称	最高容许浓度 （mg/m³）
氯代烃：		含有 10% 以上游离二氧化硅的粉尘 （石英、石英岩等）②	2
二氯乙烷	25		
三氯乙烯	30	石棉粉尘及含有 10% 以上石棉的粉尘	2
四氯化碳（皮）	25	含有 10% 以下游离二氧化硅的滑石粉 尘	4
氯乙烯	30		
氯丁二烯（皮）	2	含有 10% 以下游离二氧化硅水泥粉尘	6
溶剂汽油	350	铀（不可溶性化合物）	0.075
滴滴涕	0.3	黄磷	0.03
钨及碳钨	6	酚（皮）	5
醋酸酯：		氰化氢及氰氢酸盐（换算成 HCN） （皮）	0.3
醋酸甲酯	100		
醋酸乙酯	300	硫酸及三氧化硫	2
醇：		锆及其他化合物	5
甲醇	50	锰及其他化合物（换算成 MnO₂）	0.2
丙醇	200	含有 10% 以下游离二氧化硅煤尘	10
丁醇	200	铝、氧化铝、铝合金粉尘	4
戊醇	100	玻璃棉和矿渣棉粉尘	5
糠醛	10	烟草及茶叶粉尘	3
磷化氢	0.3	其他粉尘③	10
二、生产性粉尘			

注：1. 表中最高容许浓度是工人工作地点空气中有害物质所不应超过的数值。工作地点系指工人为观察和管理生产过程而经常或定时停留的地点，如生产操作在车间内许多不同地点进行，则整个车间均算为工作地点。

2. 有（皮）标记者为易经皮肤吸收的有毒物质。

3. 工人在车间内停留的时间短暂，经采取措施仍不能达到上表规定的浓度时，可与当地卫生主管部门协商解决。

---

①一氧化碳的最高容许浓度在作业时间短暂时可予放宽：作业时间 1 小时以内，一氧化碳容许浓度达到 50mg/m³；半小时以内 100mg/m³，15～20 分钟 200mg/m³。在上述条件下反复作业时，两次作业之间需间隔 2 小时以上。

②含有 80% 以上游离二氧化硅的生产性粉尘，应力求达到 1mg/m³。

③其他粉尘系指游离二氧化硅含量在 10% 以下，不含有毒物质的矿物性和动植物性粉尘。

附录 4-1　镀槽边缘控制点的吸入速度 V_x (m/s)

槽的用途	溶液中主要有害物	溶液温度 （℃）	电流密度 （A/cm²）	V_x (m/s)
镀铬	H_2SO_4、CrO_3	55～58	20～35	0.5
镀耐磨铬	H_2SO_4、CrO_3	68～75	35～70	0.5
镀铬	H_2SO_4、CrO_3	40～50	10～20	0.4
电化学抛光	H_3PO_4、H_2SO_4、CrO_3	70～90	15～20	0.4
电化学腐蚀	H_2SO_4、KCN	15～25	8～10	0.4
氰化镀锌	ZnO、NaCN、NaOH	40～70	5～20	0.4
氰化镀铜	CuCN、NaOH、NaCN	55	2～4	0.4
镍层电化学抛光	H_2SO_4、CrO_3、C_3H_5 (OH)$_3$	40～45	15～20	0.4
铝件电抛光	H_3PO_4、C_3H_5 (OH)$_3$	85～90	30	0.4
电化学去油	NaOH、Na_2CO_3、Na_3PO_4、Na_2SiO_3	80	3～8	0.35
阳极腐蚀	H_2SO_4	15～25	3～5	0.35
电化学抛光	H_3PO_4	18～20	1.5～2	0.35
镀镉	NaCN、NaOH、Na_2SO_4	15～25	1.5～4	0.35
氰化镀锌	ZnO、NaCN、NaOH	15～30	2～5	0.35
镀铜锡合金	NaCN、CuCN、NaOH、Na_2SnO_3	65～70	2～2.5	0.35
镀镍	$NiSO_4$、NaCl、COH_6 $(SO_3Na)_2$	50	3～4	0.35
镀锡（碱）	Na_2SnO_3、NaOH、CH_3COONa、H_2O_2	65～75	1.5～2	0.35
镀锡（滚）	Na_2SnO_3、NaOH、CH_3COONa	70～80	1～4	0.35
镀锡（酸）	SnO_4、NaOH、H_2SO_4、C_6H_5OH	65～75	0.5～2	0.35
氰化电化学浸蚀	KCN	15～25	3～5	0.35
镀金	K_4Fe (CN)$_6$、Na_2CO_3、H (AuCl)$_4$	70	4～6	0.35
铝件电抛光	Na_3PO_4	—	20～25	0.35
钢件电化学氧化	NaOH	80～90	5～10	0.35
退铬	NaOH	室温	5～10	0.35
酸性镀铜	$CuCO_4$、H_2SO_4	15～25	1～2	0.3
氰化镀黄铜	CuCO、NaCN、Na_2SO_3、Zn (CN)$_2$	20～30	0.3～0.5	0.3
氰化镀黄铜	CuCO、NaCN、NaOH、Na_2CO_3、Zn (CN)$_2$	15～25	1～1.5	0.3
镀镍	$NiSO_4$、H_2SO_4、NaCl、$MgSO_4$	15～25	0.5～1	0.3
镀锡铅合金	Pb、Sn、H_3BO_4、HBF_4	15～25	1～1.2	0.3
电解纯化	Na_2CO_3、K_2CrO_4、H_2CO_5	20	1～6	0.3
铝阳极氧化	H_2SO_4	15～25	0.8～2.5	0.3
铝件阳极绝缘氧化	$C_2H_4O_4$	20～45	1～5	0.3
退铜	H_2SO_4、CrO_3	20	3～8	0.3
退镍	H_2SO_4、C_3H_5 (OH)$_3$	20	3～8	0.3
化学去油	NaOH、Na_2CO_3、Na_3PO_4	—	—	0.3
黑镍	$NiSO_4$、$(NH_4)_2SO_4$、$ZnSO_4$	15～25	0.2～0.3	0.25
镀银	KCN、AgCl	20	0.5～1	0.25
预镀银	KCN、K_2CO_3	15～25	1～2	0.25
镀银后黑化	Na_2S、Na_2SO_3、$(CH_3)_2CO$	15～25	0.08～0.1	0.25
镀铍	$BeSO_4$、$(NH_4)_2SO_4$、$ZnSO_4$	15～25	0.005～0.02	0.25
镀金	KCN	20	0.1～0.2	0.25
镀钯	Pa、NH_4Cl、NH_4OH、NH_3	20	0.25～0.5	0.25
铝件铬酐阳极氧化	CrO_3	15～25	0.01～0.02	0.25
退银	AgCl、KCN、Na_2CO_3	20～30	0.3～0.1	0.25
退锡	NaOH	60～75	1	0.25
热水槽	水蒸气	＞50	—	0.25

注：V_x 值系根据溶液浓度、成分、温度和电流密度等因素综合确定。

附录 4-2 汽车大门空气幕送风管的性能和尺寸

性 能 表

送风管型号	1	2	3	4	5	6	7	8	9	10	11	12
V_0 (m/s)	空 气 量 （m³/h）											
8	8650	13000	17300	21600	10350	15500	20700	25900	12100	18100	24100	30100
9	9720	14600	19400	24000	11650	17500	23300	29200	13600	20300	27200	33900
10	10800	16200	21000	27000	12950	19450	25900	32400	15100	22600	30200	37700
11	11900	17800	23800	29700	14250	21400	28500	35600	16600	24900	33200	41500
12	13000	19450	25900	32400	15550	23400	31100	38900	18100	27100	36200	45200
13	14000	21100	28100	35100	16850	25300	33700	42100	19600	29400	39300	49000
14	15100	22700	30200	37800	18100	27200	36300	45400	21100	31700	42300	52800
15	16200	24300	32400	40500	19450	29200	38900	48600	22600	33900	45400	56500

尺 寸 表 （mm）

送风管型号	1	2	3	4	5	6	7	8	9	10	11	12
H	3000	3000	3000	3000	3600	3600	3600	3600	4200	4200	4200	4200
H_1	2000	2000	2000	2000	2500	2500	2500	2500	3000	3000	3000	3000
A	600	700	800	900	700	800	900	1000	800	900	1000	1100
A_1	300	350	400	450	350	400	450	500	400	450	500	550
b	100	150	200	250	100	150	200	250	100	150	200	250
L	212	283	354	354	212	283	354	354	212	283	354	354

附录 4-3 机车大门空气幕送风管的性能和尺寸

性 能 表

送风管型号	1	2	3	4
V_0 (m/s)	空 气 量 （m³/h）			
8	14700	22000	16150	24100
9	16500	24800	18200	27200
10	18350	27550	20200	30200
11	20200	30300	22200	33200
12	22000	33000	24200	36300
13	23900	35800	26300	39300
14	25700	38500	28300	42300
15	27500	41300	30300	45300

尺 寸 表 （mm）

送风管型号	1	2	3	4
H	5100	5100	5600	5600
H_1	2000	2000	2300	2300
A	800	900	900	1000
A_1	400	450	450	500
b	100	150	100	150
L	212	283	212	283

附录 4-4 地面式空气幕送风管的性能和尺寸

性 能 表

型　　号	1	2	3	4	5	6	7	8	9	10	11	12
V_0（m/s）	空　气　量　（m³/h）											
8	5440	8160	6220	9320	7000	10500	7770	11740	8530	12850	9320	14000
9	6120	9170	7000	10500	7870	11800	8730	13200	9600	14450	10500	15750
10	6800	10210	7770	11670	8740	13120	9700	14580	10680	16050	11650	17500
11	7480	11220	8550	12820	9620	14440	10680	16140	11750	17650	12820	19250
12	8160	12250	9320	14000	10500	15750	11650	17600	12820	19260	14000	21000
13	8830	13270	10100	15150	11370	17050	12620	19070	13880	20850	15150	22750
14	9520	14290	10800	16320	12250	18380	13600	20540	14950	22460	16300	24500
15	10210	15300	11670	17500	13120	19690	14580	22000	16050	24070	17500	26250

尺 寸 表 （mm）

型　　号	1	2	3	4	5	6	7	8	9	10	11	12
B	2100	2100	2400	2400	2700	2700	3000	3000	3300	3300	3600	3600
H	600	800	650	900	700	1000	750	1150	830	1250	900	1350
b	100	150	100	150	100	150	100	150	100	150	100	150

附录 6-1　钢板圆形风管计算表

速度 (m/s)	动压 (Pa)	风管断面直径 (mm)					上行：风量（m³/h） 下行：单位摩擦阻力（Pa/m）			
		100	120	140	160	180	200	220	250	280
1.0	0.60	28	40	55	71	91	112	135	175	219
		0.22	0.17	0.14	0.12	0.10	0.09	0.08	0.07	0.06
1.5	1.35	42	60	82	107	136	168	202	262	329
		0.45	0.36	0.29	0.25	0.21	0.19	0.17	0.14	0.12
2.0	2.40	55	80	109	143	181	224	270	349	439
		0.76	0.60	0.49	0.42	0.36	0.31	0.28	0.24	0.21
2.5	3.75	69	100	137	179	226	280	337	437	548
		1.13	0.90	0.74	0.62	0.54	0.47	0.42	0.36	0.31
3.0	5.40	83	120	164	214	272	336	405	542	658
		1.58	1.25	1.03	0.87	0.75	0.66	0.58	0.50	0.43
3.5	7.35	97	140	191	250	317	392	472	611	768
		2.10	1.66	1.37	1.15	0.99	0.87	0.78	0.66	0.57
4.0	9.60	111	160	219	286	362	448	540	698	877
		2.68	2.12	1.75	1.48	1.27	1.12	0.99	0.85	0.74
4.5	12.15	125	180	246	322	408	504	607	786	987
		3.33	2.64	2.17	1.84	1.58	1.39	1.24	1.05	0.92
5.0	15.00	139	200	273	357	453	560	675	873	1097
		4.05	3.21	2.64	2.23	1.93	1:69	1.50	1.28	1.11
5.5	18.15	152	220	300	393	498	616	742	960	1206
		4.84	3.84	3.16	2.67	2.30	2.02	1.80	1.53	1.33
6.0	21.60	166	240	328	429	544	672	810	1048	1316
		5.69	4.51	3.72	3.14	2.71	2.38	2.12	1.80	1.57
6.5	25.35	180	260	355	465	589	728	877	1135	1425
		6.61	5.25	4.32	3.65	3.15	2.76	2.46	2.10	1.82
7.0	29.40	194	280	382	500	634	784	945	1222	1535
		7.60	6.03	4.96	4.20	3.62	3.17	2.83	2.41	2.10
7.5	33.75	208	300	410	536	679	840	1012	1310	1645
		8.66	6.87	5.65	4.78	4.12	3.62	3.22	2.75	2.39
8.0	38.40	222	320	437	572	725	896	1080	1397	1754
		9.78	7.76	6.39	5.40	4.66	4.09	3.64	3.10	2.70
8.5	43.35	236	340	464	608	770	952	1147	1484	1864
		10.96	8.70	7.16	6.06	5.23	4.58	4.08	3.48	3.03
9.0	48.60	249	360	492	643	815	1008	1215	1571	1974
		12.22	9.70	7.98	6.75	5.83	5.11	4.55	3.88	3.37
9.5	54.15	263	380	519	679	861	1064	1282	1659	2083
		13.54	10.74	8.85	7.48	6.46	5.66	5.04	4.30	3.74
10.0	60.00	277	400	546	715	906	1120	1350	1746	2193
		14.93	11.85	9.75	8.25	7.12	6.24	5.56	4.74	4.12

速度 (m/s)	动压 (Pa)	风管断面直径 (mm)				上行：风量（m³/h） 下行：单位摩擦阻力（Pa/m）				
		100	120	140	160	180	200	220	250	280
10.5	66.15	291	420	574	751	951	1176	1417	1833	2303
		16.38	13.00	10.70	9.05	7.81	6.85	6.10	5.21	4.53
11.0	72.60	305	440	601	786	997	1232	1485	1921	2412
		17.90	14.21	11.70	9.89	8.54	7.49	6.67	5.69	4.95
11.5	79.35	319	460	628	822	1042	1288	1552	2008	2522
		19.49	15.47	12.84	10.77	9.30	8.15	7.26	6.20	5.39
12.0	86.40	333	480	656	858	1087	1344	1620	2095	2632
		21.14	16.78	13.82	11.69	10.09	8.85	7.88	6.72	5.84
12.5	93.75	346	500	683	894	1132	1400	1687	2183	2741
		22.86	18.14	14.94	12.64	10.91	9.57	8.52	7.27	6.32
13.0	101.40	360	521	710	929	1178	1456	1755	2270	2851
		24.64	19.56	16.11	13.62	11.76	10.31	9.19	7.84	6.82
13.5	109.35	374	541	737	965	1223	1512	1822	2357	2961
		26.49	21.03	17.32	14.65	12.64	11.09	9.88	8.43	7.33
14.0	117.60	388	561	765	1001	1268	1568	1890	2444	3070
		28.41	22.55	18.87	15.71	13.56	11.89	10.60	9.04	7.86
14.5	126.15	402	581	792	1036	1314	1624	1957	2532	3180
		30.39	24.13	19.87	16.81	14.51	12.72	11.34	9.67	8.41
15.0	135.00	416	601	819	1072	1359	1680	2025	2619	3290
		32.44	25.75	21.21	17.94	15.49	13.58	12.10	10.33	8.98
15.5	144.15	430	621	847	1108	1404	1736	2092	2706	3390
		34.56	27.43	22.59	19.11	16.50	14.47	12.89	11.00	9.56
16.0	153.60	443	641	874	1144	1450	1792	2160	2794	3509
		36.74	29.17	24.02	20.32	17.54	15.38	13.71	11.70	10.17

速度 (m/s)	动压 (Pa)	风管断面直径 (mm)				上行：风量（m³/h） 下行：单位摩擦阻力（Pa/m）				
		320	360	400	450	500	560	630	700	800
1.0	0.60	287	363	449	569	703	880	1115	1378	1801
		0.05	0.04	0.04	0.03	0.03	0.02	0.02	0.02	0.02
1.5	1.35	430	545	674	853	1054	1321	1673	2066	2701
		0.10	0.09	0.08	0.07	0.06	0.05	0.04	0.04	0.03
2.0	2.40	574	727	898	1137	1405	1761	2230	2755	3601
		0.17	0.15	0.13	0.11	0.10	0.09	0.08	0.07	0.06
2.5	3.75	717	908	1123	1422	1757	2201	2788	3444	4501
		0.26	0.23	0.20	0.17	0.15	0.13	0.11	0.10	0.08

速度 (m/s)	动压 (Pa)	风管断面直径 (mm)						上行：风量（m³/h） 下行：单位摩擦阻力（Pa/m）		
		320	360	400	450	500	560	630	700	800
3.0	5.40	860	1090	1347	1706	2108	2641	3345	4133	5402
		0.37	0.32	0.28	0.24	0.21	0.18	0.16	0.14	0.12
3.5	7.35	1004	1272	1572	1991	2459	3081	3903	4821	6302
		0.49	0.42	0.37	0.32	0.28	0.24	0.21	0.19	0.16
4.0	9.60	1147	1454	1796	2275	2811	3521	4460	5510	7202
		0.62	0.54	0.47	0.41	0.36	0.31	0.27	0.24	0.20
4.5	12.15	1291	1635	2021	2559	3162	3962	5018	6199	8102
		0.78	0.67	0.59	0.51	0.45	0.39	0.34	0.30	0.25
5.0	15.00	1434	1817	2245	2844	3513	4402	5575	6888	9003
		0.94	0.82	0.72	0.62	0.55	0.48	0.41	0.36	0.31
5.5	18.15	1578	1999	2470	3128	3864	4842	6133	7576	9903
		1.13	0.98	0.86	0.74	0.65	0.57	0.49	0.43	0.37
6.0	21.60	1721	2180	2694	3412	4216	5282	6691	8265	10803
		1.33	1.15	1.01	0.87	0.77	0.67	0.58	0.51	0.43
6.5	25.35	1864	2362	2919	3697	4567	5722	7248	8954	11703
		1.55	1.34	1.17	1.02	0.89	0.78	0.68	0.59	0.51
7.0	29.40	2008	2544	3143	3981	4918	6163	7806	9643	12604
		1.78	1.54	1.35	1.17	1.03	0.90	0.78	0.68	0.58
7.5	33.75	2151	2725	3368	4266	5270	6603	8363	10332	13504
		2.02	1.75	1.54	1.33	1.17	1.02	0.88	0.78	0.66
8.0	38.40	2295	2907	3592	4550	5621	7043	8921	11020	14404
		2.29	1.98	1.74	1.51	1.32	1.15	1.00	0.88	0.75
8.5	43.35	2438	3089	3817	4834	5972	7483	9478	11709	15304
		2.57	2.22	1.95	1.69	1.49	1.30	1.12	0.99	0.84
9.0	48.60	2581	3271	4041	5119	6324	7923	10036	12398	16205
		2.86	2.48	2.18	1.88	1.66	1.44	1.25	1.10	0.94
9.5	54.15	2725	3452	4266	5403	6675	8363	10593	13087	17105
		3.17	2.74	2.41	2.09	1.84	1.60	1.39	1.22	1.04

速度 （m/s）	动压 （Pa）	风管断面直径 （mm）						上行：风量（m³/h） 下行：单位摩擦阻力（Pa/m）		
		320	360	400	450	500	560	630	700	800
10.0	60.00	2868	3634	4490	5687	7026	8804	11151	13775	18005
		3.50	3.03	2.66	2.30	2.02	1.77	1.53	1.35	1.15
10.5	66.15	3012	3816	4715	5972	7378	9244	11709	14464	18906
		3.84	3.32	2.92	2.53	2.22	1.94	1.68	1.48	1.26
11.0	72.60	3155	3997	4939	6256	7729	9684	12266	15153	19806
		4.20	3.63	3.19	2.76	2.43	2.12	1.84	1.62	1.38
11.5	79.35	3298	4170	5164	6541	8080	10124	12824	15842	20706
		4.57	3.95	3.47	3.01	2.65	2.31	2.00	1.76	1.50
12.0	86.40	3442	4361	5388	6825	8432	10564	13381	16530	21606
		4.96	4.29	3.77	3.26	2.87	2.50	2.17	1.91	1.62
12.5	93.75	3585	4542	5613	7109	8783	11005	13939	17219	22507
		5.36	4.64	4.08	3.53	3.10	2.71	2.35	2.07	1.76
13.0	101.40	3729	4724	5837	7394	9134	11445	14496	17908	23407
		4.78	5.00	4.40	3.81	3.35	2.92	2.53	2.23	1.90
13.5	109.35	3872	4906	6062	7678	9485	11885	15054	18597	24307
		6.22	5.38	4.73	4.09	3.60	3.14	2.72	2.39	2.04
14.0	117.60	4016	5087	6286	7962	9837	12325	15611	19286	25207
		6.67	5.77	5.07	4.39	3.86	3.37	2.92	2.57	2.19
14.5	126.15	4159	5269	6511	8247	10188	12765	16169	19974	26108
		7.13	6.17	5.42	4.70	4.13	3.60	3.12	2.75	2.34
15.0	135.00	4302	5451	6735	8531	10539	13205	16726	20663	27008
		7.61	6.59	5.79	5.01	4.41	3.85	3.33	2.93	2.50
15.5	144.15	4446	5633	6960	8816	10891	13646	17284	21352	27908
		8.11	7.02	6.17	5.34	4.70	4.10	3.55	2.13	2.66
16.0	153.60	4589	5814	7184	9100	11242	14086	17842	22041	28808
		8.62	7.46	6.56	5.68	5.00	4.36	3.78	2.32	2.83

速度 (m/s)	动压 (Pa)	风管断面直径 (mm)				上行：风量（m³/h） 下行：单位摩擦阻力（Pa/m）			
		900	1000	1120	1250	1400	1600	1800	2000
1.0	0.60	2280	2816	3528	4397	5518	7211	9130	11276
		0.01	0.01	0.01	0.01	0.01	0.01	0.01	0.01
1.5	1.35	3420	4224	5292	6595	8277	10817	13696	16914
		0.03	0.03	0.02	0.02	0.02	0.01	0.01	0.01
2.0	2.40	4560	5632	7056	8793	11036	14422	18261	22552
		0.05	0.04	0.04	0.03	0.03	0.02	0.02	0.02
2.5	3.75	5700	7040	8819	10992	13795	18028	22826	28190
		0.07	0.06	0.06	0.06	0.04	0.04	0.03	0.03
3.0	5.40	6840	8448	10583	13190	16554	21633	27391	33828
		0.10	0.09	0.08	0.07	0.06	0.05	0.04	0.04
3.5	7.35	7980	9865	12347	15388	19313	25239	31956	39465
		0.14	0.12	0.11	0.09	0.08	0.07	0.06	0.05
4.0	9.60	9120	11265	14111	17587	22072	28845	36522	45103
		0.18	0.15	0.14	0.12	0.10	0.09	0.08	0.07
4.5	12.15	10260	12673	15875	19785	24831	32450	41087	50741
		0.22	0.19	0.17	0.15	0.13	0.11	0.10	0.08
5.0	15.00	11400	14081	17639	21983	27590	36056	45652	56379
		0.27	0.24	0.21	0.18	0.16	0.13	0.12	0.10
5.5	18.15	12540	15489	19403	24182	30349	39661	50217	62017
		0.32	0.28	0.25	0.22	0.19	0.16	0.14	0.12
6.0	21.60	13680	16897	21167	26380	33108	43267	54782	67655
		0.38	0.33	0.29	0.25	0.22	0.19	0.16	0.14
6.5	25.35	14820	18305	22930	28579	35867	46872	59348	73293
		0.44	0.39	0.34	0.30	0.26	0.22	0.19	0.17
7.0	29.40	15960	19713	24694	30777	38626	50478	63913	78931
		0.50	0.44	0.39	0.34	0.30	0.25	0.23	0.19
7.5	33.75	17100	21121	26458	32975	41385	54083	68478	84569
		0.57	0.51	0.44	0.39	0.34	0.29	0.25	0.22
8.0	38.40	18240	22529	28222	35174	44144	57689	73043	90207
		0.65	0.57	0.50	0.44	0.38	0.33	0.28	0.25
8.5	43.35	19381	23937	29986	37372	46903	61295	77608	95845

速度 （m/s）	动压 （Pa）	风管断面直径 （mm）				上行：风量（m³/h） 下行：单位摩擦阻力（Pa/m）			
		900	1000	1120	1250	1400	1600	1800	2000
		0.73	0.64	0.56	0.49	0.43	0.37	0.32	0.28
9.0	48.60	20521	25345	31750	39570	49663	64900	82174	101483
		0.81	0.72	0.63	0.55	0.48	0.41	0.35	0.31
9.5	54.15	21661	26753	33514	41769	52422	68506	86739	107121
		0.90	0.79	0.69	0.61	0.53	0.45	0.39	0.35
10.0	60.00	22801	28161	35278	43967	55181	72111	91304	112759
		0.99	0.88	0.76	0.67	0.59	0.50	0.43	0.38
10.5	66.15	23941	29569	37042	40165	57940	75717	95869	118396
		1.09	0.96	0.84	0.74	0.64	0.55	0.48	0.42
11.0	72.60	25081	30978	38805	48364	60699	79322	100434	124034
		1.19	1.05	0.92	0.80	0.70	0.60	0.52	0.46
11.5	79.35	26221	32386	40569	50562	63458	82928	105000	129672
		1.30	1.14	1.00	0.88	0.77	0.65	0.57	0.50
12.0	86.40	27361	33794	42333	52760	66217	86534	109565	135310
		1.41	1.24	1.06	0.95	0.83	0.71	0.62	0.54
12.5	93.75	28501	35202	44097	54959	68976	90139	114130	140948
		1.52	1.34	1.17	1.03	0.90	0.77	0.67	0.59
13.0	101.40	29641	36610	45861	57157	71735	93745	118695	146586
		1.64	1.45	1.27	1.11	0.97	0.83	0.72	0.63
13.5	109.35	30781	38018	47625	59355	74494	97350	123260	152224
		1.77	1.56	1.36	1.19	1.04	0.89	0.77	0.68
14.0	117.60	31921	39426	49389	61554	77253	100956	127826	157862
		1.90	1.67	1.46	1.28	1.12	0.95	0.83	0.73
14.5	126.15	33061	40834	51153	63752	80012	104531	132391	163500
		2.03	1.79	1.56	1.37	1.20	1.02	0.89	0.78
15.0	135.00	34201	42242	52916	65950	82771	108167	136956	169138
		2.17	1.19	1.67	1.46	1.28	1.09	0.95	0.83
15.5	144.15	35341	43650	54680	68149	85530	111773	141521	174776
		2.31	2.03	1.78	1.56	1.36	1.16	1.01	0.89
16.0	153.60	36481	45058	56444	70347	88289	115378	146086	180414
		2.45	2.16	1.89	1.66	1.45	1.23	1.07	0.95

附录6-2 钢板矩形风管计算表

速 度 (m/s)	动 压 (Pa)	风管断面宽×高 (mm×mm)					上行：风量（m³/h） 下行：单位摩擦阻力（Pa/m）			
		120	160	200	160	250	200	250	200	250
		120	120	120	160	120	160	160	200	200
1.0	0.60	50	67	84	90	105	113	140	141	176
		0.18	0.15	0.13	0.12	0.12	0.11	0.09	0.09	0.08
1.5	1.35	75	101	126	135	157	169	210	212	264
		0.36	0.30	0.27	0.25	0.25	0.22	0.19	0.19	0.16
2.0	2.40	100	134	168	180	209	225	281	282	352
		0.61	0.51	0.46	0.42	0.41	0.37	0.33	0.32	0.28
2.5	3.75	125	168	210	225	262	282	351	353	440
		0.91	0.77	0.68	0.63	0.62	0.55	0.49	0.47	0.42
3.0	5.40	150	201	252	270	314	338	421	423	528
		1.27	1.07	0.95	0.88	0.87	0.77	0.68	0.66	0.58
3.5	7.35	175	235	294	315	366	394	491	494	616
		1.68	1.42	1.26	1.16	1.15	1.02	0.91	0.88	0.77
4.0	9.60	201	268	336	359	419	450	561	565	704
		2.15	1.81	1.62	1.49	1.47	1.30	1.16	1.12	0.99
4.5	12.15	226	302	378	404	471	507	631	635	792
		2.67	2.25	2.01	1.85	1.83	1.62	1.45	1.40	1.23
5.0	15.00	251	336	421	449	523	563	702	706	880
		3.25	2.74	2.45	2.25	2.23	1.97	1.76	1.70	1.49
5.5	18.15	276	369	463	494	576	619	772	776	968
		3.88	3.27	2.92	2.69	2.66	2.36	2.10	2.03	1.79
6.0	21.60	301	403	505	539	628	676	842	847	1056
		4.56	3.85	3.44	3.17	3.13	2.77	2.48	2.39	2.10
6.5	25.35	326	436	547	584	681	732	912	917	1144
		5.30	4.47	4.00	3.68	3.64	3.22	2.88	2.78	2.44
7.0	29.40	351	470	589	629	733	788	982	988	1232
		6.09	5.14	4.59	4.23	4.18	3.70	3.31	3.19	2.81
7.5	33.75	376	503	631	674	785	845	1052	1059	1320
		6.94	5.86	5.23	4.82	4.77	4.22	3.77	3.64	3.20
8.0	38.40	401	537	673	719	838	901	1123	1129	1408
		7.84	6.62	5.91	5.44	5.39	4.77	4.26	4.11	3.61

速度 (m/s)	动压 (Pa)	风管断面宽×高 (mm×mm) 上行：风量 (m³/h) 下行：单位摩擦阻力 (Pa/m)								
		120	160	200	160	250	200	250	200	250
		120	120	120	160	120	160	160	200	200
8.5	43.35	426	571	715	764	890	957	1193	1200	1496
		8.79	7.42	6.63	6.10	6.04	5.35	4.78	4.61	4.06
9.0	48.60	451	604	757	809	942	1014	1263	1270	1584
		9.80	8.27	7.39	6.80	6.73	5.96	5.32	5.14	4.52
9.5	54.15	476	638	799	854	995	1070	1333	1341	1672
		10.86	9.17	8.19	7.54	7.46	6.61	5.90	5.70	5.01
10.0	60.00	501	671	841	899	1047	1126	1403	1411	1760
		11.97	10.11	9.03	8.31	8.23	7.28	6.51	6.28	5.52
10.5	66.15	526	705	883	944	1099	1183	1473	1482	1848
		13.14	11.09	9.91	9.12	9.03	7.99	7.14	6.89	6.06
11.0	72.60	551	738	925	989	1152	1239	1544	1552	1936
		14.36	12.12	10.83	9.97	9.87	8.74	7.80	7.54	6.63
11.5	79.35	576	772	967	1034	1204	1295	1614	1623	2024
		15.63	13.20	11.79	10.86	10.74	9.51	8.50	8.20	7.21
12.0	86.40	602	805	1009	1078	1256	1351	1684	1694	2112
		16.96	14.32	12.79	11.78	11.65	10.32	9.22	8.90	7.83
12.5	93.75	627	839	1051	1123	1309	1408	1754	1764	2200
		18.34	15.48	13.83	12.74	12.60	11.16	9.97	9.63	8.46
13.0	101.40	625	873	1093	1168	1361	1464	1824	1835	2288
		19.77	16.69	14.91	13.73	13.59	12.03	10.75	10.38	9.13
13.5	109.35	677	906	1135	1213	1413	1520	1894	1905	2376
		21.25	17.94	16.03	14.76	14.61	12.93	11.55	11.16	9.81
14.0	117.60	702	940	1178	1258	1466	1577	1965	1976	2464
		22.79	19.24	17.19	15.83	15.67	13.87	12.39	11.97	10.52
14.5	126.15	727	973	1220	1303	1518	1633	2035	2046	2552
		24.38	20.59	18.39	16.94	16.76	14.84	13.26	12.80	11.26
15.0	135.00	752	1007	1262	1348	1570	1689	2105	2117	2640
		26.03	21.98	19.64	18.08	17.89	15.84	14.15	13.67	12.02
15.5	144.15	777	1040	1304	1393	1623	1746	2175	2188	2728
		27.73	23.41	20.92	19.26	19.06	16.88	15.08	14.56	12.80
16.0	153.60	802	1074	1346	1438	1675	1802	2245	2258	2816
		29.48	24.89	22.24	20.48	20.26	17.94	16.03	15.48	13.61

速度 (m/s)	动压 (Pa)	风管断面宽×高 (mm×mm)　上行：风量 (m³/h)　下行：单位摩擦阻力 (Pa/m)								
		320 160	250 250	320 200	400 200	320 250	500 200	400 250	320 320	500 250
1.0	0.60	180	221	226	283	283	354	354	263	443
		0.08	0.07	0.07	0.06	0.06	0.06	0.05	0.05	0.05
1.5	1.35	270	331	339	424	424	531	531	544	665
		0.17	0.14	0.14	0.13	0.12	0.12	0.11	0.10	0.10
2.0	2.40	360	441	451	565	566	707	708	726	887
		0.29	0.24	0.24	0.22	0.21	0.20	0.18	0.18	0.17
2.5	3.75	450	551	564	707	707	884	885	907	1108
		0.44	0.36	0.37	0.33	0.31	0.30	0.28	0.26	0.25
3.0	5.40	540	662	677	848	849	1061	1063	1089	1330
		0.61	0.50	0.51	0.46	0.43	0.42	0.39	0.37	0.35
3.5	7.35	630	772	790	989	990	1238	1240	1270	1551
		0.81	0.66	0.68	0.61	0.58	0.56	0.51	0.49	0.46
4.0	9.60	720	882	903	1130	1132	1415	1417	1452	1773
		1.04	0.85	0.87	0.79	0.74	0.72	0.66	0.63	0.60
4.5	12.15	810	992	1016	1272	1273	1592	1594	1633	1995
		1.29	1.06	1.08	0.98	0.92	0.90	0.82	0.78	0.74
5.0	15.00	900	1103	1129	1413	1414	1769	1771	1815	2216
		1.57	1.29	1.32	1.19	1.12	1.09	1.00	0.95	0.90
5.5	18.15	990	1213	1242	1554	1556	1945	1948	1996	2438
		1.88	1.54	1.57	1.42	1.33	1.31	1.19	1.13	1.08
6.0	21.60	1080	1323	1354	1696	1697	2122	2125	2177	2660
		2.22	1.81	1.85	1.68	1.57	1.54	1.40	1.33	1.27
6.5	25.35	1170	1433	1467	1837	1839	2299	2302	2359	2881
		2.57	2.11	2.15	1.95	1.83	1.79	1.63	1.55	1.48
7.0	29.40	1260	1544	1580	1978	1980	2476	2479	2540	3103
		2.96	2.42	2.47	2.24	2.10	2.06	1.87	1.78	1.70
7.5	33.75	1350	1654	1693	2120	2122	2653	2656	2722	3325
		3.37	2.76	2.82	2.55	2.39	2.34	2.13	2.03	1.93
8.0	38.40	1440	1764	1806	2261	2263	2830	2833	2903	3546
		3.81	3.12	3.18	2.88	2.70	2.65	2.41	2.30	2.19
8.5	43.35	1530	1874	1919	2420	2405	3007	3010	3085	3768

速度 (m/s)	动压 (Pa)	风管断面宽×高 (mm×mm) 上行：风量（m³/h）　下行：单位摩擦阻力（Pa/m）								
		320	250	320	400	320	500	400	320	500
		160	250	200	200	250	200	250	320	250
		4.27	3.50	3.57	3.23	3.03	2.97	2.71	2.58	2.45
9.0	48.60	1620	1985	2032	2544	2546	3184	3188	3266	3989
		4.76	3.90	3.98	3.61	3.38	3.31	3.02	2.87	2.73
9.5	54.15	1710	2095	2145	2585	2687	3360	3365	3500	4211
		5.28	4.32	4.41	4.00	3.75	3.67	3.34	3.18	3.03
10.0	60.00	1800	2205	2257	2526	2829	3537	3542	3629	4433
		5.82	4.77	4.86	4.41	4.13	4.05	3.69	3.51	3.34
10.5	66.15	1890	2315	2370	2968	2970	3714	3719	3810	4654
		6.39	5.23	5.34	4.84	4.53	4.44	4.05	3.85	3.67
11.0	72.60	1980	2426	2483	3109	3112	3891	3986	3992	4876
		6.58	5.72	5.84	5.29	4.95	4.86	4.42	4.21	4.01
11.5	79.35	2070	2536	2596	3250	3253	4068	4073	4173	5098
		7.60	6.23	6.35	5.76	5.39	5.29	4.82	4.59	4.37
12.0	86.40	2160	2646	2709	3391	3395	4245	4250	4355	5319
		8.25	6.76	6.89	6.24	5.85	5.74	5.23	4.98	4.47
12.5	93.75	2250	2757	2822	3533	3536	4422	4427	4608	5541
		8.92	7.31	7.46	6.75	6.33	6.20	5.65	5.38	5.12
13.0	101.40	2340	2867	2935	3674	3678	4598	4604	4718	5763
		9.62	7.88	8.04	7.28	6.83	6.69	6.09	5.80	5.52
13.5	109.35	2430	2977	3048	3815	3819	4775	4781	4899	5984
		10.34	8.47	8.64	7.83	7.34	7.19	6.55	6.24	5.94
14.0	117.60	2520	3087	3160	3957	3960	4952	4958	5081	6260
		11.09	9.09	9.27	8.40	7.87	7.71	7.03	6.69	6.37
14.5	126.15	2610	3198	3273	4098	4102	5129	5136	5262	6427
		11.87	9.72	9.92	8.98	8.42	8.25	7.52	7.16	6.82
15.0	135.00	2700	3308	3386	4239	4243	5306	5313	5444	6649
		12.67	10.38	10.59	9.59	8.99	8.81	8.03	7.64	7.28
15.5	144.15	2790	3418	3499	4381	4385	5483	5490	5625	6871
		13.49	11.06	11.28	10.22	9.58	9.39	8.55	8.14	7.75
16.0	153.60	2880	3528	3612	4522	4526	5660	5667	5806	7092
		14.35	11.75	11.99	10.86	10.18	9.98	9.09	8.66	8.24

速 度 （m/s）	动 压 （Pa）	风管断面宽×高（mm×mm）　上行：风量（m³/h）　下行：单位摩擦阻力（Pa/m）								
		400 320	630 250	500 320	400 400	500 400	630 320	500 500	630 400	800 320
1.0	0.60	454	558	569	569	712	716	891	896	910
		0.04	0.04	0.04	0.04	0.03	0.04	0.03	0.03	0.03
1.5	1.35	682	836	853	853	1068	1073	1337	1344	1364
		0.09	0.09	0.08	0.08	0.07	0.07	0.06	0.06	0.07
2.0	2.40	909	1115	1137	1138	1424	1431	1782	1792	1819
		0.15	0.15	0.14	0.13	0.12	0.12	0.10	0.10	0.11
2.5	3.75	1136	1394	1422	1422	1780	1789	2228	2240	2274
		0.23	0.23	0.21	0.20	0.17	0.19	0.15	0.16	0.17
3.0	5.40	1363	1673	1706	1706	2136	2147	2673	2688	2729
		0.32	0.32	0.29	0.28	0.24	0.26	0.21	0.22	0.24
3.5	7.35	1590	1951	1990	1991	2492	2504	3119	3136	3183
		0.43	0.43	0.38	0.37	0.33	0.35	0.28	0.29	0.32
4.0	9.60	1817	2230	2275	2275	2848	2862	3564	3584	3638
		0.55	0.55	0.49	0.47	0.42	0.44	0.36	0.37	0.40
4.5	12.15	2045	2509	2559	2560	3204	3220	4010	4032	4093
		0.68	0.68	0.61	0.59	0.52	0.55	0.45	0.46	0.50
5.0	15.00	2272	2788	2843	2844	3560	3578	4455	4481	4548
		0.83	0.83	0.74	0.72	0.63	0.67	0.55	0.56	0.61
5.5	18.15	2499	3066	3128	3129	3916	3935	4901	4929	5002
		0.99	0.99	0.89	0.86	0.76	0.80	0.65	0.67	0.73
6.0	21.60	2726	3345	3412	3413	4272	4293	5346	5377	5457
		1.17	1.17	1.04	1.01	0.89	0.94	0.77	0.79	0.86
6.5	25.35	2935	3624	3696	3697	4627	4651	5792	5825	5912
		1.36	1.36	1.21	1.18	1.03	1.10	0.90	0.92	1.00
7.0	29.40	3180	3903	3980	3982	4983	5009	6237	6273	6367
		1.57	1.56	1.40	1.35	1.19	1.26	1.03	1.06	1.15
7.5	33.75	3408	4148	4265	4266	5339	5366	6683	6721	6822
		1.78	1.78	1.59	1.54	1.36	1.44	1.17	1.21	1.31
8.0	38.40	3635	4460	4549	4551	5695	5724	7158	7169	7276
		2.02	2.01	1.80	1.74	1.53	1.63	1.33	1.36	1.48
8.5	43.35	3862	4739	4833	4835	6051	6082	7574	7617	7731

速度 (m/s)	动压 (Pa)	风管断面宽×高 (mm×mm)　　上行：风量（m³/h） 下行：单位摩擦阻力（Pa/m）								
		400 320	630 250	500 320	400 400	500 400	630 320	500 500	630 400	800 320
		2.26	2.25	2.02	1.96	1.72	1.82	1.49	1.53	1.67
9.0	48.60	4089	5.18	5118	5119	6407	6440	8019	8065	8186
		2.52	2.51	2.25	2.18	1.92	2.03	1.06	1.71	1.86
9.5	54.15	4316	5297	5402	5404	6763	6789	8465	8513	8641
		2.80	2.78	2.90	2.42	2.13	2.25	1.84	1.89	2.06
10.0	60.00	4543	5575	5686	5688	7119	7155	8910	8961	9095
		3.08	3.07	2.73	2.67	2.34	2.49	2.03	2.09	2.27
10.5	66.15	4771	5854	5971	5973	7475	7513	9356	9409	9550
		3.38	3.37	3.02	2.93	2.57	2.73	2.23	2.29	2.49
11.0	72.60	4998	6133	6255	6257	7831	7871	9801	9857	10005
		3.70	2.68	3.30	3.20	2.81	2.98	2.44	2.50	2.72
11.5	79.35	5225	6412	6530	6541	8187	8229	10247	10305	10460
		4.03	4.01	3.59	3.48	3.06	3.25	2.65	2.73	2.97
12.0	86.40	5452	6690	6824	6826	8543	8586	10692	10753	1.914
		4.37	4.35	3.90	3.78	3.32	3.52	2.88	2.96	3.22
12.5	93.75	5679	6969	7108	7110	8899	8944	11138	11201	11369
		4.73	4.70	4.22	4.09	3.59	3.81	3.11	3.20	3.48
13.0	101.40	5906	7248	7392	7395	9255	9302	11583	11649	11824
		5.10	5.07	4.55	4.41	3.88	4.11	3.36	3.45	3.75
13.5	109.35	6134	7527	7677	7679	9611	9660	12029	12097	12279
		5.48	5.45	4.89	4.74	4.17	4.42	3.61	3.71	4.04
14.0	117.60	6361	7805	7961	7964	9955	10017	12474	12546	12734
		5.88	5.85	5.24	5.08	4.47	4.74	3.87	3.98	4.33
14.5	126.15	6588	8084	8245	8248	10323	10375	12920	12994	13188
		6.29	6.26	5.61	5.44	4.78	5.07	4.14	4.26	4.63
15.0	135.00	6815	8363	8530	8532	10679	10733	13365	13442	13643
		6.71	6.68	5.99	5.81	5.11	5.41	4.42	4.55	4.59
15.5	144.15	7042	8642	8814	8817	11035	11091	13811	13890	14098
		7.15	7.12	6.38	6.19	5.44	5.78	4.71	4.84	5.27
16.01	153.60	7269	8920	9098	9101	11391	11449	14256	14338	14553
		7.60	7.57	6.78	6.58	5.78	6.13	5.01	5.15	5.60

速 度 (m/s)	动 压 (Pa)	风管断面宽×高 (mm×mm)						上行：风量（m³/h）下行：单位摩擦阻力（Pa/m）		
		630	1000	800	630	1000	800	1250	1000	800
		500	320	400	630	400	500	400	500	630
1.0	0.60	1122	1138	1139	1415	1425	1426	1780	1784	1799
		0.03	0.03	0.03	0.02	0.02	0.02	0.02	0.02	0.02
1.5	1.35	1683	1707	1709	2123	2137	2139	2670	2676	2698
		0.05	0.06	0.06	0.04	0.05	0.05	0.05	0.04	0.04
2.0	2.40	2244	2276	2278	2831	2850	2852	3560	3568	3598
		0.09	0.1	0.09	0.08	0.09	0.08	0.08	0.07	0.07
2.5	3.75	2805	2844	2848	3538	3562	3565	4450	4460	4497
		0.13	0.16	0.14	0.11	0.13	0.12	0.12	0.11	0.10
3.0	5.40	3365	3413	3417	4246	4275	4278	5340	5351	5397
		0.19	0.22	0.20	0.16	0.18	0.16	0.17	0.15	0.14
3.5	7.35	3726	3982	3987	4953	4987	4991	6229	6243	6296
		0.25	0.29	0.26	0.21	0.24	0.22	0.22	0.20	0.19
4.0	9.60	4487	4551	4556	5661	5700	5704	7119	7135	7196
		0.32	0.38	0.33	0.27	0.31	0.28	0.29	0.25	0.24
4.5	12.15	5048	5120	5126	6369	6412	6417	8009	8027	8095
		0.39	0.47	0.42	0.34	0.38	0.35	0.36	0.32	0.30
5.0	15.00	5609	5689	5695	7076	7125	7130	8899	8919	8995
		0.48	0.57	0.51	0.41	0.47	0.42	0.43	0.39	0.36
5.5	18.15	6170	6258	6256	7784	7837	7843	9789	9811	9894
		0.57	0.68	0.61	0.49	0.56	0.51	0.52	0.46	0.43
6.0	21.60	6731	6827	6834	8492	8549	8556	10679	10703	10794
		0.68	0.80	0.71	0.58	0.66	0.60	0.61	0.54	0.51
6.5	25.35	7292	7396	7404	9199	9262	9269	11569	11595	11693
		0.79	0.93	0.83	0.68	0.76	0.70	0.71	0.63	0.59
7.0	29.40	7853	7964	7974	9907	9974	9982	12459	12487	12593
		0.90	1.07	0.95	0.78	0.88	0.80	0.82	0.73	0.68
7.5	33.75	8414	8533	8543	10614	10687	10695	13349	13379	13492
		1.03	1.22	1.09	0.89	1.00	0.91	0.93	0.83	0.77
8.0	38.40	8975	9102	9113	11322	11399	11408	14239	14271	14392
		1.16	1.38	1.23	1.00	1.13	1.03	1.05	0.94	0.87
8.5	43.35	9536	9671	9682	12030	12113	12121	15129	15163	15291

速 度 (m/s)	动 压 (Pa)	风管断面宽×高 (mm×mm) 上行：风量（m³/h） 下行：单位摩擦阻力（Pa/m）								
		630	1000	800	630	1000	800	1250	1000	800
		500	320	400	630	400	500	400	500	630
		1.31	1.55	1.38	1.12	1.27	1.16	1.18	1.05	0.98
9.0	48.60	10096	10240	10252	12737	12824	12834	16019	16054	16191
		1.46	1.73	1.54	1.25	1.41	1.29	1.32	1.17	1.09
9.5	54.15	10657	10809	10821	13445	13537	13547	16909	16946	17090
		1.61	1.92	1.70	1.39	1.57	1.43	1.46	1.30	1.21
10.0	60.00	11218	11378	11391	14153	14249	14260	17798	17838	17990
		1.78	2.11	1.88	1.53	1.73	1.58	1.61	1.43	1.34
10.5	66.15	11779	11947	11960	14860	14962	14973	18688	18730	18889
		1.95	2.32	2.06	1.68	1.90	1.73	1.77	1.57	1.47
11.0	72.60	12340	12516	12530	15568	15674	15686	19578	19622	19789
		2.13	2.54	2.26	1.84	2.07	1.89	1.93	1.72	1.61
11.5	79.35	12901	13084	13099	16276	16386	16399	20468	20514	20688
		2.32	2.76	2.46	2.00	2.26	2.06	2.11	1.87	1.75
12.0	86.40	13462	13653	13669	16983	17099	17112	21358	21406	21588
		2.52	3.00	2.66	2.17	2.45	2.24	2.28	2.03	1.90
12.5	93.75	14023	14222	14238	17691	17811	17825	22248	22298	22487
		2.73	3.24	2.88	2.35	2.65	2.42	2.47	2.20	2.05
13.0	101.40	14584	14791	14808	18398	18524	18538	23138	23190	23387
		2.94	3.50	3.11	2.54	2.86	2.61	2.66	2.37	2.21
13.5	109.35	15145	15360	15377	19106	19236	19251	24028	24082	24286
		3.16	3.76	3.34	2.73	3.07	2.81	2.87	2.55	2.38
14.0	117.60	15706	15929	15947	19814	19949	19964	24918	24974	25186
		3.39	4.03	3.58	2.92	3.30	3.01	3.07	2.73	2.55
14.5	126.15	16267	16498	16517	20521	20661	20677	25808	25866	26085
		3.63	4.31	3.83	3.13	3.53	3.22	3.29	2.92	2.73
15.0	135.00	16827	17067	17068	21229	21374	21390	26698	26757	26985
		3.88	4.60	4.09	3.34	3.77	3.44	3.51	3.12	2.91
15.5	144.15	17388	17636	17656	21937	22086	22103	27588	27649	27884
		4.13	4.19	4.36	3.56	4.01	3.66	3.74	3.32	3.11
16.0	153.60	17940	18204	18225	22644	22799	22816	28478	28541	28748
		4.39	5.22	4.64	3.78	4.27	3.89	3.98	3.53	3.30

速度 （m/s）	动 压 （Pa）	风管断面宽×高 （mm×mm）					上行：风量（m³/h） 下行：单位摩擦阻力（Pa/m）			
		1250 500	1000 630	800 800	1250 630	1600 500	1000 800	1250 800	1000 1000	1600 630
1.0	0.60	2229	2250	2287	2812	2812	2854	2861	3578	3602
		0.02	0.02	0.02	0.02	0.02	0.01	0.01	0.01	0.01
1.5	1.35	3343	3376	3430	4218	4282	4291	5361	5368	5402
		0.04	0.03	0.03	0.03	0.04	0.03	0.03	0.03	0.03
2.0	2.40	4457	4501	4574	5624	5709	5721	7150	7157	7203
		0.07	0.06	0.06	0.05	0.06	0.05	0.04	0.04	0.05
2.5	3.75	5572	5626	5717	7030	7136	7151	8937	8946	9004
		0.10	0.09	0.09	0.08	0.09	0.07	0.07	0.06	0.07
3.0	5.40	6686	6751	6860	8436	8563	8582	10725	10735	10805
		0.14	0.12	0.12	0.11	0.13	0.10	0.09	0.09	0.10
3.5	7.35	7800	7876	8004	9842	9990	10012	12512	12525	12605
		0.18	0.17	0.16	0.15	0.17	0.14	0.12	0.12	0.14
4.0	9.60	8914	9002	9147	11248	11417	11442	11442	14300	14314
		0.23	0.21	0.20	0.19	0.22	0.18	0.16	0.16	0.18
4.5	12.15	10029	10127	10290	13654	12845	12873	16087	16103	16207
		0.29	0.26	0.25	0.24	0.27	0.22	0.20	0.19	0.22
5.0	15.00	11143	11252	11434	14060	14272	14303	17875	17892	18008
		0.35	0.32	0.31	0.29	0.33	0.27	0.24	0.24	0.27
5.5	18.15	12257	12377	12577	15466	15699	15733	19662	19681	19809
		0.42	0.39	0.37	0.35	0.39	0.33	0.29	0.28	0.32
6.0	21.60	13372	13503	13721	16872	17126	17164	21450	21471	21609
		0.50	0.45	0.44	0.41	0.46	0.38	0.34	0.33	0.38
6.5	25.35	14486	14628	14864	18278	18553	18594	23237	23260	23410
		0.58	0.53	0.51	0.48	0.54	0.45	0.40	0.39	0.44
7.0	29.40	15600	15753	16007	19684	19980	20024	25025	25049	25211
		0.67	0.61	0.58	0.55	0.62	0.51	0.46	0.44	0.50
7.5	33.75	16715	16878	17151	21090	21408	21454	26812	26838	27012
		0.76	0.69	0.66	0.63	0.71	0.58	0.52	0.51	0.57
8.0	38.40	17829	18003	18294	22496	22835	25885	25600	28627	28812
		0.86	0.78	0.75	0.71	0.80	0.66	0.59	0.57	0.65
8.5	43.35	18943	19129	19437	23902	24262	24315	30387	30417	30613

速度 (m/s)	动压 (Pa)	风管断面宽×高 (mm×mm) 上行：风量 (m³/h)　下行：单位摩擦阻力 (Pa/m)								
		1250 500	1000 630	800 800	1250 630	1600 500	1000 800	1250 800	1000 1000	1600 630
		0.97	0.88	0.84	0.80	0.89	0.74	0.66	0.64	0.73
9.0	48.60	20058	20254	20581	25308	25689	25745	32175	32206	32414
		1.08	0.98	0.94	0.89	1.00	0.83	0.74	0.72	0.81
9.5	54.15	21172	21379	21724	26714	27116	27176	33962	33995	34215
		1.20	1.08	1.04	0.99	1.11	0.92	0.82	0.79	0.90
10.0	60.00	22286	22504	22868	28120	28543	28606	35749	35784	36015
		1.32	1.20	1.15	1.09	1.22	1.01	0.90	0.88	0.99
10.5	66.15	23401	23629	24011	29526	29971	30036	37537	37574	37816
		1.45	1.31	1.26	1.19	1.34	1.11	0.99	0.96	1.09
11.0	72.60	24515	24755	25154	30932	31398	31467	39324	39363	39617
		1.58	1.44	1.38	1.30	1.46	1.21	1.08	1.05	1.19
11.5	79.35	25629	25880	26298	32338	32825	32897	41112	41152	41418
		1.72	1.56	1.50	1.42	1.59	1.32	1.18	1.15	1.30
12.0	86.40	26743	27005	27441	33744	34252	34327	42899	42941	43219
		1.87	1.70	1.63	1.54	1.73	1.43	1.28	1.24	1.41
12.5	93.75	27858	28130	28584	35150	35679	35757	44687	44730	45019
		2.02	1.84	1.76	1.67	1.87	1.55	1.39	1.34	1.52
13.0	101.40	28972	29256	29728	36556	37106	37188	46474	46520	46820
		2.18	1.98	1.90	1.80	2.02	1.67	1.49	1.45	1.64
13.5	109.35	30086	30381	30871	37926	38534	38618	48262	48309	48621
		2.35	2.13	2.04	1.93	2.17	1.80	1.61	1.56	1.76
14.0	117.60	31201	31506	32015	39368	39961	40048	50049	50098	50422
		2.52	2.28	2.19	2.07	2.33	1.93	1.72	1.67	1.89
14.5	126.15	32315	32631	33158	40774	41388	41479	51837	51887	52222
		2.69	2.44	2.34	2.22	2.49	2.06	1.85	1.79	2.02
15.0	135.00	33429	33756	34301	42180	42815	42909	53624	53676	54023
		2.87	2.61	2.50	2.37	2.66	2.20	1.97	1.91	2.16
15.5	144.15	34544	34882	35445	43586	44242	44339	55412	55466	55824
		3.06	2.78	2.66	2.52	2.83	2.35	2.10	2.04	2.30
16.0	153.60	35658	36007	36588	44992	45669	45769	57199	57255	57625
		3.25	2.95	2.83	2.68	3.01	2.49	2.23	2.16	2.45

速 度 (m/s)	动 压 (Pa)	风管断面宽×高 (mm×mm)			上行：风量（m³/h） 下行：单位摩擦阻力（Pa/m）			
		1250 1000	1600 800	2000 800	1600 1000	2000 1000	1600 1250	2000 1250
1.0	0.60	4473	4579	5726	5728	7163	7165	8960
		0.01	0.01	0.01	0.01	0.01	0.01	0.01
1.5	1.35	6709	6868	8589	8592	10745	10748	13440
		0.02	0.02	0.02	0.02	0.02	0.02	0.02
2.0	2.40	8945	9157	11452	11456	14327	14330	17921
		0.04	0.04	0.04	0.03	0.03	0.03	0.03
2.5	3.75	11181	11447	14314	14321	17908	17913	22401
		0.06	0.06	0.06	0.05	0.05	0.04	0.04
3.0	5.40	13418	13736	17177	17185	21490	21495	26881
		0.08	0.08	0.08	0.07	0.06	0.06	0.05
3.5	7.35	15654	16025	20040	20049	25072	25078	31361
		0.11	0.11	0.10	0.09	0.09	0.08	0.07
4.0	9.60	17890	18315	22903	22913	28653	28661	35841
		0.14	0.04	0.13	0.12	0.11	0.10	0.09
4.5	12.15	20126	20604	25766	25777	32235	32235	32243
		0.17	0.18	0.16	0.15	0.14	0.13	0.12
5.0	15.00	22363	22893	28629	28641	35817	35826	44801
		0.21	0.22	0.20	0.18	0.17	0.16	0.14
5.5	18.15	24599	25183	31492	31505	39398	39408	49281
		0.25	0.26	0.24	0.22	0.20	0.19	0.17
6.0	21.60	26835	27472	34355	34369	42980	42991	53762
		0.29	0.31	0.28	0.26	0.24	0.22	0.20
6.5	25.35	29071	29761	37218	37233	46562	46574	58242
		0.34	0.36	0.33	0.30	0.27	0.26	0.23
7.0	29.40	31308	32051	40080	40098	50143	50156	62722
		0.39	0.41	0.38	0.35	0.31	0.30	0.27
7.5	33.75	33544	34340	42943	42962	53725	53739	67202
		0.45	0.47	0.43	0.39	0.36	0.34	0.30
8.0	38.40	35780	36629	45806	45826	57307	57321	71682
		0.50	0.53	0.49	0.45	0.41	0.38	0.34
8.5	43.35	38016	38919	48669	48690	60888	60904	76162

速度 （m/s）	动压 （Pa）	风管断面宽×高 （mm×mm） 上行：风量（m³/h） 下行：单位摩擦阻力（Pa/m）						
		1250	1600	2000	1600	2000	1600	2000
		1000	800	800	1000	1000	1250	1250
		0.57	0.60	0.55	0.50	0.46	0.43	0.38
9.0	48.60	40253	41208	51532	51554	64470	64486	80642
		0.63	0.66	0.61	0.56	0.51	0.48	0.43
9.5	54.15	42489	43497	54395	54418	68052	68069	85122
		0.70	0.74	0.68	0.62	0.56	0.53	0.47
10.0	60.00	44725	45787	57258	57282	71633	71652	89603
		0.77	0.81	0.75	0.68	0.62	0.58	0.52
10.5	66.15	46961	48076	60121	60146	75215	75234	94083
		0.85	0.89	0.82	0.75	0.68	0.64	0.57
11.0	72.60	49198	50365	62983	63010	78797	78817	98563
		0.93	0.97	0.90	0.82	0.75	0.70	0.63
11.5	79.35	51434	52655	65846	65876	82378	82399	103043
		1.01	1.06	0.98	0.89	0.81	0.76	0.68
12.0	86.40	53670	54944	68709	68739	85960	85982	107523
		1.10	1.15	1.06	0.97	0.88	0.83	0.74
12.5	93.75	55906	57233	71572	71603	89542	89564	112003
		1.19	1.25	1.15	1.05	0.95	0.90	0.80
13.0	101.40	58143	59523	74435	74467	93123	93147	116483
		1.28	1.34	1.24	1.13	1.03	0.97	0.87
13.5	109.35	60379	61812	77298	77331	96705	96730	120964
		1.37	1.44	1.33	1.22	1.11	1.04	0.93
14.0	117.60	62615	64101	80161	80195	100287	100312	125444
		1.47	1.55	1.43	1.30	1.19	1.11	1.00
14.5	126.15	65851	66391	83024	83059	103868	103895	129924
		1.58	1.66	1.53	1.40	1.27	1.19	1.07
15.0	135.00	37088	68680	85887	85923	107450	107477	134404
		1.68	1.77	1.63	1.49	1.35	1.27	1.14
15.5	144.15	68324	70969	88749	88787	111031	111060	138884
		1.79	1.89	1.74	1.59	1.44	1.36	1.22
16.0	153.60	71560	73259	91612	91651	114613	114643	143364
		1.91	2.01	1.85	1.69	1.53	1.44	1.29

圆形通风管道规格　　　　　　　　　　　　　　　　　　表 1

外径 D (mm)	钢板制风道 外径允许偏差 (mm)	钢板制风道 壁厚 (mm)	塑料制风道 外径允许偏差 (mm)	塑料制风道 壁厚 (mm)	外径 D (mm)	除尘制风道 外径允许偏差 (mm)	除尘制风道 壁厚 (mm)	气密性风道 外径允许偏差 (mm)	气密性风道 壁厚 (mm)
100	±1	0.5	±1	3.0	80 / 90 / 100	±1	1.5	±1	2.0
120					110 / (120)				
140					(130) / 140				
160					(150) / 160				
180					(170) / 180				
200					190 / 200				
220		0.75		4.0	(210) / 220				
250					(240) / 250				
280					(260) / 280				
320					(300) / 320				
360					(340) / 360				
400					(380) / 400				
450					(420) / 450				
500					(480) / 500				
560		1.0	±1.5	5.0	(530) / 560		2.0		3.0~4.0
630					(609) / 630				
700					(670) / 700				
800					(750) / 800				
900					(850) / 900				
1000					(950) / 1000				
1120				6.0	(1060) / 1120		3.0		
1250		1.2~1.5			(1180) / 1250				3.0~4.0
1400					(1320) / 1400				
1600					(1500) / 1600				
1800					(1700) / 1800				4.0~6.0
2000					(1900) / 2000				

矩形通风管道规格

表2

外边长 $A \times B$ (mm×mm)	钢板制风道		塑料制风道		外边长 $A \times B$ (mm×mm)	钢板制风道		塑料制风道	
	外边长允许偏差 (mm)	壁厚 (mm)	外边长允许偏差 (mm)	壁厚 (mm)		外边长允许偏差 (mm)	壁厚 (mm)	外边长允许偏差 (mm)	壁厚 (mm)
120×120	−2	0.5	−2	3.0	630×500	−2	1.0	−3	5.0
160×120					630×630				
160×160					800×320				
220×120					800×400				
200×160					800×500				
200×200					800×630				
250×120					800×800				
250×160		0.75			1000×320				
250×200					1000×400				6.0
250×250					1000×500				
320×160					1000×630				
320×200					1000×800				
320×250					1000×1000				
320×320					1250×400		1.2		
400×200				4.0	1250×500				
400×250					1250×630				
400×320					1250×800				
400×400					1250×1000				
500×200					1600×500				8.0
500×250					1600×630				
500×320					1600×800				
500×400					1600×1000				
500×500					1600×1250				
630×250		1.0		5.0	2000×800				
630×320					2000×1000				
630×400					2000×1250				

注：1. 本通风管道统一规格系经"通风管道定型化"审查会议通过，作为通用规格在全国使用。

2. 除尘、气密性风管规格中分基本系列和辅助系列，应优先采用基本系列（即不加括号数字）。

附录6-4　局部阻力系数

序号	名称	图形和断面	局部阻力系数 ζ（ζ值以图内所示的速度v计算）

1　伞形风帽管边尖锐

	h/D_0										
	0.1	0.2	0.3	0.4	0.5	0.6	0.7	0.8	0.9	1.0	∞
排风	2.63	1.83	1.53	1.39	1.31	1.19	1.15	1.08	0.07	1.06	1.06
进风	4.00	2.30	1.60	1.30	1.15	1.10	—	1.00	—	1.00	—

2　带扩散管的伞形风帽

排风	1.32	0.77	0.60	0.48	0.41	0.30	0.29	0.28	0.25	0.25	0.25
进风	2.60	1.30	0.80	0.70	0.60	0.60	—	0.60	—	0.60	—

3　渐扩管

$\dfrac{F_1}{F_0}$	$\alpha°$				
	10	15	20	25	30
1.25	0.02	0.03	0.05	0.06	0.07
1.50	0.03	0.06	0.10	0.12	0.13
1.75	0.05	0.09	0.14	0.17	0.19
2.00	0.06	0.13	0.20	0.23	0.26
2.25	0.08	0.16	0.26	0.38	0.33
3.50	0.09	0.19	0.30	0.36	0.39

4　渐扩管

$\alpha°$	22.5	30	45	90
ζ_1	0.6	0.8	0.9	1.0

5　突扩

$\dfrac{F_2}{F_0}$	0	0.1	0.2	0.3	0.4	0.5	0.6	0.7	0.9	1.0
ζ_1	1.0	0.81	0.64	0.49	0.36	0.25	0.16	0.09	0.01	0

6　突缩

$\dfrac{F_1}{F_2}$	0	0.1	0.2	0.3	0.4	0.5	0.6	0.7	0.9	1.0
ζ_1	0.5	0.47	0.42	0.38	0.34	0.30	0.25	0.20	0.09	0

7　渐缩管

当 $\alpha \leqslant 45°$ 时 $\zeta = 0.10$

8　伞形罩

$\alpha°$	20	40	60	90	100
圆形	0.11	0.06	0.09	0.16	0.27
矩形	0.19	0.13	0.16	0.25	0.33

序号	名称	图形和断面	局部阻力系数 ζ（ζ值以图内所示的速度 v 计算）										
9	圆方弯管												

10 矩形弯头

r/b	a/b										
	0.25	0.5	0.75	1.0	1.5	2.0	3.0	4.0	5.0	6.0	8.0
0.5	1.5	1.4	1.3	1.2	1.1	1.0	1.0	1.1	1.1	1.2	1.2
0.75	0.57	0.52	0.48	0.44	0.40	0.39	0.39	0.40	0.42	0.43	0.44
1.0	0.27	0.25	0.23	0.21	0.19	0.18	0.18	0.19	0.20	0.27	0.21
1.5	0.22	0.20	0.19	0.17	0.15	0.14	0.14	0.15	0.16	0.17	0.17
2.0	0.20	0.18	0.16	0.15	0.14	0.13	0.13	0.14	0.14	0.15	0.15

11 弯头带导流叶片

1. 单叶式 ζ = 0.35
2. 双叶式 ζ = 0.10

12 乙字管

t_0/D_0	0	1.0	2.0	3.0	4.0	5.0	6.0
R_0/D_0	0	1.9	3.74	5.60	7.46	9.30	11.3
ζ	0	0.15	0.15	0.16	0.16	0.16	0.16

13 乙形弯

l/b_0	0	0.4	0.6	0.8	1.0	1.2	1.4	1.6	1.8	2.0
ζ	0	0.62	0.89	1.61	2.63	3.61	4.01	4.18	4.22	4.18
l/b_0	2.4	2.8	3.2	4.0	5.0	6.0	7.0	9.0	10.0	∞
ζ	3.75	3.31	3.20	3.08	2.92	2.80	2.70	2.50	2.41	2.30

14 Z形管

l/b_0	0	0.4	0.6	0.8	1.0	1.2	1.4	1.6	1.8	2.0
ζ	1.15	2.40	2.90	3.31	3.44	3.40	3.36	3.28	3.20	3.11
l/b_0	2.4	2.8	3.2	4.0	5.0	6.0	7.0	9.0	10.0	∞
ζ	3.16	3.18	3.15	3.00	2.89	2.78	2.70	2.50	2.41	2.30

序号	名称	图形和断面	局部阻力系数 ζ（ζ值以图内所示的速度 v 计算）

15　合流三通

图形：$v_1 F_1 \rightarrow$，α，$v_3 F_3 \rightarrow$，$v_2 F_2$；$F_1 + F_2 = F_3$，$\alpha = 30°$

ζ_2

L_2/L_3 \ F_2/F_3	0.00	0.03	0.05	0.1	0.2	0.3	0.4	0.5	0.6	0.7	0.8	1.0
0.06	-1.13	-0.07	-0.30	1.82	10.1	23.3	41.5	66.2	—	—	—	—
0.10	-1.22	-1.00	-0.75	0.02	2.88	7.34	13.4	21.1	29.4	—	—	—
0.20	-1.50	-1.35	-1.22	-0.84	-0.05	1.4	2.70	4.46	6.48	8.70	11.4	17.3
0.33	-2.00	-1.80	-1.70	-1.40	-0.72	-0.12	0.52	1.20	1.89	2.56	3.30	4.80
0.50	-3.00	-2.80	-2.60	-2.24	-1.44	-0.90	-0.36	0.14	0.56	0.84	1.18	1.53

ζ_1

L_2/L_3 \ F_2/F_3	0.00	0.03	0.05	0.1	0.2	0.3	0.4	0.5	0.6	0.7	0.8	1.0
0.01	0.00	0.06	0.04	-0.10	-0.81	-2.10	-4.07	-6.60	—	—	—	—
0.10	0.01	0.10	0.08	0.04	-0.33	-1.06	-2.14	-3.60	-5.40	—	—	—
0.20	0.06	0.10	0.13	0.16	0.06	-0.24	-0.73	-1.40	-2.30	-3.34	-3.59	-8.64
0.33	0.42	0.45	0.48	0.51	0.52	0.32	0.07	-0.32	-0.83	-1.47	-2.19	-4.00
0.50	1.40	1.40	1.40	1.36	1.26	1.09	0.86	0.53	0.15	-0.52	-0.82	-2.07

16　合流三通（分支管）

图形：$v_1 F_1 \rightarrow$，α，$v_3 F_3 \rightarrow$，$v_2 F_2$；$F_1 + F_2 > F_3$，$F_1 = F_3$，$\alpha = 30°$

ζ_2

L_2/L_3 \ F_2/F_3	0.1	0.2	0.3	0.4	0.6	0.8	1.0
0	-1.00	-1.00	-1.00	-1.00	-1.00	-1.00	-1.00
0.1	0.21	-0.46	-0.57	-0.60	-0.62	-0.63	-0.63
0.2	3.1	0.37	-0.06	-0.20	-0.28	-0.30	-0.35
0.3	7.6	1.5	0.50	0.20	0.05	-0.08	-0.10
0.4	13.50	2.95	1.15	0.59	0.26	0.18	0.16
0.5	21.2	4.58	1.78	0.97	0.44	0.35	0.27
0.6	30.4	6.42	2.60	1.37	0.64	0.46	0.31
0.7	41.3	8.5	3.40	1.77	0.76	0.56	0.40
0.8	53.8	11.5	4.22	2.14	0.85	0.53	0.45
0.9	58.0	14.2	5.30	2.58	0.89	0.52	0.40
1.0	83.7	17.3	6.33	2.92	0.89	0.39	0.27

17　合流三通（直管）

图形：$v_1 F_1 \rightarrow$，α，$v_3 F_3 \rightarrow$，$v_2 F_2$；$F_1 + F_2 > F_3$，$F_1 = F_3$，$\alpha = 30°$

ζ_1

L_2/L_3 \ F_2/F_3	0.1	0.2	0.3	0.4	0.6	0.8	1.0
0	0	0	0	0	0	0	0
0.1	0.02	0.11	0.13	0.15	0.16	0.17	0.17
0.2	-0.33	0.01	0.13	0.18	0.20	0.24	0.29
0.3	-1.10	-0.25	-0.01	0.10	0.22	0.30	0.35
0.4	-2.14	-0.75	-0.30	-0.05	0.17	0.26	0.36
0.5	-3.60	-1.43	-0.70	-0.35	0	0.21	0.32
0.6	-5.40	-2.35	-1.25	-0.70	-0.20	0.06	0.25
0.7	-7.60	-3.40	-1.95	-1.2	-0.50	-0.15	1.10
0.8	-10.1	-4.61	-2.74	-1.82	-0.90	-0.43	-0.15
0.9	-13.0	-6.02	-3.70	-2.55	-1.40	-0.80	-0.45
1.0	-16.3	-7.30	-4.75	-3.35	-1.90	-1.17	-0.75

序号	名称	图形和断面	局部阻力系数 ζ（ζ值以图内所示的速度 v 计算）									

支管 ζ_{31}（对应 v_3）

$\dfrac{F_2}{F_1}$	$\dfrac{F_3}{F_1}$	L_3/L_2									
		0.2	0.4	0.6	0.8	1.0	1.2	1.4	1.6	1.8	2.0
0.3	0.2	−2.4	−0.01	2.0	3.8	5.3	6.6	7.8	8.9	9.8	11
	0.3	−2.8	−1.2	0.12	1.1	1.9	2.6	3.2	3.7	4.2	4.6
0.4	0.2	−1.2	0.98	2.8	4.5	5.9	7.2	8.4	9.5	10	11
	0.3	−1.6	−0.27	0.18	1.7	2.4	3.0	3.6	4.1	4.5	4.9
	0.4	−1.8	−0.27	0.07	0.66	1.1	1.5	1.8	2.1	2.3	2.5
0.5	0.2	−0.46	1.5	3.3	4.9	6.4	7.7	8.8	9.9	11	12
	0.3	−0.94	0.25	1.2	2.0	2.7	3.3	3.8	4.2	4.7	5.0
	0.4	−1.1	−0.28	0.42	0.92	1.3	1.6	1.9	2.1	2.3	2.5
	0.5	−1.2	−0.38	0.18	0.58	0.88	1.1	1.3	1.5	1.6	1.7
0.6	0.2	−0.55	1.3	3.1	4.7	6.1	7.4	8.6	9.6	11	12
	0.3	−1.1	0	0.88	1.6	2.3	2.8	3.3	3.7	4.1	4.5
	0.4	−1.2	−0.48	0.10	0.54	0.89	1.2	1.4	1.6	1.8	2.0
	0.5	−1.3	−0.62	−0.14	0.21	0.47	0.68	0.85	0.99	1.1	1.2
	0.6	−1.3	−0.69	−0.26	0.01	0.26	0.42	0.57	0.66	0.75	0.82
0.8	0.2	0.06	1.8	3.5	5.1	6.5	7.8	8.9	10	11	12
	0.3	−0.52	0.36	1.1	1.7	2.3	2.8	3.2	3.6	3.9	4.2
	0.4	−0.67	−0.05	0.43	0.80	1.1	1.4	1.6	1.8	1.9	2.1
	0.6	−0.75	−0.27	0.05	0.28	0.45	0.58	0.68	0.76	0.83	0.88
	0.7	−0.77	−0.31	−0.02	0.18	0.32	0.43	0.50	0.56	0.61	0.65
	0.8	−0.78	−0.34	−0.07	0.12	0.24	0.33	0.39	0.44	0.47	0.50
1.0	0.2	0.40	2.1	3.7	5.2	6.6	7.8	9.0	11	11	12
	0.3	−0.21	0.54	1.2	1.8	2.3	2.7	3.1	3.7	3.7	4.0
	0.4	−0.33	0.21	0.62	0.96	1.2	1.5	1.7	2.0	2.0	2.1
	0.5	−0.38	0.05	0.37	0.60	0.79	0.98	1.1	1.2	1.2	1.3
	0.6	−0.41	−0.02	0.23	0.42	0.55	0.66	0.73	0.80	0.85	0.89
	0.8	−0.44	−0.10	0.11	0.24	0.33	0.39	0.43	0.46	0.47	0.48
	1.0	−0.46	−0.14	0.06	0.16	0.23	0.27	0.29	0.30	0.30	0.29

序号 18　名称 合流三通

支管 ζ_{21}（对应 v_2）

$\dfrac{F_2}{F_1}$	$\dfrac{F_3}{F_1}$	L_3/L_2									
		0.2	0.4	0.6	0.8	1.0	1.2	1.4	1.6	1.8	2.0
0.3	0.2	5.3	−0.01	2.0	1.1	0.34	−0.2	−0.6	−0.58	−1.2	−1.4
	0.3	5.4	3.7	2.5	1.6	1.1	0.53	0.16	−0.14	−0.38	−0.58

序号 19　名称 通风机出口变径管

$\alpha°$	A_0/A_0					
	1.5	2	2.5	3	3.5	4
10	0.08	0.09	0.1	0.1	0.11	0.11
15	0.1	0.11	0.12	0.13	0.14	0.15
20	0.12	0.14	0.15	0.16	0.17	0.18
25	0.15	0.18	0.21	0.23	0.25	0.26
30	0.18	0.25	0.3	0.33	0.35	0.35
35	0.21	0.31	0.38	0.41	0.43	0.44

序号	名称	图形和断面	局部阻力系数 ζ（ζ值以图内所示的速度 v 计算）									
20	分流三通		支管道（对应 v_3）									
			v_2/v_1	0.2	0.4	0.6	0.7	0.8	0.9	1.0	1.1	1.2
			ζ_{13}	0.76	0.60	0.52	0.50	0.51	0.52	0.56	0.60	0.68
			v_3/v_1	1.4	1.6	1.8	2.0	2.2	2.4	2.6	2.8	3.0
			ζ_{13}	0.86	1.1	1.4	1.8	2.2	2.6	3.1	3.7	4.2
			主管道（对应 v_2）									
			v_2/v_1	0.2	0.4	0.6	0.8	1.0	1.2	1.4	1.6	1.8
			ζ_{12}	0.14	0.06	0.05	0.09	0.18	0.30	0.46	0.64	0.84

21	90° 矩形断面吸入三通		$\dfrac{L_2}{L_1}$	$\dfrac{F_2}{F_3}$			$\dfrac{F_2}{F_3}$	
				0.25	0.50	1.0	0.5	1.0
				ζ_2（对应 v_2）			ζ_3（对应 v_3）	
			0.1	−0.6	−0.6	−0.6	0.20	0.20
			0.2	0.0	−0.2	−0.3	0.20	0.22
			0.3	0.4	0.0	−0.1	0.10	0.25
			0.4	1.2	0.25	0.0	0.0	0.24
			0.5	2.3	0.4	0.1	−0.1	0.20
			0.6	3.6	0.7	0.2	−0.2	0.18
			0.7	—	1.0	0.3	−0.3	0.15
			0.8	—	1.5	0.4	−0.4	0.0

22	矩形三通		F_2/F_1	0.5	1
			分 流	0.304	0.247
			合 流	0.233	0.072

23	圆形三通		合流（$R_0/D_1 = 2$）											
			L_3/L_1	0	0.1	0.2	0.3	0.4	0.5	0.6	0.7	0.8	0.9	1.0
			ζ_1	−0.13	−0.10	−0.07	−0.03	0	0.03	0.03	0.03	0.03	0.05	0.08
			分流（$F_3/F_1 = 0.5$，$L_3/L_1 = 0.5$）											
			R_0/D_1	0.5		0.75		1.0		1.5		2.0		
			ζ_1	1.10		0.60		0.40		0.25		0.20		

24	直角三通		v_2/v_1	0.6	0.8	1.0	1.2	1.4	1.6
			ζ_{12}	1.18	1.32	1.50	1.72	1.98	2.28
			ζ_{21}	0.6	0.8	1.0	1.6	1.9	2.5

25	矩形送出三通		$v_2/v_1 < 1$ 时可不计，$v_2/v_1 > 1$ 时					
			x	0.25	0.5	0.75	1.0	1.25
			ζ_2	0.21	0.07	0.05	0.15	0.36
			ζ_3	0.30	0.20	0.30	0.40	0.65

$$\Delta P = \xi \frac{v_1^2}{2}\rho$$

序号	名称	图形和断面	局部阻力系数 ζ（ζ值以图内所示的速度 v 计算）									

序号	名称	图形和断面	局部阻力系数 ζ（ζ值以图内所示的速度 v 计算）
26	矩形吸入三通		v_1/v_3: 0.4, 0.6, 0.8, 1.0, 1.2, 1.5 ；$\frac{F_1}{F_3}=0.75$: −1.2, −0.3, 0.35, 0.8, 1.1, —；0.67: −1.7, −0.9, −0.3, 0.1, 0.45, 0.7；0.60: −2.1, −0.3, −0.8, 0.4, 0.1, 0.2；ζ_2: −1.3, −0.9, −0.5, 0.1, 0.55, 1.4 $$\Delta P = \xi \frac{v_3^2}{2}\rho$$

26 矩形吸入三通

v_1/v_3	0.4	0.6	0.8	1.0	1.2	1.5
$\frac{F_1}{F_3}=0.75$	− 1.2	− 0.3	0.35	0.8	1.1	—
0.67	− 1.7	− 0.9	− 0.3	0.1	0.45	0.7
0.60	− 2.1	− 0.3	− 0.8	0.4	0.1	0.2
ζ_2	− 1.3	− 0.9	− 0.5	0.1	0.55	1.4

$$\Delta P = \xi \frac{v_3^2}{2}\rho$$

27 侧孔吸风

$\frac{F_2}{F_1}$	L_2/L_0				
	0.1	0.2	0.3	0.4	0.5
	ζ_0				
0.1	0.8	1.3	1.4	1.4	1.4
0.2	− 1.4	0.9	1.3	1.4	1.4
0.4	− 9.5	0.2	0.9	1.2	1.3
0.6	− 21.2	− 2.5	0.3	1.0	1.2

$\frac{F_2}{F_1}$	L_2/L_0			
	0.1	0.2	0.3	0.4
	ζ_1			
0.1	0.1	− 0.1	− 0.8	− 2.6
0.2	0.1	0.2	− 0.01	− 0.6
0.4	0.2	0.3	0.3	0.2
0.6	0.2	0.3	0.4	0.4

28 调节式送风口

$\alpha°$	30	40	50	60	70	80	90	100	110
流线形叶片	6.4	2.7	1.7	1.6	—	—	—	—	—
简易叶片	—	—	—	1.2	1.2	1.4	1.8	2.4	3.5

29 带外挡板的条缝送风口

v_1/v_0	0.6	0.8	1.0	1.2	1.5	2.0
ζ_1	2.73	3.3	4.0	4.9	6.5	10.4

30 侧面送风口

$$\zeta = 2.04$$

31 45°固定金属百叶窗

F_1/F_0	0.1	0.2	0.3	0.4	0.5	0.6	0.7	0.8	0.9	1.0
进风 ζ	—	45	17	6.8	4.0	2.3	1.4	0.9	0.6	0.5
排风 ζ	—	58	24	13	8.0	5.3	3.7	2.7	2.0	1.5

F_0——净面积

序号	名称	图形和断面	局部阻力系数 ζ（ζ值以图内所示的速度 v 计算）
32	单面空气分布器		当网络净面积为80%时　$r_0 = 0.2D$　$R = 1.2D$ $b = 0.7D$　$l = 1.25D$ $K = 1.8D$ $\zeta = 1.0$

序号 33　侧面孔口（最后孔口）

F_1/F_0	0.2	0.3	0.4	0.5	0.6	0.7	0.8	0.9	1.0	1.2	1.4	1.6	1.8
送出 单孔 ζ	65.7	30.0	16.4	10.1	7.30	3.50	4.48	3.67	3.60	2.44	—	—	—
送出 双孔 ζ	67.7	33.0	17.2	11.6	8.45	6.80	5.86	5.00	4.38	3.47	2.90	2.52	2.52
吸入 单孔 ζ	64.5	30.0	14.9	9.00	6.27	4.54	3.54	2.70	2.28	1.60	—	—	—
吸入 双孔 ζ	66.5	36.5	17.0	12.0	8.76	6.85	5.50	4.54	3.84	2.76	2.01	1.40	1.10

序号 34　墙孔

l/h	0.0	0.2	0.4	0.6	0.8	1.0	1.2	1.4	1.6	1.8	2.0	4.0
ζ	2.83	2.72	2.60	2.34	1.95	1.76	1.67	1.62	1.60	1.60	1.55	1.55

序号 35　孔板送风口

| v | 开孔率 | | | | |
	0.2	0.3	0.4	0.5	0.6
0.5	30	12	6.0	3.6	2.3
1.0	33	13	6.8	4.1	2.7
1.5	35	14.5	7.4	4.6	3.0
2.0	39	15.5	7.8	4.6	3.0
2.5	40	16.5	8.3	5.2	3.4
3.0	41	17.5	8.0	5.5	3.7

$$\Delta P = \zeta \frac{v^2}{2} \rho$$
v 为面风速

序号	名称	图形和断面	局部阻力系数 ζ（ζ值以图内所示的速度v计算）												

序号 36 插板槽

ζ值（相应风速为管内风速 v_0）

h/D_0	0	0.1	0.13	0.2	0.3	0.4	0.5	0.6	0.7	0.8	0.9	1.0

1. 圆管

F_h/F_0	0	—	0.16	0.25	0.38	0.50	0.61	0.71	0.81	0.90	0.96	1.0
ζ	∞	—	97.9	35.0	10.0	4.60	2.06	0.98	0.44	0.17	0.06	0

2. 矩形管

ζ	∞	193	—	44.5	17.8	8.12	4.02	2.08	0.95	0.39	0.09	0

序号 37 蝶阀

ζ值（相应风速为管内风速）

θ (°)	0	10	20	30	40	50	60

1. 圆管

$ζ_0$	0.20	0.52	1.5	4.5	11	29	108

2. 矩形管

$ζ_0$	0.04	0.33	1.2	3.3	9.0	26	70

序号 38 矩形风管平行式多叶阀

ζ值（相应风速为管内风速 v_0）

$\dfrac{l}{s}$	θ (°)								
	80	70	60	50	40	30	20	10	0
0.3	116	32	14	9.00	5.00	2.30	1.40	0.79	0.52
0.4	152	38	16	9.00	6.00	2.40	1.50	0.85	0.52
0.5	188	45	18	9.0	6.0	2.4	1.5	0.92	0.52
0.6	245	45	21	9.0	5.4	2.4	1.5	0.92	0.52
0.8	284	55	22	9.0	5.4	2.5	1.5	0.92	0.52
1.0	361	65	24	10	5.4	2.6	1.6	1.0	0.52
1.5	576	102	28	10	5.4	2.7	1.6	1.0	0.52

$$\frac{l}{s} = \frac{n \times b}{2(a + b)}$$

l——合计的阀门叶片长度,mm;
s——风管的周长,mm;
n——阀门叶片的数量;
b——平行于叶片轴的风管尺寸,mm。

序号 39 矩形风管对开式多叶阀

ζ值（相应风速为管内风速 v_0）

$\dfrac{l}{s}$	θ(°)								
	80	70	60	50	40	30	20	10	0
0.3	807	284	73	21	9.0	4.1	2.1	0.85	0.52
0.4	915	332	100	28	11	5.0	2.2	0.92	0.52
0.5	1045	377	122	33	13	5.4	2.3	1.0	0.52
0.6	1121	411	148	38	14	6.0	2.3	1.0	0.52
0.8	1299	495	188	54	18	6.6	2.4	1.1	0.52
1.0	1521	547	245	65	21	7.3	2.7	1.2	0.52
1.5	1654	677	361	107	28	9.0	3.2	1.4	0.52

附录 9-1 我国部分城市室外空气计算参数

地 名	位 置			大气压(Pa)		室外计算干球温度(℃)		夏季室外计算湿球温度(℃)	冬季室外计算相对湿度(%)	室外平均风速(m/s)		计算日较差(℃)
	北 纬	东 经	海 拔(m)	冬 季	夏 季	冬季	夏季			冬季	夏季	
哈尔滨	45°41′	126°37′	171.7	100125	98392	−29	30.3	23.4	74	3.8	3.5	9.7
长 春	43°54′	125°13′	236.8	99458	97725	−26	30.5	24.2	68	4.2	3.5	9.4
沈 阳	41°46′	123°26′	41.6	102125	99992	−22	31.4	25.4	64	3.1	2.9	8.9
乌鲁木齐	43°54′	87°28′	653.5	95192	93459	−27	34.1	18.5	80	1.7	3.1	12.0
西 宁	36°35′	101°55′	2261.2	77460	77327	−15	25.9	16.4	48	1.7	1.9	13.0
兰 州	36°03′	103°53′	1517.2	85059	84260	−13	30.5	20.2	58	0.5	1.3	12.7
西 安	34°18′	108°56′	396.9	97858	95859	−8	35.2	26.0	67	1.8	2.2	11.3
呼和浩特	40°49′	111°41′	1063.0	90126	88926	−22	29.9	20.8	56	1.6	1.5	12.5
太 原	37°47′	112°33′	777.9	93325	91859	−15	31.2	23.4	51	2.6	2.1	11.7
北 京	39°48′	116°28′	31.2	102391	100125	−12	33.2	26.4	45	2.8	1.9	9.6
天 津	39°06′	117°10′	3.3	102658	100525	−11	33.4	26.9	53	3.1	2.6	7.9
石家庄	38°04′	114°26′	81.8	101725	99592	−11	35.1	26.6	52	1.8	1.5	9.8
济 南	36°41′	116°59′	51.6	101991	99858	−10	34.8	26.7	54	3.2	2.8	9.1
青 岛	36°09′	120°25′	16.8	102525	100391	−9	29.0	26.0	64	5.7	4.9	6.7
上 海	31°10′	121°26′	4.5	102658	100525	−4	34.0	28.2	75	3.1	3.2	7.1
徐 州	34°17′	117°18′	43.0	102258	100125	−8	34.8	27.4	64	2.8	2.9	8.3
南 京	32°00′	118°48′	8.9	102525	100391	−6	35.0	28.3	73	2.6	2.6	7.7
无 锡	31°35′	120°19′	5.6	102791	100391	−4	33.4	28.4	74	4.1	3.8	7.2
杭 州	30°19′	120°12′	7.2	102525	100258	−4	35.7	28.5	77	2.3	2.2	7.3
南 昌	28°40′	115°58′	46.7	101858	99858	−3	35.6	27.9	74	3.8	2.7	8.0
福 州	26°05′	119°17′	48.0	101325	99592	4	35.2	28.0	74	2.7	2.9	8.8
厦 门	24°27′	118°04′	63.2	101458	99992	6	33.4	27.6	73	3.5	3.0	6.7
郑 州	34°43′	113°39′	110.4	101325	99192	−7	35.6	27.4	60	3.4	2.6	9.9
洛 阳	34°40′	112°25′	154.3	100925	98792	−7	35.9	27.5	57	2.5	2.1	9.6
武 汉	30°38′	114°04′	23.3	102391	100125	−5	35.2	28.2	76	2.7	2.6	8.1
长 沙	28°12′	113°04	44.9	101591	99458	−3	35.8	27.7	81	2.8	2.6	8.5
汕 头	23°24′	116°41′	1.2	101858	100525	6	32.8	27.7	79	2.9	2.5	6.0
广 州	23°08′	113°19	9.3	101325	99992	5	33.5	27.7	70	2.4	1.8	7.0
海 口	20°02′	110°21	14.1	101591	100258	10	34.5	27.9	85	3.4	2.8	8.0
桂 林	25°20′	110°18	166.7	100258	98525	0	33.9	27.0	71	3.2	1.5	8.9
南 宁	22°49′	108°21′	72.2	101191	99592	5	34.2	27.5	75	1.8	1.6	8.8
成 都	30°40′	104°04′	505.9	96392	94792	1	31.6	26.7	80	0.9	1.1	7.8
重 庆	29°31′	106°29′	351.2	97992	96392	2	36.5	27.3	82	1.2	1.4	8.1
贵 阳	26°35′	106°43′	1071.2	89726	88792	−3	30.0	23.0	78	2.2	2.0	8.0
昆 明	25°01′	102°41′	1891.4	81193	80793	1	25.8	19.9	68	2.5	1.8	7.1
拉 萨	29°42′	91°08′	3658.0	65061	65194	−8	22.8	13.5	28	2.2	1.8	11.8

附录 9-2　北纬 40°太阳总辐射照度(W/m²)

透明度等级		4						5						6						透明度等级
朝　向		S	SE	E	NE	N	H	S	SE	E	NE	N	H	S	SE	E	NE	N	H	朝　向
时刻(地方太阳时)	6	52	250	445	411	165	166	50	209	368	340	142	148	49	164	279	258	115	127	18
	7	83	421	630	519	152	345	87	379	559	463	148	324	93	334	483	404	142	304	17
	8	131	537	692	506	109	533	137	500	638	472	117	509	137	443	559	420	121	466	16
	9	258	593	661	420	135	711	258	569	630	407	144	690	254	521	575	381	155	645	15
	10	361	576	542	279	151	842	357	558	527	281	162	821	349	526	498	281	176	779	14
	11	424	493	365	158	158	919	416	480	362	169	169	892	402	495	354	181	181	847	13
	12	448	364	162	162	162	949	438	361	172	172	172	919	422	352	185	185	185	872	12
	13	424	199	158	158	158	919	416	207	169	169	169	892	402	216	181	181	181	847	11
	14	361	151	151	151	151	842	357	162	162	162	162	821	349	176	176	176	176	779	10
	15	258	135	135	135	135	711	258	144	144	144	144	690	254	155	155	155	155	645	9
	16	131	109	109	109	109	533	137	117	117	117	117	509	137	121	121	121	121	466	8
	17	83	83	83	83	152	345	87	87	87	87	148	324	93	93	93	93	142	304	7
	18	52	52	52	52	165	166	50	50	50	50	142	148	49	49	49	49	115	127	6
日总计		3067	3964	4186	3142	1904	7981	3051	3824	3986	3033	1935	7687	2990	3609	3706	2885	1964	7208	日总计
日平均		128	165	174	131	79	333	127	159	166	127	80	320	124	150	155	120	81	300	日平均
朝　向		S	SE	E	NE	N	H	S	SE	E	NE	N	H	S	SE	E	NE	N	H	朝　向

附录 9-3　北纬 40°透过标准窗玻璃的太阳辐射照度(W/m²)

透明度等级		5												6												透明度等级
朝　向		S		SE		E		NE		N		H		S		SE		E		NE		N		H		朝　向
辐射照度		直射	散射	直射	散射	直射	散射	直射	散射	直射	散射	直射	散射	直射	散射	直射	散射	直射	散射	直射	散射	直射	散射	直射	散射	辐射照度
时刻(地方太阳时)	6	0	42	117	42	267	42	243	42	51	42	40	58	0	40	86	40	194	40	177	40	37	40	29	58	18
	7	0	72	229	72	398	72	311	72	42	72	152	91	0	77	190	77	329	77	257	77	35	77	126	104	17
	8	1	96	306	96	437	96	278	96	0	96	300	109	1	100	258	100	368	100	234	100	0	100	254	123	16
	9	41	119	337	119	398	119	172	119	0	119	448	124	36	128	291	128	344	128	149	128	0	128	387	149	15
	10	104	133	302	133	270	133	43	133	0	133	557	131	91	144	266	144	237	144	38	144	0	144	492	160	14
	11	150	138	213	138	100	138	0	138	0	138	619	130	134	149	190	149	88	149	0	149	0	149	551	159	13
	12	167	142	94	142	0	142	0	142	0	142	641	133	150	152	85	152	0	152	0	152	0	152	572	160	12
	13	150	138	5	138	0	138	0	138	0	138	619	130	134	149	5	149	0	149	0	149	0	149	551	159	11
	14	104	133	0	133	0	133	0	133	0	133	557	131	91	144	0	144	0	144	0	144	0	144	492	160	10
	15	41	119	0	119	0	119	0	119	0	119	448	124	36	128	0	128	0	128	0	128	0	128	387	149	9
	16	1	96	0	96	0	96	0	96	0	96	300	109	1	100	0	100	0	100	0	100	0	100	254	123	8
	17	0	72	0	72	0	72	0	72	42	72	152	91	0	77	0	77	0	77	0	77	35	77	126	104	7
	18	0	42	0	42	0	42	0	42	51	42	40	58	0	40	0	40	0	40	0	40	37	40	29	58	6
朝　向		S		NE		N		H		SE		E		N		H		SE		E		N		H		朝　向

附录 9-4 夏季空气调节大气透明度分布图

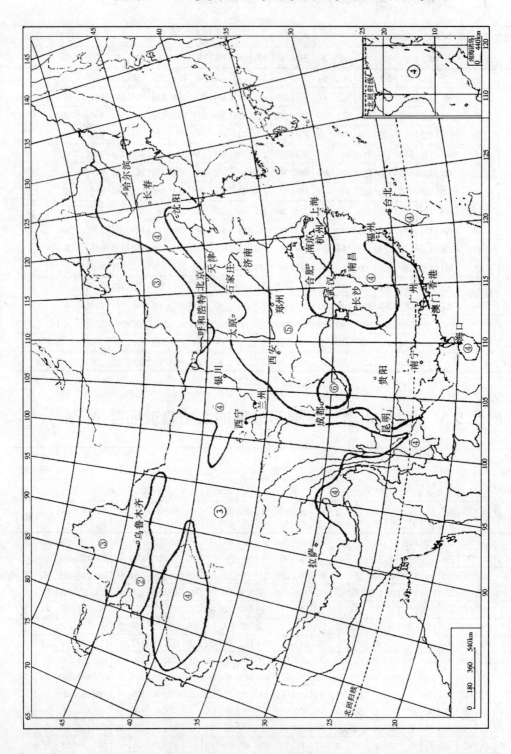

附录 9-5　围护结构外表面太阳辐射吸收系数

面层类型	表面性质	表面颜色	吸收系数
石棉材料： 石棉水泥板		浅灰色	0.72 ~ 0.78
金属： 白铁屋面	光滑, 旧	灰黑色	0.86
粉刷： 拉毛水泥墙面 石灰粉刷 陶石子墙面 水泥粉刷墙面 砂石粉刷	粗糙, 旧 光滑, 新 粗糙, 旧 光滑, 新	灰色或米黄色 白　色 浅灰色 浅蓝色 深　色	0.63 ~ 0.65 0.48 0.68 0.56 0.57
墙： 红砖墙 硅酸盐砖墙 混凝土墙	旧 不光滑	红色 青灰色 灰色	0.72 ~ 0.78 0.41 ~ 0.60 0.65
屋面： 红瓦屋面 红褐色瓦屋面 灰瓦屋面 石棉瓦 水泥屋面 浅色油毛毡 黑色油毛毡	旧 旧 旧 旧 旧 粗糙, 新 粗糙, 新	红色 红褐色 浅灰色 银灰色 青灰色 浅黑色 深黑色	0.56 0.65 ~ 0.74 0.52 0.75 0.74 0.72 0.86

附录 9-6　屋面构造类型

序号	构　造	壁厚 δ (mm)	保温层 材料	保温层 厚度 l	导热热阻 $(m^2 \cdot K/W)$	传热系数 $[W/(m^2 \cdot K)]$	质量 (kg/m^2)	热容量 $[kJ/(m^2 \cdot K)]$	类型
1	1. 预制细石混凝土板 25mm, 表面喷白色水泥浆 2. 通风层≥200mm 3. 卷材防水层 4. 水泥砂浆找平层 20mm 5. 保温层 6. 隔汽层 7. 找平层 20mm 8. 预制钢筋混凝土板 9. 内粉刷	35	水泥膨胀珍珠岩	25	0.77	1.07	292	247	IV
				50	0.98	0.87	301	251	IV
				75	1.20	0.73	310	260	III
				100	1.41	0.64	318	264	III
				125	1.63	0.56	327	272	III
				150	1.84	0.50	336	277	III
				175	2.06	0.45	345	281	II
				200	2.27	0.41	353	289	II
			沥青膨胀珍珠岩	25	0.82	1.01	292	247	IV
				50	1.09	0.79	301	251	IV
				75	1.36	0.65	310	260	III
				100	1.63	0.56	318	264	III
				125	1.89	0.49	327	272	III
				150	2.17	0.43	336	277	III
				175	2.43	0.38	345	281	II
				200	2.70	0.35	353	289	II
			加气混凝土泡沫混凝土	25	0.67	1.20	298	256	IV
				50	0.79	1.05	313	268	IV
				75	0.90	0.93	328	281	III
				100	1.02	0.84	343	293	III
				125	1.14	0.76	358	306	III
				150	1.26	0.70	373	318	III
				175	1.38	0.64	388	331	III
				200	1.50	0.59	403	344	III

序号	构造	壁厚 δ (mm)	保温层 材料	保温层 厚度 l	导热热阻 (m²·K/W)	传热系数 [W/(m²·K)]	质量 (kg/m²)	热容量 [kJ/(m²·K)]	类型
2	1. 预制细石混凝土板 25mm，表面喷白色水泥浆 2. 通风层 ≥200mm 3. 卷材防水层 4. 水泥砂浆找平层 20mm 5. 保温层 6. 隔汽层 7. 现浇钢筋混凝土板 8. 内粉刷	70	水泥膨胀珍珠岩	25	0.78	1.05	376	318	Ⅲ
				50	1.00	0.86	385	323	Ⅲ
				75	1.21	0.72	394	331	Ⅲ
				100	1.43	0.63	402	335	Ⅲ
				125	1.64	0.55	411	339	Ⅱ
				150	1.86	0.49	420	348	Ⅱ
				175	2.07	0.44	429	352	Ⅱ
				200	2.29	0.41	437	360	Ⅰ
			沥青膨胀珍珠岩	25	0.83	1.00	376	318	Ⅲ
				50	1.11	0.78	385	323	Ⅲ
				75	1.38	0.65	394	331	Ⅲ
				100	1.64	0.55	402	335	Ⅱ
				125	1.91	0.48	411	339	Ⅱ
				150	2.18	0.43	420	348	Ⅱ
				175	2.45	0.38	429	352	Ⅱ
				200	2.72	0.35	437	360	Ⅰ
			加气混凝土泡沫混凝土	25	0.69	1.16	382	323	Ⅲ
				50	0.81	1.02	397	335	Ⅲ
				75	0.93	0.91	412	348	Ⅲ
				100	1.05	0.83	427	360	Ⅱ
				125	1.17	0.74	442	373	Ⅱ
				150	1.29	0.69	457	385	Ⅰ
				175	1.41	0.64	472	398	Ⅰ
				200	1.53	0.59	487	411	Ⅰ

附录 9-7 外墙结构类型

序号	构造	壁厚 δ (mm)	保温厚 (mm)	导热热阻 (m²·K/W)	传热系数 [W/(m²·K)]	质量 (kg/m²)	热容量 [kJ/(m²·K)]	类型
1	1. 砖墙 2. 白灰粉刷	240		0.32	2.05	464	406	Ⅲ
		370		0.48	1.55	698	612	Ⅱ
		490		0.63	1.26	914	804	Ⅰ
2	1. 水泥砂浆 2. 砖墙 3. 白灰粉刷	240		0.34	1.97	500	436	Ⅲ
		370		0.50	1.50	734	645	Ⅱ
		490		0.65	1.22	950	834	Ⅰ

288

序号	构造	壁厚 δ (mm)	保温厚 (mm)	导热热阻 (m²·K/W)	传热系数 [W/(m²·K)]	质量 (kg/m²)	热容量 [kJ/(m²·K)]	类型
3	 1. 砖墙 2. 泡沫混凝土 3. 木丝板 4. 白灰粉刷	240 370 490		0.95 1.11 1.26	0.90 0.78 0.70	534 768 984	478 683 876	Ⅱ Ⅰ 0
4	 1. 水泥砂浆 2. 砖墙 3. 木丝板	240 370		0.47 0.63	1.57 1.26	478 712	432 608	Ⅲ Ⅱ

附录 9-8 外墙冷负荷计算温度（℃）

朝向 时间	Ⅰ 型 外 墙				Ⅱ 型 外 墙			
	S	W	N	E	S	W	N	E
0	34.7	36.6	32.2	37.5	36.1	38.5	33.1	38.5
1	34.9	36.9	32.3	37.6	36.2	38.9	33.2	38.4
2	35.1	37.2	32.4	37.7	36.2	39.1	33.2	38.2
3	35.2	37.4	32.5	39.2	36.1	38.0	33.2	38.0
4	35.3	37.6	32.6	37.7	35.9	39.1	33.1	37.6
5	35.3	37.8	32.6	37.6	35.6	38.9	33.0	37.3
6	35.3	37.9	32.7	37.5	35.3	33.6	32.8	36.9
7	35.3	37.9	32.6	37.4	35.0	38.2	32.6	36.4
8	35.2	37.9	32.6	37.3	34.6	37.8	32.3	36.0
9	35.1	37.8	32.5	37.1	34.2	37.3	32.1	35.5
10	34.9	37.7	32.5	36.8	33.9	36.8	31.8	35.2
11	34.8	37.5	32.4	36.6	33.5	36.3	31.0	35.0
12	34.6	37.3	32.2	36.9	33.2	35.9	31.4	35.0
13	34.4	37.1	32.1	36.2	32.9	35.5	31.3	35.2
14	34.2	36.9	32.0	36.1	32.8	35.2	31.2	35.6
15	34.0	36.6	31.9	36.1	32.9	34.9	31.2	36.1
16	33.9	36.4	31.8	36.2	33.1	34.8	31.3	36.6
17	33.8	36.2	31.8	36.3	33.4	34.8	31.4	37.1
18	33.8	36.1	31.8	36.4	33.9	34.9	31.6	37.5
19	33.9	36.0	31.8	36.6	34.4	35.3	31.8	37.9
20	34.0	35.9	31.8	36.8	34.9	35.8	32.1	38.2
21	34.1	36.0	31.9	37.0	35.3	36.5	32.4	38.4
22	34.3	36.1	32.0	37.2	35.7	37.3	32.6	38.5
23	34.5	36.3	32.1	37.3	36.0	38.0	32.9	38.6
最大值	35.5	37.9	32.7	37.7	36.2	37.9	33.2	38.8
最小值	33.8	35.9	31.8	36.1	32.8	34.8	31.2	35.0

朝向 时间	Ⅲ 型 外 墙				Ⅳ 型 外 墙			
	S	W	N	E	S	W	N	E
0	38.1	42.9	34.7	39.1	37.8	44.0	34.9	38.0
1	37.5	42.5	34.4	38.4	36.8	42.6	34.3	37.0
2	36.9	41.8	34.1	37.6	35.8	41.0	33.6	35.9
3	36.1	40.8	33.6	36.7	34.7	39.5	32.9	34.9
4	35.3	39.8	33.1	35.9	33.8	38.0	32.1	33.9
5	34.5	38.6	32.5	35.0	32.8	36.5	31.4	32.9
6	33.7	37.5	31.9	34.1	31.9	35.2	30.7	32.0
7	33.0	36.4	31.3	33.3	31.1	33.9	30.0	31.1
8	32.2	35.4	30.8	32.5	30.3	32.8	29.4	30.6
9	31.5	34.4	30.3	32.1	29.7	31.9	29.1	30.8
10	30.9	33.5	30.0	32.1	29.3	31.3	29.1	32.0
11	30.5	32.8	29.8	32.8	29.3	30.9	29.2	33.9
12	30.4	32.4	29.8	34.1	29.8	30.9	29.6	36.2
13	30.6	32.1	30.0	35.6	30.8	31.1	30.1	38.5
14	31.3	32.1	30.3	37.2	32.3	31.6	30.7	40.3
15	32.3	32.3	30.7	38.5	34.1	32.3	31.5	41.4
16	33.5	32.8	31.3	39.5	36.1	33.5	32.3	41.9
17	34.9	33.7	31.9	40.2	37.8	35.3	33.1	42.1
18	36.3	35.0	32.5	40.5	39.1	37.7	33.9	42.0
19	37.4	36.7	33.1	40.7	39.9	40.3	34.5	41.7
20	38.1	38.7	33.6	40.7	40.8	42.8	35.0	41.3
21	38.6	40.5	34.1	40.6	40.0	44.6	35.5	40.7
22	38.7	42.0	34.5	40.2	39.5	45.3	35.6	39.9
23	38.5	42.8	34.7	39.7	38.7	45.0	35.4	39.0
最大值	38.7	42.9	34.7	40.7	40.2	45.3	35.6	42.1
最小值	30.4	32.1	29.8	32.1	29.3	30.9	29.1	30.6

附录 9-9 屋面冷负荷计算温度（℃）

屋面类型 时 间	Ⅰ	Ⅱ	Ⅲ	Ⅳ	Ⅴ	Ⅵ
0	43.7	47.2	47.7	46.1	41.6	38.1
1	44.3	46.4	46.0	43.7	39.0	35.5
2	44.8	45.4	44.2	41.4	36.7	33.2
3	45.0	44.3	42.4	39.3	34.6	31.4
4	45.0	43.1	40.6	37.3	32.8	29.8
5	44.9	41.8	38.8	35.5	31.2	28.4
6	44.5	40.6	37.1	33.9	29.8	27.2
7	44.0	39.3	35.5	32.4	28.7	26.5
8	43.4	38.1	34.1	31.2	28.4	26.8
9	42.7	37.0	33.1	30.7	29.2	28.6
10	41.9	36.1	32.7	31.0	31.4	32.0
11	41.1	35.6	33.0	32.3	34.7	36.7
12	40.2	35.6	34.0	34.5	38.9	42.2

时间 \ 屋面类型	I	II	III	IV	V	VI
13	39.5	36.0	35.8	37.5	43.4	47.8
14	38.9	37.0	38.1	41.0	47.9	52.9
15	38.5	38.4	40.7	44.6	51.9	57.1
16	38.3	40.1	43.5	47.9	54.9	59.8
17	38.4	41.9	46.1	50.7	56.8	60.9
18	38.8	43.7	48.3	52.7	57.2	60.2
19	39.4	45.4	49.9	53.7	56.3	57.8
20	40.2	46.7	50.8	53.6	54.0	54.0
21	41.1	47.5	50.9	52.5	51.0	49.5
22	42.0	47.8	50.3	50.7	47.7	45.1
23	42.9	47.7	49.2	48.4	44.5	41.3
最大值	45.0	47.8	50.9	53.7	57.2	60.9
最小值	38.3	35.6	32.7	30.7	28.4	26.5

附录 9-10　I ~ IV 型结构地点修正值（℃）

编号	城市	S	SW	W	NW	N	NE	E	SE	水　平
1	北　京	0.0	0.0	0.0	0.0	0.0	0.0	0.0	0.0	0.0
2	天　津	− 0.4	− 0.3	− 0.1	− 0.1	− 0.2	− 0.3	− 0.1	− 0.3	− 0.5
3	沈　阳	− 1.4	− 1.7	− 1.9	− 1.9	− 1.6	− 2.0	− 1.9	− 1.7	− 2.7
4	哈尔滨	− 2.2	− 2.8	− 3.4	− 3.7	− 3.4	− 3.8	− 3.4	− 2.8	− 4.1
5	上　海	− 0.8	− 0.2	0.5	1.2	1.2	1.0	0.5	− 0.2	0.1
6	南　京	1.0	1.5	2.1	2.7	2.7	2.5	2.1	1.5	2.0
7	武　汉	0.4	1.0	1.7	2.4	2.2	2.3	1.7	1.0	1.3
8	广　州	− 1.9	− 1.2	0.0	1.3	1.7	1.2	0.0	− 1.2	− 0.5
9	昆　明	− 8.5	− 7.8	− 6.7	− 5.5	− 5.2	− 5.7	− 6.7	− 7.8	− 7.2
10	西　安	0.5	0.5	0.9	1.5	1.8	1.4	0.9	0.5	0.4
11	兰　州	− 4.8	− 4.4	− 4.0	− 3.8	− 3.9	− 4.0	− 4.0	− 4.4	− 4.0
12	乌鲁木齐	0.7	0.5	0.2	− 0.3	− 0.4	− 0.4	0.2	0.5	0.1
13	重　庆	0.4	1.1	2.0	2.7	2.8	2.6	2.0	1.1	1.7
14	石家庄	0.5	0.6	0.8	1.0	1.0	0.9	0.8	0.6	0.4
15	杭　州	1.0	1.4	2.1	2.9	3.1	2.7	2.1	1.4	1.5
16	合　肥	1.0	1.7	2.5	3.0	2.8	2.8	2.4	1.7	2.7
17	福　州	− 0.8	0.0	1.1	2.1	2.2	1.9	1.1	0.0	0.7
18	南　昌	0.4	1.3	2.4	3.2	3.0	3.1	2.4	1.3	2.4
19	济　南	1.6	1.9	2.2	2.4	2.3	2.3	2.2	1.9	2.2
20	太　原	− 3.3	− 3.0	− 2.7	− 2.7	− 2.8	− 2.8	− 2.7	− 3.0	− 2.8
21	呼和浩特	− 4.3	− 4.3	− 4.4	− 4.5	− 4.6	− 4.7	− 4.4	− 4.3	− 4.2
22	郑　州	0.8	0.9	1.3	1.8	2.1	1.6	1.3	0.9	0.7
23	长　沙	0.5	1.3	2.4	3.2	3.1	3.0	2.4	1.3	2.2
24	南　宁	− 1.7	− 1.0	0.2	1.5	1.9	1.3	0.2	− 1.0	− 0.3

编号	城 市	S	SW	W	NW	N	NE	E	SE	水 平
25	成 都	-3.0	-2.6	-2.0	-1.1	-0.9	-1.3	-2.0	-2.6	-2.5
26	贵 阳	-4.9	-4.3	-3.4	-2.3	-2.0	-2.5	-3.5	-4.3	-3.5
27	西 宁	-9.6	-8.9	-8.4	-8.5	-8.9	-8.6	-8.4	-8.9	-7.9
28	银 川	-3.8	-3.5	-3.2	-3.3	-3.6	-3.4	-3.2	-3.5	-2.4
29	桂 林	-1.9	-1.1	0.0	1.1	1.3	0.9	0.0	-1.1	-0.2
30	汕 头	-1.9	-0.9	0.5	1.7	1.8	1.5	0.5	-0.9	0.4
31	海 口	-1.5	-0.6	1.0	2.4	2.9	2.3	1.0	-0.6	1.0
32	拉 萨	-13.5	-11.8	-10.2	-10.0	-11.0	-10.1	-10.2	-11.8	-8.9

附录 9-11　单层窗玻璃的 K 值 $[W/(m^2 \cdot K)]$

$\alpha_w[W/(m^2 \cdot K)]$ \\ $\alpha_n[W/(m^2 \cdot K)]$	5.8	6.4	7.0	7.6	8.1	8.7	9.3	9.9	10.5	11
11.6	3.87	4.13	4.36	4.58	4.79	4.99	5.16	5.34	5.51	5.66
12.8	4.00	4.27	4.51	4.76	4.98	5.19	5.38	5.57	5.76	5.93
14.0	4.11	4.38	4.65	4.91	5.14	5.37	5.58	5.79	5.81	6.16
15.1	4.20	4.49	4.78	5.04	5.29	5.54	5.76	5.98	6.19	6.38
16.3	4.28	4.60	4.88	5.16	5.43	5.68	5.92	6.15	6.37	6.58
17.5	4.37	4.68	4.99	5.27	5.55	5.82	6.07	6.32	6.55	6.77
18.6	4.43	4.76	5.07	5.61	5.66	5.94	6.20	6.45	6.70	6.93
19.8	4.49	4.84	5.15	5.47	5.77	6.05	6.33	6.59	6.34	7.08
20.9	4.55	4.90	5.23	5.59	5.86	6.15	6.44	6.71	6.98	7.23
22.1	4.61	4.97	5.30	5.63	5.95	6.26	6.55	6.83	7.11	7.36
23.3	4.65	5.01	5.37	5.71	6.04	6.34	6.64	6.93	7.22	7.49
24.4	4.70	5.07	5.43	5.77	6.11	6.43	6.73	7.04	7.33	7.61
25.6	4.73	5.12	5.48	5.84	6.18	6.50	6.83	7.13	7.43	7.69
26.7	4.78	5.16	5.54	5.90	6.25	6.58	6.91	7.22	7.52	7.82
27.9	4.81	5.20	5.58	5.94	6.30	6.64	6.98	7.30	7.62	7.92
29.1	4.85	5.25	5.63	6.00	6.36	6.71	7.05	7.37	7.70	8.00

附录 9-12　双层窗玻璃的 K 值 $[W/(m^2 \cdot K)]$

$\alpha_w[W/(m^2 \cdot K)]$ \\ $\alpha_n[W/(m^2 \cdot K)]$	5.8	6.4	7.0	7.6	8.1	8.7	9.3	9.9	10.5	11
11.6	2.37	2.47	2.55	2.62	2.69	2.74	2.80	2.85	2.90	2.73
12.8	2.42	2.51	2.59	2.67	2.74	2.80	2.86	2.92	2.97	3.01

$\alpha_w[W/(m^2 \cdot K)]$ ＼ $\alpha_n[W/(m^2 \cdot K)]$	5.8	6.4	7.0	7.6	8.1	8.7	9.3	9.9	10.5	11
14.0	2.45	2.56	2.64	2.72	2.79	2.86	2.92	2.98	3.02	3.07
15.1	2.49	2.59	2.69	2.77	2.84	2.91	2.97	3.02	3.08	3.13
16.3	2.52	2.63	2.72	2.80	2.87	2.94	3.01	3.07	3.12	3.17
17.5	2.55	2.65	2.74	2.84	2.91	2.98	3.05	3.11	3.16	3.21
18.6	2.57	2.67	2.78	2.86	2.94	3.01	3.08	3.14	3.20	3.25
19.8	2.59	2.70	2.80	2.88	2.97	3.05	3.12	3.17	3.23	3.28
20.9	2.61	2.72	2.83	2.91	2.99	3.07	3.14	3.20	3.26	3.31
22.1	2.63	2.74	2.84	2.93	3.01	3.09	3.16	3.23	3.29	3.34
23.3	2.64	2.76	2.86	2.95	3.04	3.12	3.19	3.25	3.31	3.37
24.4	2.66	2.77	2.87	2.97	3.06	3.14	3.21	3.27	3.34	3.40
25.6	2.67	2.79	2.90	2.99	3.07	3.15	3.20	3.29	3.36	3.41
26.7	2.69	2.80	2.91	3.00	3.09	3.17	3.24	3.31	3.37	3.43
27.9	2.70	2.81	2.92	3.01	3.11	3.19	3.25	3.33	3.40	3.45
29.1	2.71	2.83	2.93	3.04	3.12	3.20	3.28	3.35	3.41	3.47

附录 9-13 玻璃窗的地点修正值 t_d（℃）

编 号	城 市	t_d	编 号	城 市	t_d
1	北 京	0	21	成 都	−1
2	天 津	0	22	贵 阳	−3
3	石家庄	1	23	昆 明	−6
4	太 原	−2	24	拉 萨	−11
5	呼和浩特	−4	25	西 安	2
6	沈 阳	−1	26	兰 州	−3
7	长 春	−3	27	西 宁	−8
8	哈尔滨	−3	28	银 川	−3
9	上 海	1	29	乌鲁木齐	1
10	南 京	3	30	台 北	1
11	杭 州	3	31	二 连	−2
12	合 肥	3	32	汕 头	1
13	福 州	2	33	海 口	1
14	南 昌	3	34	桂 林	1
15	济 南	3	35	重 庆	3
16	郑 州	2	36	敦 煌	−1
17	武 汉	3	37	格尔木	−9
18	长 沙	3	38	和 田	−1
19	广 州	1	39	喀 什	−1
20	南 宁	1	40	库 车	0

北区(北纬 27°30′以北)无内遮阳窗玻璃冷负荷系数

时间\朝向	0	1	2	3	4	5	6	7	8	9	10	11
S	0.16	0.15	0.14	0.13	0.12	0.11	0.13	0.17	0.21	0.28	0.39	0.49
SE	0.14	0.13	0.12	0.11	0.10	0.09	0.22	0.34	0.45	0.51	0.62	0.58
E	0.12	0.11	0.10	0.09	0.09	0.08	0.29	0.41	0.49	0.60	0.56	0.37
NE	0.12	0.11	0.10	0.09	0.09	0.08	0.35	0.45	0.53	0.54	0.38	0.30
N	0.26	0.24	0.23	0.21	0.09	0.18	0.44	0.42	0.43	0.49	0.56	0.61
NW	0.17	0.15	0.14	0.13	0.12	0.12	0.13	0.15	0.17	0.18	0.20	0.21
W	0.17	0.16	0.15	0.14	0.13	0.12	0.12	0.14	0.15	0.16	0.17	0.17
SW	0.18	0.16	0.15	0.14	0.13	0.12	0.13	0.15	0.17	0.18	0.20	0.21
水平	0.20	0.18	0.17	0.16	0.15	0.14	0.16	0.22	0.31	0.39	0.47	0.53

时间\朝向	12	13	14	15	16	17	18	19	20	21	22	23
S	0.54	0.65	0.60	0.42	0.36	0.32	0.27	0.23	0.21	0.20	0.18	0.17
SE	0.41	0.34	0.32	0.31	0.28	0.26	0.22	0.19	0.18	0.17	0.16	0.15
E	0.29	0.29	0.28	0.26	0.24	0.22	0.19	0.17	0.16	0.15	0.14	0.13
NE	0.30	0.30	0.29	0.27	0.26	0.23	0.20	0.17	0.16	0.15	0.14	0.13
N	0.64	0.66	0.66	0.63	0.59	0.64	0.64	0.38	0.35	0.32	0.30	0.28
NW	0.22	0.22	0.28	0.39	0.50	0.56	0.59	0.31	0.22	0.21	0.19	0.18
W	0.18	0.25	0.37	0.47	0.52	0.62	0.55	0.24	0.23	0.21	0.20	0.18
SW	0.29	0.40	0.49	0.54	0.64	0.59	0.39	0.25	0.24	0.22	0.20	0.19
水平	0.57	0.69	0.68	0.55	0.49	0.41	0.33	0.28	0.26	0.25	0.23	0.21

北区(北纬 27°30′以北)有内遮阳窗玻璃冷负荷系数

时间\朝向	0	1	2	3	4	5	6	7	8	9	10	11
S	0.07	0.07	0.06	0.06	0.06	0.05	0.11	0.18	0.26	0.40	0.58	0.72
SE	0.06	0.06	0.06	0.05	0.05	0.05	0.30	0.54	0.71	0.83	0.80	0.62
E	0.06	0.05	0.05	0.05	0.04	0.04	0.47	0.68	0.82	0.79	0.59	0.38
NE	0.06	0.05	0.05	0.05	0.04	0.04	0.54	0.79	0.79	0.60	0.38	0.29
N	0.12	0.11	0.11	0.10	0.09	0.09	0.59	0.54	0.54	0.65	0.75	0.81
NW	0.08	0.07	0.07	0.06	0.06	0.06	0.09	0.13	0.17	0.21	0.23	0.25
W	0.08	0.07	0.07	0.06	0.06	0.06	0.08	0.11	0.14	0.17	0.18	0.19
SW	0.08	0.08	0.07	0.07	0.06	0.06	0.09	0.13	0.17	0.20	0.23	0.23
水平	0.09	0.09	0.08	0.08	0.07	0.07	0.13	0.26	0.42	0.57	0.69	0.77

时间\朝向	12	13	14	15	16	17	18	19	20	21	22	23
S	0.84	0.80	0.62	0.45	0.32	0.24	0.16	0.10	0.09	0.09	0.08	0.08
SE	0.43	0.30	0.28	0.25	0.22	0.17	0.13	0.09	0.08	0.08	0.07	0.07
E	0.24	0.24	0.23	0.21	0.18	0.15	0.11	0.08	0.07	0.07	0.06	0.06
NE	0.29	0.29	0.27	0.25	0.21	0.16	0.12	0.08	0.07	0.07	0.06	0.06
N	0.83	0.83	0.79	0.71	0.60	0.61	0.68	0.17	0.16	0.15	0.14	0.13
NW	0.26	0.26	0.35	0.57	0.76	0.83	0.67	0.13	0.10	0.09	0.09	0.08
W	0.20	0.34	0.56	0.72	0.83	0.77	0.53	0.11	0.10	0.09	0.09	0.08
SW	0.38	0.58	0.73	0.63	0.79	0.59	0.37	0.11	0.10	0.10	0.09	0.09
水平	0.58	0.84	0.73	0.84	0.49	0.33	0.19	0.13	0.12	0.11	0.10	0.09

附录 9-14　南区(北纬 27°30′以南)无内遮阳窗玻璃冷负荷系数

时间 朝向	0	1	2	3	4	5	6	7	8	9	10	11
S	0.21	0.19	0.18	0.17	0.16	0.14	0.17	0.25	0.33	0.42	0.48	0.54
SE	0.14	0.13	0.12	0.11	0.11	0.10	0.20	0.36	0.47	0.52	0.61	0.54
E	0.13	0.11	0.10	0.09	0.09	0.08	0.24	0.39	0.48	0.61	0.57	0.38
NE	0.12	0.12	0.11	0.10	0.09	0.09	0.26	0.41	0.49	0.59	0.54	0.36
N	0.28	0.25	0.24	0.22	0.21	0.19	0.38	0.49	0.52	0.55	0.59	0.63
NW	0.17	0.16	0.15	0.14	0.13	0.12	0.12	0.15	0.17	0.19	0.20	0.21
W	0.17	0.16	0.15	0.14	0.13	0.12	0.12	0.14	0.16	0.17	0.18	0.19
SW	0.18	0.17	0.15	0.14	0.13	0.12	0.13	0.16	0.19	0.23	0.25	0.27
水平	0.19	0.17	0.16	0.15	0.14	0.13	0.14	0.19	0.28	0.37	0.45	0.52

时间 朝向	12	13	14	15	16	17	18	19	20	21	22	23
S	0.59	0.70	0.70	0.57	0.52	0.44	0.35	0.30	0.28	0.26	0.24	0.22
SE	0.39	0.37	0.36	0.35	0.32	0.28	0.23	0.20	0.19	0.18	0.16	0.15
E	0.31	0.30	0.29	0.28	0.27	0.23	0.21	0.18	0.17	0.15	0.14	0.13
NE	0.32	0.32	0.31	0.29	0.27	0.24	0.20	0.18	0.17	0.16	0.14	0.13
N	0.66	0.68	0.68	0.68	0.69	0.69	0.60	0.40	0.37	0.35	0.32	0.30
NW	0.22	0.27	0.38	0.48	0.54	0.63	0.52	0.25	0.23	0.21	0.20	0.18
W	0.20	0.28	0.40	0.50	0.54	0.61	0.50	0.24	0.23	0.21	0.20	0.18
SW	0.29	0.37	0.48	0.55	0.67	0.60	0.38	0.26	0.24	0.22	0.21	0.19
水平	0.56	0.68	0.67	0.53	0.46	0.38	0.30	0.27	0.25	0.23	0.22	0.20

南区(北纬 27°30′以南)有内遮阳窗玻璃冷负荷系数

时间 朝向	0	1	2	3	4	5	6	7	8	9	10	11
S	0.10	0.09	0.09	0.08	0.08	0.07	0.14	0.31	0.47	0.60	0.69	0.77
SE	0.07	0.06	0.06	0.05	0.05	0.05	0.27	0.55	0.74	0.83	0.75	0.52
E	0.06	0.05	0.05	0.05	0.04	0.04	0.36	0.63	0.81	0.81	0.63	0.41
NE	0.06	0.06	0.05	0.05	0.05	0.04	0.40	0.67	0.82	0.76	0.56	0.38
N	0.13	0.12	0.12	0.11	0.10	0.10	0.47	0.67	0.70	0.72	0.77	0.82
NW	0.08	0.07	0.07	0.06	0.06	0.06	0.07	0.13	0.17	0.21	0.24	0.26
W	0.08	0.07	0.07	0.06	0.06	0.06	0.07	0.12	0.16	0.19	0.21	0.22
SW	0.08	0.08	0.07	0.07	0.06	0.06	0.09	0.16	0.22	0.28	0.32	0.35
水平	0.09	0.08	0.08	0.07	0.07	0.06	0.09	0.21	0.38	0.54	0.67	0.76

时间 朝向	12	13	14	15	16	17	18	19	20	21	22	23
S	0.87	0.84	0.74	0.66	0.54	0.38	0.20	0.13	0.12	0.12	0.11	0.10
SE	0.40	0.39	0.36	0.33	0.27	0.20	0.13	0.09	0.09	0.08	0.08	0.07
E	0.27	0.27	0.25	0.23	0.20	0.15	0.10	0.08	0.07	0.07	0.07	0.06
NE	0.31	0.30	0.28	0.25	0.21	0.17	0.11	0.08	0.08	0.07	0.07	0.06
N	0.85	0.84	0.81	0.78	0.77	0.75	0.56	0.18	0.17	0.16	0.15	0.14
NW	0.27	0.34	0.54	0.71	0.84	0.77	0.46	0.11	0.10	0.09	0.09	0.08
W	0.23	0.37	0.60	0.75	0.84	0.73	0.42	0.10	0.10	0.09	0.09	0.08
SW	0.36	0.50	0.69	0.84	0.83	0.61	0.34	0.11	0.10	0.10	0.09	0.09
水平	0.85	0.83	0.72	0.61	0.45	0.28	0.16	0.12	0.11	0.10	0.10	0.09

附录 9-15　有罩设备和用具显热散热冷负荷系数

连续使用小时数	开始使用后的小时数											
	1	2	3	4	5	6	7	8	9	10	11	12
2	0.27	0.40	0.25	0.18	0.14	0.11	0.09	0.08	0.07	0.06	0.05	0.04
4	0.28	0.41	0.51	0.59	0.39	0.30	0.24	0.19	0.16	0.14	0.12	0.10
6	0.29	0.42	0.52	0.59	0.65	0.70	0.48	0.37	0.30	0.25	0.21	0.18
8	0.31	0.44	0.54	0.61	0.66	0.71	0.75	0.78	0.55	0.43	0.35	0.30
10	0.33	0.46	0.55	0.62	0.68	0.72	0.76	0.79	0.81	0.84	0.60	0.48
12	0.36	0.49	0.58	0.64	0.69	0.74	0.77	0.80	0.82	0.85	0.87	0.88
14	0.40	0.52	0.61	0.67	0.72	0.76	0.79	0.82	0.84	0.86	0.88	0.89
16	0.45	0.57	0.65	0.70	0.75	0.78	0.81	0.84	0.86	0.87	0.89	0.90
18	0.52	0.63	0.70	0.75	0.79	0.82	0.84	0.86	0.88	0.89	0.91	0.92

连续使用小时数	开始使用后的小时数											
	13	14	15	16	17	18	19	20	21	22	23	24
2	0.04	0.03	0.03	0.30	0.02	0.02	0.02	0.02	0.01	0.01	0.01	0.01
4	0.09	0.08	0.07	0.06	0.05	0.05	0.04	0.04	0.03	0.03	0.02	0.02
6	0.16	0.14	0.12	0.11	0.09	0.08	0.07	0.06	0.05	0.05	0.04	0.04
8	0.25	0.22	0.19	0.16	0.14	0.13	0.11	0.10	0.08	0.07	0.06	0.06
10	0.39	0.33	0.28	0.24	0.21	0.18	0.16	0.14	0.12	0.11	0.09	0.08
12	0.64	0.51	0.42	0.36	0.31	0.26	0.23	0.20	0.18	0.15	0.13	0.12
14	0.91	0.92	0.67	0.54	0.45	0.38	0.32	0.28	0.24	0.21	0.19	0.16
16	0.92	0.93	0.94	0.94	0.69	0.56	0.46	0.39	0.34	0.29	0.25	0.22
18	0.93	0.94	0.95	0.95	0.96	0.96	0.71	0.58	0.48	0.41	0.35	0.30

无罩设备和用具显热散热冷负荷系数

连续使用小时数	开始使用后的小时数											
	1	2	3	4	5	6	7	8	9	10	11	12
2	0.56	0.64	0.15	0.11	0.08	0.07	0.06	0.05	0.04	0.04	0.03	0.03
4	0.57	0.65	0.71	0.75	0.23	0.18	0.14	0.12	0.10	0.08	0.07	0.06
6	0.57	0.65	0.71	0.76	0.79	0.82	0.29	0.22	0.18	0.15	0.13	0.11
8	0.58	0.66	0.72	0.76	0.80	0.82	0.85	0.87	0.33	0.26	0.21	0.18
10	0.60	0.68	0.73	0.77	0.81	0.83	0.85	0.87	0.89	0.90	0.36	0.29
12	0.62	0.69	0.75	0.79	0.82	0.84	0.86	0.88	0.89	0.91	0.92	0.93
14	0.64	0.71	0.76	0.80	0.83	0.85	0.87	0.89	0.90	0.92	0.93	0.93
16	0.67	0.74	0.79	0.82	0.85	0.87	0.89	0.90	0.91	0.92	0.93	0.94
18	0.71	0.78	0.82	0.85	0.87	0.99	0.90	0.92	0.93	0.94	0.94	0.95

连续使用小时数	开始使用后的小时数											
	13	14	15	16	17	18	19	20	21	22	23	24
2	0.02	0.02	0.02	0.02	0.01	0.01	0.01	0.01	0.01	0.01	0.01	0.01
4	0.05	0.05	0.04	0.04	0.03	0.03	0.02	0.02	0.02	0.02	0.01	0.01
6	0.10	0.08	0.07	0.06	0.06	0.05	0.04	0.04	0.03	0.03	0.03	0.02
8	0.15	0.13	0.11	0.10	0.09	0.08	0.07	0.06	0.05	0.04	0.04	0.03
10	0.24	0.20	0.17	0.15	0.13	0.11	0.10	0.08	0.07	0.07	0.06	0.05
12	0.38	0.31	0.25	0.21	0.18	0.16	0.14	0.12	0.11	0.09	0.08	0.07
14	0.94	0.95	0.40	0.32	0.27	0.23	0.19	0.17	0.15	0.13	0.11	0.10
16	0.95	0.96	0.96	0.97	0.42	0.34	0.28	0.24	0.20	0.18	0.15	0.13
18	0.96	0.96	0.97	0.97	0.97	0.98	0.43	0.35	0.29	0.24	0.21	0.18

附录 9-16　照明散热冷负荷系数

灯具类型	空调设备运行时数(h)	开灯时数(h)	开灯后小时数											
			0	1	2	3	4	5	6	7	8	9	10	11
明装荧光灯	24	13	0.37	0.67	0.71	0.74	0.76	0.79	0.81	0.83	0.84	0.86	0.87	0.89
	24	10	0.37	0.67	0.71	0.74	0.76	0.79	0.81	0.83	0.84	0.86	0.87	0.29
	24	8	0.37	0.67	0.71	0.74	0.76	0.79	0.81	0.83	0.84	0.29	0.26	0.23
	16	13	0.60	0.87	0.90	0.91	0.91	0.93	0.93	0.94	0.94	0.95	0.95	0.96
	16	10	0.60	0.82	0.83	0.84	0.84	0.84	0.85	0.85	0.86	0.88	0.90	0.32
	16	8	0.51	0.79	0.82	0.84	0.85	0.87	0.88	0.89	0.90	0.29	0.26	0.23
	12	10	0.63	0.90	0.91	0.93	0.93	0.94	0.95	0.95	0.95	0.96	0.96	0.37
暗装荧光灯或明装白炽灯	24	10	0.34	0.55	0.61	0.65	0.68	0.71	0.74	0.77	0.79	0.81	0.83	0.39
	16	10	0.58	0.75	0.79	0.80	0.80	0.81	0.82	0.83	0.84	0.86	0.87	0.39
	12	10	0.69	0.86	0.89	0.90	0.91	0.91	0.92	0.93	0.94	0.95	0.95	0.50

灯具类型	空调设备运行时数(h)	开灯时数(h)	开灯后的小时数											
			12	13	14	15	16	17	18	19	20	21	22	23
明装荧光灯	24	13	0.90	0.92	0.29	0.26	0.23	0.20	0.19	0.17	0.15	0.14	0.12	0.11
	24	10	0.26	0.23	0.20	0.19	0.17	0.15	0.14	0.12	0.11	0.10	0.09	0.08
	24	8	0.20	0.19	0.17	0.15	0.14	0.12	0.11	0.10	0.09	0.08	0.07	0.06
	16	13	0.96	0.97	0.29	0.26								
	16	10	0.28	0.25	0.23	0.19								
	16	8	0.20	0.19	0.17	0.15								
	12	10												
暗装荧光灯或明装白炽灯	24	10	0.35	0.31	0.28	0.25	0.23	0.20	0.18	0.16	0.15	0.14	0.12	0.11
	16	10	0.35	0.31	0.28	0.25								
	12	10												

附录 9-17　人体显热散热冷负荷系数

在室内的总小时数	每个人进入室内后的小时数											
	1	2	3	4	5	6	7	8	9	10	11	12
2	0.49	0.58	0.17	0.13	0.10	0.08	0.07	0.06	0.05	0.04	0.04	0.03
4	0.49	0.59	0.66	0.71	0.27	0.21	0.16	0.14	0.11	0.10	0.08	0.07
6	0.50	0.60	0.67	0.72	0.76	0.79	0.34	0.26	0.21	0.18	0.15	0.13
8	0.51	0.61	0.67	0.72	0.76	0.80	0.82	0.84	0.38	0.30	0.25	0.21
10	0.53	0.62	0.69	0.74	0.77	0.80	0.83	0.85	0.87	0.89	0.42	0.34
12	0.55	0.64	0.70	0.75	0.79	0.81	0.84	0.86	0.88	0.89	0.91	0.92
14	0.58	0.66	0.72	0.77	0.80	0.83	0.85	0.87	0.89	0.90	0.91	0.92
16	0.62	0.70	0.75	0.79	0.82	0.85	0.87	0.88	0.90	0.91	0.92	0.93
18	0.66	0.74	0.79	0.82	0.85	0.87	0.89	0.90	0.92	0.93	0.94	0.94

在室内的总小时数	每个人进入室内后的小时数											
	13	14	15	16	17	18	19	20	21	22	23	24
2	0.03	0.02	0.02	0.02	0.02	0.01	0.01	0.01	0.01	0.01	0.01	0.01
4	0.06	0.06	0.05	0.04	0.04	0.03	0.03	0.03	0.02	0.02	0.02	0.01
6	0.11	0.10	0.08	0.07	0.06	0.06	0.05	0.04	0.04	0.03	0.03	0.03
8	0.18	0.15	0.13	0.12	0.10	0.09	0.08	0.07	0.06	0.05	0.05	0.04
10	0.28	0.23	0.20	0.17	0.15	0.13	0.11	0.10	0.09	0.08	0.07	0.06
12	0.45	0.36	0.30	0.25	0.21	0.19	0.16	0.14	0.12	0.11	0.09	0.08
14	0.93	0.94	0.47	0.38	0.31	0.26	0.23	0.20	0.17	0.15	0.13	0.11
16	0.94	0.95	0.95	0.96	0.49	0.39	0.33	0.28	0.24	0.20	0.18	0.16
18	0.95	0.96	0.96	0.97	0.97	0.97	0.50	0.40	0.33	0.28	0.24	0.21

附录 13-1　盘式散流器性能表

喉部直径 d_0(mm) ＼ 流程 R 性能	1.5m(间距 3m)				2m(间距 4m)				2.5m(间距 5m)			
	u_0 (m/s)	L_0 (m³/h)	l_0 [m³/(m²·h)]	$\frac{u_x}{u_0}$ $\frac{Vt_x}{Vt_0}$	u_0 (m/s)	L_0 (m³/h)	l_0 [m³/(m²·h)]	$\frac{u_x}{u_0}$ $\frac{Vt_x}{Vt_0}$	u_0 (m/s)	L_0 (m³/h)	l_0 [m³/(m²·h)]	$\frac{u_x}{u_0}$ $\frac{Vt_x}{Vt_0}$
150	5	318	35	0.07								
	4	254	28	0.07								
	3	191	21	0.07								
200	4	452	50	0.10	5	565	35	0.07				
	3	339	38	0.10	4	452	28	0.07				
	2	226	25	0.10	3	339	21	0.07				
250					4	707	44	0.09	5	883	35	0.07
					3	530	33	0.09	4	707	28	0.07
					2.5	442	28	0.09	3	530	21	0.07
300					3.5	890	56	0.11	4	1017	41	0.08
					3	763	48	0.11	3	763	31	0.08
					2.5	636	40	0.11	2.5	636	25	0.08
350									4	1385	55	0.10
									3	1039	42	0.10
									2	692	28	0.10
400												
500												
600												
700												

喉部直径 d_0 (mm)	3m(间距6m) u_0 (m/s)	L_0 (m³/h)	l_0 [m³/(m²·h)]	$\frac{u_x}{u_0}$ $\frac{Vt_x}{Vt_0}$	4m(间距8m) u_0 (m/s)	L_0 (m³/h)	l_0 [m³/(m²·h)]	$\frac{u_x}{u_0}$ $\frac{Vt_x}{Vt_0}$	5m(间距10m) u_0 (m/s)	L_0 (m³/h)	l_0 [m³/(m²·h)]	$\frac{u_x}{u_0}$ $\frac{Vt_x}{Vt_0}$
150												
200												
250												
300	5	1272	35	0.07								
	4	1017	28	0.07								
	3	763	21	0.07								
350	4	1385	38	0.08								
	3	1039	29	0.08								
	2.5	865	24	0.08								
400	4	1809	50	0.09	5	2261	35	0.07				
	3	1356	38	0.09	4	1809	28	0.07				
	2	904	25	0.09	3	1356	21	0.07				
500					4	2826	44	0.09	5	3533	35	0.07
					3	2120	33	0.09	4	2826	28	0.07
					2	1413	22	0.09	3	2120	21	0.07
600					3.5	3560	56	0.11	4	4069	41	0.08
					3	3052	48	0.11	3	3052	31	0.08
					2	2034	32	0.11	2	2034	20	0.08
700									4	5539	55	0.10
									3	4154	42	0.10
									2	2769	38	0.10

附录 13-2　圆形直片散流器性能表

喉部直径 d_0 (mm)	1.25m(间距2.5m) u_0 (m/s)	L_0 (m³/h)	l_0 [m³/(m²·h)]	$\frac{u_x}{u_0}$ $\frac{Vt_x}{Vt_0}$	1.5m(间距3m) u_0 (m/s)	L_0 (m³/h)	l_0 [m³/(m²·h)]	$\frac{u_x}{u_0}$ $\frac{Vt_x}{Vt_0}$	1.75m(间距3.5m) u_0 (m/s)	L_0 (m³/h)	l_0 [m³/(m²·h)]	$\frac{u_x}{u_0}$ $\frac{Vt_x}{Vt_0}$
110	5	171	27	0.05								
	4	137	22	0.05								
140	5	278	44	0.07	5	278	31	0.05				
	4	222	36	0.07	4	222	25	0.05				
	3	166	27	0.07								
170	3	240	38	0.10	5	408	45	0.07	5	408	33	0.05
	2.5	204	33	0.10	4	327	36	0.07	4	327	27	0.05
	2	163	26	0.10	3	245	27	0.07				
200					3	339	38	0.10	5	565	46	0.07
					2.5	283	31	0.10	4	452	37	0.07
					2	226	25	0.10	3	339	28	0.07
240									3	488	40	0.10
									2.5	407	33	0.10
									2	326	27	0.10
260												
310												
355												
360												

喉部直径 d_0(mm) / 性能 \ 流程 R	2m(间距4m)				2.5m(间距5m)				3m(间距6m)			
	u_0 (m/s)	L_0 (m³/h)	l_0 [m³/(m²·h)]	$\dfrac{u_x}{u_0}$ $\dfrac{Vt_x}{Vt_0}$	u_0 (m/s)	L_0 (m³/h)	l_0 [m³/(m²·h)]	$\dfrac{u_x}{u_0}$ $\dfrac{Vt_x}{Vt_0}$	u_0 (m/s)	L_0 (m³/h)	l_0 [m³/(m²·h)]	$\dfrac{u_x}{u_0}$ $\dfrac{Vt_x}{Vt_0}$
110												
140												
170												
200	5 4	565 452	35 28	0.05 0.05								
240	4.5 4 3	732 651 488	46 41 31									
260	3 2.5 2	573 478 382	36 30 24	0.10 0.10 0.10	5 4	955 764	38 21	0.05 0.05				
310					4.5 4 3	1222 1086 815	49 43 33	0.08 0.08 0.08				
355					3 2.5 2	1068 890 705	43 36 28	0.12 0.12 0.12	4.5 4 3	1603 1425 1068	45 40 30	0.08 0.08 0.08
360									3 2.5 2	1110 916 732	31 25 20	0.10 0.10 0.10

参 考 文 献

1 《采暖通风与空气调节设计规范》（GB 50019—2003），中国计划出版社，2004

2 陆亚俊主编．暖通空调．北京：中国建筑工业出版社，2002

3 郑爱平编．空气调节工程．科学出版社

4 薛殿华主编．空气调节［M］.北京：清华大学出版社，1991

5 建筑工程常用数据系列手册编写组编．暖通空调常用数据手册．中国建筑工业出版社

6 钱以明编．高层建筑空调与节能．同济大学出版社

7 李岱森主编．空气调节［M］.北京：中国建筑工业出版社，2000

8 范惠民主编：通风与空气调节工程［M］.北京：中国建筑工业出版社，1993

9 刘芙蓉，杨珊璧编．热工理论基础［M］.北京：中国建筑工业出版社，1997

10 中国有色金属工业总公司主编．采暖通风与空气调节设计规范［M］.北京：中国计划出版社，2001

11 陆耀庆主编．实用供热通风空调设计手册［M］.北京：中国建筑工业出版社，1993

12 刘耀斌，任守宇，高晓宇编．户式中央空调发展方向的探讨［J］.制冷与空调．2003，3（5）：14-17

13 纪志坚编．户式中央空调的发展及前景［J］.低温与特气．2001，19（2）.10-12

14 程旦，刘金强，刘素梅编．风机盘管新风终状态点的处理分析［J］.制冷空调与电力机械．2002，23（4）：28-30

15 陈刚，李仲，刘泽华等编．确定户式空调负荷的方法探讨［J］.南华大学学报（理工版）.2003，17（2）：19-23

16 苏德权主编．通风与空气调节［M］.哈尔滨．哈尔滨工业大学出版社，2002

17 邢振禧主编．空气调节技术．中国商业出版社，2001

18 潘云钢编．高层民用建筑空调设计．北京：中国建筑工业出版社，1999

19 全国民用建筑工程设计技术措施．暖通空调·动力．北京：中国计划出版社，2003

20 湖南大学，同济大学，太原工学院编．工业通风．北京：中国建筑工业出版社，1980

21 刘金言主编．给排水·暖通·空调百问．北京：中国建筑工业出版社，2001